D1694299

Handbuch und Planungshilfe
Bürogebäude in Stahl

Gefördert durch:

Bundesministerium
für Wirtschaft
und Energie

aufgrund eines Beschlusses
des Deutschen Bundestages

Das IGF-Vorhaben 373 ZBG der Forschungsvereinigung Stahlanwendung e.V., Düsseldorf, ist ein Teilprojekt des Forschungsclusters *Nachhaltigkeit von Stahl im Bauwesen* (NASTA) und wurde über die AiF im Rahmen des Programms zur Förderung der *Industriellen Gemeinschaftsforschung* (IGF) vom Bundesministerium für Wirtschaft und Energie aufgrund eines Beschlusses des Deutschen Bundestages gefördert.

Handbuch und Planungshilfe
Bürogebäude in Stahl

Nachhaltige Büro- und Verwaltungsgebäude
in Stahl- und Stahlverbundbauweise

*Herausgegeben von Johann Eisele,
Martin Mensinger und Richard Stroetmann*

DOM publishers

Inhaltsverzeichnis

Vorwort 6

Gregor Nüsse

1 Einleitung 10

2 Arbeitswissenschaft
Zukünftige Büro- und Wissensarbeit 16

Tino Baudach, Klaus J. Zink

3 Objektplanung
Flexibilität als Voraussetzung für Nachhaltigkeit 48

Johann Eisele, Benjamin Trautmann, Frank Lang

4 Konstruktion
Nachhaltige Stahl- und Verbundtragwerke 104

Richard Stroetmann, Christine Podgorski, Thomas Faßl

5 Fassade
Anforderungen aus Energieeffizienz und Nachhaltigkeit 156

Markus Feldmann, Dominik Pyschny, Markus Kuhnhenne

6 Ökonomie
Ökonomische Bewertung flexibler Bürogebäude in Stahl 172

Volker Lingnau, Katharina Kokot

7 Softwaretool SOD
Automatisierter Tragwerksentwurf 210

Martin Mensinger, Li Huang

8 Referenzprojekte 236

9 Anhang 272

Vorwort

Gregor Nüsse

Wie sieht die Büroarbeit in der Zukunft aus? Wie lassen sich Veränderungen der Arbeitsprozesse in flexiblen Bürostrukturen architektonisch realisieren? Wie können dafür passende Tragkonstruktionen neben der statischen Bemessung gleichzeitig auch ökologisch vorbewertet werden? Wie lassen sich dabei die ökonomischen Auswirkungen von Flexibilität im Bürogebäude ganzheitlich bewerten? Vor dem Hintergrund der aktuellen Nachhaltigkeitsdiskussionen im Bauwesen müssen wir auf diese Fragen praxistaugliche Antworten finden. Erste Ansätze dafür lassen sich besonders gut mithilfe der anwendungsorientierten Forschung generieren. Dafür muss sich jedoch die Anwendungsforschung, entsprechend der Problemstellung, holistisch und interdisziplinär aufstellen. Das bedeutet, dass ein möglicher Lösungsansatz nicht mit disziplinär begrenztem Denken generiert wird, sondern problemspezifische Interpretationen fächerübergreifend stattfinden. Ein reines Nebeneinander der Teilaspekte ist dabei nicht ausreichend. In der Bauforschung ist es momentan noch keine Selbstverständlichkeit, dass Forschungsprojekte von fachlich unterschiedlichen Kompetenzen gemeinsam initiiert und durchgeführt werden. Sicherlich ist dies auch nicht bei jeder bautechnischen Detailproblemstellung erforderlich; bei dem sehr komplexen Themengebiet der Bewertung der Nachhaltigkeit von Gebäuden, wo es um die Verflechtung von Technik, Natur und Gesellschaft geht, ist die Notwendigkeit jedoch unbestritten.

Vor diesem Hintergrund wurde im Jahr 2011 der Forschungscluster *Nachhaltigkeit von Stahl im Bauwesen* als eine Art Plattform für die Anwendungsforschung zu diesem Themenbereich geschaffen. Hier wurde es möglich, die Bearbeitung der Fragestellungen aus unterschiedlichen Disziplinen im Sinne einer Gesamtaufgabe durchzuführen. Neben den Forschungsfragen zur Nachhaltigkeit von Verbunddecken, von Metallleichtbaufassaden, von Stahl- und Verbundbrücken sowie von Stahl basierten Lösungen für das Bauen im Bestand und für Anlagen zur Nutzung erneuerbarer Energien wurde auch das Thema der Nachhaltigkeit von Bürogebäuden in den Fokus der Diskussion gestellt. Daraus entstand das Forschungsvorhaben P 881 *Nachhaltige Büro- und Verwaltungsgebäude in Stahl- und Verbundbauweise*, in dem in den folgenden vier Jahren dank einer effektiven Zusammenarbeit und einem kontinuierlichen Wechselspiel zwischen den beteiligten Disziplinen Lösungsansätze für die gemeinsame Aufgabenstellung erarbeitet wurden. Dabei wurden inhaltlich neben den Fachdisziplinen des klassischen Stahl- und Verbundbaus, die Architektur, die Soziologie und die Betriebswirtschaft durch die Forschungsstellenkompetenzen abgedeckt. Die Praxisorientierung im Projekt konnte durch einen projektbegleitenden Industriearbeitskreis sichergestellt werden, in dem Zwischenergebnisse in der Projektlaufzeit durch die Forschungsstellen regelmäßig zur Diskussion gestellt wurden. Neben einem wissenschaftlich fundierten Abschlussbericht sowie zahlreichen nationalen und internationalen Veröffentlichungen ist das vorliegende Handbuch mit Planungshilfen für diejenigen entstanden, die in der Praxis vor der Realisierung eines nachhaltigen Bürogebäudes in Stahl- und Verbundbauweise stehen. Der Schwerpunkt wird bewusst auf die frühe Projektphase gelegt, in der der Planende über Konzepte zur Gestaltung des Grundrisses, der Stützenfreiheit und damit auch über die Festlegung der Flexibilität und Anpassungsfähigkeit eines Bürogebäudes für die gesamte Lebensdauer des Bauwerks nachdenken muss. Neben den architektonischen und bautechnisch konstruktiven Festlegungen sind bereits in dieser Phase auch monetäre Bewertungen erforderlich. Ebenfalls sollten erste Abwägungen zur ökologischen Qualität unterschiedlicher Lösungsansätze möglich sein.

Das vorliegende Handbuch wird diesem Anspruch gerecht. In einzelnen Kapiteln zu Fragestellungen nach zukünftigen Anforderungen an Bürogebäude, zur Nutzung unterschiedlicher typologischer Gebäudekonzepte, zu bautechnisch konstruktiven Lösungen aus dem Stahl- und Verbundbau und zu deren ökologischen sowie ökonomischen Bewertung bekommt der Leser einen Gesamtüberblick zur Abschätzung der optimalen Lösung für seine bauliche Aufgabe. Ein zusätzlich entwickeltes Software Tool erleichtert die praktische Umsetzung. Die Autoren legen damit ein Handbuch für die Praxis vor, das die zusammenhängende Generierung der wichtigsten Aspekte für eine nachhaltige Entwurfsplanung von Bürogebäuden in Stahl- und Verbundbauweise ermöglicht.

Die *Forschungsvereinigung Stahlanwendung e.V.* (FOSTA) hat im Auftrag der stahlproduzierenden Industrie das Forschungsvorhaben P 881 im Rahmen des Forschungsclusters zur Nachhaltigkeit von Stahl im Bauwesen finanziell gefördert und fachlich begleitet. Die Mittel wurden vom Bundesministerium für Wirtschaft und Energie zur Verfügung gestellt. Die Erstellung des vorliegenden Handbuchs wurde mit zusätzlicher finanzieller Unterstützung aus der Industrie realisiert. Allen Beteiligten sei an dieser Stelle für die gute Zusammenarbeit herzlich gedankt.

Ich wünsche Ihnen nun eine interessante Lektüre.

Dr. Gregor Nüsse
Forschungsvereinigung Stahlanwendung e.V.

Einleitung

1

Einleitung

Trotz guter konjunktureller Lage herrscht in Deutschland und vielen anderen europäischen Ländern ein hoher Leerstand von Büro- und Verwaltungsgebäuden. Die durchschnittliche Rate beträgt für deutsche Städte rund 7,5 %, in Einzelfällen werden sogar knapp 20 % erreicht. Dies ist einerseits eine Folge der Dotcom-Blase um die Jahrtausendwende und der Banken- und Finanzkrise, die durch die Insolvenz der Investmentbank Lehman Brothers im Herbst 2008 ausgelöst wurde. Andererseits legen steigende Leerstandzahlen und Vermarktungsschwierigkeiten auch strukturelle Probleme offen. Neue Arbeitsformen wie *Home Office*, *Desk Sharing* und non-territoriale Bürostrukturen stellen ebenso neue technische und räumliche Anforderungen an Bürogebäude und beeinflussen damit die Marktfähigkeit unflexibler Gebäude. Die langfristige Anpassungsfähigkeit eines Gebäudes an sich ändernde Nutzerbedürfnisse steht in enger Beziehung zu dessen Nachhaltigkeit. Diese ist durch die erfolgreiche Einführung von Bewertungssystemen weltweit in den Fokus von Eigentümern, Planern, Betreibern, Nutzern und Vermarktern von Bürogebäuden gerückt. Auch in Verbindung mit der *Corporate Social Responsibility* spielt sie eine immer größere Rolle bei Entscheidungen von Investoren und Mietern. Nachhaltig sind flexible Gebäude, die eine lange Nutzungsdauer ermöglichen, neue Arbeitsformen zulassen und zur Zufriedenheit und Produktivität der Mitarbeiter beitragen. Zur Ausführung dieser Gebäude ist die Stahl- und Verbundbauweise in besonderem Maße geeignet.

Flexibilität als Anforderung an die Grundrissgestaltung von Büro- und Verwaltungsgebäuden, in der jegliche Büroorganisations- und Arbeitsformen möglich sein sollen, kann gerade durch den Einsatz von Stahl- und Stahlverbundkonstruktionen mit moderatem Aufwand geschaffen werden. Die Realisierung großer Spannweiten für flexibel nutzbare Räumlichkeiten mit einer außerordentlichen großen Anpassungsfähigkeit bietet einen hohen Nutzerkomfort und trägt zur Zufriedenheit und somit zur Produktivität der Mitarbeiter bei. Stahl- und Stahlverbundkonstruktionen sind außerdem aufgrund ihres hohen Vorfertigungsgrads und kurzer

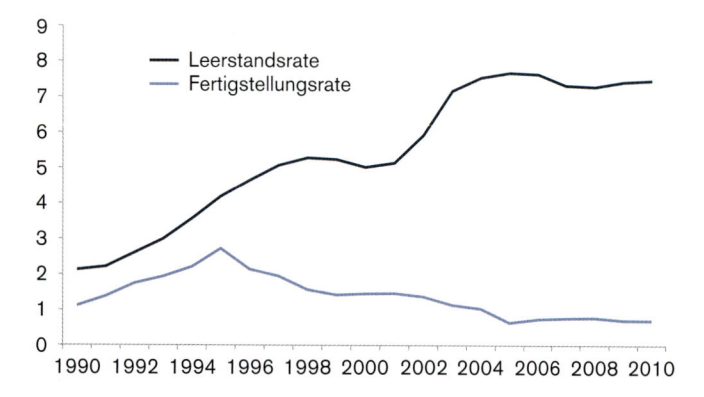

Abb. 1.1 Leerstands- und Fertigstellungsrate von Büroflächen: Durchschnitt der 125 größten Städte in Deutschland – Anteile am gesamten Büroflächenbestand in Prozent

Quelle: RIWIS; Institut der deutschen Wirtschaft Köln

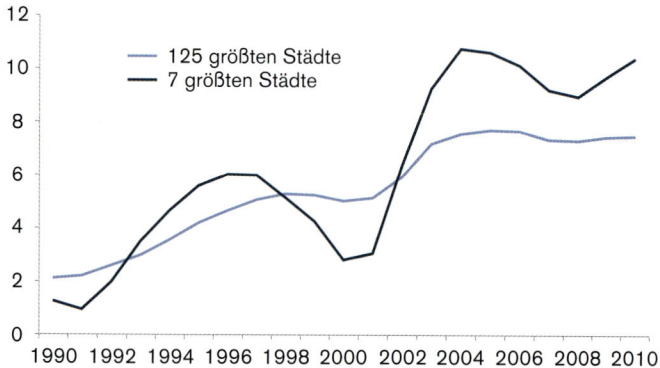

Abb. 1.2 Leerstandsrate von Büroflächen: Durchschnittswerte der 125 größten und der sieben größten Städte in Deutschland – Anteile am gesamten Büroflächenbestand in Prozent

Quelle: RIWIS; Institut der deutschen Wirtschaft Köln

Montagezeiten, der Langlebigkeit und Recyclingfähigkeit als wirtschaftlich und nachhaltig einzustufen.

Gerade die hohe Flexibilität ist ein bisher zu wenig gewürdigter, aber aufgrund der sich ändernden Anforderungen und Nutzerbedürfnisse besonders wichtiger Aspekt der Nachhaltigkeit. Sie trägt wesentlich dazu bei, die Nutzungsdauer von Gebäuden signifikant zu verlängern. Dies ist sowohl in ökonomischer als auch in ökologischer Hinsicht von herausragender Bedeutung. Das zeigt sich deutlich an historischen Stahlskelettkonstruktionen, wie sie nach dem Großbrand von Chicago ab 1871 errichtet wurden. Diese Gebäude haben aus Nutzersicht bereits alle Eigenschaften moderner Stahlverbundtragwerke, da sie transparente, helle, weitgespannte Räume ermöglichen und im besten Sinne umnutzungs- und umbaufähig sind. Aus diesem Grund gehören sie nach teilweise weit über einhundertjähriger Nutzung noch immer zu den attraktivsten Immobilien und Vermietungsobjekten.

Trotz vieler positiver Eigenschaften haben sich die Verbundkonstruktionen in Deutschland nicht, wie in anderen europäischen Regionen (zum Beispiel in Großbritannien), als Standardlösung für Büro- und Verwaltungsgebäude durchsetzen können. Die Ursache liegt u.a. in den folgenden Aspekten, die wesentlich zum Festhalten an herkömmlichen, jedoch weniger nachhaltigen Bauformen beitragen.

— Investoren gehen bei Investitionsentscheidungen überwiegend von aktuellen Nutzungsformen aus. Eine Extrapolation aktueller Trends in die Zukunft, die Auskunft über einen Umnutzungsbedarf geben könnten, findet nicht oder nur eingeschränkt statt. Dies führt oft dazu, dass die für ein Gebäude mittel- und langfristig nötige Flexibilität nicht oder viel zu spät erkannt wird und bei der Entscheidung über die Gestaltung nur eine untergeordnete Rolle spielt.
— Vielfach ist unklar, welches Maß an Flexibilität tatsächlich erforderlich ist und wie dies aus Sicht der Objektplanung realisiert werden kann. So ist in vielen Fällen

Abb. 1.3 *Home Insurance Building* in Chicago – Architekt: William LeBaron Jenney – 1885

Quelle: Chicago History Museum, ICHi-19291; Barnes Crosby, photographer

die Stützenfreiheit der Grundrisse als höchstes Maß der Flexibilität nicht zwingend erforderlich, aber sehr wohl eine Reduzierung der Stützenanzahl und deren zweckmäßige Anordnung.
— Das Wissen über optimierte Systemparameter, die zweckmäßige konstruktive Gestaltung von Stahlverbundtragwerken und die geeignete Ausbildung der Fassadensysteme ist bei Planern unterschiedlich ausgeprägt. Vielfach werden in der frühen Entwurfsphase tradierte Bauweisen indirekt über geometrische Festlegungen gefördert, die für Verbundkonstruktionen weniger geeignet sind und im späteren Projektverlauf nicht mehr geändert werden können. Darüber hinaus gibt es technische Fragestellungen, vor allem bezüglich des Schall- und Brandschutzes, die in Verbindung mit der Bauweise zu Unsicherheiten bei Planern führen können, zu denen es jedoch verschiedene Lösungen gibt.
— Bisher fehlen geeignete Methoden für die monetäre Bewertung der Flexibilität und Anpassungsfähigkeit eines Gebäudes. Diese sind jedoch notwendig, damit fundierte Investitionsentscheidungen getroffen werden können.

Die lebenszyklusorientierte Gestaltung von Baukonstruktionen durch ganzheitliche Planungsansätze schafft gegenüber der sequenziellen Auslegung mit dem Fokus auf die Herstellungs- und Betriebskosten den Zugang zu großen monetären und ökologischen Einsparpotenzialen. Die Nachhaltigkeit von Büro- und Verwaltungsgebäuden kann in der Initiierungs- und Entwurfsphase am stärksten beeinflusst werden, während Optimierungen in den späteren Planungs- und der Ausführungsphase nur noch in geringerem Umfang möglich sind. Die in diesem Handbuch zusammengestellten und aufbereiteten Ergebnisse des Forschungsprojekts *Nachhaltige Büro- und Verwaltungsgebäude in Stahl- und Stahlverbundbauweise* (FOSTA P881 beziehungsweise IGF-Nr. 373 ZBG) ergeben sich direkt aus den identifizierten Aspekten heraus.

Das Ziel des Forschungsvorhabens war es, Grundlagen zur Planung dieses Gebäudetyps unter Nachhaltigkeitsaspekten zu erarbeiten und hieraus Planungsleitlinien sowie Hilfsmittel für die praktische Umsetzung in der Entwurfsphase zu entwickeln. Dabei wurden eine Minimierung der Umweltwirkungen, eine Maximierung funktionaler und sozialer Qualitäten bei gleichzeitiger Optimierung der Erstellungs- und Folgekosten angestrebt. Aufgrund der wissenschaftlichen Breite erfolgte die Bearbeitung durch ein interdisziplinäres Forscherteam. Dies bestand aus Architekten und Ingenieuren sowie zusätzlich aus Arbeitswissenschaftlern und Betriebswirten. Es wurde mit großem Engagement durch Industriepartner und Mitglieder des projektbegleitenden Ausschusses unterstützt. Die Interdisziplinarität erwies sich während des Projektverlaufs nicht nur als unproblematisch, sondern in einem besonderen Maße als bereichernd.

Das Projekthandbuch gliedert sich in die nachfolgend beschriebenen Abschnitte:

In Kapitel 2 steht die Anforderungsermittlung für zukünftige Bürogebäude im Vordergrund. Es wird gezeigt, dass Bürobauten das physische Bindeglied zwischen den Büro- und Wissensarbeitern sowie den betrieblichen Organisationen bilden. Zukunftsfähigkeit und Nachhaltigkeit von Bürogebäuden hängen maßgeblich von diesen soziotechnischen Wechselwirkungen ab und sind durch sie beeinflussbar. Der Schwerpunkt des Kapitels liegt auf den Veränderungsprozessen, die sich derzeit in der Büroarbeitswelt abzeichnen, und auf den daraus resultierenden zukünftigen Anforderungen an die Büroarbeitsumgebung. Unter anderem finden aktuelle Themen wie Globalisierung der Wirtschaft, demografischer Wandel, veränderte Einstellungen und Werte in der Gesellschaft sowie Digitalisierung in vielen Arbeits- und Lebensbereichen Eingang in die Analyse und Darstellung. Bei der Planung von Büro- und Verwaltungsbauten ist Flexibilität in der Nutzung der Geschossflächen ausschlaggebend für eine langfristige Marktfähigkeit der Immobilie. Zu starre Gebäudestrukturen können schwer oder nur mit hohem Aufwand auf die sich verändernden Anforderungen der Arbeitswelt reagieren. Inwieweit sich flexible Strukturen für bestehende Büroorganisationsformen und zukünftige, veränderte Arbeitsformen auf die Gestaltung der einzelnen Gebäudeparameter und Bauteile auswirken, wird in Kapitel 3 erläutert.

Im Kapitel 4 werden nach einer Beschreibung der verschiedenen Konstruktionsformen und -elemente die technischen Anforderungen an die Tragstrukturen für die Bemessung und Konstruktion zusammengestellt. Es folgt eine ausführliche Darstellung der Bewertungsmethodik und ihrer normativen Grundlagen sowie die Bewertung der ökologischen und ökonomischen Nachhaltigkeit der Tragkonstruktionen. Dabei werden verschiedene Bauweisen, Rastermaße, Beton- und Stahlgüten sowie Bauteilgestaltungen untersucht. Beginnend von einzelnen Bauelementen wie Deckentypen, Träger- und Stützenkonstruktionen werden Tragstrukturen, bestehend aus den verschiedenen Komponenten, evaluiert. Die Nachhaltigkeitsanalyse in der Entwurfsphase erfordert Planungswerkzeuge, die einen schnellen Vergleich von Konstruktionsvarianten erlauben. Hierzu steht unter anderem ein Katalog von Bauteilen typischer Konstruktionsformen zur Verfügung, der sich auf der mitgelieferten CD-ROM des Handbuchs befindet.

Kapitel 5 gibt einen Überblick über die Entwicklung der energetischen Anforderungen an Bürogebäude und zeigt am Beispiel einzelner Kriterien, welche positiven Auswirkungen eine sorgfältige Planung der Gebäudehülle aufgrund ihrer vielseitigen Funktionen auf die Nachhaltigkeitsbewertung des Gesamtgebäudes haben kann.

In Kapitel 6 wird gezeigt, wie es durch eine Anpassung investitionstheoretischer Verfahren an die Anforderungen flexibler Bürogebäude in Stahl- und Stahlverbundbauweise gelingt, alle Zahlungsströme im Lebenszyklus eines Bürogebäudes gebäudespezifisch zu erfassen. Die Grundlage zur Beschreibung des Lebenszyklus liefert eine Szenarioanalyse, die eine Integration zukünftiger Entwicklungsmöglichkeiten der Büroimmobilien in die Investitionsrechnung erlaubt. Durch die Anwendung der gewonnen Erkenntnisse am Beispiel verschiedener »flexibel« und »unflexibel« konzipierter Mustergebäude werden Aussagen getroffen, unter welchen Bedingungen sich eine Investition in flexibel konzipierte Bürogebäude gegenüber einer Investition in eine unflexible Alternative als vorteilhaft erweist.

Das im Projekt für SketchUp entwickelte Plugin *Structural Office Designer* (SOD) ermöglicht einen Variantenvergleich in Bezug auf die Ökobilanzierung von Stahl- oder Stahlverbundkonstruktion. Es steht dem interessierten Nutzer im *SketchUp Extensions Warehouse* kostenfrei zur Verfügung (http://extensions.sketchup.com/en/content/sustainable-office-designer-sod). Diese intuitive und auf evolutionären Optimierungsmethoden beruhende Software optimiert in wenigen Sekunden das Tragwerk von Stahl- und Stahlverbundkonstruktionen für typische Bürogebäude und stellt Architekten und Ingenieuren alle wichtigen Informationen in Bezug auf die Geometrie und Materialisierung des Tragwerks zur Verfügung. Sie ermöglicht, bereits in der Entwurfsphase detaillierte Informationen zu einer ökologisch nachhaltigen Ausführung des Gebäudes zu erstellen.

Um eine möglichst hohe Akzeptanz in der Praxis zu erzielen, erlauben die Planungshilfsmittel eine adaptive Anwendung. Dies bedeutet, dass die Empfehlungen in den verschiedenen Phasen des Entwurfs angenommen, modifiziert oder durch eigene Festlegungen verändert werden können.

Das Handbuch *Bürogebäude in Stahl* enthält auf der beiliegenden CD-ROM die Software für das SketchUp-Plugin *Structural Office Designer* (SOD) sowie den Bauteilkatalog als ergänzende Information zu Kapitel 4.

Arbeitswissenschaft

18 Ausgangslage

19 Ziele der Arbeitswissenschaft

20 Bürogebäude als technisches Teilsystem eines soziotechnischen Arbeitssystems

21 Differenzierung von Büro- und Wissensarbeit

24 Verknüpfung von Nachhaltigkeit, Arbeitswissenschaft und Zukunftsprognosen in einer lebenszyklus- und stakeholderorientierten Gebäudeplanung

27 Zukunft der Büro- und Wissensarbeit

36 Zukünftige Anforderungen an Büros und Bürogebäude

45 Zusammenfassung und Ausblick

2

Zukünftige Büro- und Wissensarbeit

Tino Baudach, Klaus J. Zink

Zusammenfassung

Die Analyse von Veränderungen der Büro- und Wissensarbeit ist für Architekten eine wichtige Planungsgrundlage, da Bürogebäude eine wesentliche räumlich-technische, umweltpsychologische/-physiologische sowie symbolische Realisierungskomponente der Büroarbeit sind. Das Zusammenwirken von Menschen und Unternehmen durch Arbeit ist seit jeher von einem mehr oder weniger stetigen Wandel betroffen. Während in den vergangenen 200 Jahren der technologische Wandel vor allem die Produktionsarbeit dramatisch veränderte, haben sich mit der Einführung des Computers in den Achtzigerjahren erstmals die Prozesse und Organisationsformen der Büroarbeit signifikant gewandelt. Infolge der wachsenden Verlagerung der Erwerbstätigkeit in den Dienstleistungssektor seit den Fünfzigerjahren ist das Interesse unterschiedlicher Fachdisziplinen an der Büroarbeit in den vergangenen Dekaden stark gestiegen, um – je nach Schwerpunkt – die Büroarbeit produktiver, gesünder, persönlichkeitsförderlicher oder attraktiver zu gestalten. Daran hat sich bis heute nichts geändert. Wohl haben sich aber die Kräfte geändert, die die Büroarbeitswelt aktuell umformen – etwa der demografische Wandel, durch den Mitarbeiter durchschnittlich älter und weniger sein werden, die Globalisierung mit der starken weltweiten zeitlichen, prozessualen und kulturellen Vernetzung der Arbeit oder auch die technischen Entwicklungen. Letztere werden durch Digitalisierung, Assistenzsysteme etc. Menschen und Unternehmen ganz neue, überwiegend noch zu bestimmende Arbeitsweisen ermöglichen. Diese Entwicklungen verändern die Büroarbeit in Bezug auf neue Tätigkeitsinhalte, Qualifikationsmerkmale, Organisations- und Führungsstrukturen sowie Geschäftsmodelle und rufen damit auch neue Anforderungen an Bürogebäude als Arbeitsumgebungen hervor.

Bürogebäude als Orte der geistigen Arbeit und Produktion
Foto: Depositphotos.com/irstone

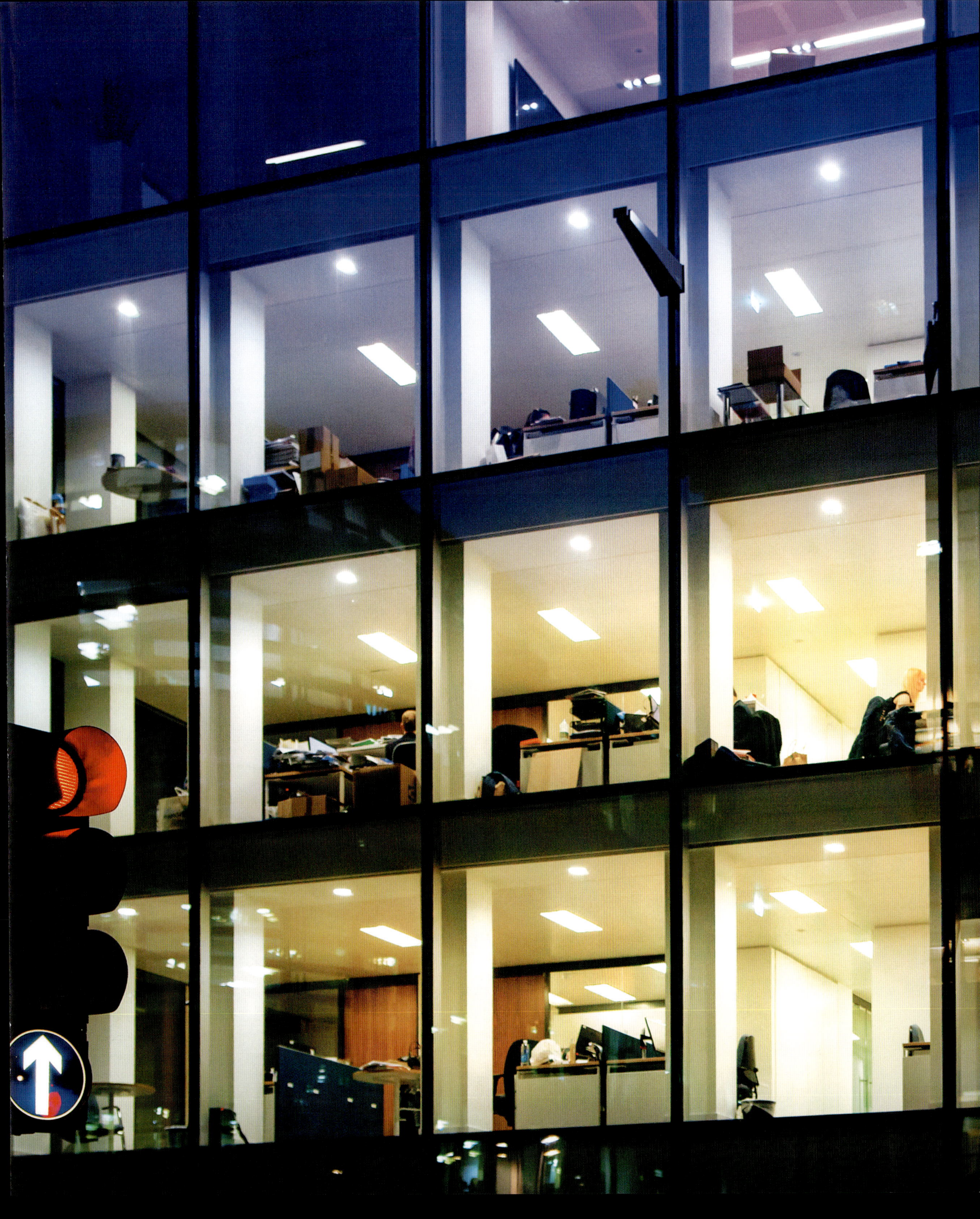

2.1 Ausgangslage

Arbeitswissenschaftliche Aspekte fließen grundsätzlich in jeden Planungsprozess von Bürogebäuden ein. Da die Arbeitswissenschaft eine interdisziplinäre Fachrichtung ist, die verschiedene Forschungszweige wie Wirtschaftswissenschaften, Arbeits- und Organisationspsychologie und Ingenieurwissenschaften in sich vereinigt, bringt sie im Kontext der Planung von Arbeitsumgebungen nicht nur klassisch-ergonomische Gestaltungsempfehlungen hervor, sondern auch Kenntnisse über die Wechselwirkungen von Arbeitsumgebungen mit Menschen und Organisationen. Aus dieser Sicht sind Bürogebäude ein wesentlicher Teil der Arbeitsumgebung, die sowohl förderlich als auch hinderlich wirken kann. Damit besteht ein soziotechnisches Wechselspiel zwischen der technisch-räumlichen Gebäudestruktur sowie der sozialen, organisatorischen und ökonomischen Funktionsweise, das im Interessengebiet der makroergonomischen Forschung liegt. Neben diesem grundsätzlichen Bezug der Arbeitswissenschaft zum Entwurf von Bürogebäuden als Arbeitsumgebungen stehen derzeit zwei Themen besonders im Vordergrund der fachlichen Öffentlichkeit. Das sind einmal Zukunftsstudien, die unter dem Label *Zukünftige Büro- und Wissensarbeit* der Frage nachgehen, wie sich das Arbeiten in Büros zukünftig verändern wird. Die Zukunftsanalyse hat als Grundlage strategischer Unternehmensentscheidungen eine lange Tradition, mit der Veränderungen von Markt- und Wettbewerbsbedingungen frühzeitig erkannt werden sollen, um rechtzeitig etwa Leistungsangebote anzupassen. Studien zur Zukunft von Büro- und Wissensarbeit haben prinzipiell ein ähnliches ökonomisches Nutzenpotenzial für Bauinvestoren. Denn eine konkrete Vorstellung über mögliche Veränderungen der wirtschaftlichen, gesellschaftlichen oder technologischen Rahmenbedingungen und daraus folgender Bedürfnisstrukturen von Unternehmen, Kunden und Mitarbeitern erhöht die Wahrscheinlichkeit, dass an diese Anforderungen anpassbare Bürogebäude dauerhaft nachgefragt werden. Mit Ansätzen wie der Lebenszyklusplanung gibt es bereits konzeptionelle Grundlagen für vorausschauende Planungsprozesse. Sie stehen insbesondere mit einer zunehmenden Nachhaltigkeitsorientierung im Immobiliensektor in Verbindung, dem zweiten Fokusthema der hier genannten öffentlichen Debatte. Dabei finden oft nur ökologische Nachhaltigkeitsparameter Eingang in die Planung, während soziale oder organisationsbezogene Anforderungen meist nicht über die erste Nutzergeneration hinausgehen. Es zeichnet sich jedoch ab, dass die Akzeptanz von Gebäuden zukünftig auch davon abhängen wird, ob sie einer gesellschaftlich geformten Nachhaltigkeitsvorstellung entsprechen. Grundlage für diesen Bewertungswandel bildet unter anderem ein relativ starkes Nachhaltigkeitsverständnis, nach dem die Erträge des ökonomischen Teilsystems nicht zulasten und zu Schaden des ökologischen oder sozialen Teils gehen dürfen. Insofern bietet die Weiterentwicklung von Ansätzen zur Erhöhung der nachhaltigkeitsorientierten Planungsqualität hohes Lösungsbeziehungsweise Innovationspotenzial für aktuelle Problemstellungen.

Die Verknüpfung von arbeitswissenschaftlichem Zusammenhangs- und Gestaltungswissen mit der Zukunftsanalyse von relevanten Bereichen verbessert grundsätzlich die informationelle Basis von Planungsprozessen und kann die Qualität von lebenszyklus- beziehungsweise nachhaltigkeitsorientierten Gebäudeplanungen deutlich erhöhen. Gleichzeitig steigen damit die Anforderungen an Planungen, die durch dementsprechende Wissensbestände aufgefangen werden müssen. Das vorliegende Kapitel leistet hierfür einen Beitrag und führt sowohl kurz in die arbeitswissenschaftliche Planungsperspektive ein als auch ausführlicher in die Prognosen zur zukünftigen Büro- und Wissensarbeit sowie in ihre Implikationen auf Anforderungen an Arbeitsumgebungen der Zukunft.

2.2 Ziele der Arbeitswissenschaft

Planende Architekten und Ingenieure wenden durch die Beachtung der Arbeitsstättenverordnung, der -richtlinie sowie der Bildschirmarbeitsplatzverordnung und DIN-Normen prinzipiell arbeitswissenschaftliches Know-how an. Allerdings bilden diese Planungsvorgaben nur einen Ausschnitt aus dem Spektrum dieser Fachdisziplin ab. Grundsätzlicher Gegenstand der Arbeitswissenschaft ist es, durch die Analyse von bestehenden Arbeitsbedingungen gewonnenes Wissen systematisch aufzubereiten und daraus Gestaltungsregeln für die technischen, organisatorischen und sozialen Bedingungen von Arbeit und Arbeitsprozessen abzuleiten. Dabei werden die beiden Gestaltungsansätze *Humanisierung* und *Rationalisierung* konzeptionell miteinander verknüpft. Ziel dieser Verknüpfung ist es, Arbeit sowohl menschgerecht als auch effektiv wie effizient zu gestalten. [2-1, S. 7]

Die *Gesellschaft für Arbeitswissenschaft* (GfA) versteht Arbeitswissenschaft als integrierende Wissenschaft, die wissenschaftliche und praxisorientierte Disziplinen ganzheitlich zusammenführt, um sowohl menschliche Arbeit als auch Produkte, Dienstleistungen, Systeme und Umwelten menschengerecht zu analysieren, zu bewerten und zu gestalten. Ganzheitlichkeit bedeutet hier, neben der Integration von Einzeldisziplinen, auch die Vereinbarkeit von sozialen, ökonomischen sowie ökologischen Zielen und somit alle relevanten Stakeholder einzubeziehen. Damit öffnet sie ihren Ansatz dem Leitbild einer nachhaltigen Entwicklung. [2-2]

Im internationalen Kontext sind die Begriffe *Ergonomics* oder *Human Factors* gebräuchlich. [2-1, S. 9] Ähnlich der deutschen Begriffsauffassung sollen gemäß der *International Ergonomics Association* (IEA) humanitäre (»human well-being«) und effektive (»overall system performance«) Arbeitsbedingungen optimal zusammengeführt werden. Die IEA versteht *Ergonomics* als eine systemorientierte Disziplin, die alle Dimensionen der menschlichen Tätigkeit (»human activity«) erfasst und ihre physikalischen, kognitiven, sozialen, organisationalen und umweltbezogenen Aspekte als zusammenhängende sowie zusammen wirkende Einflussfaktoren betrachtet. [2-3]

In diesem Sinne verfolgt die arbeitswissenschaftliche Systemgestaltung im nationalen wie internationalen Verständnis das Ziel, Humanität und Performance von Arbeitssystemen gemeinsam zu verbessern. Dabei ist für sie entscheidend, dass vor allem die Arbeitsumwelt für den Menschen optimiert wird und der Mensch erst dann durch Auswahl sowie Ausbildung an das System angepasst wird, wenn die Grenzen des Systems zur Anpassung erreicht wurden und nicht erweitert werden können. [2-4]

Bürogebäude und Büros bestimmen einen Teil dieser Arbeitsumwelt für Menschen und Organisationen ganz wesentlich. Aus diesem Grund sind sie ein relevanter Gegenstand für die Arbeitswissenschaft, die wichtiges Zusammenhangswissen über Menschen, Arbeitsprozesse und Gebäude als Grundlage für die Bürobauplanung erarbeitet.

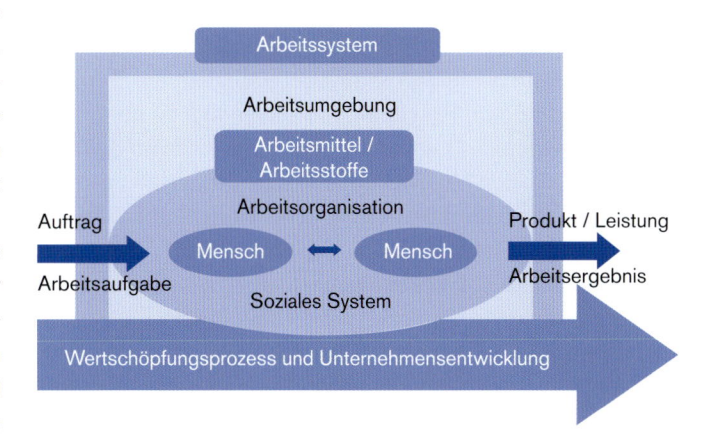

Abb. 2.1 Arbeitssystem eines Büros (Abb. nach [2-5, S. 7])

Abb. 2.2 Im soziotechnischen Verständnis bilden Bürogebäude als Summe der räumlich-technischen Infrastruktur das physische Bindeglied zwischen den Mitarbeitern und der Arbeitsorganisation.

Fotos: Depositphotos.com/ymgerman; Depositphotos.com/monkeybusiness

2.3 Bürogebäude als technisches Teilsystem eines soziotechnischen Arbeitssystems

In dem Mensch-Technik-Organisations (MTO)-Ansatz nach Eberhard Ulich und Oliver Strohm (1997) werden drei Achsen definiert, die für die Analyse, Bewertung und Gestaltung von beliebigen Arbeitssystemen wesentlich sind und sich auch auf den Kontext von Bürogebäuden übertragen lassen:
— Mensch – Technik,
— Mensch – Organisation sowie
— Organisation – Technik.

Das (MTO)-Konzept erfasst Arbeitssysteme als soziotechnische Systeme, die aus sozialen und technischen Teilsystemen zusammengesetzt sind. Dabei wird davon ausgegangen, dass die gegenseitige Abhängigkeit und Zusammenwirken von Mensch, Technik und Organisation gemeinsam erfasst werden müssen, um ein soziales, ökologisches und ökonomisches Gesamtoptimum zu erreichen. Die Leistung des Gesamtsystems ist somit eine Funktion des Zusammenwirkens von sozialen und technischen Teilsystemen. [2-6]

In der soziotechnischen Systemanalyse von Bürogebäuden zählen neben der Technischen Gebäudeausrüstung und der Kommunikations- und Informationstechnik alle bautechnischen Strukturen wie Verkehrswege, Raumformen, Treppen, Decken, Fußböden, Fassaden, Materialen etc. zu dem technischen Teilsystem. Das soziale Teilsystem wird von den Gebäudenutzern, den Mitarbeitern und den Organisationsstrukturen, einschließlich der persönlichen Beziehungen, Rollen und Aufgaben der Mitarbeiter bestimmt. [2-51, S.19] Zur Gewährleistung einer soziotechnischen Systemgestaltung können technische Systeme wie Bürogebäude nicht ohne Einbezug der Eigenschaften des dazugehörigen sozialen Systems und umgekehrt nicht ohne Berücksichtigung möglicher Auswirkungen der technischen Systeme auf das soziale System gestaltet werden. [2-7, S.49] Der soziotechnische Systemgestaltungsansatz erweitert demnach den Planungsansatz für Gebäude und zielt zunächst grundsätzlich auf eine ganzheitliche Gesamtoptimierung der Planung ab.

Nettlau (2013) zufolge können Büroprozesse nur optimal gestaltet werden und grundlegenden Störungen (Suboptima) kann nur vorgebeugt werden, wenn das gesamte System des Unternehmens zur Entwicklung eines präventiven Arbeitssystems als Ausgangssituation gewählt wird. Zum Konzept der sogenannten Systemprävention zählen unter anderem:
— Beachtung des Menschen / Gestaltung des sozialen Systems: Leistungsfähigkeit, Leistungsbereitschaft, gesundheitliche Ressourcen, physische und psychische Belastungen, Qualifikationen, Handlungsspielräume, Kooperation, Beteiligung
— Gestaltung der Arbeitsorganisation: Führung, Planung, Beschaffung, Verantwortungsübertragung, Anordnungen, Unterweisungen, Prüfungen, Kommunikation, Unternehmenskultur, kontinuierlicher Verbesserungsprozess, rechtlicher Rahmen
— Auswahl von Arbeitsmitteln / -stoffen: Arbeitsplatzgestaltung, Handhabung und Ergonomie, Arbeitsmittelgestaltung, Softwaregestaltung, gesundheitsschädliche Stoffe
— Gestaltung der Arbeitsumgebung: Raum, Akustik, Temperatur, Luftbewegung, Wege
— Gestaltung des Gebäudes: Verkehrslage, Raumqualität, Klima, Umgebung. [2-8, S.237]

Die Aufgliederung in soziale und technische Teilsysteme ist aus baudidaktischer und planerischer Sicht für Praktiker sehr eingängig, da technische Subsysteme definiert werden, für die planende Architekten und Ingenieure über die erforderlichen Qualifikationen und Kompetenzen verfügen. Gleichzeitig stellt diese Art der Einteilung einen Bezug zu den sozialen Teilen des Gesamtsystems her, an welche die technisch-baulichen Strukturen mittelbar und unmittelbar anschlussfähig sein müssen.

Abb. 2.3 Kommunikation ist ein zentrales Element moderner Büro- und Wissensarbeit und zugleich sehr organisationsspezifisch. Elemente der Architektur sowie der Raumausstattung sollten dementsprechend gestaltet werden und an wandelnde Anforderungen anpassbar sein.

Fotos: Depositphotos.com/ttatty; Depositphotos.com/araraadt

2.4 Differenzierung von Büro- und Wissensarbeit

Bei der Gestaltung von soziotechnischen Arbeitssystemen ist die Arbeitsaufgabe eine der zentralen Analyseeinheiten. Planer von Bürogebäuden erfassen in den ersten Phasen der Konzeption Tätigkeiten, die in dem zukünftigen Gebäude vollzogen werden sollen, und gründen darauf ein Raumprogramm, durch das die räumlichen Anforderungen erfüllt werden können. In den vergangenen Jahren wird neben dem Begriff *Büroarbeit* immer häufiger auch *Wissensarbeit* gebraucht. Meist findet die Verwendung synonym und ohne inhaltliche Differenzierung der oft als ähnlich beobachtbaren Abläufe, wie etwa Kommunizieren, Schreiben oder Präsentieren, statt. Ihre Kontexte, vor allem aber ihre betriebliche Funktion sowie Einbindung sind sehr verschieden und nicht ohne Einfluss auf die Anforderungen an das Arbeitssystem. Grundsätzlich werden geistige und körperliche Arbeit voneinander unterschieden. Damit ist gewöhnlich das Überwiegen einer der beiden Aspekte gemeint, da in realen Arbeitssituationen weder nur geistige noch ausschließlich körperliche Aktivitäten stattfinden. Diese idealtypischen Extremformen der menschlichen Tätigkeit werden als informatorische (= reiner Informationsumsatz) und energetische (= reiner Energieumsatz) Arbeit erfasst. [2-1, S. 224] Wegen ihres überwiegend informatorischen Aspekts lassen sich Büroarbeit und Wissensarbeit als geistige Arbeit kategorisieren. Auf der darunterliegenden Gliederungsebene können sie weiter differenziert werden. Während der Begriff *Büroarbeit* auf den Ort der Arbeitsverrichtung bezogen ist und sich im Zuge der sprachlichen Abgrenzung der Verwaltungstätigkeiten von der Produktionsarbeit vor mehr als 100 Jahren während der Industrialisierung herausbildete, wurde der Begriff *Wissensarbeit* beziehungsweise *knowlegde work* erstmalig von dem US-amerikanischen Ökonom Peter Drucker in den Fünfzigerjahren eingeführt. [2-9, S. 23] Im Rahmen seiner Analyse von Umbrüchen in Technologie, Wirtschaft, politischer Grundstruktur und Gesellschaft beschreibt Drucker einen Wandel von postindustriellen Gesellschaften zu Wissensgesellschaften, in denen Wissen eine existenzielle Grundlage der Arbeit und der Produktivität [2-10, S. 334] geworden ist. Einer funktionalen Unterscheidung zufolge ist *Büroarbeit* Supportprozessen zuzuordnen, die die Wertschöpfungsprozesse von Unternehmen unterstützen – ein Beispiel hierfür ist die Arbeit in einer Buchhaltungsabteilung. *Wissensarbeit* hingegen zählt selbst zu den wertschöpfenden Prozessen von Unternehmen – zu nennen ist hier die Arbeit in einer Forschungs- und Entwicklungsabteilung. Sie hat keinen unterstützenden Charakter, sondern leistet selbst einen Beitrag zur Wertschöpfung von Unternehmen.

In einer Wissensgesellschaft ist Wissensarbeit das prägende, dominierende Element von Arbeit und Produktivität einer Gesellschaft, so wie es die Industriearbeit in einer Industriegesellschaft ist. Der Wohlstand von Wissensgesellschaften hängt folglich von der Innovativität und der Wettbewerbsfähigkeit wissensintensiver Unternehmen eines ganzen Wirtschaftsraums ab. Auf der einzelwirtschaftlichen Ebene hat deshalb die Gestaltung von soziotechnischen Arbeitssystemen für Wissensarbeitsprozesse einen erheblichen Einfluss darauf, wie innovativ und wettbewerbsfähig wissensintensive Unternehmen sind. Die funktionelle und aufgabenbezogene Unterscheidung von Büroarbeit und Wissensarbeit bildet zu diesem Zweck eine grundlegende Voraussetzung.

2.4.1 Merkmale klassischer Büroarbeit

Nach Szyperski (1980) sind die spezifischen und typischen Zwecksetzungen der Büroarbeit:
— das Fixieren betrieblicher Daten zur Schaffung einer zeitlichen Existenz der geistigen Objekte
  (zum Beispiel Schreiben, Sprechen),
— das Übermitteln betrieblicher Daten zur Überbrückung einer räumlichen und zeitlichen Diskrepanz
  (Übertragung, Speicherung),
— das Auswerten betrieblicher Daten (Aufbereitung, Auswählen),
— das Konzipieren und Formulieren von Informationsinhalten,
— das Umwandeln von Informationen sowie
— das Koordinieren und Kontrollieren von Abläufen.

Ferner differenziert er vier Grundfunktionen mit ihren Tätigkeitsmerkmalen von Büroarbeit:
— Führungs- und Entscheidungstätigkeiten:
  · Leitung und Motivation von Mitarbeitern,
  · Repräsentation und Kommunikation,
  · Problemlösung und Entscheidung bei Unsicherheit und Risiko
— Wissensbasierte Fachtätigkeiten:
  · Ausführung von Tätigkeiten, bei denen Fachwissen in besonderem Maße erforderlich ist,
  · weitgehende Selbstorganisation tendenziell unstrukturierter Arbeit,
  · Entwicklung von Eigeninitiative,
  · Aufgabenorientierung
— Sachbearbeitungstätigkeiten:
  · Ausführung von Tätigkeiten, für die weniger Fachwissen erforderlich ist und die in stärkerem Maße strukturiert und wiederkehrend sind und
  · vorgangs- und ereignisorientiert anfallen
— Unterstützungstätigkeiten:
  · Unterstützung der anderen Gruppen bzgl. Informationsverarbeitung, Übertragung, Speicherung. [2-11]

2.4.2 Merkmale der Wissensarbeit

Machlup (1962) definiert Wissensarbeit als die Produktion und Vermittlung von Wissen. [2-12, S. 7] Nach Steinbicker (2011) versteht Drucker (1993) unter Wissensarbeit im Kern »Wissen auf Wissen anzuwenden«, um theoretische Erkenntnisse in praktische Anwendungen von Technik und Technologie umzusetzen sowie in wirtschaftlichen Ertrag und Wachstum umzuwandeln. [2-13, S. 29] Wissensarbeit in diesem Sinne wird als ökonomischer Prozess aufgefasst, dessen Ziel es ist, Wissen zu erschließen, das bisher noch nicht in die unternehmerischen Verwertungsprozesse eingeflossen ist, zum Beispiel:
— wissenschaftliches Wissen,
— Kundenwissen,
— kulturelles und Freizeit bezogenes Wissen,
— brach liegendes Wissen innerhalb der Organisation oder neues Wissen zu schaffen durch die neuartige Kombination von Wissensbeständen, die bisher noch nicht in Verbindung standen, wie etwa technologisches Wissen oder Wissensdomänen anderer Fachgebiete. [2-14, S. 14]

Eine der typischen Problematiken der betrieblichen Organisation von Wissensarbeit ist, wie explizites und implizites Wissen von Personen (personales Wissen) und der Organisation (organisationales Wissen) produktiv verknüpft werden können. Denn die heute anvisierte Form der Wissensarbeit wird erst möglich, »wenn beide Seiten, Personen und Organisation, in komplementärer Weise Wissen generieren, nutzen und […] wechselseitig zur Verfügung stellen«. [2-15, S. 167] Nach Dörhofer (2010) folgt daraus, dass wissensintensive Unternehmen Organisations- und Koordinierungsformen benötigen, die für die Wissensintegration und den Umgang mit dem Unvorhersehbaren geeignet sind. Als charakteristische Formen der Organisation von Wissensarbeit kommen daher neue, teamorientierte Ansätze, verbunden mit einer »Projektifizierung von Arbeit« infrage. [2-16, S. 44f.]

Aus dem Umstand, dass Wissensarbeiter aus den »verschiedenen Wissensformen dezentral in Arbeitsteams kombiniert und integriert werden«, schließt Dorhöfer, dass »Wissensarbeit nicht mehr direkt kontrolliert und gesteuert werden kann«, da nur die jeweils »involvierten Wissensarbeiter ihr Wissen interaktiv zur Problemlösung anwenden«. [2-16, S. 45f.] Er nennt drei idealtypische Kennzeichen der Wissensarbeit, die für ihre Organisation im Betrieb bestimmend sind:

1. Dynamische und kontextbezogene Anwendung von Expertise mit der beständigen Notwendigkeit der Weiterentwicklung von Wissen -> Hauptanforderung für Wissensarbeiter ist, die individuelle Kompetenz entsprechend den sich wandelnden Erfordernissen zu aktualisieren.
2. Kreative Problemlösung, die vor allem in der Bearbeitung eines singulären Projekts notwendig wird -> Die Generierung neuen Wissens geschieht prozessual durch Kooperation und Kommunikation. Mittel und Zweck der Wissensarbeit sind nicht programmierbar und deshalb »konstitutiv« darauf angewiesen, dass zum einen der Tausch von Daten und Informationen und zum anderen die interaktive Generierung von Wissen stattfinden.
3. Bewältigung von Ambiguität -> Anforderungen an Wissensarbeiter: Soft Skills, wie zum Beispiel Rhetorik, Darstellung eines spezifischen Images und Aufrechterhaltung sozialer Beziehungen. [2-16, S. 46f.]

Im Vergleich haben Büroarbeit und Wissensarbeit Tätigkeitsmerkmale, die ähnlich oder gleich sind, und andere, die sich deutlich voneinander unterscheiden. Diese Unterschiede prägen Unternehmen sehr spezifisch. Ebenso wie Organisations- und Führungsstrukturen daran auszurichten sind, bedarf auch die Gestaltung von Arbeitssystemen (einschließlich ihrer Arbeitsumgebungen) einer den Aufgabentypen und Tätigkeitsprofilen entsprechenden Differenzierung. Eine der Herausforderungen für planende Architekten und Ingenieure besteht folglich darin, diese Spezifikationen in der Arbeitsorganisation zu erkennen und geeignete Raumeigenschaften als dazu technisch passende Profile zu definieren. Dies geschieht im Sinne der soziotechnischen Systemgestaltung, wenn das soziale Teilsystem durch das technische menschengerecht wie effizient ergänzt wird.

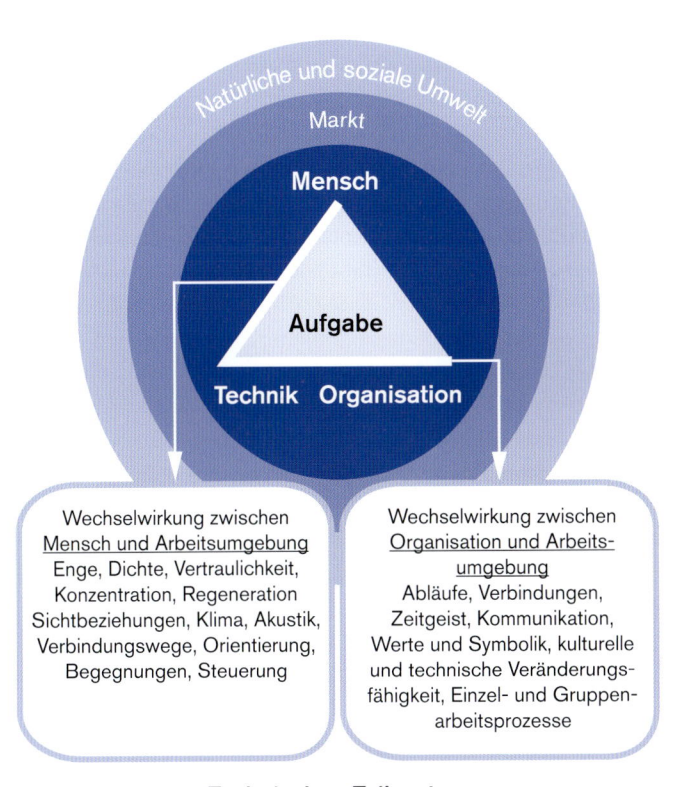

Abb. 2.4 Soziotechnisches Gestaltungskonzept für Arbeitsumgebungen im Sinne des MTO-Ansatzes, Abb. auf Basis von [2-6]

Differenzierung von Büro- und Wissensarbeit

2.5 Verknüpfung von Nachhaltigkeit, Arbeitswissenschaft und Zukunftsprognosen in einer lebenszyklus- und stakeholderorientierten Gebäudeplanung

Ansätze für die Planung von nachhaltigen Bürogebäuden sind etwa integrale Planungsprozesse mit Lebenszyklusperspektive. Durch ihre langfristig orientierte Bedarfsplanung wird angestrebt, Ressourcen jeder Art weitestgehend effizient einzusetzen. [2-17, S. 15ff.]

Eine derart weit vorausschauende Planungsweise mit Nachhaltigkeitsintention hat naturgemäß alle relevanten Anspruchsgruppen der Planungs-, Neubau-, Nutzungs- und Rückbauphase eines Bauwerks zu berücksichtigen. Die Stakeholder-Integration in die Gebäudeplanung ist eine wesentliche Voraussetzung, um Nachhaltigkeitsziele im Bausektor auf der operativen Ebene zu entfalten. Sie entspricht außerdem der arbeitswissenschaftlichen Vorgehensweise, alle relevanten Systemelemente und ihre Wechselwirkungen integrativ zu betrachten. Nachhaltige und arbeitswissenschaftliche Gestaltungsansätze stehen sich daher in keinem Zielkonflikt gegenüber – im Gegenteil. Arbeitswissenschaftliche Erkenntnisse tragen dazu bei, die Wechselwirkungen zwischen Mensch, Aufgabe und Arbeitsumgebung besser zu verstehen und die nachhaltige Wirkung von Arbeitsumgebungen auf Arbeitende und ihre Ergebnisse zu erhöhen. Umgekehrt verfolgt eine nachhaltigkeitsorientierte Planungs-, Bau- und Bewirtschaftungsweise von Gebäuden grundsätzlich die Umsetzung von arbeitswissenschaftlichen Gestaltungszielen.

Welche Stakeholder für das jeweilige Bauvorhaben relevant sind und wie ihre Ansprüche berücksichtigt werden können, hängt von der konkreten Bauaufgabe, den Rahmenbedingungen und der Lebenszyklusphase ab. Ansprüche können aus der ökonomischen, sozialen oder ökologischen Sphäre eines Bürogebäudes einzeln oder verbunden hervortreten. Typischerweise formulieren Investoren meist ökonomische Anforderungen, während Nutzer gebrauchstaugliche Aspekte in den Vordergrund stellen. Aber auch Anforderungen im Hinblick auf die ökologische Wirkung werden von unterschiedlichen Interessensgruppen wie Kommunen, von lokalen Umweltakteuren oder auch von Betreibern vorgetragen. Eine umfassende Stakeholder-Analyse und eine intelligente Verknüpfung der verschiedenartigen Anforderungen sind daher eine Apriori-Bedingung für den Entwurf und die Konstruktion von nachhaltigen Büro- und Verwaltungsgebäuden.

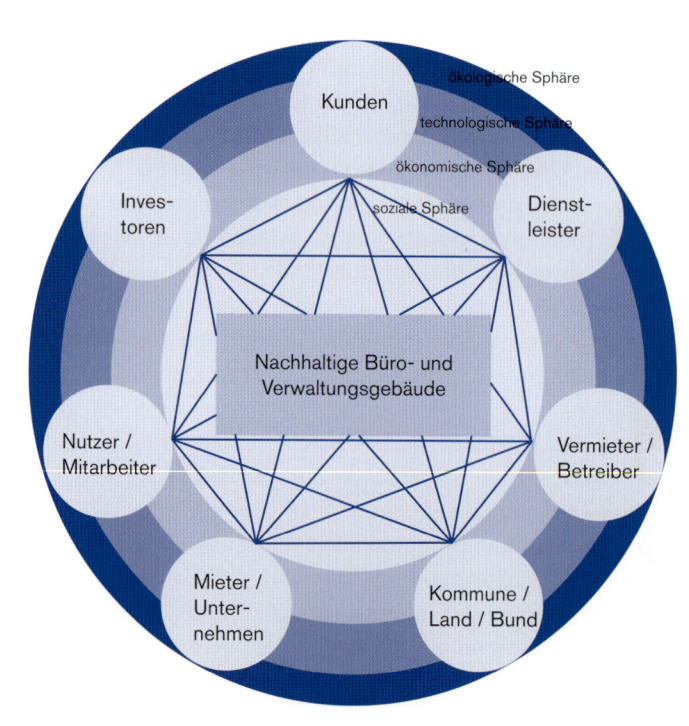

Abb. 2.5 Beispielhaftes Netzwerk relevanter Stakeholder nachhaltiger Büro- und Verwaltungsgebäude [2-20, S. 745, Abb. 10]

Die hohe Lebensdauer von Gebäuden und die Langfristigkeit der Planungsperspektive ist für Architekten und Ingenieure mit der Schwierigkeit verbunden, Anforderungen an Bauvorhaben zu ermitteln, die zukünftige Generationen beziehungsweise Interessengruppen betreffen, aber von ihnen selbst noch nicht vorgetragen werden können. Die Definition der *Nachhaltigen Entwicklung* durch die Brundtland-Kommission bietet für dieses prinzipielle Ausgangsdilemma eine normative Orientierung, die auch als Planungsgrundsatz für Gebäude Gültigkeit haben kann. Dieser Definition folgend ist *Nachhaltige Entwicklung* eine Entwicklung, die Bedürfnisse der heutigen Generation befriedigt, ohne die Möglichkeit zukünftiger Generationen einzuschränken, ihre eigenen Bedürfnisse zu befriedigen und ihren Lebensstil zu wählen. [2-18, S. 46]

Eine nachhaltige Bauweise entzieht demnach zukünftigen Generationen keine Ressourcen, die für ihre Existenz und Bedürfnisbefriedigung notwendig sind. Ferner verfolgt *Nachhaltige Entwicklung* das Ziel, wenn möglich, Ressourcen weiterzuentwickeln, die die Lebensgrundlage für zukünftige Generationen sichern helfen. Fischer (2011) schlägt auf Basis dieses Nachhaltigkeitsverständnisses folgende Definition für nachhaltige Bürogebäude vor:

»Ein nachhaltiges Büro- und Verwaltungsgebäude trägt in seiner Funktion und Bauweise zum dauerhaften Erhalt und der Weiterentwicklung von

— Sach-/ und Finanzkapital (zum Beispiel in Form produzierter Leistungen, dem Beitrag zur Wettbewerbsfähigkeit seiner Mieter sowie den Einkommen von Investoren und Vermietern),

— Human- und Sozialkapital (zum Beispiel durch die Schaffung »lebenswerter« Arbeitsräume, in denen Menschen ihre Fähigkeiten schädigungsfrei entwickeln und wertvolle Beziehungsstrukturen entstehen können)

— und Naturkapital (zum Beispiel durch den Aufbau aus wiederverwendbaren (Sekundär-)Rohstoffen, die Nutzung regenerativer Energieträger bei Erstellung und Nutzung und eine geeignete Standortwahl) bei.

Es verfolgt dabei den Anspruch, während aller Lebenszyklusphasen die jeweils spezifischen Bedürfnisse unterschiedlicher Stakeholder-Gruppen in Einklang zu bringen, ohne die Bedürfnisse zukünftiger Generationen auszuklammern.« [2-19, S. 1]

Abb. 2.6 Nachhaltigkeit, Zukunftsfähigkeit und Stakeholderorientierung lassen sich in einer lebenszyklusorientierten Gebäudeplanung prinzipiell gut realisieren, auch wenn dadurch Zielkonflikte zwischen den einzelnen Planungsdimensionen zu lösen sind.

Foto: Depositphotos.com/valery

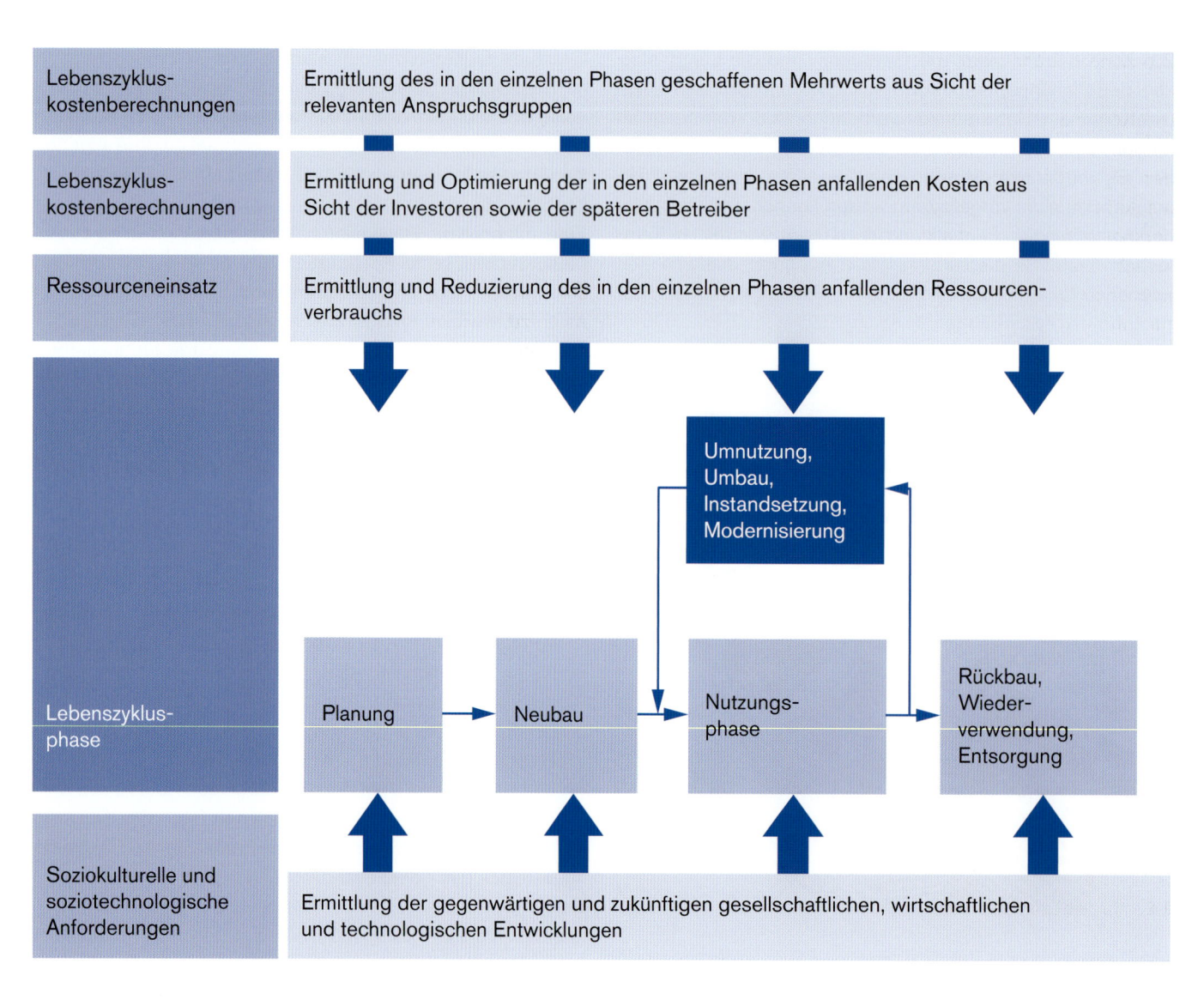

Abb. 2.7 Schematisches Lebenszyklusmodell für ein Gebäude unter dem Einfluss gesellschaftlicher, wirtschaftlicher und technologischer Rahmenbedingungen [2-20, S. 744, Abb. 9]

2.6 Zukunft der Büro- und Wissensarbeit

Die Kenntnis von gegenwärtigen und zukünftigen Anforderungen ist, den vorherigen Ausführungen entsprechend, für den Entwurf von nachhaltigen Bürogebäuden erforderlich, um Ansätze der Lebenszyklusplanung zu verwirklichen. Sie bedingt jedoch, zukunftsbezogene Anforderungen an Bauvorhaben explizit zu ermitteln. In der jüngeren Vergangenheit wurden zahlreiche nationale wie internationale Studien über zukünftige Veränderungen in der Arbeitswelt bekannt. Die in der einschlägigen Literatur dargestellten Zukunftsentwicklungen für die Arbeit in Büros lassen sich in zwei Kernaussagen zusammenfassen:

1. Durch den Wandel der postindustrialisierten Volkswirtschaften zur Wissensökonomie mit neuen, ausdifferenzierten wissensökonomischen Berufen hat sich das zukünftige Arbeiten in Büros von der klassischen Büroarbeit mit standardisierten Abläufen und Routinetätigkeiten zur Wissensarbeit mit komplexen sowie wechselnden Arbeitsinhalten weiterentwickelt.
2. Arbeitsinhalte, Arbeitsorganisation und Kommunikation werden durch den technischen Fortschritt und organisatorischen Wandel zunehmend unabhängiger von Ort, Zeit sowie Struktur der Unternehmen.

In den folgenden Abschnitten werden die wesentlichen Prognosen zur Veränderung der Büro- und Wissensarbeit in der Zukunft dargestellt.

2.6.1 Globalisierung und Wettbewerb

In der Diskussion von gegenwärtig umwälzenden gesellschaftlichen und wirtschaftlichen Transformationskräften steht häufig die Globalisierung im Mittelpunkt. Die in den vergangenen zwei Dekaden beobachtbare, signifikant gestiegene Globalisierung der Arbeitsteilung wird in den nächsten Jahren zu einer deutlichen Verschiebung der weltwirtschaftlichen Zentren von Europa und Nordamerika in den asiatischen Wirtschaftsraum – nach Korea, Indien, China – führen. Aufgrund der umfangreichen Digitalisierung von Wirtschaftsprozessen ist heute schon sichtbar, dass sich die Verdichtung und Wissensintensivierung von Abläufen weiter beschleunigen werden. Der globalisierte Wettbewerbsdruck auf Unternehmen wird voraussichtlich gleichsam für Mitarbeiter zunehmen und droht, insbesondere gering qualifizierte Menschen zurückzulassen. [2-21, S. 26] Beschleunigung und hoher Wettbewerbsdruck bedingen immer kürzere

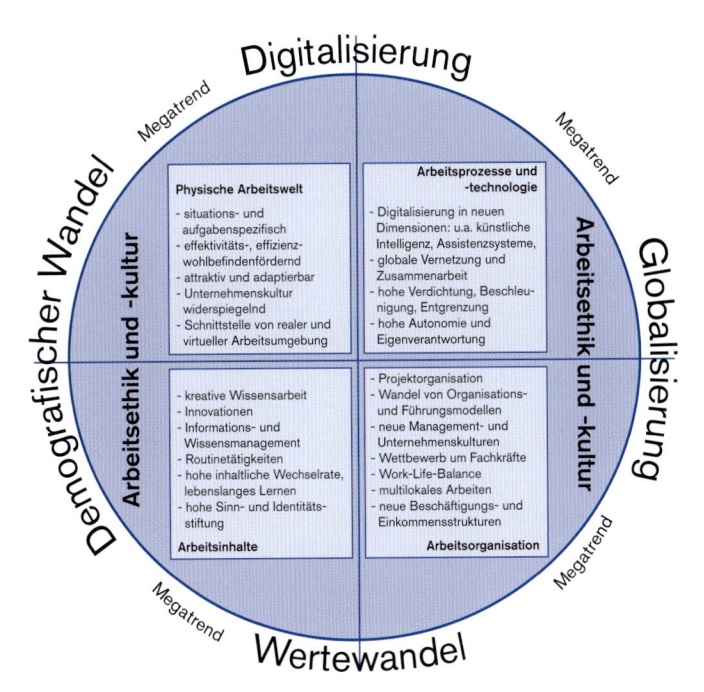

Abb. 2.8 Aspekte der Veränderung von Büro- und Wissensarbeit in Zukunftsstudien. Modifizierte und erweiterte Abb. in Anlehnung an [2-57]

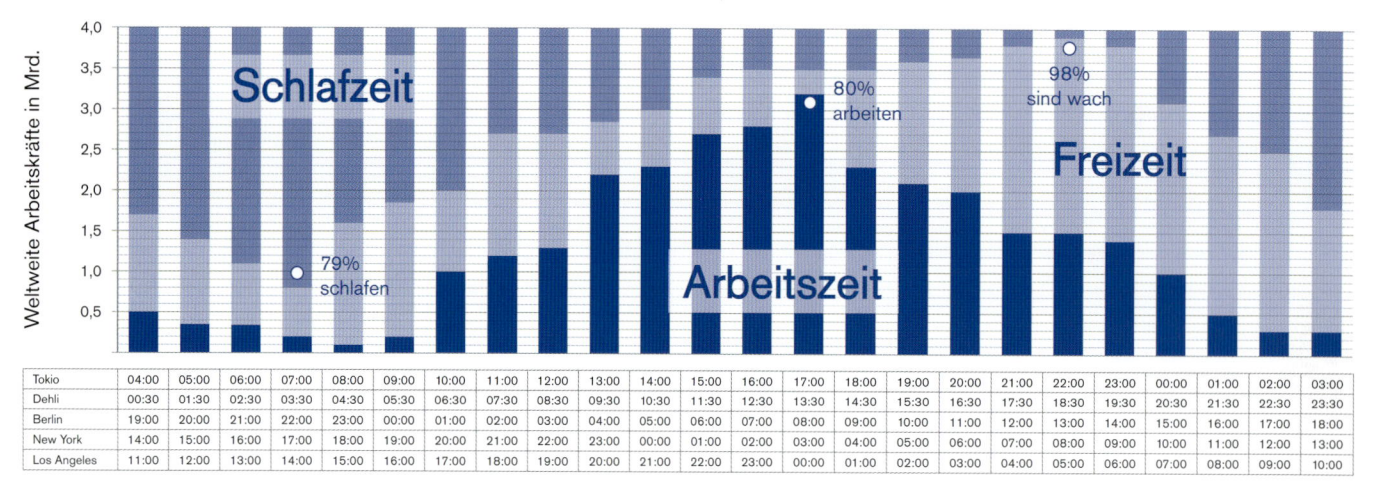

Abb. 2.9 Qualitative Darstellung der globalen Verteilung der Arbeitszeit von Arbeitskräften, modifizierte Abb. in Anlehnung an [2-58]

Innovationszyklen und damit verbunden eine stark ausgeprägte Hochleistungsinnovationsfähigkeit von Unternehmen und Mitarbeitern. [2-22, S. 120].

Für die »entmaterialisierte« Büro- und Wissensarbeit scheint es fast unerheblich zu werden, wo wissensintensive Tätigkeiten ausgeführt werden. [2-23, S. 15] Wettbewerbsfähig bleiben in diesem Szenario nur Unternehmen, die Kunden durch Kreativität und Innovationen überzeugen sowie Abläufe effizient und effektiv organisieren. [2-24, S. 15] Die weltweite Konkurrenz um Marktanteile und Gewinne scheint demnach Unternehmen zu veranlassen, die betrieblichen Prozesse durch Umorganisation, Outsourcing, Fusionierung oder Offshoring ganzer Abteilungen durchgängig zu ökonomisieren. [2-24, S. 53] Die Barriere, die Unternehmensgrenzen einst geboten haben und die Mitarbeiter von den unmittelbaren Kräften des »Marktes« schützte, könnte damit u.U. aufgelöst werden.

2.6.2 Digitalisierung und Digitalkultur

Eine internationale Delphi-Studie zum Einfluss von Digitalisierung und neuen Informations- und Kommunikationstechnologien (IKT) bis zum Jahr 2030 kommt unter anderem zu folgenden Ergebnissen:
— Die Digitalisierung und die noch weiter zunehmende IKT-Durchdringung aller privaten und beruflichen Lebensbereiche werden die Informationsgesellschaft in Zukunft noch umfassender formen.
— Akzeptanz und Vertrauen von Menschen im Umgang mit IKT sind die Grundlage der Entwicklung einer modernen und offenen Informationsgesellschaft.
— Leistungsfähige Kommunikationsinfrastrukturen sind unabdingbare Voraussetzung und strategischer Erfolgsfaktor für eine offene und wettbewerbsfähige Informationsgesellschaft.
— Die Dynamik in den IKT-Basistechnologien wird Innovationsprozesse treiben und gravierende Auswirkungen auf die Schlüsselindustrien der deutschen Wirtschaft haben. [2-25, S. 14ff.]

Vor allem im Bereich der Wissensarbeit verlagern sich Tätigkeiten durch Smartphones und Tablet-PCs immer weiter in den virtuellen Raum, breiten sich flexible Arbeitsformen wie Telekooperation, *Mobile Work* und *Virtual Work* zunehmend aus und machen durch Cloud-Technologien den mobilen Datenzugriff jederzeit und von jedem Ort aus möglich. [2-26, S. 3] Einige Studien stellen dazu fest, dass der IKT-Einsatz die (virtuelle) Zusammenarbeit von räumlich getrennten Mitarbeitern und Teams ermöglichen und fördern wird. Für Wissens- und Büroarbeiter soll es üblich werden, regelmäßig zwischen ihrer realen und virtuellen Präsenz zu wechseln. Das Büro gewinnt hierbei als Schnittstelle zwischen realer und virtueller Arbeitswelt für Unternehmen und Mitarbeiter an strategischer Bedeutung, da es Personen und ihr Wissen miteinander vernetzt und die Entstehung von innovativen Wissensräumen auf technisch-organisatorische Weise ermöglicht. [2-26, S. 25; 2-27, S. 3]

Weitaus weniger offensichtlich ist der mittelbare Effekt, den die Digitalisierung von Arbeits- und Geschäftsprozessen auf soziorganisatorische Veränderungen haben kann. Begriffe wie *Cloudworker* sind beispielgebend dafür, dass Funktionsprinzipien technischer Applikationen – in diesem Beispiel die Cloud-Technologie – auf arbeitsorganisatorische Prozesse übertragen werden.

Internetkonzerne wie Google, Microsoft, Apple oder Facebook führen vor, wie die neue Arbeitswelt für ihre Mitarbeiter auf der Basis einer Digitalkultur funktionieren kann. Durch die zahlreichen digitalen Produkte und Dienstleistungen wird sich diese Kultur des Arbeitens und Lebens in vielen Bereichen zunehmend ausbreiten. Einige Vorstellungen von der zukünftigen Bedeutung digitaler Technologien gehen sogar

Abb. 2.10 Digitalisierung durch semantische Technologien, sensorische Adaptionsfähigkeit der Arbeitsumgebung an situative und personelle Faktoren sowie eine hohe datenmäßige Vernetzung wesentlicher Geschäftsprozesse verändern das zukünftige Mensch-Technik-Verhältnis im Bürobereich.

Fotos: Depositphotos.com/AndreyPopov; Depositphotos.com/Rawpixel

so weit, dass sie annehmen, Technik könne die Funktionen von Staaten, Regierungen, Parlamenten oder Institutionen besser übernehmen (als beispielsweise die Politik), weil sie die Probleme der Menschheit zuverlässiger zu lösen vermag. [2-28, S. 11ff.] Im Vergleich zum allgemeinen Kanon von Zukunftsstudien liegt dieses Zukunftsbild allerdings weit im Bereich der Utopie. Dennoch wird auch durch solche Arbeiten deutlich, welche regulativen Ideen in Zusammenhang mit den technischen Möglichkeiten hervorgebracht werden. Weitgehender Konsens unter der Vielzahl von Autoren besteht jedoch darüber, dass digitale Produkte und Dienstleistungen die Arbeitswelt organisatorisch wie technisch ganz wesentlich prägen und in vielfältiger Form Einfluss auf die Gestaltung von Büros und Bürogebäuden nehmen werden.

2.6.3 Multilokales Arbeiten

Die erhöhte zeitliche und räumliche Flexibilität von Wissensarbeitern und teilweise auch von Büroarbeitern schafft Studien zufolge die Voraussetzungen dafür, dass sich multilokale Arbeitsweisen herausbilden werden. Hinter dem Begriff *multilokal* verbergen sich unterschiedliche Arbeitssettings, in denen die Tätigkeiten auch fernab des klassischen Büroarbeitsplatzes verrichtet werden können. Beispiele sind das Arbeiten von zu Hause, bei Freunden oder Angehörigen (*Home Office*), das Arbeiten von unterwegs – im Zug, Flugzeug oder in Transit-Lounges an Verkehrsknotenpunkten –, aber auch an verschiedenen Orten innerhalb eines Gebäudes – klassischer Büro- und Schreibtischarbeitsplatz, Klausurraum, Projektraum, Kreativ-Ecke oder Kaffee-Insel. [2-26, S. 9; 2-27, S. 3] *Coworking Center* sind eine der neueren Formen des multilokalen Arbeitens. Sie können sehr unterschiedlich konzipiert sein. Allen Ausprägungen ist allerdings gemein, dass Menschen aus unterschiedlichen Organisationen in gemeinsamen Arbeitslandschaften, die für ihren Arbeitskontext geeignet beziehungsweise charakteristisch sind, zusammentreffen, ohne organisatorisch miteinander verbunden zu sein. Varianten von *Coworking Centern* reichen von elitären Angeboten mit Klubcharakter über wertezentrierte Angebote und Angebote professioneller Kinder- und Seniorenbetreuung bis hin zu Angeboten für sogenannte *Follower* von spezifischen Gruppen sozialer Netzwerke. Die Standorte solcher Arbeitsstätten sollen dort gewählt werden, wo sich die jeweilige Zielgruppe befindet – in bestimmten Stadtteilen, auf dem Land oder auch in bestimmten Ferienregionen. Multilokales Arbeiten heißt zusammenfassend, dass Menschen unterschiedliche Orte für ihre Leistungserstellung aufsuchen. [2-23, S. 27ff.] Mit dieser Entwicklung erhält der klassische Büroarbeitsplatz sozusagen »Wettbewerber«. Unternehmen mit eingeschränktem Zugang zu Arbeitskräften in bestimmten Wirtschaftsbereichen werden deshalb veranlasst sein, Bürokonzepte zu entwickeln, die die Vorzüge und die hohe wie optimale Funktionalität für das Arbeiten am Unternehmensstandort heraus- und sicherstellen.

2.6.4 Projektarbeit und Omnipräsenz

Ein weiteres Wesensmerkmal moderner Wissensarbeit ist ihre Organisation in Form von Projekten, die überwiegend von Teams bearbeitet werden. Flache Unternehmenshierarchien sowie eine hohe Kommunikations- und Interaktionsdichte zwischen den Teammitgliedern erzeugen ein breites, aber engmaschiges soziales Geflecht aus Aktivitäten, Aufgaben und Beziehungen. [2-29, S. 28] Soziale Vernetzung, Teamgeist und offene Kooperationen in iterativen und zeitnahen Arbeitsprozessen prägen hauptsächlich den prognostizierten Charakter der zukünftigen Wissensarbeit, aber auch der Büroarbeit. [2-30, S. 6] Wissensarbeiter wechseln schon heute regelmäßig zwischen konzentrierter Einzelarbeit, Teamarbeit, Besprechungen und Gesprächen sowie Phasen des Wissenserwerbs und der Netzwerkarbeit. [2-23, S. 18] Idealerweise entsprechen die unterschiedlichen Arbeitsumgebungen den jeweiligen Arbeitsweisen beziehungsweise sind daran anpassbar.

Der vermeintliche Zwang von Mitarbeitern zur Omnipräsenz, die durch Technologieeinsatz zumindest virtuell möglich ist, könnte zunehmend einer Medienkompetenz weichen, die zu einem bewussteren und steuernden Umgang mit der medialen Umwelt befähigt. Das heißt, die Fähigkeit zu entwickeln, selbst entscheiden zu können, wann man sozial vernetzt und eingebunden sein möchte und wann man für sich sein beziehungsweise konzentriert arbeiten will. [2-31, S. 57]

2.6.5 Lebenslanges Lernen und Selbstmanagement

Das Qualifikationsspektrum von und zwischen Büro- und Wissensarbeitern ist naturgemäß sehr breit und sollte deshalb differenziert betrachtet werden. Während typische Büroarbeit von Unterstützungstätigkeiten über Sachbearbeitungsaufgaben bis hin zu Führungsverantwortung reichen kann, zeichnet sich Wissensarbeit durch einen innovationsorientierten und wertschöpfenden Einsatz von Wissen auf Wissen aus. Wissensarbeit ist durch eine hohe geistige Beanspruchung charakterisiert, die ein großes Potenzial zur Persönlichkeits-, Identitäts- und Sinnstiftung bietet. [2-32, S. 60ff.; 2-29, S. 28] Persönliche Präferenzen beziehungsweise thematische Interessen können sehr viel besser verwirklicht werden als in anderen Berufen. Die thematische Affinität bei Wissensarbeitern zu ihren Arbeitsthemen führt häufig dazu, dass sie sich auch in ihrer privaten Zeit (ggf. gerne) damit beschäftigen sowie eine starke Identifikation mit ihren Kollegen entwickeln. Nicht selten gewinnen Wissensarbeiter deshalb Freunde und Bekannte aus dem unmittelbaren Kollegenkreis. Dadurch wird die Grenze zwischen Privatleben und Arbeit immer fließender, weil ein Teil der Arbeit im Privaten und ein Teil des Privatlebens bei der Arbeit stattfinden. [2-23, S. 7; 2-29, S. 26ff.; 2-33, S. 157] Wissensarbeiter verfügen meist über eine ausgeprägte Lern- und Veränderungsbereitschaft, die eine wichtige Voraussetzung für eine dauerhafte Arbeits- und Beschäftigungsfähigkeit ist. [2-22, S. 23 + S. 90; 2-34, S. 47; 2-35, S. 61ff.; 2-36, S. 50] Flache Hierarchien mit einer ausgeprägten Ergebnisorientierung als betriebliche Steuerungsform erhöhen die Selbstbestimmung von Mitarbeitern im Arbeitsprozess. Wo externe Führung zurücktritt, aber Eigenverantwortung zunimmt, steigt das Maß an Selbstkontrolle, Selbstorganisation sowie Selbstmotivation für die betroffenen Mitarbeiter. Strategische Handlungsplanung, Folgenabschätzung, Problemlösungsfähigkeit und Impulskontrolle gelten deshalb als zunehmend wichtige und erfolgswirksame Metakompetenzen von Mitarbeitern in der Zukunft. [2-22, S. 23 + S. 90; 2-34]

2.6.6 Patchwork-Arbeitsbiografien

In Bezug auf die Sicherheit von Beschäftigungsverhältnissen postulieren Jánsky und Abicht, dass zukünftige Arbeitsbiografien durch einen »Patchwork-Effekt« charakterisiert sein werden. Das Arbeitsleben von vielen Menschen soll dabei seine spezifische Prägung durch vielfältige Wechsel, Ein- und Ausstiege, zwischenzeitliche Bindungen, vorübergehende regionale Sesshaftigkeit und neu aufflammende Dynamik erhalten. [2-22, S. 45] Die aktuellen Entwicklungen deuten auf eine Zunahme von Brüchen und Diskontinuitäten in den Berufsbiografien hin sowie auf eine anhaltende Verbreitung von atypischen Arbeitsformen wie Zeitarbeit, Teilzeit oder Selbstständigkeit. [2-32, S. 67] Formelle Bildungsabschlüsse und vorbestimmte Berufsbahnen werden mehr in den Hintergrund treten. Dagegen soll der Anteil von »neuen« Selbstständigen (»new worker«), die befristet oder projektbezogen innerhalb oder außerhalb eines Firmenverbands arbeiten, weiter zunehmen.

Das zukünftige Berufsleben besteht demnach überwiegend aus einer Aneinanderreihung von Projekten. [2-39, S. 49f.] Die für Wissen- und Informationsökonomien typische Projektorientierung beziehungsweise Projektwirtschaft prägt und zergliedert somit auch die Berufsbiografien der Menschen. Rump (2011) betont deshalb, dass der Erwerb und der lebenslange Erhalt der persönlichen Beschäftigungsfähigkeit (»employability«) durch fachliche, soziale und methodische Kompetenzen eine zentrale Zukunftsanforderung an Arbeitende ist. [2-34]

2.6.7 Erhalt der Gesundheit und Arbeitsfähigkeit

Docherty et al. (2009) führen aus, dass der Anstieg der Arbeitsintensität schon seit den Neunzigerjahren zu verzeichnen ist. Mehrfachqualifikationen sowie die Integration der Aufgabenerledigung in Teams haben zu zusätzlichen Anforderungen an Beschäftigte beigetragen und das Leistungsniveau ansteigen lassen. Die Autoren weisen darauf hin, dass moderne Technologien das Potenzial nachgewiesen haben, die psychologischen und physischen Grenzen zwischen Arbeit und Nicht-Arbeit zu verletzen. Als Zeichen der gestiegenen Intensität der Arbeit sind psychische und stressverursachte Arbeitserkrankungen sowie Langzeiterkrankungen und Frühverrentungen statistisch angestiegen. [2-37, S. 13] Die WHO geht ferner davon aus, dass bis zum Jahr 2030 Depressionen das am häufigsten auftretende Krankheitsbild mit erheblichen Auswirkungen auf die strategische Wettbewerbsfähigkeit von Unternehmen und ihre Beschäftigungsattraktivität sein werden. Schweer und Genz (2005) beschreiben die gewandelten Arbeitsformen als Tätigkeiten mit dominant psychischen Anforderungsstrukturen, hohem Leistungs- und Wettbewerbsdruck, psychosozialen Zusatzbelastungen, hohen Flexibilitätsanforderungen bezüglich Arbeitszeit, Arbeitsinhalt und Arbeitsort sowie mit einer steigenden Unsicherheit und Unberechenbarkeit der Beschäftigung. [2-38, S. 199]

Spath et al. (2012) nehmen an, dass diese intensiven Arbeitsverhältnisse immer wieder gesundheitliche Beeinträchtigung bei Büro- und Wissensarbeitern verursachen werden. Vor allem für die erste Generation der modernen Büro- und Wissensarbeiter befürchten Spath et al., dass sie aufgrund von Unerfahrenheit und Mangel an Kompetenzen zulasten ihrer physischen und mentalen Gesundheit arbeiten werden. Erst bei nachfolgenden Generationen sollen Präventionsmaßnahmen wirksam werden können, die aus den gewonnenen Erfahrungen entwickelt worden sind. Als beispielhafte Maßnahme wird in Studien das Schulfach *Arbeitslehre* erwähnt, das Heranwachsenden den effektiven, effizienten sowie gesundheitsschützenden Einsatz der psychischen und physischen Kräfte in räumlich und zeitlich entgrenzten Arbeitssystemen vermitteln soll. [2-23, S. 23ff.] Daneben vermuten Jánsky und Abicht (2013) wie auch Spath et al. für die Zukunft eine vermehrte Einnahme von Medikamenten, mit denen Arbeitende ihre körperliche und geistige Leistungsfähigkeit zu optimieren versuchen. Ihrer Ansicht nach könnte die Praxis des »Office Dopings« [2-23, S. 23ff.] von einem breiten gesellschaftlichen Konsens getragen sein werden. [2-22, S. 102ff.]

Abb. 2.11 Das Arbeiten an unterschiedlichen Orten, die Vereinbarkeit von privaten und beruflichen Aufgaben sowie die ständige Selbstorganisation der Umsetzung und Zielerreichung prägen den Arbeitsalltag von Büro- und Wissensarbeitern.

Fotos: Depositphotos.com/yekophotostudio; Depositphotos.com/spotmatikphoto

2.6.8 Konsequenzen des demografischen Wandels

Der demografische Wandel hat zur Folge, dass es einen Mangel an jenen hoch und mittel qualifizierten Arbeitskräften geben wird, die für die Sicherstellung der Innovations- und Wettbewerbsfähigkeit von Unternehmen eine notwendige Bedingung sind. [2-39] Insbesondere sekundäre Dienstleistungsberufe wie Juristen, Manager, Geistes- und Sozialwissenschaftler sowie Gesundheits- und Sozialberufe sind stark betroffen. Ebenso stehen primäre Dienstleistungsberufe wie Verkäufer, Vertriebler, Büro- und kaufmännische Dienstleistungsberufe, Transport, Sicherheit- und Wachberufe, Gastronomie und Reinigungsberufe unter dem Druck des gegenwärtigen Demografieverlaufs. [2-22, S. 77] Während im Produktionssektor Ingenieure eine weiterhin nachgefragte Berufsgruppe bleiben und rar sein werden, wird der Bedarf an produktionsbezogenen Berufen voraussichtlich weiter sinken. [2-22, S. 107] Vor allem im Fertigungsbereich wird der prognostizierte Mangel an Arbeitskräften durch die Zunahme von Automatisierung, Digitalisierung und Robotisierung in der Produktion am besten kompensiert werden können.

Somit spitzt sich die Arbeitskräftesituation besonders für wissensintensive Unternehmen zu. Zum einen sind die nachgefragten Qualifikationen relativ hoch, zum anderen werden weniger Arbeitskräfte zur Verfügung stehen, die zusätzlich im Durchschnitt älter sein werden. [2-29, S. 38] Unternehmen könnten deshalb ein großes Interesse haben, die verfügbaren Arbeitskräfte möglichst effizient wie effektiv einzusetzen und sie darüber hinaus weitgehend vor der Beeinträchtigung ihrer psychischen und physischen Gesundheit zu schützen. Dieser betrieblichen Rationalität logisch folgend, werden sie die Erhaltung der körperlichen und geistigen Leistungsfähigkeit ihrer Mitarbeiter fordern und fördern. [2-31, S. 69f.; 2-23, S. 19]

Der Mangel an Arbeitskräften in Teilen der Wirtschaft und in einigen Fachdisziplinen könnte zudem die Herausbildung von Arbeitnehmermärkten fördern. Arbeitnehmermärkte sind – im Gegensatz zu Arbeitsmärkten – dadurch gekennzeichnet, dass eine höhere Anzahl an vakanten Arbeitsplätzen einer geringeren Anzahl von Arbeitskräften gegenübersteht. Der demografische Wandel könnte daher eine Neuverteilung der Machtverhältnisse zwischen Arbeitnehmer und Arbeitgeber hervorbringen.

Überdies könnten der Fach- und Arbeitskräftemangel sowie auch andere Faktoren, wie beispielsweise finanzielle Notwendigkeiten, Freude an der Arbeit, Verbundenheit mit dem Unternehmen oder Wertschätzung der Erfahrungen und Expertise von Älteren, Senioren bis weit über das offizielle Rentenalter hinaus in Büro- und Wissensarbeitsprozesse der Unternehmen halten. [2-23, S. 33; 2-21, S. 15]

2.6.9 Fachkräfte und Mitarbeiter binden

Unternehmen müssen neue Strategien entwickeln, die sie im Wettbewerb um Arbeitskräfte mit neuen Machtverhältnissen stärken. Spath et al. sowie andere Autoren betonen in diesem Zusammenhang, dass die Mehrheit der Büro- und Wissensarbeiter den Wohnort im Einklang mit ihrer Lebensphase und nur selten im Hinblick auf den Standort des Unternehmens wählen könnten. Eine lebensstil- und lebensphasenorientierte Personalpolitik wird daher als ein zukünftiger Erfolgsfaktor von Unternehmen gesehen, um Mitarbeiter zu rekrutieren und zu binden. [2-23, S. 45; 2-21, S. 19] Die Attraktivität von Unternehmen, die vorhandenen Arbeitsbedingungen (realisierbare Work-Life-Balance, Zufriedenheit und Wohlbefinden) und Arbeitsinhalte (Sinnstiftung, Identifikation) könnten wesentliche Auswahlkriterien von Arbeitnehmern sein. [2-23, S. 27; 2-29, S. 41f.]

Im Hinblick auf mögliche Bindungsstrategien von Unternehmen unterscheiden Spath et al. zwei grundsätzlich

Abb. 2.12 Neben Kommunikation sind Konzentrations- und Regenerationsmöglichkeiten in der mittel- und unmittelbaren Arbeitsumgebung zentrale Erfolgsfaktoren zukunftsfähiger Bürokonzepte.

Fotos: Depositphotos.com/MarcoCappalunga; Depositphotos.com/.shock

unterschiedliche Organisationstypen: »fluide« und »kümmernde« Organisationen. Fluide Organisationen können unter Einsatz von sogenannten *Cloudworkern* flexibel auf volatile Änderungen der Nachfrage auf Märkten reagieren. *Cloudworker* werden als ein Netzwerk aus hoch qualifizierten, hoch spezialisierten, teilweise auch weniger qualifizierten Personen definiert, die ihre Mitarbeit vorwiegend über Web-Plattformen anbieten und von Unternehmen für eine zeitweilige Mitarbeit angeworben werden können. Ziel hierbei ist eine zeitlich befristete Beschäftigung. »Caring companies« hingegen wollen ihre Mitarbeiter dauerhaft an sich binden. Durch attraktive Angebote für Wohnen, Ausbildung, Gesundheit, Vorsorge und Freizeit sollen Büro- und Wissensarbeiter mit ihren Familien eng an das Unternehmen und seinen Standort gebunden werden. Talentierte Kinder und Jugendliche werden in dieser Zukunftsvision mit unterschiedlichen Maßnahmen frühzeitig für die jeweiligen Unternehmen interessiert, die sie in weiterer Folge fördern und damit dem Mangel an Nachwuchskräften begegnen. [2-23, S. 17ff.]

2.6.10 Neue Aufgaben und Rollen für Führungskräfte

Nach einer Studie von Miller und Rößler (2009) erwarten Personalleiter namhafter Unternehmen folgende Herausforderungen für die Personalarbeit 2020:
— Arbeiten in neuen Organisationsstrukturen, wie beispielsweise Projektarbeit, virtuelle Teams, Matrixorganisationen
— Umgang mit unterschiedlichen Mitarbeitern, hierzu zählen Lernbereitschaft, neues Lernen, Verantwortung und Haltung, Diversity sowie Bindung von Mitarbeitern
— Neue Aufgabe und Rolle der Führung, zum Beispiel Kompetenzen, Rollenteilung, Führungskräftepersonal, Auswahl von Führungskräften
— Institutionalisierung von Veränderung, zum Beispiel durch Veränderungsbereitschaft, Prozesskompetenz und Erhalt von Kontinuität
— Wertorientierung der Unternehmenskultur in einem dynamischen Umfeld, etwa durch Unternehmensverantwortung oder nachhaltige Personalpolitik. [2-36, S. 53]

Diese Veränderungen und Herausforderungen scheinen nur bedingt mit klassischen, hierarchischen Führungs- und Steuerungssystemen kompatibel zu sein. Strukturtypen wie Heterarchie-, Matrix- oder Netzwerkorganisation bieten hierfür möglicherweise bessere organisatorische Ansätze. [2-21, S. 19]

Führungskräfte und Mitarbeiter stehen unter den zukünftigen, internen wie externen Rahmenbedingungen vor großen Herausforderungen sowie neuen Aufgaben bei der Organisation und Umsetzung von Büro- und Wissensarbeit als menschengerechter wie effizienter Wertschöpfungsprozess.

2.6.11 Wie schätzen Experten und Nutzer die Zukunft von Büro- und Wissensarbeit ein?

In einer Studie, aus der unter anderem dieses Handbuch hervorging, wurden 78 Experten (Arbeitswissenschaftler, Zukunftsforscher, Projektentwickler sowie Büroaustatter) sowie 13 Unternehmens- oder Personalleiter befragt, wie sie die oben beschriebene zukünftige Entwicklung im Hinblick auf die Eintrittswahrscheinlichkeit bis zum Jahr 2025 einschätzen.

Die Befragten bestätigten die Annahmen, dass Mitarbeiter zukünftig hohe Anforderungen an die persönliche Lern- und Veränderungsbereitschaft erfüllen sowie über ein hohes Maß an Selbst- und Zeitmanagementkompetenzen wie auch an Innovationsfähigkeit verfügen müssen. Diese hohen Anforderungen beruhen nach Ansicht der Befragungsteilnehmer auf dem zunehmenden Wettbewerbs- und Innovationsdruck

Büroarbeit und Wissensarbeit in der Zukunft

■ ganz sicher (1)   ■ vielleicht (3)   ■ unrealistisch (5)   ■ keine Angabe (6)

Veränderung	ganz sicher	vielleicht	unrealistisch	keine Angabe
Hohe Erwartungen an die Lern- und Veränderungsbereitschaft der Mitarbeiter (n = 91)	77	13		1
Mehrmals tägliche wechselnde Arbeitsweisen: Einzelarbeit, Teamarbeit, formelle und informelle Gespräche und Besprechungen (n = 91)	67	23		1
Steigende Mobilität und Flexibilität von Arbeitsweisen durch IuK-Einsatz (n = 89)	64	22	3	2
Steigende Anforderungen an die Selbstverantwortung, -motivation, -organisation und -kontrolle (n = 91)	63	26	1	1
Starke Kundenorientierung der organisierten Arbeitsprozesse (n = 91)	60	27	2	2
Globalisierung der Wertschöpfungsprozesse im Bereich der Büro- und Wissensarbeit (n = 91)	60	29	1	1
Lebensstil- und lebensphasenorientierte Personalpolitik (n = 89)	54	29	4	2
Starke Prägung der Arbeitsprozesse durch soziale Vernetzung und offene Kooperationen (n = 91)	51	35	3	2
Veränderte und neue Aufgaben der Führung von flexibleren Organisationsstrukturen und mobileren Arbeitsweisen (n = 89)	48	33	6	2
Büro als Schnittstelle zwischen physischer und virtueller Arbeitsumgebung sowie zwischen lokaler und globaler Kooperationen (n = 89)	48	34	1	6

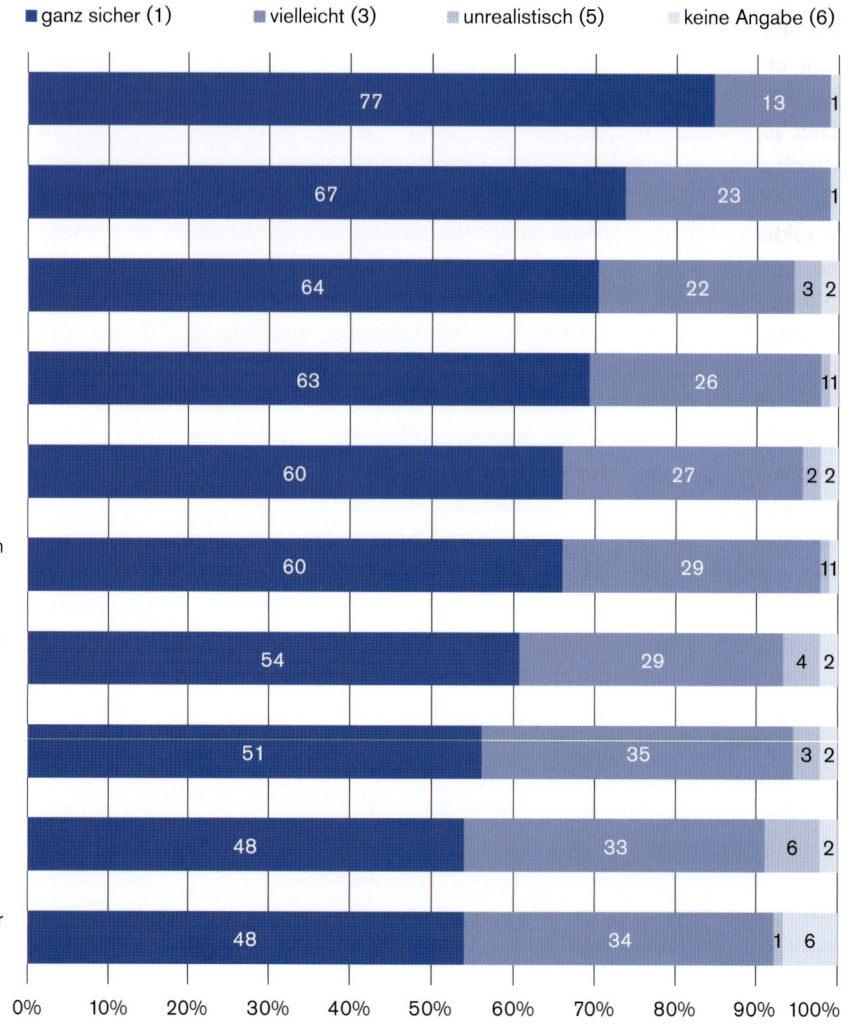

Abb. 2.13 Ranking der zehn als »ganz sicher« angenommenen Veränderungen (Auszug aus Studie über die zukünftige Entwicklung der Büro- und Wissensarbeit)

Arbeitswissenschaft

der Unternehmen, der durch Globalisierung und Internationalisierung der Wertschöpfung und Leistungserstellung weiter zunehmen wird. Eine ausgeprägte Kundenorientierung sowie eine effiziente und effektive Betriebsführung wurden als wichtige Voraussetzung in diesem Wettbewerbsumfeld gesehen. Des Weiteren waren sich die Befragten »ganz sicher«, dass durch den technologischen Fortschritt viele Tätigkeiten der Büro- und Wissensarbeit unabhängiger von Ort, Zeit und Struktur des Unternehmens sein werden. Arbeitsprozesse werden nach Einschätzungen der Studienteilnehmer von offenen Kooperationen, sozialer Vernetzung und Projektorientierung dominiert werden. Ständige Wechsel zwischen Einzel- und Gruppenarbeit, Besprechungen sowie Wissenserwerb und Netzwerkpflege könnten typische Merkmale der zukünftigen Arbeitsweise in Büros sein. Die Befragten gingen ebenfalls davon aus, dass die grundsätzliche Gewährleistung einer Work-Life-Balance ein wichtiges Kriterium für Arbeitskräfte bei der Arbeitgeberwahl sein wird. Dazu wurde auch die Souveränität und Kompetenz von Mitarbeitern gezählt, entscheiden zu können, wann man sozial eingebunden oder allein und konzentriert arbeiten möchte. Die befragten Experten und Führungskräfte erwarteten ferner neue Aufgaben und Rollenbilder für Führungskräfte, um zukünftige Herausforderungen mit den geeigneten Steuerungsinstrumenten zu bewältigen. Als eine der zentralen Herausforderungen wurde die Realisierung einer lebensstil- und lebensphasenorientierten Personalpolitik als potenzielle Bindungsstrategie von Unternehmen für Mitarbeiter genannt.

Vager hingegen wurden Zukunftsprognosen eingeschätzt, die für die gegenwärtige Arbeits- und Erfahrungswelt noch sehr untypisch sind. So konnten die befragten Experten und Führungskräfte sich nur »vielleicht« vorstellen, dass aufgrund des demografischen Wandels die Verhandlungsmacht von Mitarbeitern steigen könnte und Arbeitsmärkte sich zunehmend in Arbeitnehmermärkte verwandeln würden. Ebenso verhalten war ihre Zustimmung, dass ältere Menschen bis weit über das offizielle Rentenalter hinaus in Leistungserstellungsprozessen der Unternehmen eingebunden sein werden. Zugleich wurde eine Verstärkung der Mitarbeiterorientierung bei der Arbeitsgestaltung und Förderung der geistigen wie körperlichen Leistungsfähigkeit allenfalls als denkbare, aber keinesfalls als sichere Entwicklung bewertet.

Darüber hinaus zweifelten die meisten der Befragten an, dass Unternehmen ihre Arbeitskräfte über Online-Börsen beschaffen werden. Die Befragungsteilnehmer hielten es zudem nur für »vielleicht« möglich, dass es einen Wettbewerb zwischen unterschiedlichen Arbeitsorten geben könnte, durch den der konventionelle Büroarbeitsplatz seine heutige Relevanz verliert. In diesem Zusammenhang hielten es die Befragten für ausgeschlossen, dass die Mehrheit der in Büros arbeitenden Menschen ihren Wohnort im Einklang mit ihrer Lebensphase sowie ihrem Lebensstil wählen kann und nur noch selten im Hinblick auf den Standort des Unternehmens wählen muss. Zusammenfassend gehen die befragten Experten und Führungskräfte von einer Intensivierung der Arbeit sowie einer Zunahme des Wettbewerbs- und Innovationsdrucks für Unternehmen und Beschäftigte aus. Zugleich sehen sie die Chance, dass eine lebensphasenspezifische Personalarbeit ein Stück Realität werden könnte. Die zukünftige Büro- und Wissensarbeit wird als eine Verknüpfung von kooperativen und wissensintensiven Arbeitsprozessen mit einer hohen Verdichtung und Beschleunigung gesehen. In Zusammenhang mit Erwartungen an Produktivitätssteigerungen im Dienstleistungs- und Wissensarbeitssektor wurde vereinzelt auf die Gefahr der Taylorisierung der Arbeitsprozesse hingewiesen. Zudem ist die Veränderungserwartung durch den Einfluss von Informations- und Kommunikationstechnologien bei den Befragten recht hoch. Wenig Bestätigung hingegen haben Szenarien zu bisher wenig erfahrbaren Auswirkungen wie die des demografischen Wandels oder der Digitalisierung gefunden.

2.7 Zukünftige Anforderungen an Büros und Bürogebäude

Büros sind als Arbeitsumgebung eine wichtige Realisierungsbedingung für die Umsetzung von Büro- und Wissensarbeit. In verschiedenen aktuellen Studien konnte nachgewiesen werden, dass die Gestaltung der räumlichen und technologischen Arbeitsumgebung einen Einfluss auf die Leistungsfähigkeit, Motivation und das Wohlbefinden von Menschen hat. [2-40; 2-23; 2-41; 2-42] Nach Spath et al. (2010) tragen anforderungsgerechte Arbeitsumwelten wesentlich zum Erfolg von Individuen und Organisationen bei der Verrichtung anspruchsvoller und komplexer Tätigkeiten wie etwa der Wissensarbeit bei. [2-43, S. 5]

2.7.1 Das richtige Maß an Kommunikation gewährleisten

Allen und Henn (2006) [2-44] schreiben der physikalischen Umgebung eine neben anderen Faktoren gleichberechtigte Einflussgröße bei dem Aufbau von Innovationsorganisationen zu. In ihren Studien weisen sie die Abnahme der Kommunikationshäufigkeit von Wissensarbeitern nach, sobald ihre Arbeitsplätze mehr als 30 Meter voneinander entfernt waren. Ferner ist nach Podolny und Baron (1997) bekannt, dass soziale Beziehungen zwischen Produktentwicklern, die sich gegenseitig bei Problemen aufsuchen, meist schon vor dem Projektstart bestanden haben. [2-45, S. 673ff.] Die Möglichkeit zur ungeplanten Kommunikation zwischen Kollegen scheint für eine effektive und effiziente Projektbearbeitung nach Sturm et al. (2012) bedeutsam zu sein. Allerdings stellen die Autoren fest, dass Kenntnisse über Wechselbeziehungen zwischen Organisationstrukturen, informellen Beziehungsgeflechten sowie die Gestaltung von Arbeitsumgebungen nicht besonders etabliert sind. [2-46, S. 4] Ihrem Verständnis nach sind Aufgaben an den Orten am besten auszuführen, die für ihre Verrichtung optimal sind. Die Autoren schlagen vor, Arbeitsumgebungen zu einem losen Netzwerk anforderungsspezifischer Raummodule weiterzuentwickeln. Sie definieren eine Raumtypologie mit acht Raummodulen, die nach Aufgabenkomplexität sowie Kommunikationsintensität differenziert ist und den Facetten der Wissensarbeit entsprechen soll:

1. Büro- und Schreibtischarbeitsplatz als dominierender Arbeitsplatz des Wissensarbeiters
2. Klausurraum, temporär, für störungsfreie Einzelarbeit oder längere, geplante Telefonate
3. Projektraum/-fläche, für Projektteams und die Dauer eines Projekts
4. Projektleitstand, temporär für die Aufbereitung von großen Datenmengen und das Treffen von schwierigen oder strittigen Entscheidungen
5. Kreativ-Ecke, unkonventioneller Multi-Sinn-Erlebnisbereich zur Förderung von Kreativität
6. Prototypen-Werkstatt, bei technischen Entwicklungen, enge räumliche Anbindung und Verzahnung dieses Moduls mit der Büroumgebung
7. *Home Office*, fallweise und temporär, zur Entsprechung zeitlicher und räumlicher Flexibilitätsbedürfnisse von Mitarbeitern
8. Kaffee-Insel, temporär, als zentraler Ankerpunkt für informelle, zufällige oder auch regelmäßige Treffen von Kollegen. [2-46, S. 14ff.]

Angemessene Arbeitsumgebungen zeichnen sich demzufolge dadurch aus, dass sie ein breites Spektrum von typischen Aktivitäten spezifisch unterstützen. Des Weiteren sind die »Räume« zwischen den Räumen bewusst zu planen. Nach dem »Awareness-Prinzip« kann es wünschenswert sein, gelegentlich gestört zu werden, um beiläufige Informationen zu erhalten. Dabei sollte die Dauer der Störungen stets sehr kurz (< 1 min) sein und sich etwa auf dem Gang, beim

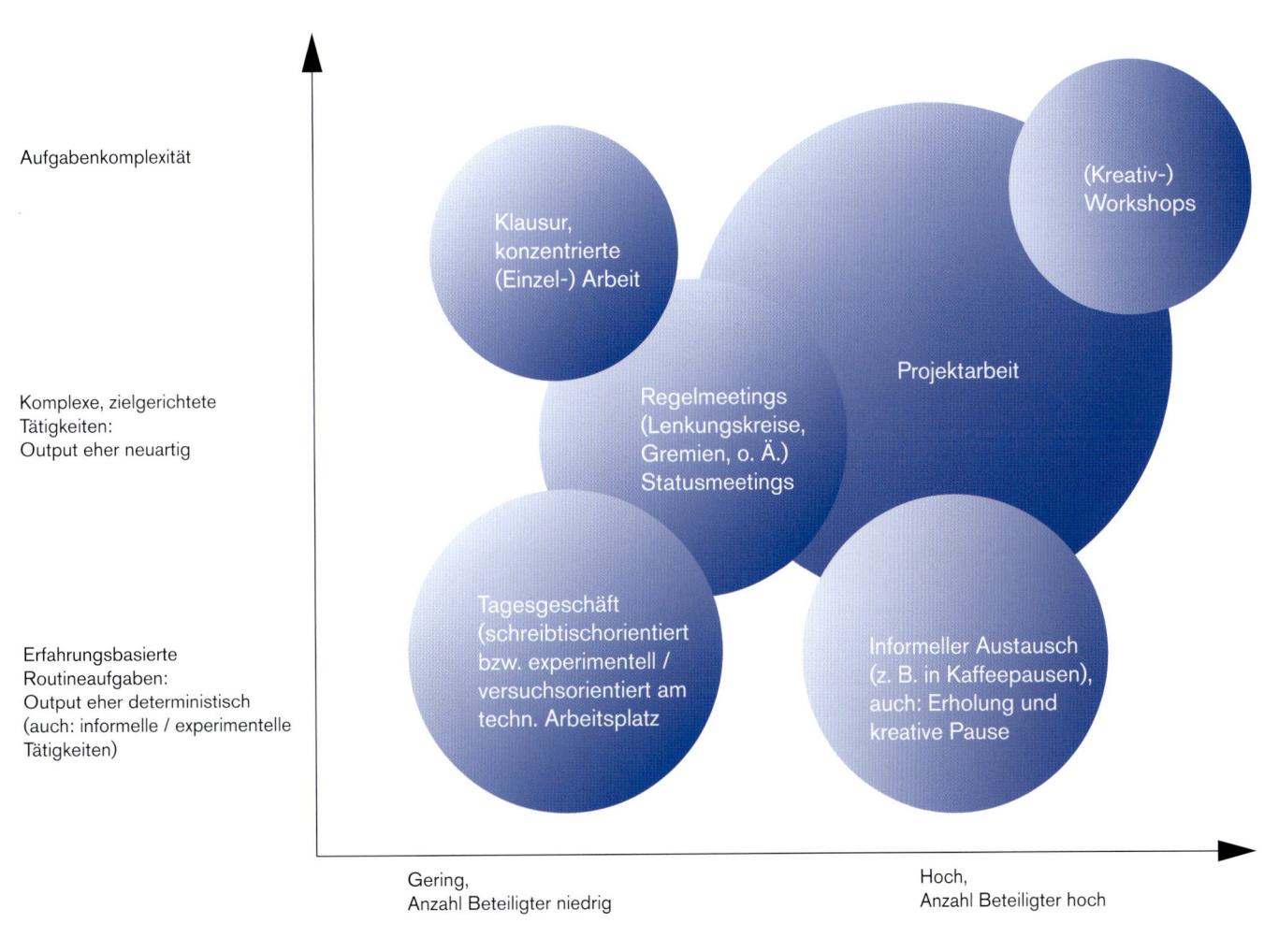

Aufgabenkomplexität

Komplexe, zielgerichtete Tätigkeiten:
Output eher neuartig

Erfahrungsbasierte Routineaufgaben:
Output eher deterministisch
(auch: informelle / experimentelle Tätigkeiten)

- Klausur, konzentrierte (Einzel-) Arbeit
- (Kreativ-) Workshops
- Regelmeetings (Lenkungskreise, Gremien, o. Ä.) Statusmeetings
- Projektarbeit
- Tagesgeschäft (schreibtischorientiert bzw. experimentell / versuchsorientiert am techn. Arbeitsplatz)
- Informeller Austausch (z. B. in Kaffeepausen), auch: Erholung und kreative Pause

Gering, Anzahl Beteiligter niedrig — Hoch, Anzahl Beteiligter hoch

Kommunikationsintensität

Abb. 2.14 Differenzierung von Tätigkeiten der Wissensarbeit nach Kommunikationsintensität / Aufgabenkomplexität (Abb. nach [2-46, S. 13])

Kopieren oder in der Küche ereignen. [2-46, S. 13] Pietzcker (2007) zählt die Planung dieser »Zwischenflächen« zu den größten Herausforderungen von Bürokonzepten. Gemäß seinen Ausführungen haben diese Bereiche das Potenzial, entscheidende ökonomische Werte zu schöpfen, da durch die Zusammenführung von Menschen Wissen, Identifikation und Ideen entstehen. [2-47, S. 5]

Der zwischenmenschliche Informations- und Wissensaustausch wird als wesentliche Voraussetzung für kooperative Innovationsprozesse gesehen. Kommunikation scheint hierin die Relevanz eines »Betriebsmittels« zu haben, das letztlich aus den technischen, organisatorischen und unternehmenskulturellen Rahmenbedingungen emergent entsteht. Nach Spath et al. (2012) werden zahlreiche Organisationen ihre Arbeitsstätten zu Katalysatoren für Kommunikation und Zusammenarbeit entwickeln. Sie sollen Begegnungen fördern, das gemeinsame Erlebnis der Arbeit stimulieren sowie einen kontinuierlichen Informationsfluss sichern. [2-23, S. 33ff.] Diese Ziele sind nachvollziehbar, da Mitarbeiter bei einer zunehmenden Unabhängigkeit von Ort, Zeit und Struktur des Unternehmens möglicherweise immer häufiger außerhalb der klassischen Büroarbeitssphäre arbeiten werden. Dadurch könnten »Zwangskontakte« und spontane Austauschmöglichkeiten mit den Kollegen abnehmen, was aus Sicht einiger Autoren zu einer Gefahr für effektive und effiziente Innovationsprozesse werden könnte.

In diesem Kontext werden moderne Wissensarbeiter oft als äußerst effizienz- und effektivitätsorientierte Menschen dargestellt, die, um ihre Work-Life-Balance aufrecht zu halten, sehr bewusst ihren Arbeitsort nach der Eignung für die jeweilige Aufgabe auswählen. [2-29; 2-23, S. 27; 2-46, S. 8]. Einen Mehrwert von Büros gegenüber alternativen Arbeitsorten sehen Spath et al. dann gegeben, wenn sie optimal (technisch, organisatorisch und atmosphärisch) auf die einzelnen Arbeitsaufgaben und -prozesse abgestimmt beziehungsweise anpassbar sind. Dadurch sollen sie auch für sehr flexible Wissensarbeiter attraktiv sein, weil sie deren Leistungsfähigkeit und Wohlbefinden unterstützen. [2-23, S. 39]

2.7.2 Zusammenhang von Wohlbefinden und Leistungsfähigkeit mit der Arbeitsumgebung

Wohlbefinden am Arbeitsplatz wird in den Zukunftsstudien ebenfalls als Erfolgsfaktor im Wettbewerb von Unternehmen um Mitarbeiter genannt. Attraktive Arbeitsumgebungen sollen die Wettbewerbsposition um geeignete Mitarbeiter bei sinkendem Arbeitskräfteangebot verbessern. Neben arbeitsorganisatorischen und führungsrelevanten Einflussfaktoren auf Wohlbefinden und Leistungsfähigkeit steigt derzeit in Zukunftsstudien die diesbezügliche Relevanz von Arbeitsumgebungen.

Abb. 2.15 Wohlbefinden und hohe Leistungsfähigkeit des Einzelnen führen in der Summe der Mitarbeiter zu einer produktiven und innovativen Organisation. Auf beide Parameter haben Arbeitsumgebungen einen Einfluss.

Foto: Depositphotos.com/Daxiao_Productions

Bauer und Spath (2003) schlagen einen sogenannten Büro-Attraktivitäts-Index vor, der sich aus der Wahrnehmung des Ambientes, des Ergonomie-Standards, des Raumklimas, der Lichtverhältnisse, der Raumproportionen sowie der individuell bestimmbaren Einstellungen zusammensetzt. Sie stellten fest, je höher die Attraktivität der Arbeitsumgebung empfunden worden ist, desto höher wurde auch das Wohlbefinden bewertet. Ferner fanden sie heraus, dass sich mit zunehmendem Wohlbefinden außerdem die Einschätzung der Zweckmäßigkeit des Büros für die eigene Arbeit deutlich verbesserte. [2-48, S. 142]

Rieck (2011) entwickelt in seinem *Beitrag zur Gestaltung von Arbeitsumgebungen für die Wissensarbeit* ein Raumfaktorenmodell für »mehr Wohlbefinden im Büro«. Seinen Ergebnissen entsprechend, haben folgende Raumfaktoren einen Einfluss auf das Wohlbefinden: [2-42, S. 109]

— Starken Einfluss: Corporate Culture, Akustik, Materialität und Licht
— Mittleren Einfluss: Qualität der Technikintegration sowie das Sicherheitsempfinden am Arbeitsplatz
— Schwachen Einfluss: Abwechslung und Individualität, Blickbeziehungen sowie Luftqualität und Geruch.

Ebenso wird aus den Resultaten der Studie von Amstutz et al. (2010) ersichtlich, dass Wohlbefinden und Leistungsfähigkeit mit arbeitsorganisatorischen und umgebungsbedingten Faktoren zusammenhängen. Sie fassen ihre Ergebnisse wie folgt zusammen: [2-49, S. 5f.]

— Feststellung generell weniger problematischer Situationen in kleinen Büros als in großen;
— Anstieg der Unzufriedenheit mit den Ausstattungs- und Einrichtungsverhältnissen mit dem Anstieg der Anzahl von Personen im Raum;
— Beachtung der Raumakustik in größeren Räumen -> Lärm im Raum durch Gespräche und Geräte muss durch schallabsorbierende Elemente reduziert werden, eine genügende Anzahl an Rückzugs- und Ruhearbeitsplätzen kann das Problem entschärfen. Größere Büros sind daher nicht generell schlechter als kleine;
— Abstimmung der räumlichen Verhältnisse mit den Aufgaben der darin tätigen Personen, den daraus resultierenden Bedürfnissen und Lärmemissionen > Arbeitsaufgaben, die mehrheitlich individuell und konzentriert ausgeführt werden müssen, vertragen sich schlecht mit Unruhe durch Gespräche und Umherlaufen Anderer > räumliche und akustische Trennung notwendig, damit eine optimale Arbeitsleistung erbracht werden kann und das Auftreten von krankheitsbedingten Symptomen verhindert wird;
— Auslegung der Anlagen für mechanische Lüftung für den Raum und die Anzahl der Personen > Einregulierung und Kontrolle notwendig, damit Strömungsgeräusche verhindert werden, keine Zugluft entsteht und der Luftwechsel gewährleistet ist;
— Zunahmen von Klagen über die Temperatur, Luftqualität, Lärm und Lichtverhältnisse mit zunehmender Größe des Büros (= steigende Anzahl von Personen im Raum);

Die Autoren resümieren, dass die Attraktivität des Arbeitsplatzes und die Produktivität grundsätzlich durch kleinere Bürogrößen verbessert werden können.

2.7.3 Relevanz der Flächeneffizienz als Gestaltungsfaktor

Hohe Flächeneffizienz und maximale Flächenwirtschaftlichkeit galten in der Vergangenheit beinahe als Bewertungskriterien für die Wirtschaftlichkeit von Büroflächen. Zukünftig müssen sie, so nehmen verschiedene Autoren an, unter den wandelnden Anforderungen neu definiert werden beziehungsweise müssen ihre Zielwerte an diese angepasst werden. Bauer et al. (2012) fordern, dass Flächeneffizienz und Belegungsdichte in Balance zu halten sind, weil:

a) die Belegungsdichte einen Einfluss auf Wohlbefinden und Produktivität hat und
b) sie von der Arbeitsorganisation, der räumlichen und zeitlichen Flexibilität sowie von den unterschiedlichen Arbeitstypen abhängig ist.

Deshalb sollte nach ihrer Auffassung ein Zielsystem mit »intelligenten« Flächeneffizienzwerten auf Basis der Zusammenhänge zwischen Leistungsfähigkeit, Wohlbefinden und Belegungsdichte verfolgt werden. [2-27, S.13]

2.7.4 Flexibilität der Raumstrukturen

Steigende Flexibilitätsanforderungen an Mitarbeiter und Organisationen schlagen sich schließlich auch in den Flexibilitätsanforderungen an Raumstrukturen nieder. Augusten et al. (2006) [2-29] prognostizieren, dass der wirtschaftliche Erfolg von Unternehmen zunehmend auf die flexible und schnellstmögliche Verknüpfung von Wissen und Informationen beruhen wird. Für eine flexible und immer schneller ablaufende Informationsverarbeitung bedürfe es den Autoren zufolge entsprechender innovativer, flexibler Bürostrukturen. Nach Bauer et al. (2010) [2-50] werden eine hohe Mitarbeitermobilität, flexible Arbeitszeitmodelle und dynamisch wechselnde Organisationsanforderungen durch adaptive und flexible Raum- und Arbeitsplatzkonstellationen wesentlich besser unterstützt. In diesem Zusammenhang gelten für Baudach et al. (2013) Arbeitsumgebungen und Bürogebäude als zukunftsfähig, wenn Raumstrukturen kurzfristig an veränderte Arbeitsabläufe, Organisationskonzepte oder auch wechselnde Nutzer mit wenig Aufwand angepasst werden können. [2-51, S.21] Die Autoren schreiben ferner, dass über die Büroraumstrukturen hinaus die Primärstrukturen eines Gebäudes Flexibilitätsreserven aufweisen sollten, damit möglichst viele der relevanten Bürokonzepte im Zuge eines Gebäudelebens realisiert werden können. Denn Flexibilitätsreserven der Primärstrukturen von Bürogebäuden haben zur Folge, dass ohne tief greifende Veränderungen an der Tragwerkstruktur kurzfristige Anpassungen der Büroflächen möglich sind. [2-43; 2-30; 2-29]

2.7.5 Nachhaltigkeitsorientierung und -zertifizierung

Vor dem Hintergrund der globalen Klimaerwärmung und der wirtschaftlichen Abhängigkeit von volatilen und steigenden Rohstoffpreisen wird angenommen, dass die zwingende Notwendigkeit, den Energie- und Ressourcenverbrauch drastisch zu senken, von immer weiteren Teilen der Gesellschaft nicht nur mitgetragen, sondern auch gefordert werden wird. [2-43, S.39ff.] In den vergangen Jahren wurden regionale, nationale und internationale Zertifizierungssysteme entwickelt, die Aspekte des nachhaltigen Bauens berücksichtigen. Grundsätzliches Ziel aller Zertifizierungssysteme ist es, über individuell festgelegte Kriterien die Auswirkungen auf die Umwelt, auf den Menschen und die ökonomische Dimension zu bewerten sowie messbar zu machen. [2-52, S.39] In ihrer Zukunftsprognose bis 2025 und 2050 geben Spath et al. (2012) an, dass sich ein ökologisch nachhaltiger Umgang mit Ressourcen etabliert haben wird und dass ein breiter politischer und gesellschaftlicher Konsens für ein nachhaltiges Arbeiten und Leben bestehen wird. In diesem Zusammenhang mutmaßen sie, dass fast alle neuen Bürogebäude ihre Energie selbst produzieren oder im Verbund energieneutral betrieben werden. Darüber hinaus sollen durch Digitalisierung und Monitoring sämtliche verursachten direkten und indirekten Energieverbräuche für den Nutzer in Echtzeit »sichtbar« gemacht werden. Zudem gehen sie von einer überwiegenden Verwendung nachhaltiger Möbel, Informations-/Kommunikationsgeräte und anderer Ausbauelemente in zukünftigen Bürogebäuden aus. [2-23, S.43]

Bisher spielen bei der sozialen Bewertung in Zertifizierungssystemen größtenteils physikalische Komfortparameter eine Rolle wie etwa Behaglichkeit, Temperaturempfinden, Raumluftfeuchte oder Akustik. [2-52, S. 27] Einige Autoren schlagen mittlerweile vor, die sozialen Bewertungskriterien für nachhaltige Bürogebäude durch weitere Aspekte zu ergänzen. So schreiben Baudach et al. [2-51], dass hinsichtlich der sozialen Qualität die Bewertung klassischer soziokultureller Gebäudeeigenschaften nicht ausreicht, um die Wechselwirkungen zwischen sozialem und technischem Teilsystem vollständig zu erfassen. In diesem Kontext erarbeitete Pfister (2010) [2-53] einen Ansatz, wie emotionale Aspekte besser in die soziale Dimension integriert werden können. Pfnür und Weiland (2010) [2-54] sowie Krupper (2013) [2-55] erläutern, dass Zufriedenheit und Leistungsfähigkeit bei Nutzern von Bürogebäuden durch immobilienwirtschaftliche Dienstleistungen erheblich gesteigert werden können. Ihren Forschungsergebnissen zufolge sollten Servicestrukturen für Gesundheit, Versorgung und Regeneration im direkten Umfeld von Bürogebäuden angeboten werden, um Standortattraktivität und Work-Life-Balance von Mitarbeitern zu erhöhen.

2.7.6 Wie schätzen Experten und Nutzer zukünftige Anforderungen an Büros und Bürogebäude ein?

Im Rahmen der Forschungsarbeiten zu diesem Handbuch wurden 121 Experten (Arbeitswissenschaftler, Architekten, Projektentwickler, Facility Manager, Büroausstattungsberater) sowie 29 Büro- und Wissensarbeiter befragt, wie sie die in Zukunftsstudien beschriebenen Anforderungen an Büros und Bürogebäude im Hinblick auf die Eintrittswahrscheinlichkeit bis zum Jahr 2025 einschätzen.

Die meisten Zustimmungen konnten bezüglich der physiologisch-physikalischen Anforderungen an Arbeitsumgebungen gemessen werden – sehr gute Akustik, natürliche Lichtverhältnisse und individuell adaptierbare Einstellungen für Lüftung und Heizung. Ferner wurde die Gewährung der persönlichen Schutzsphäre sowie des ungestörten Sprechens oder Telefonierens als wichtige Anforderung angegeben. Des Weiteren präferierten die Befragungsteilnehmer die Ausrichtung von Arbeitsplätzen entlang von Fensterfronten sowie den Einsatz von hochwertigen Materialien, funktional-ergonomischen und gleichzeitig ästhetischen Ausstattungen (Möbel, Arbeitsmittel) als Anforderungen an zukünftige Arbeitsumgebungen.

Die überwiegende Anzahl der Befragten gab außerdem an, dass optimale Arbeitsumgebungen nicht durch pauschale Bürokonzepte realisierbar sind, sondern organisationsspezifische Anforderungen die Basis bilden müssen. Die Organisationsspezifität resultiere dabei aus den Bedürfnissen der jeweiligen Mitarbeiter sowie aus den Anforderungen der konkreten Arbeitsaufgaben.

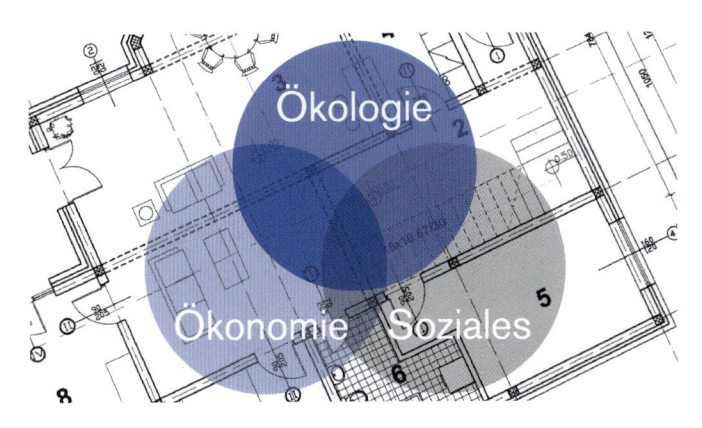

Abb. 2.16 Nachhaltige Bürogebäude zeigen positive Effekte für alle drei Dimensionen. Die Voraussetzungen dafür werden oft schon in der Gebäudeplanung gelegt.

Quelle: Depositphotos.com/hitdelight

Anforderungen an Arbeitsumgebungen für das zukünftige Arbeiten in Büros und Bürogebäuden

■ ganz sicher (1)   ■ vielleicht (3)   ■ unrealistisch (5)   ■ keine Angabe (6)

Anforderung	ganz sicher	vielleicht	unrealistisch	keine Angabe
Sehr guter akustischer Komfort (Störungsfreies Arbeiten, Sprechen oder Telefonieren) (n = 149)	130	16	2	1
Natürliches Licht (n = 149)	126	21	1	1
Organisations- bzw. unternehmensspezifische Bürokonzepte anstelle pauschaler Bürokonzepte (n = 149)	122	22	3	2
Nachhaltigkeit im Allgemeinen als wichtiges Auswahlkriterium bei Nachfragern von Büroflächen (n = 146)	109	34	1	2
Größe von Raum / Arbeitsplatz i. Abh. v. Arbeitsprozess / -aufgabe (n = 150)	111	29	3	7
Gewährleistung der persönlichen Schutzsphäre (n = 150)	104	35	7	4
Adaptionsfähigkeit der Büroflächen an wechselnde Nutzung ohne Änderungen an Tragwerksstruktur (n = 149)	100	41	6	2
Fensterlage der Arbeitsplätze (n = 150)	89	47	9	5
Belüftung von Büroräumen über Fenster im Vorzug zur Klimatisierung (n = 149)	84	47	15	3
Bürokonzepte mit heterogener Infrastrukturen aus territorialen und non-territorialen Komponenten (n = 150)	69	61	18	2

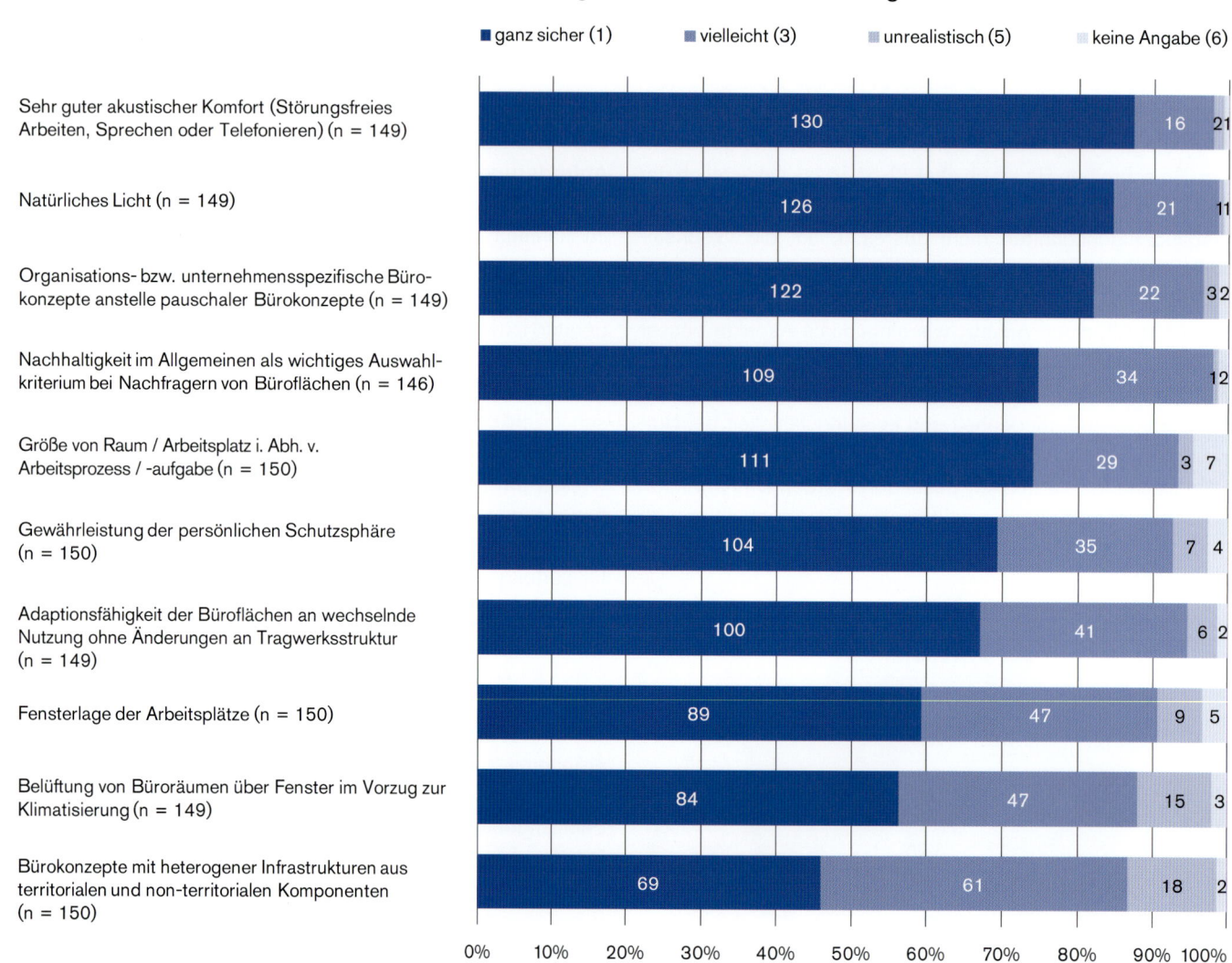

Abb. 2.17 Ranking der zehn als »ganz sicher« angenommenen zukünftigen Anforderungen an Büroarbeitsumgebungen (Auszug aus Studie über die zukünftige Entwicklung der Büro- und Wissensarbeit)

Angenommene zukünftige Nachfrage spezifischer Arbeitsorte und Büroformen

Legende: sehr häufig (1) | häufig (2) | wenig (4) | gar nicht (5) | keine Angabe (6)

Büroformen in Unternehmen

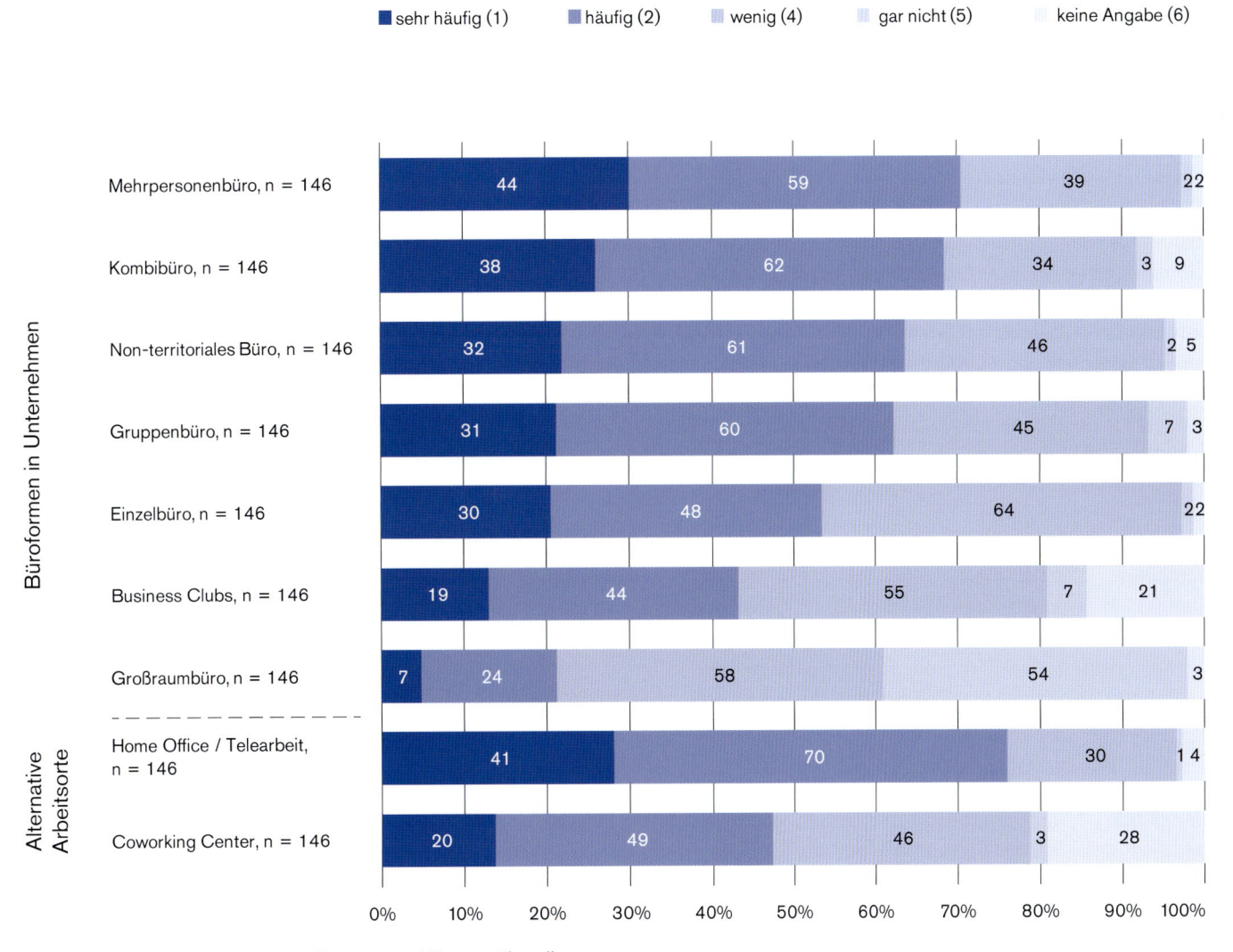

Büroform	sehr häufig (1)	häufig (2)	wenig (4)	gar nicht (5)	keine Angabe (6)
Mehrpersonenbüro, n = 146	44	59	39	22	
Kombibüro, n = 146	38	62	34	3	9
Non-territoriales Büro, n = 146	32	61	46	2	5
Gruppenbüro, n = 146	31	60	45	7	3
Einzelbüro, n = 146	30	48	64	22	
Business Clubs, n = 146	19	44	55	7	21
Großraumbüro, n = 146	7	24	58	54	3

Alternative Arbeitsorte

Arbeitsort	sehr häufig (1)	häufig (2)	wenig (4)	gar nicht (5)	keine Angabe (6)
Home Office / Telearbeit, n = 146	41	70	30	1	4
Coworking Center, n = 146	20	49	46	3	28

Abb. 2.18 Annahmen von befragten Experten und Nutzern über die zukünftige Nachfrage spezifischer Arbeitsorte und Büroformen (Auszug aus Studie über zukünftige Entwicklung der Büro- und Wissensarbeit)

Zukünftige Anforderungen an Büros und Bürogebäude

Leistungsfähigkeit und Wohlbefinden können nach der mehrheitlichen Auffassung der Befragungsteilnehmer durch Büroformen gefördert werden, die Kommunikation, Konzentration und Regeneration auf eine für die Organisation und Mitarbeiter passende Weise realisieren. Entsprechend diesen Ergebnissen zeichnete sich keine Dominanz eines bestimmten Bürokonzepts ab. Im Vergleich schneiden Büroformen, die Mitarbeiter in irgendeiner Weise in Teamstrukturen zusammenführen, tendenziell besser ab als kontaktvermindernde Grundformen. Des Weiteren scheint das *Home Office* den klassischen Arbeitsplatz im Büro zunehmend zu ergänzen, allerdings nicht zu ersetzen. Bei der Bewertung von zukünftig häufig nachgefragten Büroformen und Arbeitsorten schnitt das Großraumbüro am schlechtesten ab. Die Befragungsteilnehmer schlossen diese Büroorganisationform für die Zukunft im Grunde aus. Die Frage, ob das zukünftige Arbeitsumfeld von Büro- und Wissensarbeitern überwiegend aus territorialen und non-territorialen Komponenten zusammengesetzt sein wird, wurde in der Befragung paritätisch zwischen »ganz sicher « und »vielleicht« entschieden.

Darüber hinaus stimmten die Befragten größtenteils zu, dass flexible Raumstrukturen zukünftig an Bedeutung gewinnen werden. Die Fähigkeit, Raumstrukturen schnell an veränderte Organisationsabläufe oder Nutzer anpassen zu können, wurde als wichtige Voraussetzung gesehen. Durch die Befragung wurde zudem die Relevanz von Nachhaltigkeitsmerkmalen für Büroflächen bestätigt. Die Antwortenden gaben an, dass diesbezügliche Gebäudeeigenschaften ein stark gewichtetes Auswahlkriterium für Nachfrager von Büroflächen werden könnte. Sie gehen daher von strengen Bewertungsmaßstäben für die umweltbezogene Wirkung von Bürogebäuden in der Zukunft aus und bewerten die Nachweispflicht der ökologischen und gesundheitlichen Unbedenklichkeit von Ausstattungselementen des Gebäudes mithilfe von Zertifikaten als nicht unrealistisch. Während jedoch die allgemeine Relevanz von Nachhaltigkeitsanforderungen für die Zukunft hoch eingestuft worden ist, wurden die dargestellten konkreten Umsetzungsbeispiele mehrheitlich nur als vage Entwicklung eingeschätzt. So konnten sich nur einige Befragte vorstellen, dass etwa Raumnutzern der aktuelle Wärme- und Stromverbrauch in Echtzeit angezeigt wird, um dadurch das Nutzerverhalten zu beeinflussen. Ferner beurteilte weniger als die Hälfte der Befragungsteilnehmer, dass Erlebnischarakter, eine hochwertige Ästhetik oder das Angebot von Serviceeinrichtungen für Gesundheit, Versorgung und Regeneration eine wesentliche Anforderung an Bürogebäude der Zukunft sein werden.

Zusammenfassend ist es die allgemeine Annahme in einschlägigen Zukunftsstudien, dass sich mit dem Wandel der Büro- und Wissensarbeit ebenfalls die Anforderungen an Arbeitsumgebungen verändern werden. Hierbei stehen organisationsspezifische Konzepte anstelle von pauschalen Ansätzen weit im Vordergrund. In diesem Zusammenhang bedeutet »organisationsspezifisch« eine Übersetzung aller wesentlichen Merkmale der Organisation, wie Arbeitsaufgaben, Abläufe oder Unternehmenskultur, und der Gesellschaft, wie Werte, Normen, in die räumlich-technische Arbeitsumgebung. Um diese Anforderung auch bei wiederkehrendem Nutzerwechsel erfüllen zu können, sollte die Gebäudestruktur über ressourcenoptimierte Flexibilitätskapazitäten verfügen, damit spezifische Anpassungen der Arbeitsumgebung an die Organisation dauerhaft möglich sind. Darüber hinaus wird auch mit dieser Untersuchung die hohe Bedeutung der klassischen Hygiene-Faktoren von Gebäuden, wie Akustik, Lichtverhältnisse, Raumklima sowie persönliche Schutzsphäre, für die Realisierung von menschgerechten Arbeitsumgebungen bestätigt.

2.8 Zusammenfassung und Ausblick

Das Zusammenspiel von Mensch, Technik und Organisation in Bürogebäuden konnte in diesem Kapitel ansatzweise gezeigt werden. Der arbeitswissenschaftliche Zugang zur nachhaltigkeitsorientierten Planung und Gestaltung von Bürogebäuden ergibt sich aus einem soziotechnischen Systemverständnis dieser Disziplin. Büros und Bürogebäude bilden hierin ein wesentliches Element des technischen Teilsystems und prägen die Arbeit von Menschen in Organisationen auf ganz entscheidende Weise.

Arbeitswissenschaftliches Know-how fließt aufgrund gesetzlicher Vorschriften schon heute in jede Gebäudeplanung ein. Die häufig verdeckten Zusammenhänge zwischen Gebäude–Mensch sowie Gebäude–Organisation bieten über diese Vorschriften hinaus großes Potenzial, Bürogebäude menschgerechter und für Wertschöpfungsprozesse effizienter zu gestalten. Besonders im Hinblick auf die Beeinflussung der sozialen und ökonomischen Effekte verfügt die Arbeitswissenschaft über wichtiges Zusammenhangswissen. Arbeitswissenschaftliche Erkenntnisse erweitern die Grundlagen von planenden Architekten und Ingenieuren für den Entwurf von nachhaltigen Bürogebäuden und sollten über gesetzliche Vorgaben hinaus Berücksichtigung finden. Die Ergebnisse der Status-quo-Analyse zur Einschätzung von Zukunftsannahmen durch am Bau sowie an der Nutzung beteiligte Experten und Personen zeigen, dass gegenwärtige Anspruchsgruppen zukünftige Entwicklungen nur eingeschränkt antizipieren können. So bereiten sie nicht in jeder Hinsicht eine ausreichende Basis, auf der eine langfristige Gebäudeplanung ausschließlich beruhen kann. Größere Zusammenhänge in der gesellschaftlichen und wirtschaftlichen Entwicklung müssen erfasst werden, um zukünftige Rahmenbedingungen von Bürogebäuden zu prognostizieren.

Allerdings können Nutzer schon gegenwärtig beurteilen, was eine menschgerechte Gebäudeplanung jenseits von Trends beinhalten muss, und Unternehmen, wie ökonomischen Anforderungen entsprochen werden kann.

Aktuell scheint sich die organisationsspezifische Gestaltung von Arbeitsumgebungen zu einem Wettbewerbsfaktor für Organisationen zum einen und für Bürogebäude zum anderen zu entwickeln. Die Gestaltung innovationsförderlicher Arbeitsumgebungen ist ein wirkungsvolles Managementinstrument – sowohl hinsichtlich der Mitarbeiterführung als auch der Organisationsentwicklung. [2-27, S.3] Allerdings existieren bisher nur wenige wissenschaftlich abgesicherte Erkenntnisse, wie viel Konzentration, Kommunikation und Rückzug für die verschiedenen Arbeitstypen jeweils geboten ist, um dauerhaft leistungsfähig und gesund zu bleiben. Unbeantwortet ist außerdem die Frage, welche räumlich-technologischen Arbeitssettings dabei unterstützend wirken können. [2-27, S.12] Es liegt in der Natur von Zukunftsstudien, dass in diesen lediglich Prognosen getroffen werden. Insofern ist jede zukunftsbezogene Annahme stets kritisch zu hinterfragen, insbesondere, wenn es um derart komplexe Zusammenhänge und Veränderungssysteme geht. Nicht selten wird diese Einschränkung in Zukunftsdarstellungen vernachlässigt und der gestaltbare Charakter der Zukunft zu wenig in den Vordergrund gestellt. Für die Planung von Bürogebäuden sollte hier ferner gezeigt werden, dass arbeitswissenschaftliches Zusammenhangs- und Gestaltungswissen sowie die Zukunftsanalyse von kontextnahen Bereichen die Qualität von lebenszyklus- beziehungsweise nachhaltigkeitsorientierten Gebäudeplanungen deutlich erhöhen können und sich methodisch gut in Planungsprozesse einbinden lassen. Ob dies in Form von Fachplanern oder anderer Ressourcen geschieht, ist unter anderem von den zukünftigen Anforderungen an die Qualität von Planungsergebnissen abhängig.

Objektplanung

50 Einleitung

53 Typologischer Grundbaustein

55 Städtebauliche Grundlagen

64 Grundrissgestaltung

89 Sonderbereiche

92 Gebäude-/Geschosshöhe

96 Fassadengestaltung

99 Flexibilität

3

Flexibilität als Voraussetzung für Nachhaltigkeit

Johann Eisele, Benjamin Trautmann, Frank Lang

Zusammenfassung

Der Leerstand von Bürogebäuden ist nicht nur in Deutschland zu einem sichtbaren Problem für Städte und Kommunen geworden. Hauptursache sind neben wirtschaftlichen Krisen vor allem technische Weiterentwicklung und Veränderungen in der Arbeitswelt, die dazu beitragen, dass bestehende Bürobauten mit starren Strukturen den heutigen Anforderungen an den Büroarbeitsplatz nicht mehr gerecht werden können. Städte und Kommunen versuchen über verschiedene fördernde Maßnahmen die Problematik des Leerstands zu entschärfen, bewilligen aber parallel Büroneubauten, die auf die Anforderungen der heutigen Arbeitswelt reagieren können und somit die hohe Leerstandsrate weiter steigen lassen.

Es muss ein gemeinsames Ziel von Investoren, Bauherren und Planern sein, Bürogebäude zu entwickeln, die Veränderungen der Arbeitsprozesse in Unternehmen in flexiblen Bürobaustrukturen realisierbar machen. So können Bürohäuser, die für ein Neben- und Nacheinander unterschiedlicher Büronutzungsstrategien konzipiert sind, langfristig am Immobilienmarkt bestehen.

Das folgende Kapitel verdeutlicht den Einfluss und die Abhängigkeiten verschiedenster Parameter bei der Planung von Büro- und Verwaltungsbauten und spricht Empfehlungen für die Konzeption flexibler und somit nachhaltiger Gebäudestrukturen aus, um die Gefahr des Leerstands deutlich zu verringern. So kann ein entscheidender Beitrag für die Nachhaltigkeit geleistet werden, der sowohl im Sinne des Nutzers als auch des Investors ist. Denn »Flexibilität ist […] das Minimum dessen, was eine zukunftsfähige Büroimmobilie nachweisen muss.« [3-1]

Blackpool Council Offices in Blackpool (UK) –
Architekten: AHR – 2014
Foto: Daniel Hopkinson, AHR (UK)

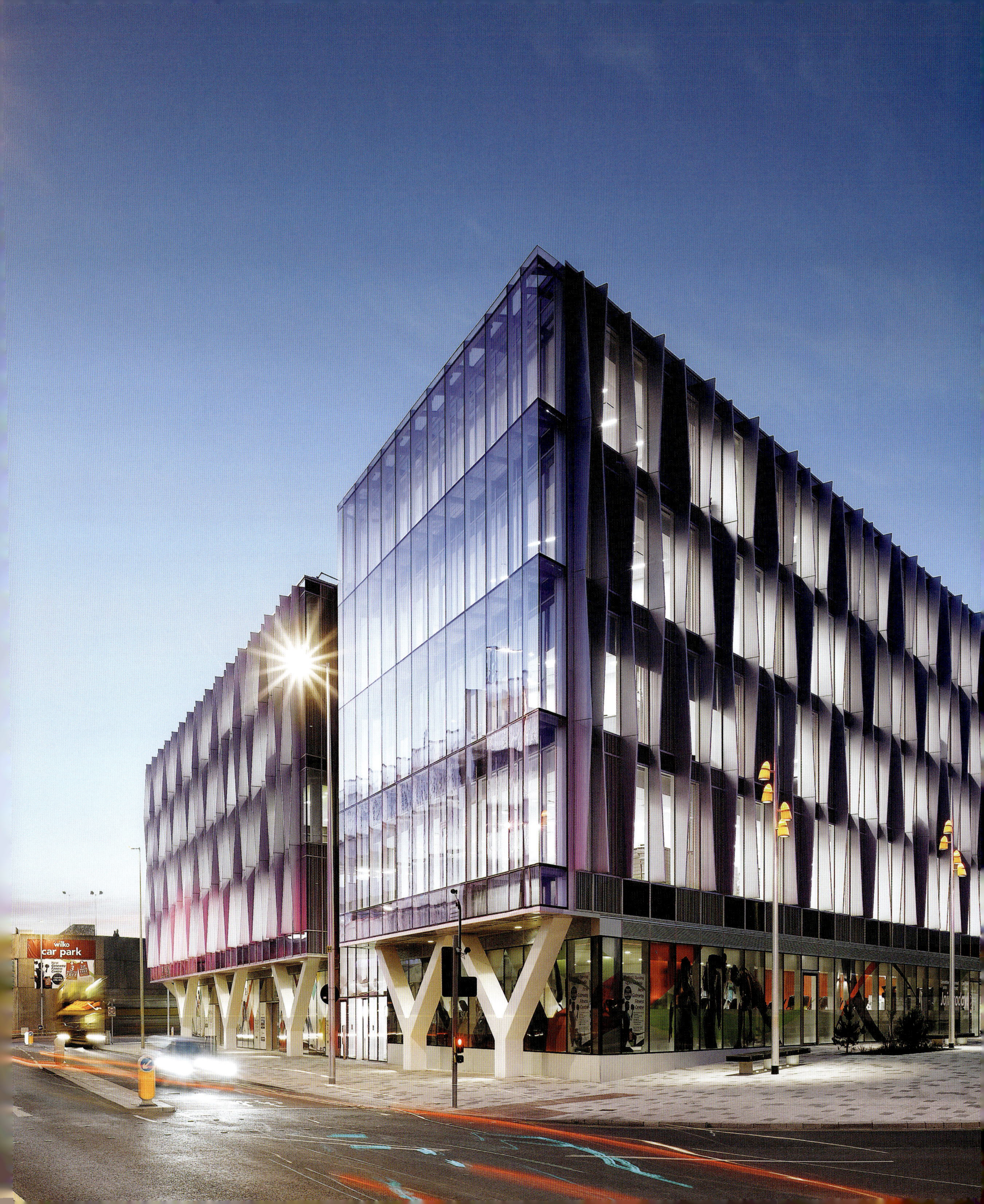
wilko
car park

3.1 Einleitung

Steigende Leerstandszahlen bei Büro- und Verwaltungsbauten deuten auf strukturelle Probleme hin, vor allem wenn gleichzeitig neue, in ihrer Struktur leicht abweichende Gebäude geplant und realisiert werden, die aktuellen Bedürfnissen der Arbeitswelt gerecht werden. Neue Arbeitsformen wie zum Beispiel *Home Office*, *Desk Sharing*, non-territoriale Bürostrukturen etc. verursachen sich verändernde technische, aber auch räumliche Anforderungen im Bürobau, die sich auf die Marktfähigkeit von Bestandsgebäuden aufgrund fehlender Flexibilität in der Gebäudestruktur deutlich auswirken. Denn »Büronutzer erwarten heute stets moderne Konzepte und Ausstattungen, die sich in Neubauten oftmals besser realisieren lassen als in sanierten oder modernisierten Bestandsgebäuden.« [3-2]

»Das neue Büro wird heute immer mehr zu einem vernetzten System zumeist hochflexibler, transparenter Service- und Kommunikationszentren. Dieses Arbeits- und Organisationsprinzip, das eigentlich keines Bürogebäudes im traditionellen Sinn mehr bedarf [...] [3-3], verringert den Bedarf an Arbeitsplätzen im klassischen Büro. Die immer häufiger umgesetzten neuen und räumlich offeneren Arbeitsformen, die Arbeitsprozesse optimieren und den notwendigen Anforderungen an den Arbeitsplatz entsprechen, verstärken den Rückgang der notwendigen Bürofläche. Zieht man zusätzlich die Erkenntnisse des demografischen Wandels und den damit verbundenen Rückgang an qualifizierten Arbeitskräften hinzu, wird die Notwendigkeit für Lösungen, die die Leerstandsproblematik begrenzen, deutlich.

Zusätzlich gewinnt der Begriff der Nachhaltigkeit für die Unterstreichung der *Corporate Social Responsibility* sowie mit Blick auf die Unterhaltungskosten von Immobilien immer mehr an Bedeutung, der von Bestandsbauten nur unter sehr hohem finanziellen Aufwand gleichwertig erreicht werden kann.

Die steigende Anzahl von Zertifizierungen der Nachhaltigkeit – wie zum Beispiel durch die DGNB (*Deutsche Gesellschaft für Nachhaltiges Bauen*) mit den Zertifikaten Platin, Gold oder Silber – verdeutlichen diese Tendenzen. Hier lohnen sich für Unternehmen erhöhte Investitionskosten in nachhaltige Immobilien, wenn dadurch das nach außen getragene Erscheinungsbild geprägt, die Zufriedenheit und die davon abhängige Arbeitsproduktivität der Mitarbeiter gesteigert sowie Fehlzeiten und Personalfluktuation gesenkt werden können. [3-4] Unter den Teilnehmern des Forschungsvorhabens *Arbeitswelten 2030* der Professoren Dr. Ruth Stock-Homburg und Johann Eisele an der Technischen Universität Darmstadt, an dem Human-Ressource-Manager namhafter Unternehmen arbeiten, besteht einhellig die Meinung, dass das Gebäude und der Arbeitsplatz an Stellenwert gewinnen und auf veränderte Anforderungen reagieren müssen, um auf dem Markt vermittelbar zu bleiben. Darüber hinaus ist eine Arbeitsatmosphäre zu schaffen, die den Ansprüchen der jungen sowie der alternden Generation gerecht wird.

»Es wird (im Bürobau) entscheidend darum gehen, [...] die wenigen notwendigen Neubauten in einer nachhaltigen und raumeffizienten Gestaltung für das ›Arbeiten in der Stadt‹ qualitätsvoll zu positionieren«. [3-5] Dabei ist »eine allzu direkte und spezifische architektonische Antwort auf [...] rasante technologische Entwicklungen allerdings sinnlos. Schon nach einem Jahrzehnt müssen Bürolandschaften oft räumlich und technisch anders organisiert sein, als dies in der Planung einmal vorgesehen war.« [3-5]

Vielmehr wird es Aufgabe sein, in einer robusten Primärstruktur eine Arbeitswelt entfalten zu können, die in der Lage ist, flexibel auf weitere technologische Fortschritte zu reagieren und sich den wandelnden Bedürfnissen ihrer Benutzer im Arbeitsprozess anzupassen. Somit wächst der Bedarf an flexiblen Flächen, die sowohl für konventionelle

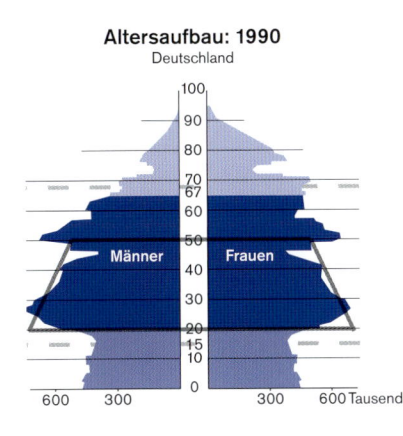

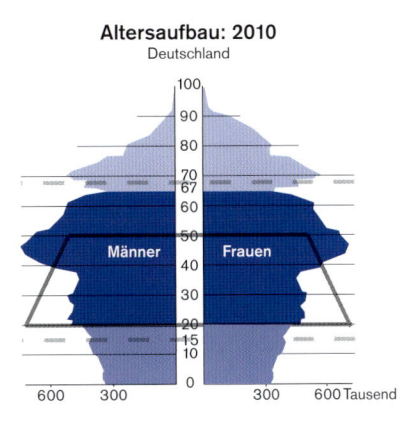

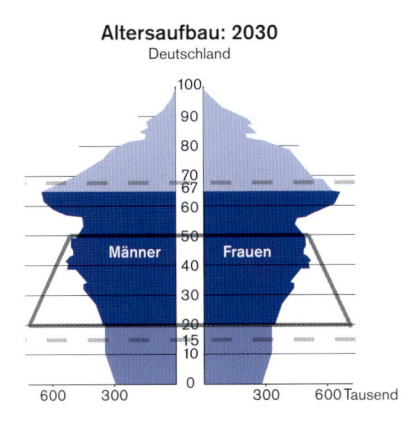

Abb. 3.1 Demografischer Wandel in Deutschland – deutlicher Rückgang an qualifizierten Arbeitskräften
Quelle: Deutsche Rentenversicherung

Büroformen geeignet sind und zugleich für hoch verdichtete, non-territoriale Bürokonzepte und *Business Clubs* genutzt werden können. Die Flexibilität muss die mehrmalige Änderung der Nutzung im Lebenszyklus eines Bürogebäudes mit verhältnismäßig geringem Aufwand erlauben. Die Auswirkungen auf den finanziellen Zusatzaufwand für die Ausführung flexibler Bürogebäude wird in Kapitel 6 verdeutlicht. Die nachfolgend beschriebenen Untersuchungen verdeutlichen zunächst äußere Einflüsse wie den Städtebau sowie bau- und planungsrechtliche Vorgaben am Standort, die deutliche Auswirkungen auf die Objektplanung verursachen. Die für die Planung eines Bürogebäudes notwendigen Parameter wie die Tragstruktur, der Konstruktions- und Ausbauraster oder die Gebäudehöhe werden im Anschluss hinsichtlich ihrer Flexibilität betrachtet, die sowohl aus Sicht des Investors wie aus Sicht der Nutzer notwendig ist. Flexible Bürogebäude werden auf Dauer gesehen deutlich rentabler sein und auf zukünftige Veränderungen besser vorbereitet sein als Immobilien, die auf eine bestimmte Nutzergruppe ausgerichtet sind. Da der Entwurf von Bürogebäuden von einer Vielzahl von Bedingungen und Einflüssen abhängt, können im Folgenden nur Empfehlungen beschrieben werden, die von Fall zu Fall zu überprüfen sind. Gezielte Maßnahmen für ein flexibles und dadurch nachhaltiges Bürogebäude zu ergreifen, kann die Gefahr des Leerstands deutlich einschränken – sie jedoch nicht verhindern.

Abb. 3.2 Arbeitsatmosphäre für unterschiedlichste Arbeitsformen – Flächen für Kommunikation und Konzentration
Foto: Adam Mørk, Kopenhagen (DK)

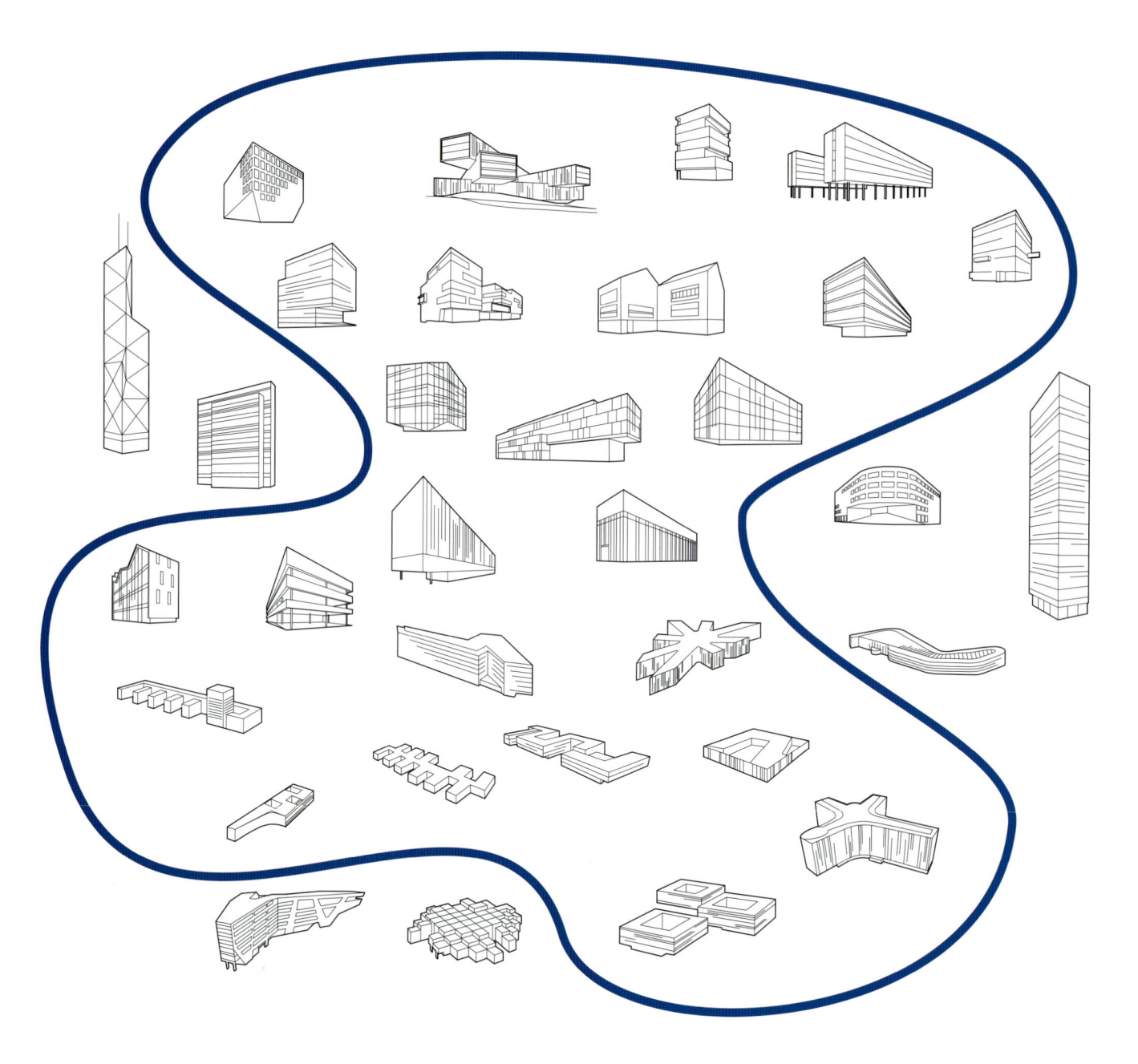

Abb. 3.3 Definition der einzubeziehenden Gebäudetypen – Ausschluss von Hochhäusern (Oberkante Fertigfußboden des obersten Aufenthaltsgeschosses ≥ 22 m) und Sonderformen

3.2 Typologischer Grundbaustein

Nachhaltiges Planen und Bauen bedeutet, sich in einer Welt, deren Komplexität uns immer bewusster wird, einer bestmöglichen Lösung zu verpflichten. Der Architekt ist daher aufgefordert, sich das mögliche Lösungsspektrum einer Planungsaufgabe vor Augen zu führen und von Anfang an in alternativen Lösungswegen zu denken. Er sollte in der Lage sein, diese in einem möglichst frühen Entwurfsstadium umfänglich zu bewerten und gegeneinander abzuwägen. Dies gelingt nur, wenn ihm zu dem Zeitpunkt das nötige Fachwissen zugänglich gemacht wird, zu dem traditionellerweise noch keine Fachingenieure in den Entwurfsprozess eingebunden werden. Dem Architekten müssen hierfür weitergehende Informationen schon im Vorentwurf zur Verfügung gestellt werden, so dass ökonomische und ökologische Folgen volumetrischer Überlegungen überprüft und typologische Abhängigkeiten der einzelnen Parameter untereinander verstanden werden können.

Die notwendige systematische Untersuchung der Typologien steht vor der Schwierigkeit, dass die Anforderungen im modernen Büro- und Verwaltungsbau und somit auch seiner Ausformung so ungeheuer weit gefächert und vielfältig sind, dass scheinbar jegliche Gebäudeform realisierbar scheint. Um das Untersuchungsfeld einzuschränken, bleiben Gebäudetypen mit besonderen planungsrechtlichen Aspekten zunächst unberücksichtigt. Bürohochhäuser (Oberkante des Fertigfußbodens des obersten Geschosses oberhalb 22,0 m ab Niveau Gelände) werden wie Gebäude, deren einzelne Geschossflächen eine Größe von 400 m² überschreiten, aufgrund ihrer brandschutztechnischen Auflagen aus der Betrachtung herausgenommen. Altbausanierungen und Umnutzungen werden ebenfalls nicht in die Untersuchung aufgenommen, da diese Projekte meist situationsspezifische Lösungsansätze verfolgen und schwer zu verallgemeinern sind.

Anhand einer Vielzahl an Steckbriefen von in Europa realisierten Bürobauten der vergangenen 20 Jahre, die den vorgenannten Kriterien entsprechen, können u.a. die Kriterien *Gebäudetiefe und -breite*, *Raster der Tragstruktur*, *Ausbauraster der Fassadengliederung*, *verwendete Büroorganisationsformen und -größe* sowie die *Lage der Kerne* und *Erschließungsformen* miteinander verglichen werden.

Als Ergebnis der Untersuchung wurde ein Grundbaustein festgelegt, anhand dessen die typologischen Gemeinsamkeiten des zeitgenössischen Bürobaus beschrieben und nachvollzogen werden können. Dieses simple Parametermodell [siehe Abb. 3.4] verdeutlicht die grundsätzlichen Abhängigkeiten der einzelnen Parameter eines Bürogebäudes untereinander – Abhängigkeit beispielsweise von Büroorganisation zu Gebäudetiefe und Geschosshöhe oder Bürogrößen vom Konstruktions- und Fassadenraster. Es dient als Basis aller weitergehenden Untersuchungen der nachfolgenden Kapitel sowie als Ausgangspunkt des SOD-Softwaretools (siehe hierzu Kapitel 7), das aufgrund (mehrerer zusammengesetzter) einfacher Volumetrien optimierte Vorschläge bezüglich des Tragwerks anbietet und Aufschluss über ökonomische und ökologische Folgen gibt.

Natürlich nehmen Werkzeuge wie das SOD-Softwaretool dem Architekten weder das Entwerfen ab, noch können sie dazu dienen, ein Gebäude in seiner Gänze zu beschreiben. Das Parametermodell ist daher auch nicht als Gebäudeentwurf misszuverstehen, sondern vielmehr als ein abstrahiertes Modell zu definieren, das den kleinsten gemeinsamen Nenner des untersuchten Gebäudetyps beschreibt und so den abstrakten Regelzusammenhang, dem der zeitgenössische Bürobau in Deutschland unterworfen ist, darstellt.

a	Gebäudetiefe = a1 + a2 + a2
a1	Spannweite
a2	Fassadentiefe
b	Konstruktionsraster
b1	Fassadenraster
c	Geschosshöhe = c1 + c2 + c3 + c4
c1	lichte Raumhöhe
c2	statisch erf. Deckenhöhe
c3	Deckenaufbau
c4	abgehängte Decke

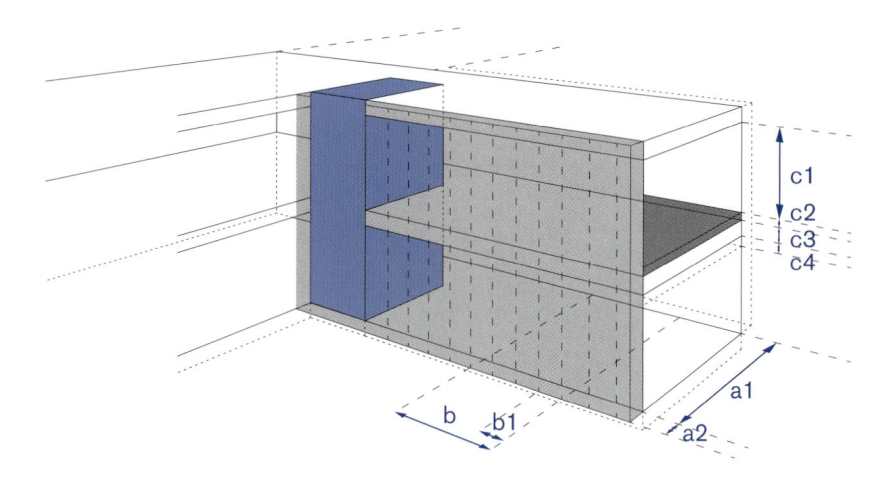

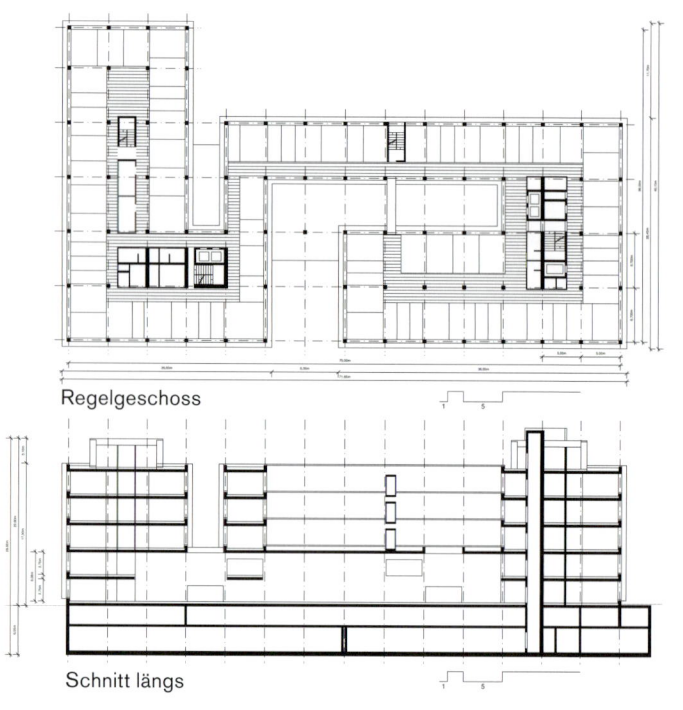

Abb. 3.4 Parametermodell

Regelgeschoss

Schnitt längs

Münchner Rückversicherung, München

Architekten:	be baumschlager eberle
Bauherr:	Münchner Rückversicherungs-Gesellsch.
Fertigstellung:	2001
Anzahl Arbeitsplätze:	755
Bruttogeschossfläche:	13.015 m²
Nettogeschossfläche:	o. A.
Nutzfläche:	6.758 m²
Gebäudehöhe:	26,65 m
Regelgeschosshöhe:	3,03 m
Fassadenraster:	1,25 m

Abb. 3.5 Beispielhafter Steckbrief europäischer Büro- und Verwaltungsbauten der vergangenen 20 Jahre – Münchner Rückversicherungs-Gesellschaft in München

Grundlage Luftbild: Google (2015), Kartendaten COWI (2015), GeoBasis-DE/BKG (2009), Google, Foto: archphoto – Eduard Hueber, New York (USA)

3.3 Städtebauliche Grundlagen

Die Planung von Büro- und Verwaltungsgebäuden ist in der Entwurfsphase ein komplexer Prozess, der nicht als lineare Abfolge einzelner Arbeitsschritte beschrieben werden kann, sondern als iteratives Verfahren zu verstehen ist. In den Prozess sind viele Akteure wie Investoren oder spätere Nutzer involviert, deren individuellen und kollektiven Wünschen im Entwurf Rechnung getragen werden muss. Neben diesen beiden direkt betroffenen Statusgruppen gibt es noch die große Gruppe von indirekt Betroffenen, die aber gleichwohl ihre Interessen berücksichtigt wissen wollen. Angefangen bei den Nachbarn über die Bürger einer Gemeinde bis hin zu unserer Gesellschaft, der die Wahrung des Gemeinwohls und die Förderung von Baukultur obliegt; dazu dienen unter anderem Normen und Gesetze.

3.3.1 Standortfaktoren

»Der Standort ist [...] unter gleichen Umständen der entscheidende Faktor zwischen Erfolg und Misserfolg.« [3-6] Neben einem ausgefeilten Nutzungskonzept und dem richtigen Zeitpunkt der Realisation hängt der nachhaltige Erfolg sehr stark von der Lage im städtischen oder ländlichem Raum ab.

Bei erster Betrachtung ist der Standort »nicht mehr als ein geographischer Punkt in einem größeren Gefüge, der über bestimmte Eigenschaften verfügt.« [3-6] Erst im Kontext gewisser Einflussfaktoren und Rahmenbedingungen der umliegenden Struktur sowie einer Bewertung in Bezug auf die spätere Nutzung ergibt sich eine Standortqualität, die analytisch betrachtet in harte und weiche Standortfaktoren zu unterscheiden ist. Hierbei sind vor allem harte Faktoren, die einen schnellen Vergleich zwischen den Standorten möglich machen, messbar. Die Untersuchung der Standortfaktoren ist sowohl in Bezug auf den Makrostandort, dem großräumigen Verflechtungsgebiet wie einer Region, Stadt oder Gemeinde, sowie den Mikrostandort, der näheren Umgebung des Standorts wie der entsprechende Stadtteil, Straßenzug oder die direkte Nachbarschaft, vorzunehmen.

Unter harten Standortfaktoren sind quantifizierbare Werte zu verstehen, die aus verschiedenen Aspekten zusammengetragen werden. Neben finanziellen Konditionen wie Subventionen, Steuern oder wirtschaftlichen Belangen wie Absatzmarkt und Arbeitskräftepotenzial sind die geografischen Eigenschaften des Grundstücks sowohl in Bezug auf die umliegende Agglomeration als auch die städtischen Gefüge der nahen Umgebung von enormer Bedeutung. Vertiefend betrachtet spielen auf dieser Ebene vor allem bau- und planungsrechtliche Parameter eine entscheidende Rolle, die auf die Zielsetzungen des Projekts deutliche Auswirkungen haben können. Neben der Größe des Grundstücks und dessen Zuschnitt können durch Angaben in den Bebauungs- und Flächennutzungsplänen wie zum Beispiel der Geschoss-, Grundflächen- und Geschossflächenzahl, einer Höhenbegrenzung, Belastungen durch Wegerecht oder anderen Regularien in der Nutzung, die Projektvorstellungen deutlich eingeschränkt werden. Diese Vorgaben können sich in der Planungsphase auf die Anordnung und Ausrichtung einzelner Baukörper auf dem Grundstück deutlich auswirken.

Weiter ist zu den harten Faktoren die infrastrukturelle Erschließung zu zählen, die sich von den Bereichen des Individualverkehrs bis hin zum öffentlichen Personennahverkehr erstreckt. Die Anbindung von Bus-, U-Bahn- oder S-Bahnhaltestellen oder eine direkte Nähe zu Bahnhöfen sowie die Fahrfrequenz, die Fahrzeiten zu zentralen Plätzen und die damit verbundene Anschlussmöglichkeit determinieren die Qualität der Erschließung durch den Personennahverkehr.

»Weiche, den Standort betreffende Faktoren umfassen die Nutzungen des Umfelds, die soziodemografische Struktur sowie das Image des Standorts. Weiche Standortfaktoren sind dabei weitaus stärkeren Veränderungen ausgesetzt als harte Standortfaktoren« [3-1], da die sozioökonomische Struktur von Regionen (Makrostandort) und Stadtvierteln (Mikrostandort) durch Veränderungsprozesse (zum Beispiel Gentrifizierung) deutlich beeinflusst wird. »Bereiche wie etwa vorhandene Einrichtungen für Bildung und Forschung entwickeln sich zu kritischen Größen bei der Beurteilung der Zukunftsfähigkeit von Städten und Regionen«. [3-1] Am Beispiel der Hanauer Landstraße in Frankfurt lässt sich die Veränderung deutlich erkennen. Der ursprünglich unattraktive Standort an einer der Ausfahrtstraßen aus Frankfurt in Richtung Osten hat durch die Agglomeration vieler kreativer Unternehmen innerhalb weniger Jahre eine Umwandlung in einen attraktiven Standort erlebt. Von dem frischen Image wollen viele andere Branchen profitieren.

Die Standortanalyse sollte Teil jeder Machbarkeitsstudie sein, die in der Konzeptionsphase eines geplanten Objekts die Wirtschaftlichkeit und Realisierbarkeit gegenüber einer Vielzahl von Beteiligten – Kapitalgebern, künftigen Nutzern, Investoren und gegebenenfalls auch der Öffentlichkeit – nachzuweisen versucht, und damit auch Ausgangspunkt jeglicher Investitionen, um das Risiko von fehl investiertem Kapital zu vermeiden. Bei hohen Investitionssummen werden für diese Aufgaben in der Regel professionelle Projektentwickler ins Projektteam aufgenommen, die »aus der Summe aller Untersuchungen, unternehmerischen Entscheidungen, Planungen und anderen bauvorbereitenden Maßnahmen, die erforderlich oder zweckmäßig sind, um eines oder mehrere Grundstücke zu überbauen« [3-6], Empfehlungen für den Investor aussprechen. Ziel ist es dabei, unter wirtschaftlichen Gesichtspunkten potenzielle Standorte auf die Eignung für ein formuliertes Nutzungskonzept zu prüfen und deren Schwächen sowie Stärken gegenüber dem Auftraggeber herauszustellen.

»Für Büroimmobilien allgemeingültige Standortfaktoren zu ermitteln ist schwierig. Da die Anforderungen an Bürostandorte so vielschichtig und unterschiedlich sind, können sie nicht ohne weiteres pauschaliert werden«. Die Positionierung einer Immobilie in »1A-Lagen« der großen Städte, für die finanzstarke Unternehmen einen überdurchschnittlichen Miet- oder Grundstückspreis als Gegenleistung für eine Adresse in Kauf nehmen, oder in Bürostandorten wie zum Beispiel Frankfurt-Niederrad ist zunächst positiv einzustufen, da der funktionierende Standort bereits alle notwendigen Rahmenbedingungen anbietet und langjährige Erfahrungen vorliegen. Gleichzeitig muss durch die parallele Existenz ausreichender Alternativen ein Herausstellungsmerkmal geschaffen werden, das die Vermarktung langfristig sichert, oder es müssen flexible Strukturen für den Innenausbau vorhanden sein, um den Kreis potenzieller Nutzer zu vergrößern. Zusätzlich »ist darauf zu achten, dass der gewählte Standort eine hohe Flexibilität im Hinblick auf potenzielle Nutzer aufweist«, um die Vermarktungsfähigkeit der Immobilie nicht von vornherein deutlich einzuschränken. »Mit der räumlichen und zeitlichen Flexibilisierung der Büroarbeit und den neuen Möglichkeiten, Zusammenarbeit, Zeit- und Standortgrenzen übergreifend zu organisieren, ändern sich die auf den Standort bezogene Mengennachfrage und vor allem die Nutzeranforderungen an Büroimmobilien. Der Wettbewerb wird zunehmend von Standort- und Flächenkonzepten beherrscht, die Nutzungsflexibilität und -dauer optimieren. Die Lage als bisher erfolgsentscheidende Wettbewerbsdisziplin tritt dagegen zurück, weil die Informationstechnologie die Vorteile zentraler Standorte stark relativiert, wenn nicht entwertet. Die Peripherie gewinnt an Attraktivität und bei vielen Standortkriterien sogar Überlegenheit.« [3-1]

Abb. 3.6 Werbeagentur J. Walter Thompson an der Hanauer Landstraße in Frankfurt – Architekten: Schneider + Schumacher – 1995
Foto: Jörg Hempel, Aachen

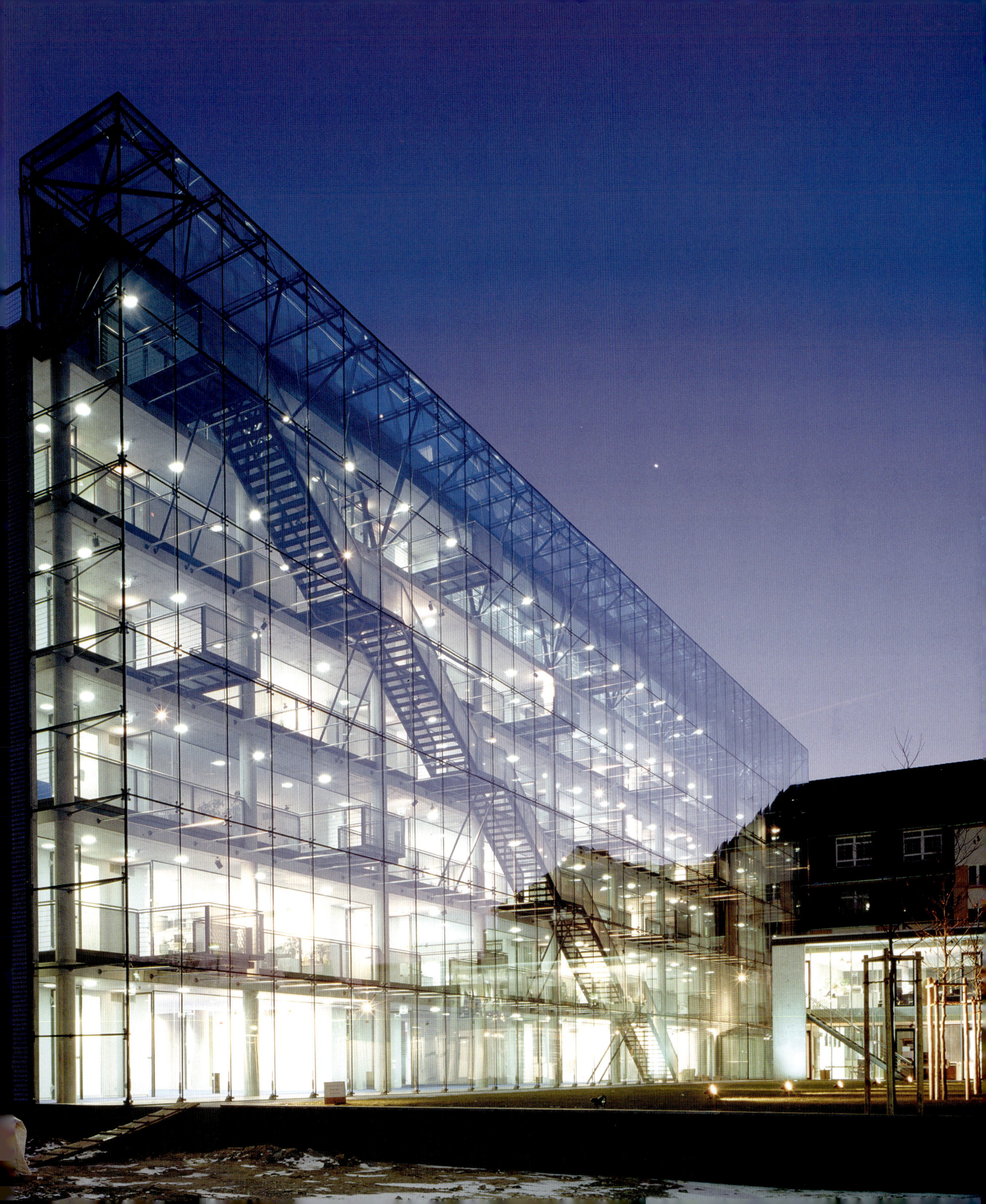

3.3.2 Bau- und Planungsrecht

Die Kenntnisse wichtiger städtebaulicher Planungsinstrumente, rechtlicher Bestimmungen und planerischer Lösungsansätze sind auch für Planer von Büro- und Verwaltungsbauten unerlässlich. Sie definieren den Entwurfsspielraum, der Planern bei städtebaulichen Ansätzen zur Verfügung steht. Bezüglich der Genehmigungsfähigkeit von Bauvorhaben ist der Bebauungsplan meist das entscheidende Rechtsinstrument, da hier entscheidende Festsetzungen in Form von Zeichnungen und Texten erfolgen. Letztere können gerade für Planer wichtige Hinweise enthalten, da neben den Regelungen zu Art und Maß der baulichen Nutzung auch Festsetzungen zur Gestaltung der Bauwerke, wie zum Beispiel Form und Neigung von Dächern, Firstrichtung, Materialien und Farben oder Werbe- und Lichtanlagen, definiert werden. In den meisten Bebauungsplänen wird die bebaubare Fläche mittels Baugrenzen und Baulinien gekennzeichnet. Zusätzlich werden häufig auch Festsetzungen zum Maß der Bebauung und/oder die maximale Anzahl der (Voll-)Geschosse getroffen. Festsetzungen zur Höhenentwicklung können aber auch in absoluten Zahlen erfolgen, zum Beispiel durch Festsetzungen von Trauf- und/oder Firsthöhen bei geneigten Dächern. Die zur Verfügung stehende Baufläche auf Grundstücken kann durch weitere gesetzliche Regelungen deutlich eingeschränkt werden. So können Abstandsflächen zu benachbarten Grundstücken zur Sicherung der Belüftung, der Belichtung beziehungsweise der Besonnung sowie der Verhinderung des Brandüberschlags das vorhandene Baufeld deutlich einschränken. Notwendige Abweichungen können je nach Situation bei der Genehmigung beantragt werden. [3-7] Hierfür existiert ausreichend Literatur, in der die wichtigsten Grundsätze der rechtlichen Vorgaben knapp zusammengefasst gefunden werden können. Die Thematik soll daher nicht Bestandteil dieses Handbuchs sein.

3.3.3 Gebäudeform

»Die Planung von Bürogebäuden beginnt oft lange, bevor Architekten hinzugezogen werden. Bauherrenvertreter oder Unternehmensberater erörtern Standortfragen, erstellen Bedarfsplanungen, Wirtschaftlichkeitsberechnungen, geben das gewünschte Bürokonzept und die Möblierung vor. Die Architektur beschränkt sich nicht selten auf »shell and core«, die Planungen von Gebäudehülle und Kern.« [3-5]
Entsprechend den Standortfaktoren können auch für die Gebäudeform von Bürobauten keine einheitlichen Vorgaben gemacht werden. Zu stark hängt die spätere Gebäudeform von Grundstückszuschnitt und -größe sowie den Vorstellungen des Bauherrn und den späteren Nutzern für die innere Organisation ab. »Ein Block, eine Zeile, ein kammförmiges Gebäude oder ein Bürohaus mit Atrium bieten unterschiedliche Verhältnisse von belichteten und unbelichteten, von Durchgangsverkehr belasteten oder für autonome Einheiten geeignete Flächen. Eine zentrale oder dezentrale, den Grundriss perforierende oder tangierende Erschließung beeinflusst Erreichbarkeit, Aufteilbarkeit und Nutzbarkeit der Flächen für unterschiedliche Funktionen.« [3-5]
Zusätzlich haben bau- und planungsrechtliche Vorgaben, die sich regional voneinander unterscheiden können, einen zu deutlichen Einfluss auf die spätere Gebäudeform, so dass diese stets aus der Summe aller Vorgaben zu entwickeln ist. »In der langen Entwicklungsgeschichte der Büroorganisationsformen hat sich das Zellenbüro als äußerst stabile Raumform erwiesen. Die Spielräume, mit dem Zellenbüro unterschiedliche Gebäudeformen zu entwickeln, sind eher gering. Die Länge des Gebäudes richtet sich primär nach dem Bedarf an Arbeitsplätzen, die in Europa an der Fassade angeordnet sind. [...] Die Tiefe dagegen zeigt größere Spielräume auf, da zwischen Einbund-Anlagen mit Randflur entlang der Fassade, Zweibund-Anlagen mit Innenflur und

Dreibund-Anlagen mit Nebenräumen im Innenbund und beidseitigem Flur unterschieden werden kann.« [3-1] Trotz dieser Varianz in der Gebäudetiefe ergeben sich für den Bürobau vorrangig quadratische bis riegelförmige Baukörper – teils mit oder ohne Innenhof. Diese Bürobautypen sind durch lange Abstimmungsprozesse zwischen Gewerkschaften, Arbeitgebern und -nehmern, die in gesetzliche Vorgaben überführt worden sind, entstanden. Sie zeichnen sich durch die geringe Gebäudetiefe (12–16 m), eine bestimmte, vorgegebene Arbeitsplatzgröße, natürliche Belichtung, Sichtverbindung nach außen und Schallschutzvorgaben aus. Im amerikanischen und englischen Raum finden sich eher rein auf die Flächeneinsparung optimierte Bürotypen, die durch Klimatisierung und künstliche Belichtung beliebig groß entworfen werden. Neben dem Riegel als Urform des Bürogebäudes aufgrund der optimierten inneren Büroorganisation als Ein-, Zwei- oder Dreibund in variierenden Gebäudetiefen hat sich eine Variantenvielfalt von abgewinkelten, sich verjüngenden, (doppelt-)mäandrierenden bis hin zu organischen, aber linearen Gebäudeformen entwickelt. Allen ist die Längsausrichtung gemein, die sich je nach Grundstückssituation in eine Vorder- und Rückseite aufteilt. Komplexen, schwierigen Grundstücksformen kann städtebaulich mit der Faltungsmechanik des Mäanders entgegnet werden, um die Ausnutzung des zu bebauenden Grundstücks zu optimieren. Potenziale entstehen hier durch die Möglichkeit, im Außenbereich Seitenhöfe, Aufweitungen oder Vorfahrten nahe der Eingangszone zu schaffen. Bei sehr schmalen Varianten ist die ökonomische Betrachtung – etwa das Verhältnis von Nutz- zu Erschließungsfläche – zwingend erforderlich. Zusätzlich ist die Integration von größeren Nutzeinheiten wie etwa Veranstaltungsräumen mit einem für die Nutzung geeigneten Verhältnis von Breite zu Länge auf seine Funktionalität zu untersuchen. Die Erweiterung des Riegels auf größeren Grundstücken zu geschlossenen oder offenen Hoftypen erlaubt eine optimierte – da kompakte – Ausnutzung des Grundstücks und die Ausbildung einer Innenseite, die gerade in städtischen Lagen eine ruhige Innenzone schaffen kann. Visuelle Querbezüge über den belichtenden Innenhof können die unterschiedlichen Büroflächen bereichern, aber auch bei ungünstiger, zu enger Konstellation auf den Arbeitnehmer störend wirken.

In außerstädtischen oder in Randlagen von Städten liegenden Bürostandorten, wo die gewachsene Stadt weniger Einfluss auf den Entwurf nimmt und die Grundstücksgröße aufgrund geringerer Grundstückspreise in der Regel weiträumiger ist, kommen Bürogroßstrukturen wie die sternförmige Anordnung mehrerer Riegel oder als Kamm angeordnete Büroimmobilien zum Einsatz. Gerade größere Unternehmen können so Abteilungen mit ausdifferenzierten Arbeitsfeldern in den einzelnen Seitenflügeln unterbringen, während sich in der Nähe des Kerns oder des Kammrückens zentrale und verteilende Bereiche des Unternehmens wiederfinden. Die entstehenden Zwischenbereiche können für unterschiedliche Außenräume, wie zum Beispiel für eine Vorfahrt am Eingangsbereich, die Anlieferung oder als Außenfläche eines gastronomischen Angebots, genutzt werden. Die sehr effektive Struktur kann mit einem Rückgrat (Kammstruktur) oder einem Zentrum (Stern) alle Seitenflügel gut bedienen. Sie ist leicht in untervermietbare Einheiten teilbar, da jeder Hof beziehungsweise jedes Ende eines Seitenflügels als Zugang genutzt werden kann. Freie, organische Formen finden sich aufgrund der immer stärkeren Unterstützung im Bauprozess durch CAD- und 3D-Programme immer häufiger in der Palette neuer Büro- und Verwaltungsbauten wieder. Zusätzlich haben offenere Bürokonzepte dazu geführt, dass von den starren Anordnungen einzelner Zellenbüros abgewichen werden kann und auf »Störungen« in der rechtwinkligen Geometrie reagiert werden kann. »Die Gebäudeform hat sich von der Kiste befreit und aufgezeigt, dass sie mit veränderten Büroorganisationsformen neue Freiheiten erfahren kann.« [3-1]

| PUNKT | RIEGEL | BAND/MÄANDER | HOF/ATRIUM |

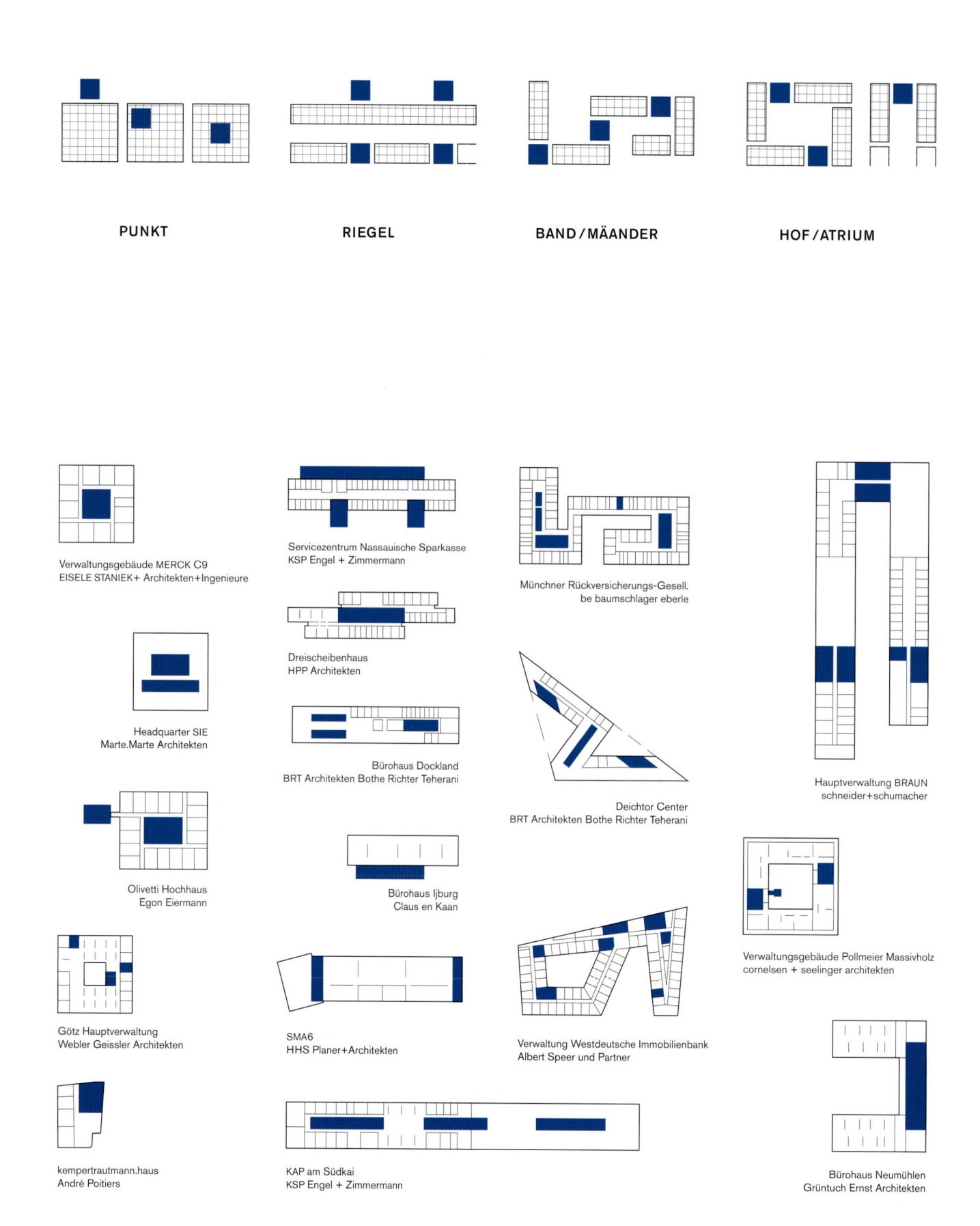

Verwaltungsgebäude MERCK C9
EISELE STANIEK+ Architekten+Ingenieure

Servicezentrum Nassauische Sparkasse
KSP Engel + Zimmermann

Münchner Rückversicherungs-Gesell.
be baumschlager eberle

Hauptverwaltung BRAUN
schneider+schumacher

Headquarter SIE
Marte.Marte Architekten

Dreischeibenhaus
HPP Architekten

Bürohaus Dockland
BRT Architekten Bothe Richter Teherani

Deichtor Center
BRT Architekten Bothe Richter Teherani

Olivetti Hochhaus
Egon Eiermann

Bürohaus Ijburg
Claus en Kaan

Verwaltungsgebäude Pollmeier Massivholz
cornelsen + seelinger architekten

Götz Hauptverwaltung
Webler Geissler Architekten

SMA6
HHS Planer+Architekten

Verwaltung Westdeutsche Immobilienbank
Albert Speer und Partner

kempertrautmann.haus
André Poitiers

KAP am Südkai
KSP Engel + Zimmermann

Bürohaus Neumühlen
Grüntuch Ernst Architekten

Abb. 3.7 Typologische Konzepte 01: Punkt – Riegel – Band/Mäander – Hof/Atrium

KAMM STERN STRUKTUR / CLUSTER FREIE FORM

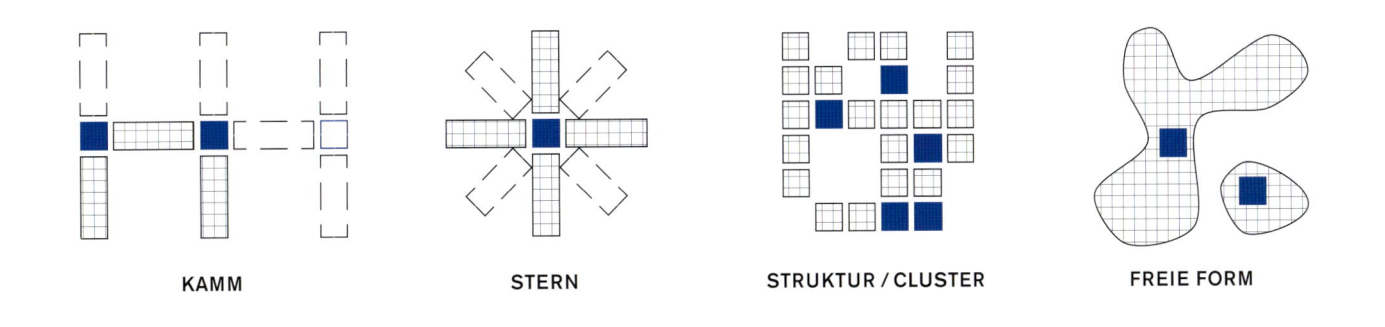

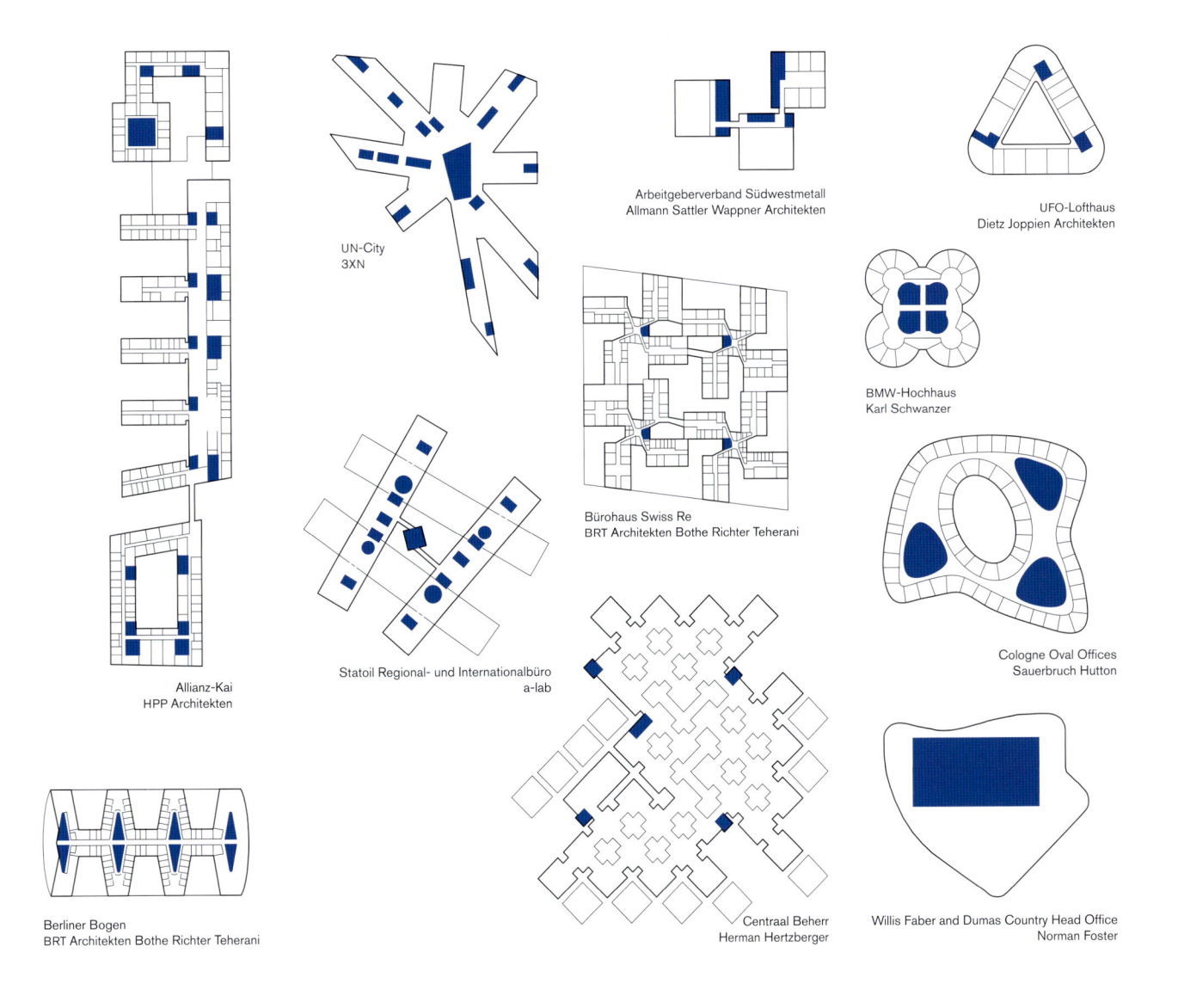

Arbeitgeberverband Südwestmetall
Allmann Sattler Wappner Architekten

UFO-Lofthaus
Dietz Joppien Architekten

UN-City
3XN

BMW-Hochhaus
Karl Schwanzer

Bürohaus Swiss Re
BRT Architekten Bothe Richter Teherani

Cologne Oval Offices
Sauerbruch Hutton

Allianz-Kai
HPP Architekten

Statoil Regional- und Internationalbüro
a-lab

Centraal Beheer
Herman Hertzberger

Willis Faber and Dumas Country Head Office
Norman Foster

Berliner Bogen
BRT Architekten Bothe Richter Teherani

Abb. 3.8 Typologische Konzepte 02: Kamm – Stern – Struktur / Cluster – Freie Form

Städtebauliche Grundlagen 61

Die Vielfalt der Entwurfsmöglichkeiten und die daraus resultierenden Abhängigkeiten zeigen die Schwierigkeit, eindeutige Parameter für die Nachhaltigkeit einer Büroimmobilie zu benennen, da die den Entwurf beeinflussenden Vorgaben und Vorstellungen zu unterschiedlich sein können. Grundsätzliche Entwurfsentscheidungen, die Nachhaltigkeit hinsichtlich Material- und Energieverbrauch betreffend, die in beinahe allen Ländern durch restriktive Gesetze immer stärker eingeschränkt werden, machen zum Beispiel Strukturen aus eingeschossigen Pavillons, Volumen mit einer hohen Anzahl an Einschnitten oder additiven Elementen sowie materialintensive Strukturen, deren Grauenergie unangemessen hoch ist, nicht mehr verantwortbar. Genauso ist ein flächenintensiver Entwurfsansatz bei einem Baufeld mit hohen Grundstückspreisen aus Sicht der Investitionskosten nicht nachhaltig einzuordnen. Es ist deshalb aus der Summe aller Vorgaben und Vorstellungen der Aufgabenstellung ein ökonomischer Entwurfsansatz zu wählen, der zusätzlich für die innere Organisation jegliche Flexibilität offen lässt. Einschränkende Vorgaben, die zum Beispiel durch die Ausnutzung des Grundstücks, die Zugänglichkeit des Gebäudes oder durch die Wahl der Organisationsform definiert werden, können den nachhaltigen Erfolg einer Immobilie bereits bei der »falschen« Wahl der Gebäudeform deutlich einschränken.

3.3.4. Referenzen

Die Summe aller städtebaulichen Einflussfaktoren ist bereits in der frühen Entwurfsphase zu bewerten und in die Planungen einfließen zu lassen. Je nach Standort und Grundstück können die verschiedenen bau- und planungsrechtlichen Vorgaben stärker von Bedeutung sein und den Entwurfsprozess deutlich verändern beziehungsweise aufgrund einiger entscheidender Situationen deutlich einschränken.

Anhand von drei Referenzen soll der Umgang mit bau- und planungsrechtlichen Bedingungen in Bezug auf städtebauliche Ansätze aufgezeigt werden. Es wird deutlich, wie unterschiedlich mit der Typologie *Büro- und Verwaltungsbau* aufgrund der bestehenden Bedingungen umgegangen wird.

Götz-Hauptverwaltung: Der Begriff *Bauen auf der grünen Wiese* haftet besonders Projekten in Industriezonen an, die in der Regel randständig oder aus den Städten ausgelagert sind, da diese ohne großen Bezug zur Umgebung und ohne hohen Anspruch an das Erscheinungsbild rein funktional errichtet werden. Als allseitig ausgerichtetes Gebäude – Lichteintrag für umlaufende Arbeitsplätze – setzt sich die Götz-Hauptverwaltung inmitten der umliegenden Produktionsstätten von diesem Klischee deutlich ab.

Arbeitgeberverband Südwestmetall: Der Entwurf vereint die städtebaulichen Vorgaben des Orts mit dem Wunsch nach Eigendarstellung. Das dreiteilige Gebäudeensemble befindet sich in der Altstadt Reutlingens und ist formal in die durch Gründerzeitbauten geprägte Umgebung eingebunden. Gestaltungstypisch sind die Satteldächer und die Ausmaße der Gebäude. [Erläuterungstext der Architekten]

Münchner Rückversicherungs-Gesellschaft: Schlagworte wie *Bauen im Bestand* oder Umbau beschreiben die komplexe Aufgabe nur ungenügend. Im Herzen von München modellierten die Architekten von be baumschlager eberle ein modernes Bürogebäude, das sich selbstbewusst in das alte Quartier einfügt. Direkt neben dem Schwabinger Stammsitz der *Münchener Rück*, unmittelbar am Englischen Garten, verwandelten sie einen monolithischen Block aus den späten Sechzigerjahren in ein fein gegliedertes Ensemble. [Erläuterungstext der Architekten]

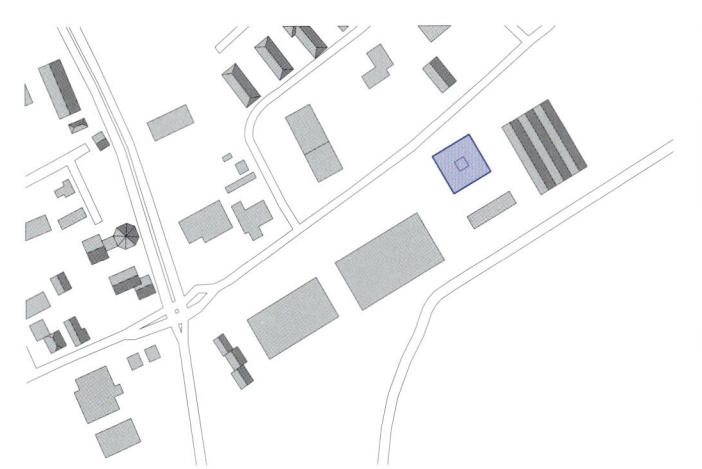

Abb. 3.9 Götz-Hauptverwaltung –
Einbindung in eine industrielle Umgebung

Abb. 3.10 Götz-Hauptverwaltung in Würzburg – Architekten:
Webler + Geissler Architekten – 1995

Foto: Roland Halbe, Stuttgart

Abb. 3.11 Arbeitgeberverband Südwestmetall –
Einbindung in eine kleinmaßstäbliche Stadtstruktur

Abb. 3.12 Arbeitgeberverband Südwestmetall in Reutlingen –
Architekten: Allmann Sattler Wappner Architekten – 2002

Foto: Florian Holzherr, Gauting

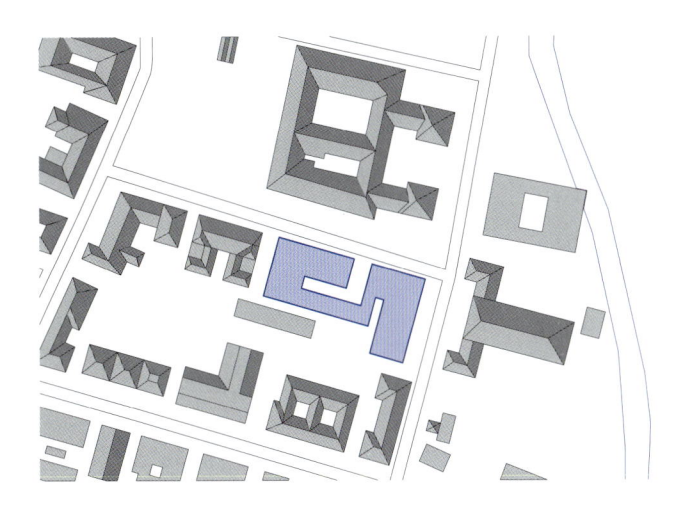

Abb. 3.13 Münchner Rückversicherungs-Gesellschaft –
Einbindung in eine großmaßstäbliche Blockrandstruktur

Abb. 3.14 Münchner Rückversicherungs-Gesellschaft in München,
Architekten: be baumschlager eberle – 2001

Foto: archphoto – Eduard Hueber, New York (USA)

Städtebauliche Grundlagen

1 ehem. Zellenbüros heute Ausstellungsräume
2 offene Flurzone

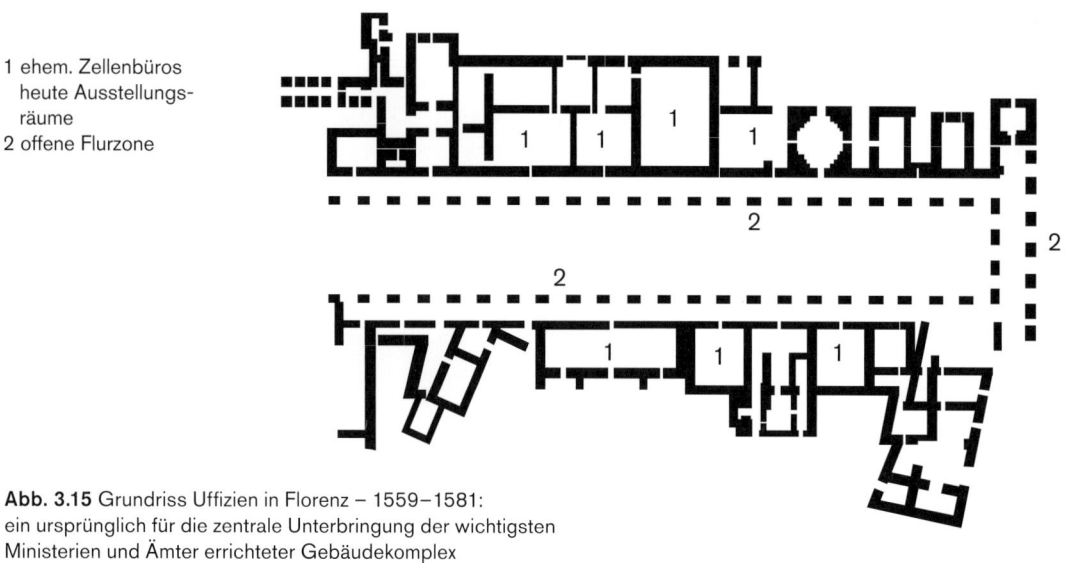

Abb. 3.15 Grundriss Uffizien in Florenz – 1559–1581: ein ursprünglich für die zentrale Unterbringung der wichtigsten Ministerien und Ämter errichteter Gebäudekomplex

3.4 Grundrissgestaltung

»Die Evolution von Bürogebäuden wird seit der Neuzeit vom obersten Ziel der Maximierung von Gewinn und Effizienz einer Organisation angetrieben. Status, Büroorganisation und Ökologie ordnen sich in diesem Ziel unter, während die technologische Entwicklung die Rahmenbedingungen vorgibt. Die bestimmenden Faktoren in der Büroorganisation und ihrer räumlichen Umsetzung sind die beiden Pole *Rückzug* und *Offenheit*, das heißt *Zelle* und *Großraum*.« [3-3] Der Grundriss von Büro- und Verwaltungsbauten ist stark von der Anordnung der Arbeitsplätze in einer Büroorganisationsform abhängig. Sie definiert die Anforderungen an die Tragstruktur und den damit in Verbindung stehenden Ausbauraster, die Anzahl und Verortung von Gebäudekernen und viele weitere Aspekte, auf die hinsichtlich einer möglichen Flexibilität im Folgenden eingegangen werden soll.

3.4.1 Historische Entwicklung

Die Geschichte des Bürobaus mag vor dem Bau der Uffizien in Florenz (1559–1581) begonnen haben, denn schließlich war das Verwalten eines Königs- oder Kaiserreichs auf entsprechende Räume und Gebäude angewiesen. Doch erst mit dem Bau der Uffizien, die erforderliche Ministerien und Ämter aufnehmen sollten, wird eine noch heute realisierte Typologie eines Laubengang- beziehungsweise Einbundsystems mit angeordneten Zellenbüros unterschiedlicher Größe erkennbar – eine erste Büroorganisationsform war gefunden. Der italienische Begriff *Uffizien* in das Englische übersetzt, gilt als Ursprung des allgemein üblichen Begriffs *Office*.
Ein wichtiger Schub in der weiteren Entwicklung der Büroorganisationsformen ist in Chicago Ende des 19. Jahrhunderts festzumachen. Als Kreuzungspunkt vieler Straßen, Eisenbahnstrecken und Wasserwege wuchs die Stadt rasant und entwickelte sich zu einer der wichtigsten Handelsstädte der Vereinigten Staaten. Auch ein Großbrand im Oktober 1871, der den Großteil der Stadt zerstörte, konnte die weitere rasante Entwicklung nicht aufhalten. Grundstückspreise explodierten, so dass Grundstückseigner begannen, die Ausnutzung der Grundflächen weiter zu optimieren und in die Höhe zu bauen. Dank neuer Erfindungen wie zum Beispiel elektrische Aufzüge und feuerfesterer Baustoffe, aber vor allem durch die Verwendung von Stahlskeletten im Gebäudebau wurde dies wirtschaftlich umsetzbar.
In dieser Phase entstand 1879 das *First Leiter Building* von William LeBaron Jenney. Es zeigt den Großraum, wie er typischer Weise noch heute in den USA und anderen Ländern vorzufinden ist, in dem Arbeitsplätze entlang der Fassade sowie in mehreren Reihen nebeneinander angeordnet sind. Unweit von Chicago wird 1896 in Buffalo das *Guaranty Trust Building* von Adler & Sullivan als ein U-förmiges Gebäude mit Mittelflur und beidseitig angeordneten Zellenbüros errichtet. Beide Gebäude stehen stellvertretend für viele Büro- und Verwaltungsbauten, an denen zwei heute noch übliche Büroorganisationsformen festgestellt werden können: Großraumbüro und Zellenbüro – letzteres als Zweibund ausgeführt.
Die weitere Entwicklung von Bürogebäuden ist nur an unterschiedlichen Ansätzen für die Gebäudeform auszumachen, neue Büroorganisationskonzepte gibt es lange Zeit nicht. Erst in der zweiten Hälfte des 20. Jahrhunderts kommt wieder Bewegung in die Entwicklung. Zwei Faktoren scheinen hier ausschlaggebend zu sein: Die erste und zweite Energiekrise (1973 und 1979) lassen Architekten und Bauherren über energieeinsparende Gebäude nachdenken und im Verbund mit der technischen Entwicklung von Computern (1977: Apple II, 1981: IBM PC 5150) und Mobiltelefonen (1985: Mobiltelefon C-Netz) wandelt sich die Art, in Büroräumen zu arbeiten. Die zunehmende Unabhängigkeit vom Arbeitsplatz

Abb. 3.16 *First Leiter Building* in Chicago –
Architekt: William LeBaron Jenney – 1879: freier Grundriss,
der durch 15 gusseiserne Säulen gegliedert ist

Foto: Chicago History Museum, ICHi-01649; John W.Taylor, photographer

Abb. 3.17 *Guaranty Trust Building* in Buffalo –
Architekten: Adler & Sullivan – 1896: U-förmiger Grundriss,
mit Mittelflur und Zellenbüros trotz Skelettbau

Foto: http://memory.loc.gov/pnp/habshaer/ny/ny0200/0204/photos/116404pv.jpg

Abb. 3.18 *Larkin Building* in Buffalo – Architekt: Frank Lloyd Wright –
1905 (1950 Abriss): Atrium-Grundriss – typisch amerikanischer Bürosaal

Foto: The Frank Lloyd Wright Foundation Archives (The Museum of Modern Art I
Avery Architectural & Fine Arts Libary, Columbia University)

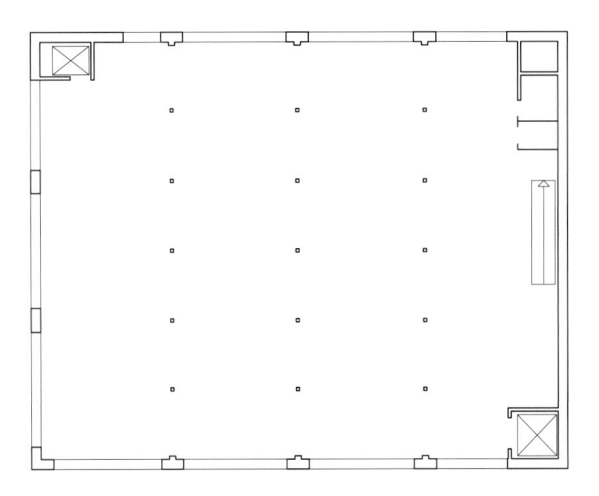

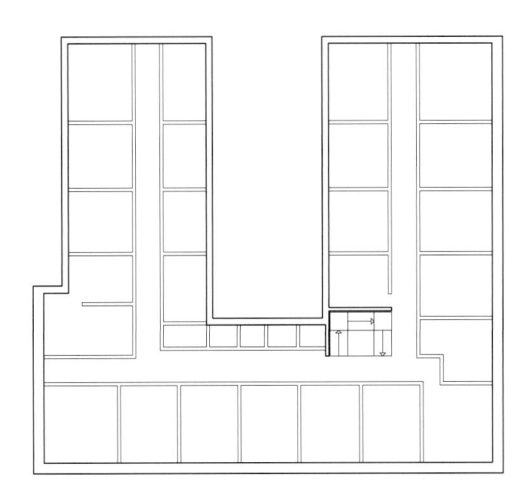

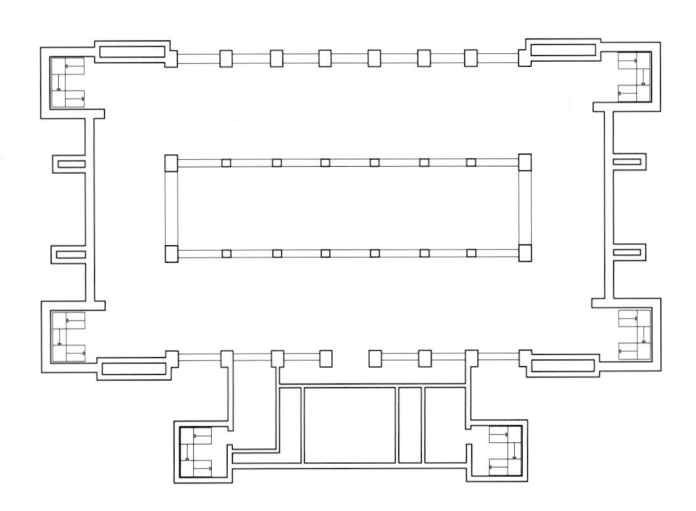

Grundrissgestaltung 65

lässt neue Büroorganisationsformen entstehen, die vor allem in Westeuropa vorangetrieben werden.

1976 wird in Schweden von der ESAB-Hauptverwaltung ein Wettbewerb ausgelobt, in dem die Anforderungen an ein neues Bürogebäude nicht in einem detaillierten Raumprogramm, sondern vielmehr funktional beschrieben werden. Das Architekturbüro Tengbom Arkitekter entwickelt in seinem Beitrag das Kombibüro, in dem die Zellenbüros verkleinert werden, da diese nur mehr die persönlich notwendige Einrichtung und Geräte aufnehmen, und alles gemeinschaftlich Genutzte in der Mittelzone installiert wird. Diese Organisationsform ist ein erster und entscheidender Beitrag, der konzentriertes Arbeiten in Zellenbüros zulässt und die Mittelzone konsequent für die Kommunikation zur Verfügung stellt.

Es dauert 14 Jahre, bis in Deutschland das erste Kombibüro realisiert wird. Mit der Edding-Hauptverwaltung in Ahrensburg konnte vom Büro Struhk Architekten aus Braunschweig die Raumkonzeption aus Skandinavien in die Realität umgesetzt werden. Es entstand »ein Bürohaus als ›menschlicher‹ Ort. Dem Bedürfnis nach Individualität, nach Rückzug und Ungestörtheit wird es ebenso gerecht wie dem Wunsch und der Notwendigkeit zur Kommunikation und zur Teilnahme am Arbeits- und Lebensbereich der anderen«, so die Architekten. Festzustellen bleibt, dass die beiden zuvor erwähnten Faktoren die althergebrachten Organisationsformen ins Trudeln bringen. Die Anzahl der Großräume nimmt deutlich ab, was zusätzlich der Identifizierung des Sick-Building-Syndroms zu verdanken ist, welches durch die notwendig gewordene künstliche Belichtung und Belüftung entsteht. Aber auch Zellenbüros – hier speziell Einpersonenbüros – werden weniger häufig realisiert, da Bauherren und Investoren vermehrt auf neuere Konzepte setzen.

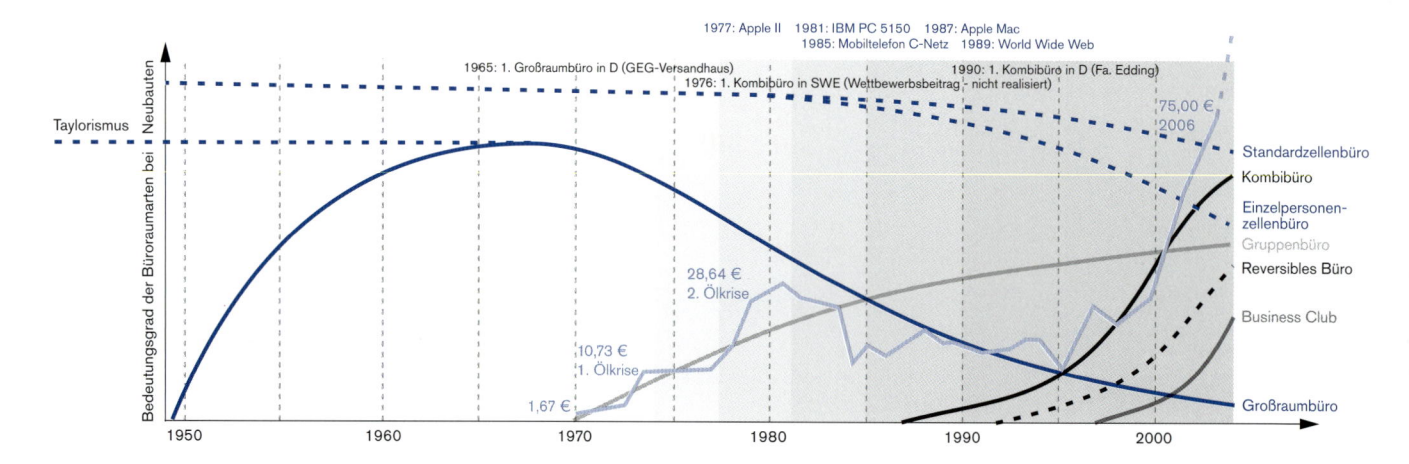

Abb. 3.19 Bedeutungsgrad der Büroorganisationsformen bei Neubauten der vergangenen 60 Jahre in Abhängigkeit technologischer Entwicklungen
Quelle: Degi Research 2003

Abb. 3.20 (rechts) *Atlassian II Office* in San Francisco – Architekt: Studio Sarah Willmer Architecture – 2012
Foto: Jasper Sanidad, San Francisco (USA)

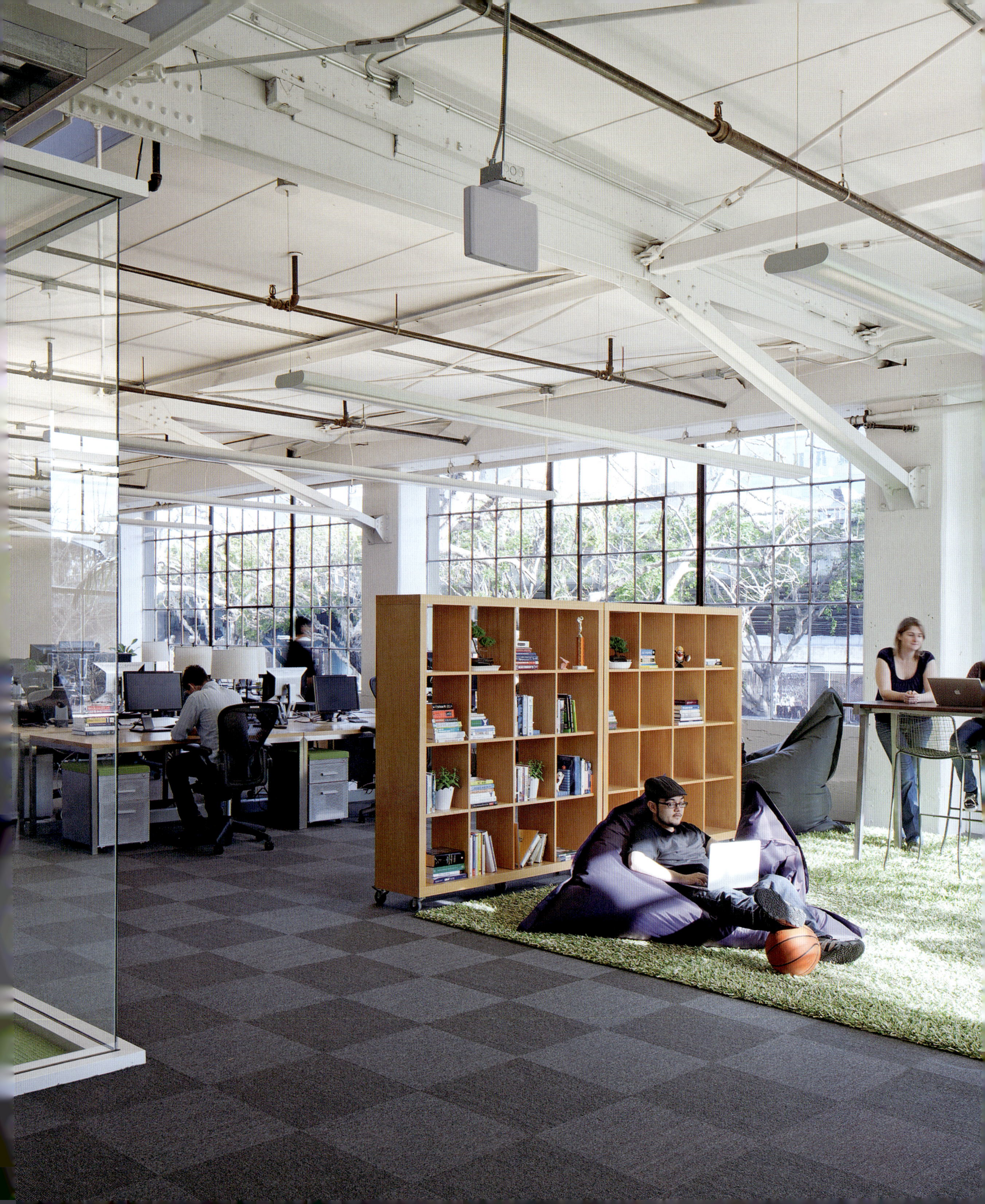

3.4.2 Büroorganisationsform

»Waren Büroarbeitsplätze noch in den Sechzigerjahren überwiegend geprägt durch aneinander gereihte Zellen- oder überdimensionale Großraumbüros, so sind heutige Bürowelten durch ein hohes Maß an Kleinteiligkeit, Flexibilität und Sinnlichkeit gekennzeichnet. Zu Recht werden diese zunehmend auch als Lebensräume verstanden. Neue Arbeitszeitmodelle, flachere Hierarchien und dynamisierte Arbeitsprozesse brachten erst reversible, dann non-territoriale Bürokonzepte hervor.

Die Wahl der richtigen Büroorganisationsform wird jedoch immer eine individuelle, auf die jeweiligen Arbeitsprozesse zugeschnittene Entscheidung sein. Dagegen steht zweifellos fest, dass all zu starre Büroformen zukunftsweisende Konzepte zumindest erschweren«, [3-8] um eine optimierte Annäherung für die sich von Unternehmen zu Unternehmen und von Abteilung zu Abteilung unterscheidende Büroorganisationsform zu finden. Denn *die* beste Büroorganisationsform kann nicht allgemein definiert werden.

3.4.2.1 Zellenbüro

Das Zellenbüro existiert seit den Anfängen der Bürokratisierung: Büroarbeit findet hier in abschließbaren Einheiten statt. Die einzelne Zelle, die den Anforderungen an individuelles und konzentriertes Arbeiten gerecht wird, ist vierseitig umschlossen sowie üblicherweise links und rechts entlang der Fassade angeordnet und wird über einen gemeinsamen Mittelflur erschlossen.

Das Einzelbüro bietet hinsichtlich konzentriertem Arbeiten, individueller Belichtung und Belüftung die besten Konditionen für den Mitarbeiter. Sobald aus der Zelle ein Mehrpersonenbüro wird, kehrt sich dieser Vorteil um. Die verkleinerte Grundfläche je Arbeitsplatz, Störfaktoren durch Gespräche unter den Mitarbeitern oder Kundengespräche am Telefon, Uneinigkeit über das Raumklima sowie Eigenarten des Kollegen erhöhen die Unzufriedenheit am Arbeitsplatz. Untersuchungen von Roman Muschiol in *Begegnungsqualität in Bürogebäuden* verdeutlichen die Tatsache, dass mit weiteren Personen im Raum die Zufriedenheit am Arbeitsplatz nicht mehr in hohem Maße gegeben ist. [3-9]

Aus wirtschaftlicher Sicht ist das Doppelbüro zu bevorzugen, denn statt vier (zwei je Arbeitsplatz) Achsen des Fassadenrasters können im Doppelzimmer je nach Möblierung zwei Arbeitsplätze in lediglich drei Achsen angeordnet werden, womit eine deutliche Flächenreduzierung erreicht wird. Deutlich weniger Bürotrennwände entlang der Fassade schlagen sich positiv in der Erstinvestition nieder. Negativ zu sehen ist jedoch die Tatsache, dass auch alle anderen Nebenräume wie Toiletten, Lagerräume, Serverräume, selbst jene die kein Tageslicht benötigen wie Stellflächen für Drucker und Kopierer an den Außenwänden angeordnet werden und somit herkömmliche Zellenbüros umgewandelt werden müssen.

Da lediglich eine Flurzone sowie in der Regel eine auf das Notwendigste reduzierte Teeküche »am Ende des Gangs« zur Verfügung steht, ist die Möglichkeit des informellen Austauschs, des Verweilens oder des Begegnens bei der Anordnung in Zellenbüros mangelhaft, was für Unternehmen als nachteilig einzustufen ist. Spontane Gespräche, aus denen sich laut einer Studie 80 % der innovativen Ideen entwickeln, finden in dieser Organisationsform kaum statt.

3.4.2.2 Kombibüro

Das Kombibüro entstand aus dem Anspruch heraus, die Vorteile der bis dahin bekannten Büroorganisationsformen *Großraum- und Zellenbüro* zu vereinen, um optimierte

Einzelarbeitsplatz

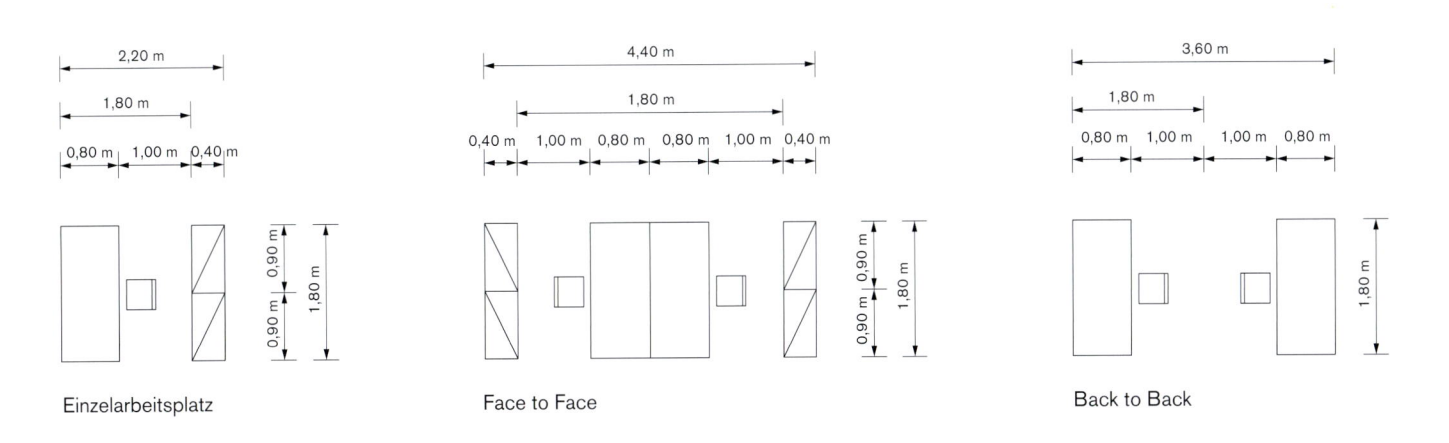

Face to Face

Back to Back

Abb. 3.21 Mindestabmessungen typischer Arbeitsplatzanordnungen zur Ermittlung der Mindestabmessung Raumbreite

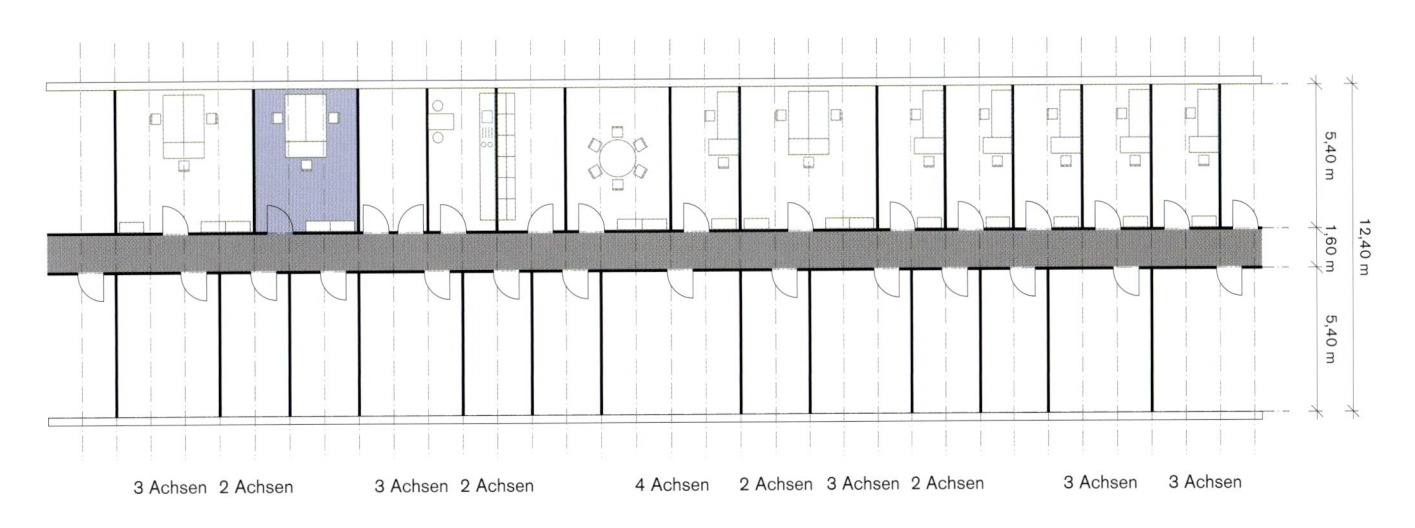

3 Achsen 2 Achsen   3 Achsen 2 Achsen   4 Achsen   2 Achsen 3 Achsen 2 Achsen   3 Achsen   3 Achsen

Abb. 3.22 Mustergrundriss Zellenbüro

Grundrissgestaltung

Bedingungen für Kommunikation und Konzentration anzubieten. Die auf das notwendigste Maß verkleinerten Einzelzimmer liegen alle entlang der Fassade und können optimal mit Tageslicht versorgt werden. Flurwände sind häufig verglast, so dass ein offenes Raumgefühl entsteht, da trotz Bezug zur Flurzone die Möglichkeit besteht, konzentriert in der Zelle zu arbeiten. Statt dem notwendigen Mittelflur der Organisationsform *Zellenbüro* entsteht im Kombibüro eine über die einzelnen Zellen belichtete Mittelzone, die für Drucker, Kopierer, Toiletten, aber vor allem für eine Kaffeebar, Besprechungstische, kleinere Ruhezonen, usw. genutzt werden kann. So können aufgrund der ausschließlichen Positionierung der Arbeitsplätze an der Fassade und mittig angeordnete Gemeinschaftsbereiche mehr Mitarbeiter auf gleicher Fläche angeordnet werden.

In letzter Zeit ist nicht nur aus wirtschaftlichen Gründen die Tendenz zum Doppelzimmer zu beobachten. Die oben aufgeführte Einsparung in der Fläche bei der Anordnung als Doppelbüro trifft jedoch bei der Organisationsform *Kombibüro* nicht zu. Im Gegensatz zum Zellenbüro, wo die Ordnerablagen an der opaken Flurtrennwand angeordnet sind, ist dies an der verglasten Flurwand des Kombibüros nicht möglich, sondern wird im Rücken des Arbeitsplatzes organisiert. Ergonomisch ist dies von großem Vorteil, erfordert aber für jeden Arbeitsplatz je nach Ausbauraster zwei Achsen des Fassadenrasters, beim Doppelzimmer somit vier Achsen. So muss bei der Wahl der Organisationsform *Kombibüro* ein möglicher Mehraufwand bei Einzelbüros für zum Beispiel Bürotrennwände mit einer höheren Zufriedenheit der Mitarbeiter in Einzelbüros abgewogen werden [3-10]. Kritisch kann auch der Schaufenstercharakter der zur Mittelzone verglasten Büros gesehen werden, der sich nach einer Eingewöhnungsphase oft relativiert. Das Kombibüro hat sich längst etabliert und gilt unter heutigen Aspekten als die zukunftsträchtigste unter den klassischen Büroorganisationsformen.

3.4.2.3. Großraumbüro

Ursprünglich aus dem Typus der großen amerikanischen Fabriken um die Jahrhundertwende entwickelt, ist das Großraumbüro als Raum ab etwa 100 Arbeitsplätzen oder ab etwa 1.000 m² Bürofläche definiert. Diese Art der Büroanordnung lebt vor allem in den USA weiter, auch wenn sich die Bezeichnungen verändert haben. Das Unternehmen Facebook hat in den USA 2015 ein neues Bürogebäude für 2.800 Mitarbeiter realisiert – ein Bürogebäude »with the largest open floor plan in the world«, so der Architekt Frank Gehry.

Charakteristisch für das Großraumbüro ist ein weitestgehend stützenfreier Raum, der frei bespielbar ist. Einziger fester Einbau ist der Treppenkern mit Aufzug und Toiletten, von wo aus die komplette Nutzfläche flurlos erschlossen wird. Der minimierte Platzbedarf des Einzelnen, ein hoher technischer Standard (Doppelboden, Klimaanlage, etc.), die Multifunktionalität der Fläche, uniforme Arbeitsplätze versprechen optimale Bedingungen im Hinblick auf Arbeitsorganisation, Ergonomie und Arbeitspsychologie: gleiche Bedingungen für alle – gleiches Raumklima, gleiche Belichtung, kein Sonderstatus, keine Hierarchien. Die Realität sieht durch die unterschiedliche Qualität von fensternahen und in der Gebäudemitte angeordneten Arbeitsplätzen anders aus. Die Vorteile, die man sich aus der Begünstigung von spontaner und arbeitsübergreifender Kommunikation erhofft, werden von den damit einhergehenden Problemen wie akustischen Störungen, Mangel an Rückzugsmöglichkeiten und fehlender Privatheit überschattet. Die Erkenntnisse, dass die Produktivität der Mitarbeiter nicht nur von Funktionalität und Ergonomie abhängt, sondern in zunehmenden Maße auch auf das Wohlbefinden am Arbeitsplatz zurückzuführen ist, führt zu einem Rückgang der Büroorganisationsform *Großraumbüro*, die nur noch in wenigen Unternehmensstrukturen wie etwa in Callcentern oder Börsenhandelsplätzen zu finden ist.

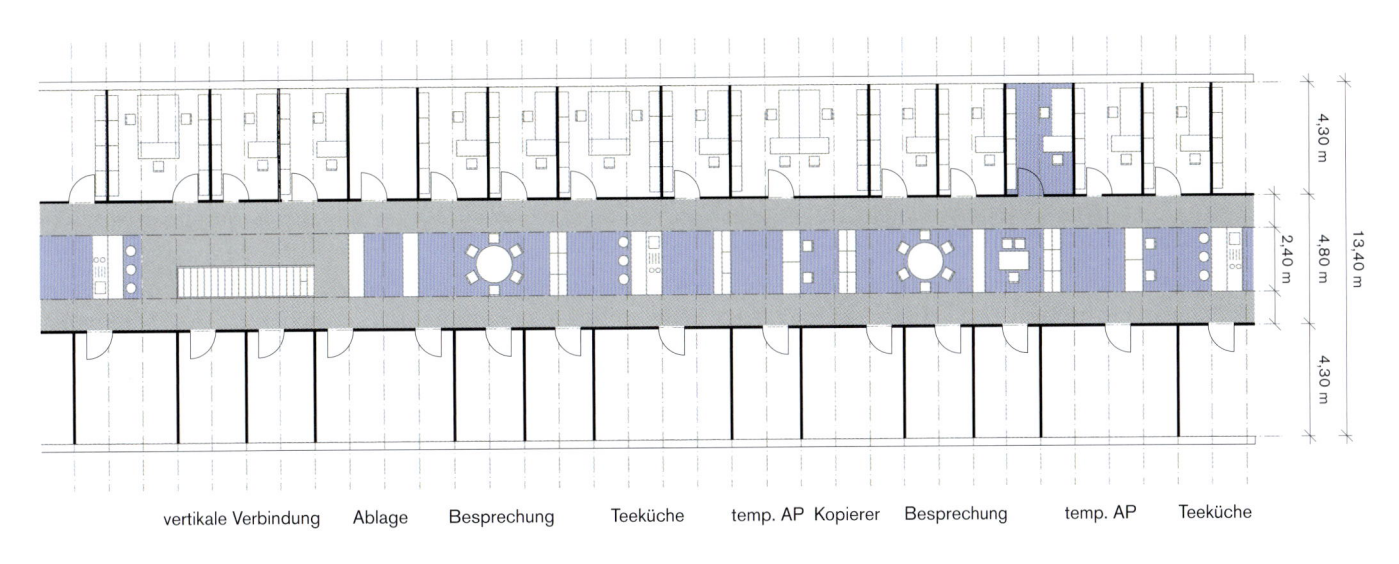

vertikale Verbindung   Ablage   Besprechung   Teeküche   temp. AP   Kopierer   Besprechung   temp. AP   Teeküche

Abb. 3.23 Mustergrundriss Kombibüro

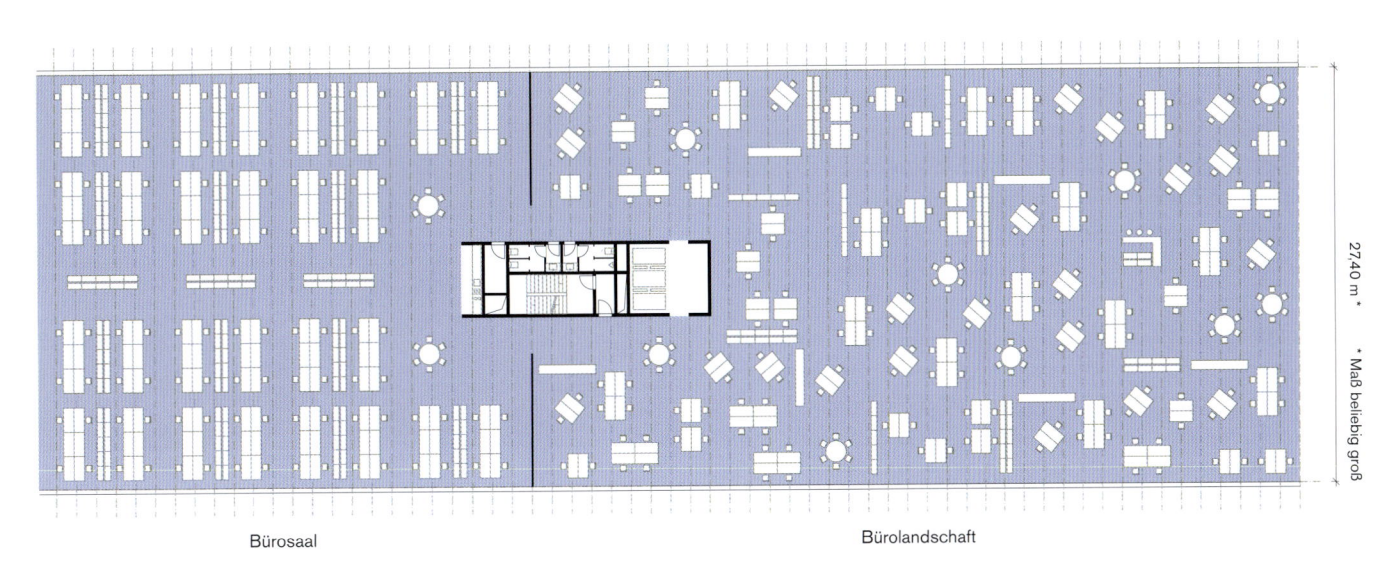

Bürosaal   Bürolandschaft

Abb. 3.24 Mustergrundriss Großraumbüro

Grundrissgestaltung   71

3.4.2.4 Gruppenbüro

Dem Trend der Sechzigerjahre, in Deutschland und Europa flächendeckend Großraumbüros zu realisieren, setzt sich die Idee von Gruppenräumen entgegen. Dabei geht es nicht darum, die Arbeit so zu organisieren, dass diese nur in einer Gruppe geleistet werden kann, sondern die deutlich kleineren Büroeinheiten für maximal 25 Mitarbeiter sollen die Vorzüge des Großraumbüros hervorheben und dessen Nachteile kompensieren. Entscheidende Unterschiede zum Großraumbüro sind die geringere Raumgröße und Raumtiefe, so dass ein Großteil der Arbeitsplätze ausreichend natürlich belichtet und belüftet werden kann. Das Gruppenbüro ist auf Nutzer ausgelegt, die in zusammengehörigen Organisationseinheiten arbeiten und den Vorteil der schnellen, spontanen Kommunikation und Abstimmung untereinander ausschöpfen. Als störend wird die teils starke akustische Beeinträchtigung, besonders bei Telefonaten und Besprechungen, empfunden. Das niederländische Verwaltungsgebäude *Centraal Beheer* (1972) von Herman Hertzberger ist ein Paradebeispiel dafür. Sein Entwurf liegt der Idee zugrunde, soziale Nachbarschaften in der Arbeitswelt zu realisieren. Als strukturellen Baustein nimmt sich Hertzberger in etwa die Größe eines Wohnhauses vor und verbindet die sich theoretisch unendlich wiederholenden Bausteine zu einer Großstruktur. Pro Ebene eines Bausteins können 10–15 Arbeitsplätze angeordnet werden. Selbst wenn es doch nicht gelungen ist, eine Hierarchie in den öffentlichen Bereichen zu organisieren, und somit die Orientierung in der Struktur schwer ist, stellt das Gebäude ein Vorbild für eine neue Gattung von Büroorganisationskonzepten dar. Aktuelle Tendenzen zeigen, dass in vielen Unternehmen Teamarbeit künftig an Bedeutung gewinnen wird. In Kombination mit Zellen- und/oder Kombibüros wird dieser Organisationstypus auch für ein breiteres Nutzerspektrum zunehmend attraktiv.

3.4.2.5 *Business Club*

Die Unabhängigkeit vom Arbeitsplatz durch Laptop, W-LAN und Mobiltelefon hat nicht nur die traditionellen Büroorganisationsformen durcheinandergewirbelt, sonder auch die Anforderungen an die Arbeit selbst (siehe Kapitel 2). Während die »spezialisierte« Tätigkeit auf einen sich permanent wiederholenden Vorgang (Taylorismus) stark abgenommen hat, sind die Anforderungen an den einzelnen Mitarbeiter gestiegen. Arbeiten werden nicht mehr nur konventionell am

Abb. 3.25 *Centraal Beheer* in Apeldoorn – Architekt: Herman Hertzberger – 1972: Die modulare Bauweise erzeugte Orientierungsprobleme, so dass der Bau nachträglich beschildert werden musste.
Foto: Willem Diepraam, Amsterdam (NL)

Stellwandsysteme   Gruppenraum

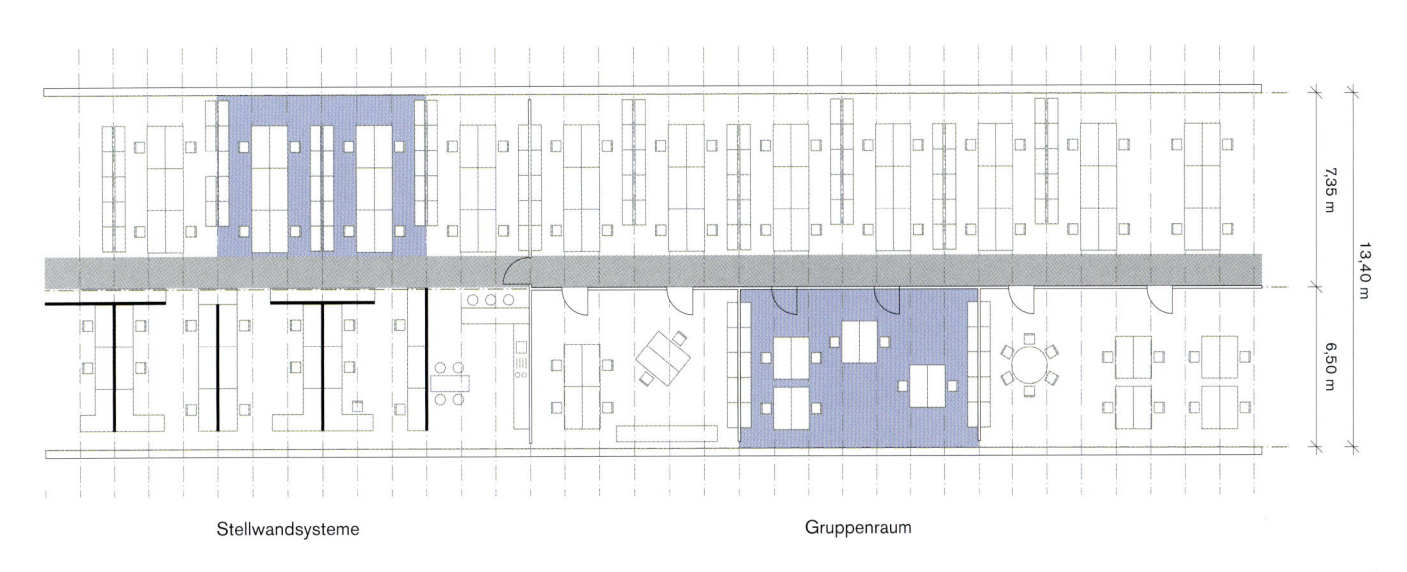

Abb. 3.26 Mustergrundriss Gruppenbüro

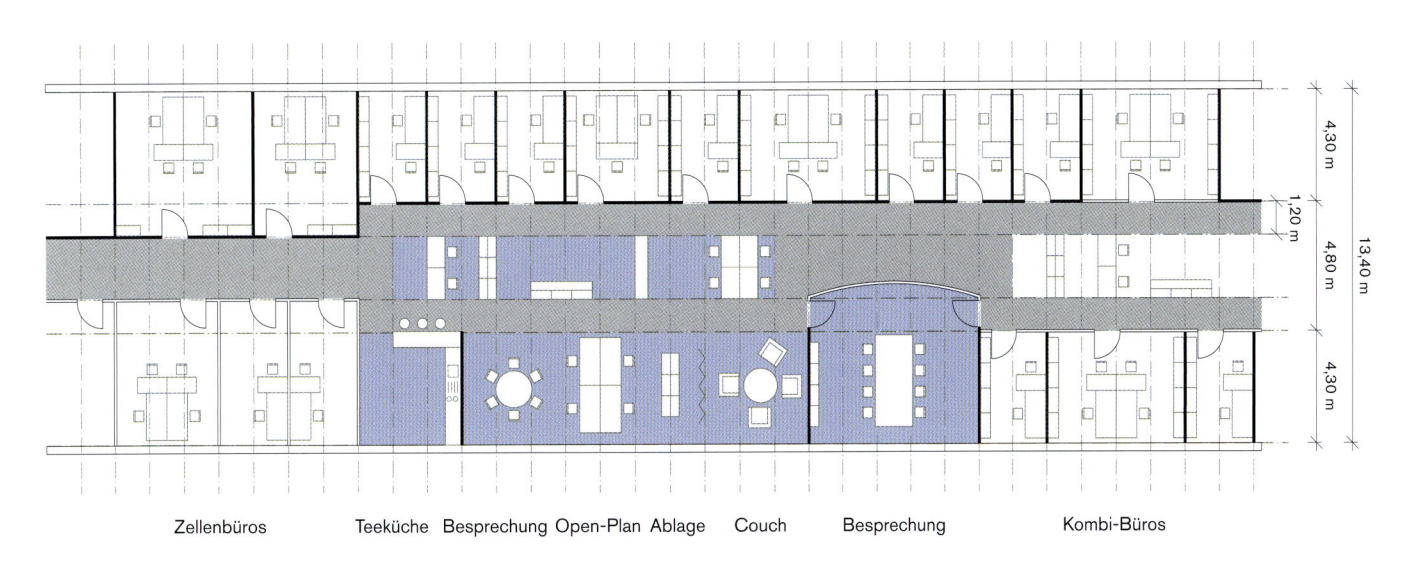

Zellenbüros   Teeküche Besprechung Open-Plan Ablage   Couch   Besprechung   Kombi-Büros

Abb. 3.27 Mustergrundriss *Business Club*

Grundrissgestaltung

Arbeitsplatz, sondern vermehrt in Projektgruppen und Besprechungen erledigt. Viele Tätigkeiten finden zudem außerhalb des Büros statt – auf Dienstreisen, bei Kundenterminen oder von zu Hause aus –, so dass sich je nach Unternehmensstruktur ein Leerstand der einzelnen Arbeitsplätze von bis zu 25 % ergeben kann.

Der *Business Club* bietet hierfür eine räumliche Lösung, da er als konsequente Weiterentwicklung des Kombibüros ein Gemisch aus verschiedenen Büroorganisationsformen sein kann – abgestimmt auf die Bedürfnisse des Unternehmens beziehungsweise der Mitarbeiter. Eine verringerte Anzahl an typischen Arbeitsplätzen wird ergänzt mit verschiedenen Begegnungszonen, Lounges, Besprechungsbereichen, Kaffeetheken, Steharbeitsplätzen, Rückzugbereichen etc., deren Verhältnis zu den üblichen Arbeitsplätzen je nach Unternehmsstruktur variiert. Mitarbeiter finden im Unternehmen keinen persönlichen Arbeitsplatz mehr, sondern suchen aufgabenspezifisch zeitweise den geeigneten Ort zum Arbeiten.

3.4.2.6 Non-territoriales Büro

Bereits bei Baubeginn (1997) der *Datenverarbeitungsgesellschaft* (DVG) in Hannover zeichnete sich ab, dass bei Fertigstellung die Anzahl der Arbeitsplätze nicht ausreichen wird. Eine Erweiterung des Gebäudes war nicht möglich, so dass nur die Veränderung der inneren Organisation – die ursprüngliche Planung war auf Kombibüros ausgelegt – zum Erfolg führen konnte. Statt den vorgesehenen 1.050 Arbeitsplätzen mussten auf der gleichen Fläche 1.350 vollwertige und normgerechte Arbeitsplätze für 1.850 Mitarbeiter geschaffen werden, die mittels non-territorialem Konzept als *Business Club* realisiert werden konnten. Dass in dem Gebäude die Arbeitsplätze bei einer Anwesenheitsrate nur in Ausnahmefällen von über 75 % ausreichen, liegt nicht alleine in der Organisationsform *Business Club*, sondern im beschriebenen Prinzip des *Desk Sharings*.

Business Club und der non-territoriale Arbeitsplatz sind seitdem in fast jeder Literatur unabdingbar miteinander verwoben. [3-11] Doch auch jede andere Büroorganisationsform kann non-territorial funktionieren, denn das Prinzip »First come – first serve« ist ebenso auf das Zellenbüro wie auf das Kombibüro übertragbar. Jedoch sind transparentere und offene Bürostrukturen eher zu empfehlen, da die Kommunikation der Mitarbeiter durch diese Raumformen mehr unterstützt wird. Sind die Mitarbeiter schon nicht ständig im Büro, kommt der intensiven Kommunikation bei Anwesenheit eine besondere Bedeutung zu.

Die Vorteile liegen klar auf der Hand, da Außendienstmitarbeiter, die lediglich für kurze Zeit ins Büro kommen, keinen festen Arbeitsplatz benötigen. Auch jede Statistik über die Abwesenheit von Mitarbeitern durch Krankheits- oder Urlaubstage kann dazu herangezogen werden, deutlich weniger als 100 % an Arbeitsplätzen im Verhältnis zu der Anzahl der Mitarbeiter zu realisieren. Die möglichen Nachteile des Wohlbefindens der Mitarbeiter sind hingegen noch nicht ausreichend erforscht. Lediglich empirische Studien kommen zu unterschiedlichen Ergebnissen. [3-12]

3.4.3 Beobachtungen

»Die richtige Büroorganisationsform für alle Anforderungsprofile wird es niemals geben, zu unterschiedlich sind Unternehmen und Berufsgruppen organisiert. Diese Entscheidung wird weiterhin individuell getroffen werden, möglichst im Einklang mit den Nutzern.« [3-1] Dennoch können Tendenzen für die Weiterentwicklung der Büroorganisationsformen formuliert werden, die auf gemachten Beobachtungen und Untersuchungen aktueller Projekte beruhen.

»Das Großraumbüro in seiner klassischen Ausprägung hat zumindest in Deutschland ausgedient und wird in erster Linie bei Sonderformen wie Callcentern angewendet werden. Das Gruppenbüro wird weiterhin insbesondere kreative Berufsgruppen bedienen, sich aber künftig stärker als Mischform mit Zellen- oder Kombibüroformen überlagern. Der *Business Club* wird zwar einen Zuwachs erfahren, aber mittelfristig auf eine eingeschränkte Zielgruppe ausgelegt sein. Die Nachfrage nach dem reinen Zellenbüro wird zugunsten von Kombibüros und reversiblen Büros deutlich zurückgehen.« [3-1]

3.4.3.1 Großraumbüro im Wandel

Laut einer Untersuchung von DEGI-Research von 2003 nahmen die Großraumbüros ab Mitte der Siebzigerjahre zunehmend ab. Zu störend waren die akustischen, visuellen und klimatischen Faktoren, so dass sich die Krankheitstage immer mehr häuften und die Arbeitsmedizin einen direkten Zusammenhang zwischen Großraum und Wohlbefinden feststellen konnte. Hinlänglich bekannt ist das Sick-Building-Syndrom, das durch die erforderliche Klimaanlage erzeugt wurde.

Den Großraum, den wir aus den USA mit den sogenannten *Cubicles* kennen, gibt es in Westeuropa nicht mehr oder zumindest immer weniger. Führende Unternehmen haben bereits reagiert. Tjeu Verheijen ist zum Beispiel bei Vodafone zuständig für die Entwicklung und Einführung des Konzepts *The Changing Workplace* [3-13]. Niemand greift hier mehr auf den eigenen Arbeitsplatz zurück, sondern sucht sich jeden Tag aufs Neue denjenigen Arbeitsplatz, der am besten die aktuell zu erledigende Arbeit ermöglicht. Gearbeitet werden kann immer und überall. Tischgruppen (meistens Vierertische) wechseln sich mit gläsernen Besprechungsräumen ab, so dass eine grundsätzliche Gliederung der offenen Tischgruppen in überschaubare Bereiche entsteht.

Abb. 3.28 *The Changing Workplace*, Vodafone in Eindhoven – Architekten: OCS+ Steelcase – 2012–2015
Foto: OCS+ Steelcase, Amsterdam (NL)

Rückzugsmöglichkeiten in gläserne Boxen, in gerade nicht genutzte Besprechungsräume, in das Bistro, in die Bibliothek, in »Telefonzellen« oder in »Zugabteile« lassen einen großen Spielraum in der Arbeitsplatzwahl zu.

3.4.3.2 Flächeneffizienz vs. Wohlbefinden

Kombibüros, *Business Club* und Großraumbüros nehmen weniger Fläche pro Mitarbeiter in Anspruch als klassische Zellenbüros mit großen Raumtiefen. Roman Muschiol listet hierzu im Kapitel *Konklusion* (*Begegnungsqualität in Bürogebäuden*) auf, dass bei den von ihm untersuchten Firmen die Arbeitsplatzfläche pro Arbeitsplatz 6,0–14,4 m² beträgt. Hinzu kommt eine nahe Sonderfläche pro Arbeitsplatz von 0,9–6,4 m². Aus Kostengründen wäre eine Reduzierung der beiden Flächen wünschenswert. [3-9] Dirk Krupper belegt jedoch in seiner Dissertation im Kapitel *Büroimmobilien als betriebliche Ressource*, dass die monetären Einsparungen durch den Einfluss auf die Produktivität wieder aufgehoben wird. [3-14] In der Planung eines Bürogebäudes ist folglich eine Balance zwischen Flächeneffizienz und räumlichem Mehrwert für die Mitarbeiter zu finden.

Bereits 1905 ließen die Gebrüder Larkin ein neues Verwaltungsgebäude von Frank Lloyd Wright bauen (siehe Abb. 3.18), da sie mutmaßten, dass das Wohlbefinden der Mitarbeiter im Zusammenhang mit einem besseren qualitativen und quantitativen Ergebnis steht. Evaluiert wurde dies seinerzeit nie. Inzwischen gibt es jedoch viele Studien, die die Vermutung der Gebrüder Larkin bestätigen, dass das Gebäude und die darin befindlichen Arbeitsplätze einen Einfluss auf das Wohlbefinden haben [3-9]. Interessant ist folglich, was ein Gebäude und Arbeitsplatz leisten muss, damit Wohlbefinden ermöglicht wird. Welchen wirtschaftlichen Schaden unzufriedene Mitarbeiter verursachen, wird durch die jährlich durchgeführte Studien von Gallup verdeutlicht. Nur 15 % der Mitarbeiter haben eine hohe emotionale Bindung an ihren Arbeitgeber, 61 % machen Dienst nach Vorschrift und 24 % haben innerlich bereits gekündigt. Letzte Gruppe verursacht laut Hochrechnung von Gallup jährliche Produktivitätseinbußen von 112–138 Milliarden Euro [3-15 + 3-16].

Abb. 3.29 Sparkasse KölnBonn in Köln – Architekten: Ortner & Ortner Baukunst – 2013 – Flächen für konzentriertes Arbeiten
Foto: Stefan Müller, Berlin

3.4.3.3 Kommunikation und Konzentration

Jede Büroarbeit erfordert heutzutage sowohl Kommunikation der Mitarbeiter und leitenden Angestellten untereinander, damit Informationen ausgetauscht werden können, als auch konzentriertes Arbeiten. Das Verhältnis zwischen Kommunikation und konzentriertem Arbeiten kann jedoch sehr verschieden sein. Am Beispiel der Sparkasse KölnBonn von Ortner & Ortner ist festzustellen, dass vorwiegend Einpersonen-Zellenbüros zur Ausführung kamen. Vertrauliche Gespräche zwischen Bankangestellten und Kunden sind somit möglich. Der Austausch der Mitarbeiter findet in Schulungs- und Besprechungsräumen statt oder informell beim Kaffeetrinken in der Mittelzone.

Gänzlich anders ist dies bei der Swedbank von 3XN oder dem adidas-Gebäude *Laces* von kadawittfeldarchitektur gelöst. Die Teamarbeit erfordert einen hohen und permanenten Austausch untereinander, während für einen konzentrierten Rückzug einzelne Zimmer abgeteilt sind, die jedoch immer in Blickbeziehung zu den Teamarbeitsplätzen stehen. Steht folglich konzentriertes Arbeiten im Vordergrund sind Zellen- oder Kombibüros die geeignete Büroorganisationsform.

Abb. 3.30 Swedbank in Stockholm – Architekten: 3XN – 2014 – Flächen für konzentriertes Arbeiten mit Bezug zu Teamarbeitsplätzen

Foto: Adam Mørk, Kopenhagen (DK)

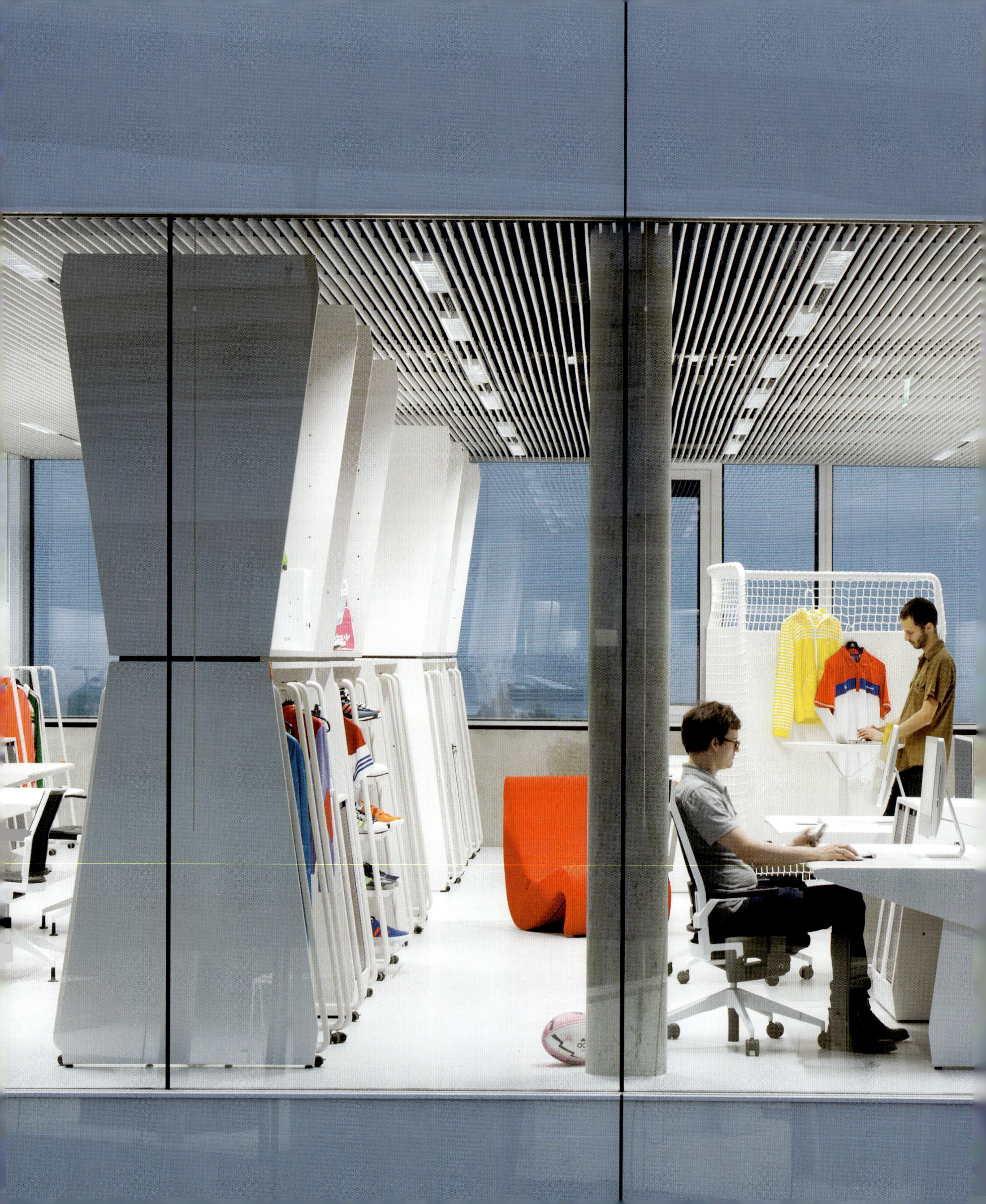

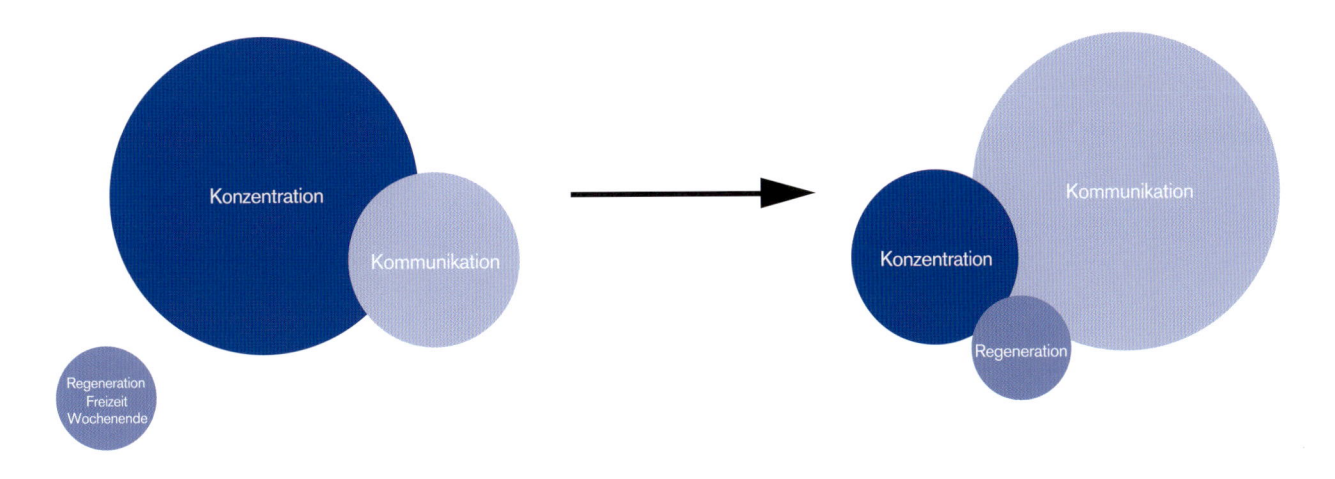

Abb. 3.31 Veränderungen der Anforderungen an den Arbeitsplatz

Vertrauliche Gespräche erfordern zudem das Einpersonen-Zellenbüro, bei dem die Tür für eine gewollte Privatheit geschlossen werden kann. Steht hingegen der permanente Austausch und die Teamarbeit im Vordergrund, sind Gruppenbüros oder sogar Großraumbüros die geeignete Form, Arbeitsplätze zu organisieren.
In beiden Fällen ist es jedoch für das gute Funktionieren unabdingbar, die anderen Räume ebenfalls sorgfältig mit einzuplanen. Im Zellenbüro sind entsprechende Möglichkeiten vorzusehen, die den Austausch außerhalb üblicher Teeküchen für mehr als drei oder vier Mitarbeiter zulassen. Ebenso sind in großen Räumen Rückzugsmöglichkeiten vorzusehen, damit, wenn notwendig, dem Trubel der Gruppe ausgewichen werden kann. Kommunikation und Konzentration bedingen sich folglich gegenseitig. Das Verhältnis untereinander kann jedoch sehr unterschiedlich und je nach Notwendigkeit entwickelt sein.

3.4.3.4 Informelle Kommunikation

Der Wandel der Arbeitswelt durch neue Möglichkeiten der Kommunikation hat schon lange eine Veränderung des Arbeitsplatzes bewirkt: Effizienz, Mobilität und die freie Wahl von Ort und Zeit machen den Mitarbeiter in zunehmendem Maße unabhängiger von seinem angestammten Arbeitsplatz. Parallel »wird die Arbeit in Projekten und Teams bestimmend für die Arbeit der Zukunft. Immer weniger ›Sachbearbeiter‹ bearbeiten ›ihre Sache‹, immer häufiger findet hochqualifizierte Entwicklungsarbeit für Produkte und Dienstleistungen in sich wandelnden Projektteams statt. Das Büro wird mehr und mehr zum Kommunikations- und Erlebnisort, zum ›Environment of Excitement‹ und muss daher neben Räumen für formelle und informelle Kommunikation auch Raum für zufällige Begegnungen bieten.« [3-3] So wird das Büro zum Ort der Kommunikation, des sozialen Kontakts und des persönlichen Austauschs.

3.4.3.5 Regeneration

Tradierte Vorstellungen gehen davon aus, dass sich Mitarbeiter nach Feierabend oder am Wochenende regenerieren. Das ist weiterhin nicht falsch, aber wissenschaftliche Erkenntnisse zeigen, dass dies für ein konzentriertes Arbeiten über einen Tagesablauf hinweg nicht ausreicht. Untersuchungen der *Bundesanstalt für Arbeitsschutz und Arbeitsmedizin* (BAuA) mit dem Ergebnis, dass sich 30 % aller Krankmeldungen auf Beschwerden mit dem Haltungs- und Bewegungsapparat und 14 % direkt auf Rückenschmerzen beziehen, machen deutlich, wie wichtig eine kurze Auszeit vom Arbeitsplatz ist. Da der Mensch im Büro durchschnittlich 80 % seiner Arbeitszeit hinter dem Schreibtisch verbringt, ist Bewegung in Kombination mit kurzen Pausen, die gemäß der BAuA mit 5–15 min pro h Arbeitszeit angesetzt werden, fördernd für die Regeneration. [3-17] Vielfältige Möglichkeiten wie eine gut funktionierende Kaffeebar, an der sich Mitarbeiter treffen und austauschen können, wie sportliche Aktivitäten – Tischkicker oder Tischtennis – halten die Konzentration zwischen den Pausen hoch und befreien den Bewegungsapparat vom Sitzen.

Abb. 3.32 adidas-Gebäude *Laces* in Herzogenaurach – Architekten: kadawittfeldarchitektur – 2011: Teamarbeitsplätze für einen permanenten Austausch

Foto: Werner Huthmacher Photography, Berlin

Grundrissgestaltung

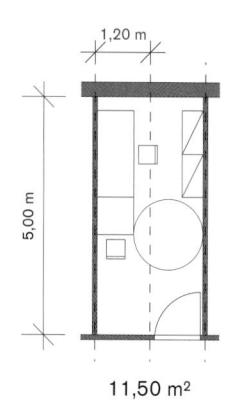

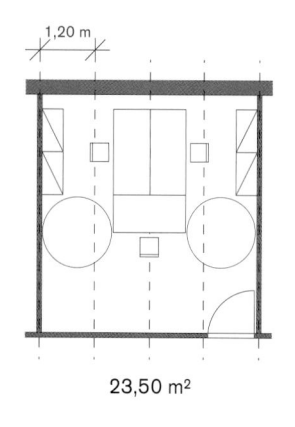

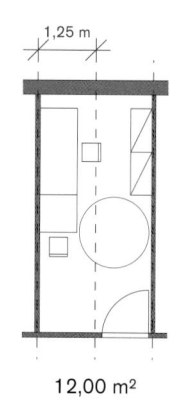

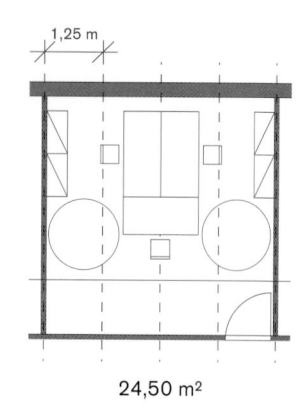

Abb. 3.33 Benötigter Flächenbedarf von Einzel- und Doppelbüros in Abhängigkeit der Fassadenraster 1,20 m und 1,25 m

3.4.4 Fassaden- und Ausbauraster

»Unabhängig davon, welche Strategie man bei der Planung und Errichtung eines Bürogebäudes verfolgt, Ausgangspunkt aller Überlegungen ist immer der einzelne Arbeitsplatz.« [3-1] Dieser steht in unmittelbarem Zusammenhang mit dem Fassadenraster, der ähnlich der Gebäudetiefe einen dauerhaften und bereits mit Baubeginn nicht mehr reversiblen Einfluss auf die nutzerorientierte Flächenwirtschaftlichkeit haben kann. Im Bürobau haben sich hinsichtlich der Überlagerung mit dem Hauptraster des Tragwerks vier gängige Ausbauraster als intelligente Lösungen durchgesetzt, die sich sowohl für die Fassadeneinteilung als auch für den späteren Innenausbau als optimiert erwiesen haben. Mit dem geringsten Ausbauraster können die Anforderungen an einen Einzelbüroarbeitsplatz bei zwei Rasterfeldern oder bei zwei Arbeitsplätzen und vier Rasterfeldern in Zellenbüros gerade noch ausreichend erfüllt werden. Das weiteste Maß bietet einen deutlich höheren Komfort an, ist aber aufgrund der entstehenden räumlichen Dimensionen für Einzel- und Doppelarbeitsplätze gegenüber den anderen Ausbaurastern mit einem deutlich höheren Platzbedarf verbunden. Neben den Abhängigkeiten in Bezug auf das Primärtragwerk ist die Entscheidung nach dem richtigen Ausbauraster deshalb zugleich eine Frage nach dem räumlichen Komfort der einzelnen Büroeinheiten, der je nach Zielgruppe der späteren Nutzer und dem Standort variieren kann.

Das geringste Rastermaß, das bei einer Belegung mit einem Einzelarbeitsplatz bei zwei Achseinheiten die Minimalanforderungen an den Raumbedarf eines Büroarbeitsplatzes erfüllt, beläuft sich auf 1,20 m. Bei einer Schreibtischtiefe von etwa 80 m und einer Schrankwand oder Ablagefläche im Rücken des Arbeitenden von etwa 40–45 cm (Positionierung der Schrankwand oder Ablagefläche in Zellenbüros optional an der Trennwand zum Flur, wenn kein visueller Bezug zur Flur- oder Mittelzone gewünscht ist) bleibt eine Resttiefe von etwa 1,00 m, die die Anforderungen an den Bewegungsraum am Schreibtisch gerade noch erfüllt. Für die Dimensionierung des Bewegungsraums am Arbeitsplatz sind in keiner Verordnung exakte Abmessungen definiert. Sie entsteht auf Basis des notwendigen Platzbedarfs in Abhängigkeit zur Tätigkeit des Nutzers. Als Anhaltspunkt dient zusätzlich die Angabe in der Arbeitsstättenverordnung, dass an Arbeitsorten, »die freie unverstellte Fläche am Arbeitsplatz so bemessen sein muss, dass sich die Beschäftigten bei ihrer Tätigkeit ungehindert bewegen können.« [3-18] »Arbeitsplätze sind in der Arbeitsstätte so anzuordnen, dass Beschäftigte a.) sie sicher erreichen und verlassen können, b.) sich bei Gefahr schnell in Sicherheit bringen können und c.) durch benachbarte Arbeitsplätze, Transporte oder Einwirkungen von außerhalb nicht gefährdet werden«. [3-19] Die Abmessung von etwa 1,00 m für den Bewegungsraum hinter dem Schreibtisch hat sich im Laufe der Jahre für typische Büroarbeitsplätze als gerade noch ausreichend erwiesen.

Die Ausweitung auf vier Rastereinheiten für ein Zellenbüro mit zwei gegenüberliegenden Arbeitsplätzen erzeugt im Vergleich zum Einzelarbeitsplatz ähnliche Dimensionen der Bewegungsfreiheit am jeweiligen Arbeitsplatz. Räumlich gesehen gewinnt die Büroeinheit jedoch an Großzügigkeit, da der Blick in die Tiefe des Raums deutlich erweitert wird. Erweiterungen um eine weitere Rastereinheit würde die Bewegungsfreiheit und Großzügigkeit am Arbeitsplatz deutlich erhöhen, erzeugt für beide Belegungsvarianten jedoch ein unwirtschaftliches Verhältnis bei der Ausnutzung der zur Verfügung stehenden Grundrissfläche.

Der Vergleich mit dem nächstgrößeren, gängigen Achsrastermaß von 1,25 m erweitert die beschriebenen Belegungsvarianten eines Zellenbüros lediglich minimal um einen räumlichen Mehrgewinn. Es entsteht jedoch der Vorteil, auf minimale Abweichungen im Ausbau, wie zum Beispiel

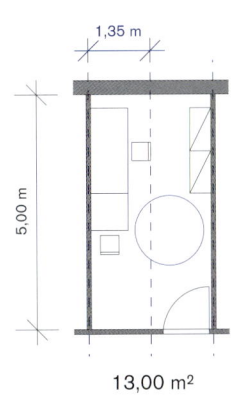

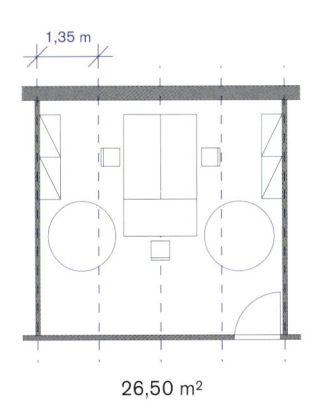

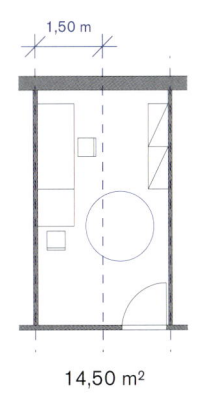

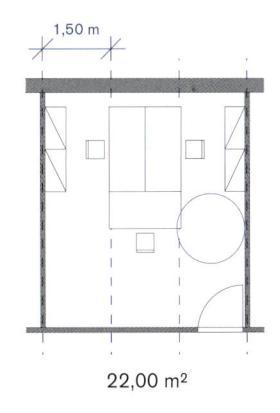

Abb. 3.34 Benötigter Flächenbedarf von Einzel- und Doppelbüros in Abhängigkeit der Fassadenraster 1,35 m und 1,50 m

veränderte Dimensionen der Trennwand aufgrund brandschutz- oder schallschutztechnischer Anforderungen, flexibler reagieren zu können. Die mittlerweile unübliche, aber platzsparende Anordnung der Schreibtische *Back to Back* (Wandorientierung der Schreibtische) ist bei einem Platzbedarf von mindestens 3,60 m im Lichten erst bei diesem Rastermaß von 1,25 m bei drei Achseinheiten möglich. Hier könnte gegenüber dem Rastermaß von 1,20 m im Doppelbüro eine deutlich wirtschaftlichere Belegung der zur Verfügung stehenden Fläche erzielt werden.

Das nächst größere Maß ist mit 1,35 m einer der gängigsten Ausbauraster im modernen Büro- und Verwaltungsbau, da es sich hierfür als am geeignetsten erwiesen hat. Ein wichtiger Grund ist, dass es neben einer ausreichend großzügigen Raumbreite und einer damit verbundenen Reaktionsmöglichkeit auf bauliche Abweichungen in der Struktur auch hinsichtlich der Barrierefreiheit für den Wenderadius im Bereich des Schreibtischs ein angemessenes Maß von 1,50 m aufweist. Die optimierte Kompatibilität dieses Ausbaurasters in Bezug auf den Konstruktionsraster einer Tiefgarage, der sich an den Abmessungen der Stellplätze orientiert, wird im Abschnitt 3.5 *Sonderbereiche* verdeutlicht.

Das größte gängige Achsmaß von 1,50 m erzeugt eine sehr großzügige Dimensionierung der Zellenbüros, so dass hier die Ausnutzung der vorhandenen Fläche unter wirtschaftlichen Aspekten zu überprüfen ist. Jedoch wird der Vergleich mit den bereits beschriebenen Achsmaßen bei der Möblierungsvariante mit zwei Schreibtischen *Face to Face* interessant, da hier anstelle der üblichen vier Achseinheiten mit drei Einheiten eine auf das Minimum reduzierte Möblierung der Bürozelle erreicht werden kann. Die Bewegungsfreiheit hinter dem Schreibtisch beläuft sich hier allerdings nur noch auf etwa 1,00 m, was – wie oben beschrieben – grenzwertig einzustufen ist. Der Bewegungsradius für Rollstuhlfahrer am Schreibtisch kann dabei nicht gewährleistet werden.

Fassaden- und Ausbauraster bestimmen die Wirtschaftlichkeit der Büroeinteilung. Mit einem engen Fassadenraster kann grob gerechnet fast ein Drittel der Fläche eingespart werden. [3-5] In Bezug auf die offeneren Büroorganisationsformen lassen sich die Unterschiede des Ausbaurasters nicht so deutlich herausstellen, da hier die Abhängigkeit des einzelnen Arbeitsplatzes zu den Raumbegrenzungen nicht so ausschlaggebend ist wie bei Einzel- und Doppelbelegung in Zellenbüros. In Zukunft werden mit der Abkehr von massenhaft gereihten Bürozellen entlang der Fassade großzügigere und weniger strenge Raster zum Einsatz kommen.

Abb. 3.35 Welthandelsorganisation WTO in Genf (CH) – Architekten: wittfoht architekten – 2013: Fassaden/Ausbauraster sind mit dem Konstruktionsraster abgestimmt.

Foto: Brigida Gonzalez, Stuttgart

Grundrissgestaltung

3.4.5 Konstruktionsraster

Ausbau- und Konstruktionsraster sind in der Regel nicht unabhängig voneinander zu betrachten, da für den Konstruktionsraster des Tragwerks ein Vielfaches des Ausbaurasters sinnvoll ist. Die deckungsgleiche und aufeinander abgestimmte Dimensionierung der beiden Raster vereinfacht die Planung der Schnittstellen von Konstruktion und Ausbau, da sich sowohl räumliche Konfigurationen wie auch Anschluss- und Ausbaudetails stets wiederholen. Die zueinander versetzte Positionierung erhöht den Abstimmungsbedarf mit der Möblierung, da die Stütze zu einem den Raum beeinflussenden Element wird. Die Entscheidung für oder gegen einen deckungsgleichen Raster ist abhängig vom Entwurf und den Lösungsansätzen für die daraus resultierenden räumlichen Konstellationen. Liegen Konstruktions- und Ausbauraster deckungsgleich, so müssen die Anschlüsse der Fassade sowie der Trennwände an das Primärtragwerk in der Ausführungsplanung genauestens geplant sein. Abweichende Maße von Trennwänden in Verängerung des Primärtragwerks machen bei einer Elementierung verkürzte Sonderformate notwendig, die gerade im Bereich der Anschlüsse in ihrer Ausführung den Anforderungen des Schall- und Brandschutzes zu entsprechen haben. Räumlich gesehen hat diese Variante den Vorteil, dass die einzelnen Büroeinheiten unabhängig von der Stützenstellung möbliert werden können. Eine mit den Achsen der Primärkonstruktion konforme Achsposition des Fassadenrasters lässt bei der Gestaltung der Fassade mehr Freiheiten zu, da alle Fassadenelemente gleichwertig behandelt werden können.

Der Vorteil der versetzten Anordnung liegt in der »sauberen« Ausführung des Anschlusses Trennwand an die Fassade, ohne Unterbrechung durch eine Stütze. Auf die Schwierigkeit, dass Stützen mittig vor Fassadenelementen positioniert sind, muss mithilfe der Fassadengestaltung reagiert werden.

Im Zusammenwirken mit dem Ausbauraster ist für die Dimension des Konstruktionsrasters entlang der Fassade in der Regel die Wahl von sechs oder acht Feldern als räumlich effizient zu bewerten, da die Anordnung von Zellenbüros entlang der Fassade hier in verschiedensten Kombinationen (zum Beispiel 2-2-2 oder 4-2 oder 3-3) sinnvoll erfolgen kann oder entsprechend umgebaut werden könnte. Die Anzahl der Achseinheiten und der davon abhängige Konstruktionsraster sind dabei von den Eigenschaften der gewählten Deckenkonstruktion und den unterstützenden Maßnahmen wie Mittelstützen oder Unterzügen abhängig. Untersuchungen zu den verschiedenen Deckenkonstruktionen sind in Kapitel 4 erläutert.

Hinsichtlich der Freiheiten für den Innenausbau der verschiedenen Büroorganisationsformen kann ein stützenfreier Raum als hochflexibel eingestuft werden, da keine baulichen Elemente die räumliche Anordnung beschränken. Auch Sonderbereiche, wie der Eingangsbereich, Konferenzbereiche, Kantinen oder im Untergeschoss Tiefgaragen, profitieren von der Freiheit ohne Mittelstütze und der Unabhängigkeit von der Struktur der Regelgeschosse.

Deckentragwerke, die aufgrund der Gebäudetiefe und ihrer Konstruktion mit einer oder zwei Mittelstützen oder alternativ mit Unterzügen unterstützt werden müssen, schränken die Flexibilität für den Innenausbau ein, da die Anordnung von Bürobereichen und Fluren immer in Abhängigkeit zu den unterstützenden Bauteilen steht. Ziel muss es daher sein, die Flexibilität für den Innenausbau mit einer geeigneten Positionierung der unterstützenden Bauteile weitestgehend aufrechtzuerhalten.

Die aus Sicht des Tragwerks zunächst als sinnvoll erscheinende symmetrische Anordnung einer einzelnen Mittelstütze kollidiert mit dem Innenausbau der Büroorganisationsformen sowohl im Einbund, da direkt mit den Büroräumlichkeiten im Konflikt stehend, als auch im Zweibund, da in der Regel dort

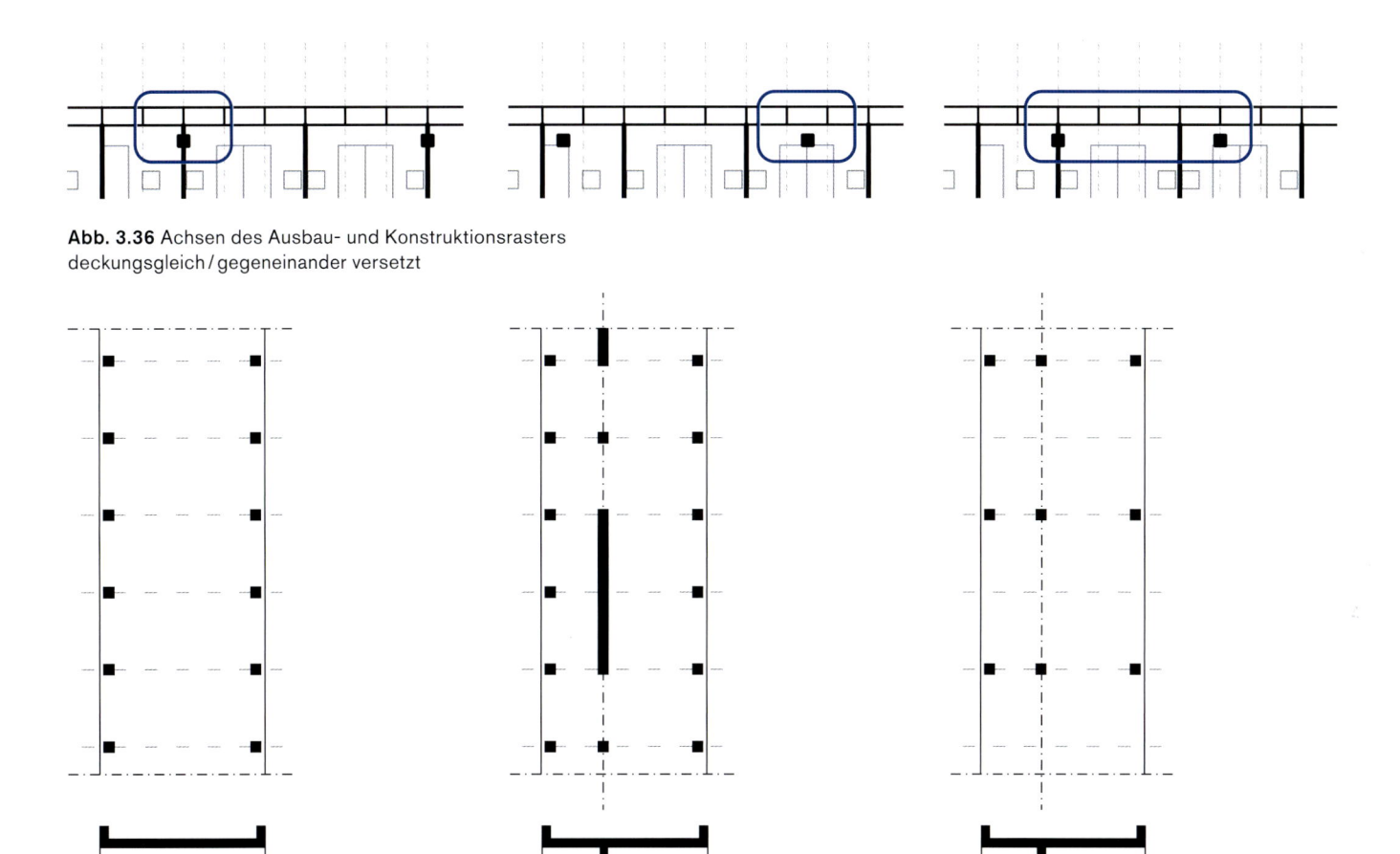

Abb. 3.36 Achsen des Ausbau- und Konstruktionsrasters deckungsgleich / gegeneinander versetzt

Abb. 3.37 Deckentragwerke ohne und mit unterstützenden Bauteilen

Grundrissgestaltung

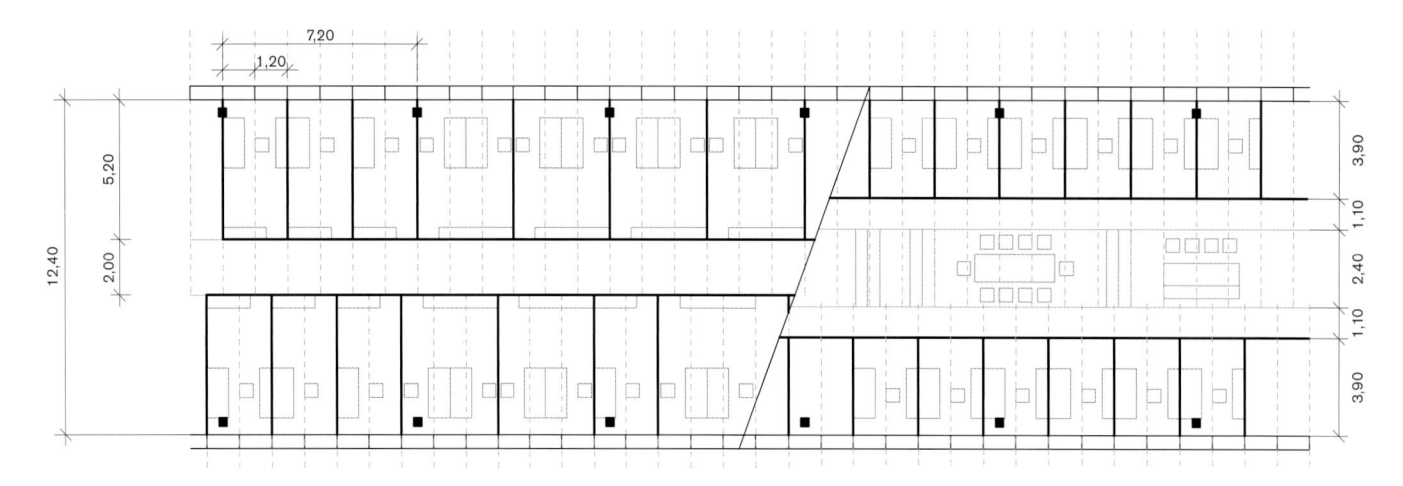

Abb. 3.38 Flexibler Grundriss ohne Mittelstütze für verschiedene Büroorganisationsformen im Zwei-/Dreibund

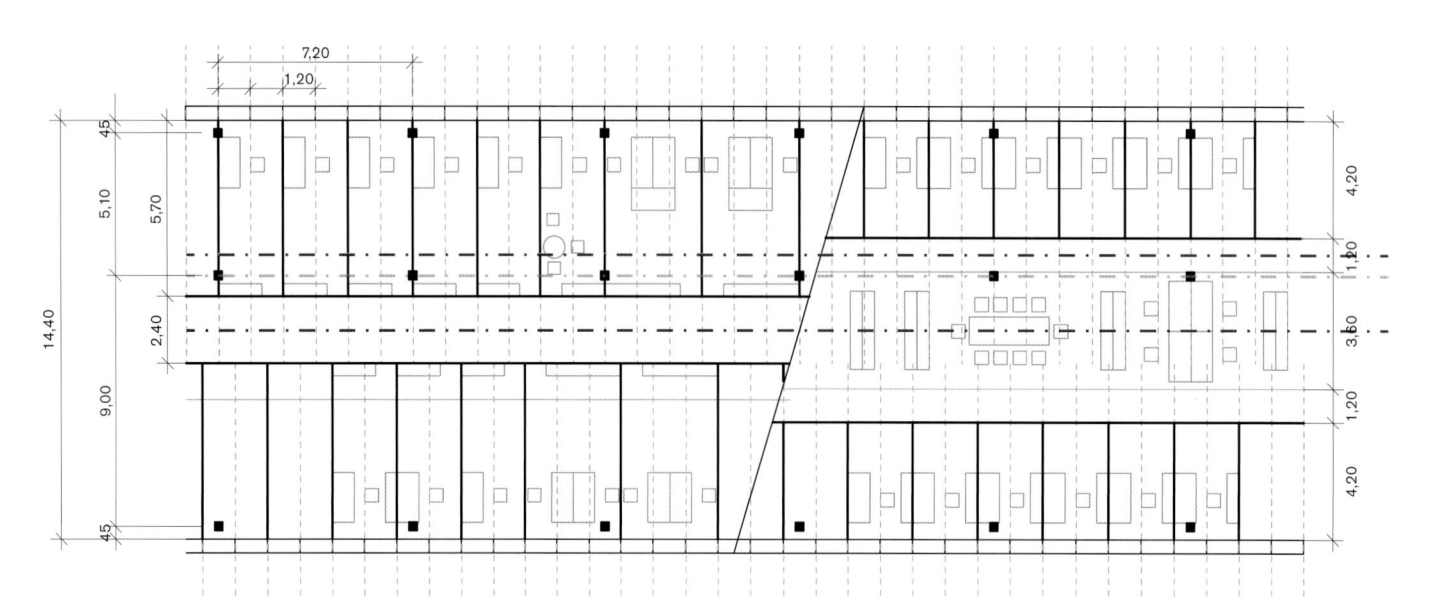

Abb. 3.39 Positionen der Mittelstützen im/nicht im Konflikt mit verschiedenen Büroorganisationsformen im Zwei-/Dreibund

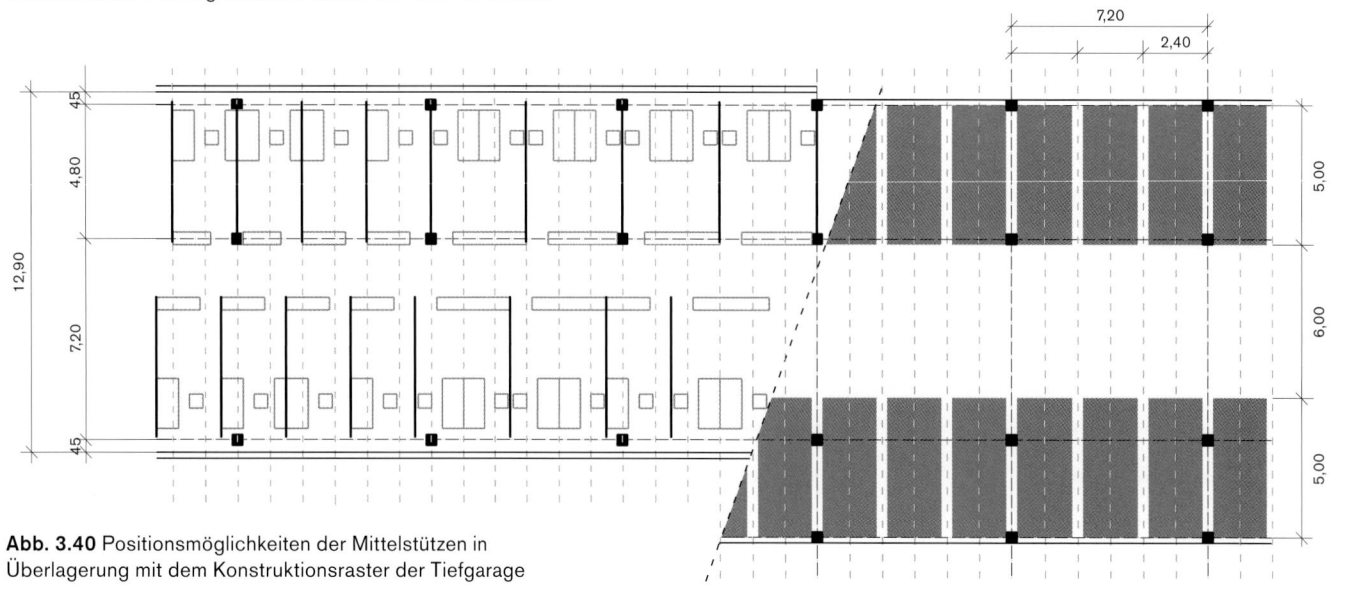

Abb. 3.40 Positionsmöglichkeiten der Mittelstützen in Überlagerung mit dem Konstruktionsraster der Tiefgarage

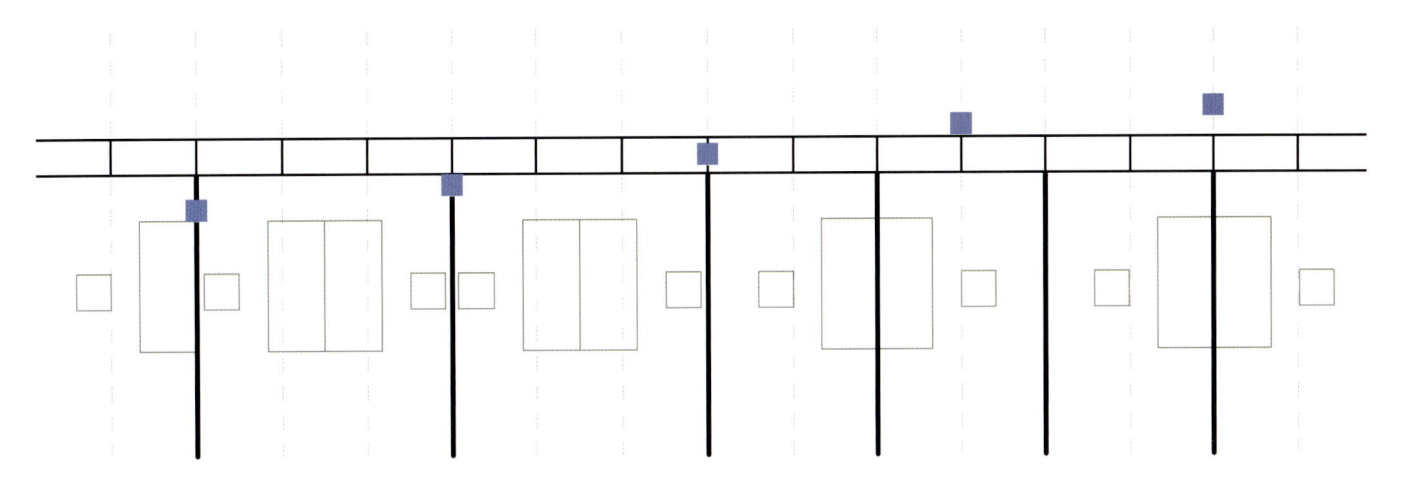

Abb. 3.41 Geometrische Position der Fassade zum Tragwerk

die mittig sitzende Flurzone verläuft. (Die Auflistung des Einbunds erfolgt nur aus formaler Sicht, da Bürogebäude, die für einbündige Büroorganisationen ausgelegt sind, in der Regel mit einem Deckentragwerk ohne Unterstützung errichtet werden.) Lediglich im Dreibund könnte eine mittig positionierte Stütze gestalterisch in die Mittelzone eingebunden werden – der Umbau zu alternativen Büroorganisationen wäre jedoch deutlich eingeschränkt.

Aufgrund des beschriebenen räumlichen Konflikts hat sich die asymmetrische Anordnung von Mittelstützen bezogen auf die Gebäudetiefe als flexibler für den Innenausbau erwiesen. Die Positionierung der Mittelstützenreihe nahe der Flurzone erlaubt es, verschiedene Büroorganisationsformen ohne größere Einschränkungen unterzubringen. Der genaue Abstand der Mittelstützen zur Fassadenfläche ist in Abhängigkeit mit den räumlichen Abmessungen der beschriebenen Büroorganisationsformen zu definieren und variiert von Projekt zu Projekt.

Je nach Entwurf kann es Sinn machen, den Fassadenraster an den Gebäudeenden ums Eck herumzuführen – selbstverständlich nur bei frei stehenden Gebäuden. Die dort platzierten Büroflächen können ähnlich den Büroräumlichkeiten entlang der Längsfassade organisiert werden. In dieser Anordnung sind Abstände von 4,05 m bis zu 5,00 m zwischen den Mittel- und den näheren Fassadenstützen als effizient zu betrachten. Da im Gegensatz zur Raumbreite, die auf den Ausbauraster abgestimmt ist, die Raumtiefe von Zellenbüros nicht so eindeutig bemessen ist, kann mit der jeweiligen Flurtrennwand auf die Position der Mittelstütze reagiert werden. Die unterschiedlichen Lösungsansätze – Mittelstütze im Büroraum, Mittelstütze im Flurbereich oder Mittelstütze in der Mittelzone – müssen dabei die Abmessungen der Raumtiefe von Büroeinheiten beziehungsweise die Flurbreite von notwendigen Fluren einhalten und ausreichend Bewegungsfläche anbieten.

»Aus der Lage der Außenwand zur Tragwerkszone resultieren neben unterschiedlichen Anschlussbedingungen bauphysikalische Konsequenzen und vielfältige Auswirkungen auf das Erscheinungsbild des Gebäudes. Prinzipiell können bei nicht tragenden Außenwänden folgende Positionen der Fassadenebene generiert werden: vor den Stützen, vor den Stützen anliegend, zwischen den Stützen, hinter den Stützen anliegend, hinter den Stützen. Diese geometrischen Lagebeziehungen bestimmen unter anderem, inwieweit das Tragwerk zum Gestaltungselement wird, die Abhängigkeit der Fassadenteilung vom Tragwerk, die Ausbildung der Innenwandanschlüsse und den Grad an Durchdringungen der Außenwand in Stützen- und Deckenebene.« [3-20]

Eine entscheidende Rolle bei der Definition des Primärtragwerks spielt die Vereinbarkeit der strukturellen Voraussetzungen der Regelgeschosse mit den strukturellen Bedingungen des Erdgeschosses, wo in der Regel Sondernutzungen untergebracht sind, und vorrangig mit denen der Untergeschosse, wo Tiefgaragen einen starren Raster in Abhängigkeit von den Stellplatzgrößen vorgeben. Es wird von Bedeutung sein, inwieweit ohne größeren strukturellen Mehraufwand sowohl die Bedingungen der Regelgeschosse als auch die der Untergeschosse optimal vereint werden können.

3.4.6 Brandschutz

Zu häufig stehen die Anforderungen an die Effektivität des Arbeitsplatzes und dahingehende Vorschriften wie zum Beispiel die Arbeitsstätten- oder die Bildschirmarbeitsverordnung bei der Planung von Bürogebäuden im Vordergrund, so dass die brandschutztechnischen Anforderungen oft erst zu einem späteren Zeitpunkt in den Entwurf integriert werden. Dabei können gerade bei einer frühzeitigen Betrachtung des Brandschutzes alle Kompensationsmaßnahmen für Abweichungen von der Bauordnung noch in Betracht gezogen werden, um die erforderlichen Schutzziele für die gewünschten Büroorganisationen zu erreichen, und erhebliche Einsparpotenziale durch eine vernünftige Abstimmung des Brandschutzes auf die Bürokonzepte generiert werden. Die Regelungen für den Brandschutz werden in den Landesbauordnungen beziehungsweise in der Musterbauordnung beschrieben. Dabei wird in §14 geregelt, dass »bauliche Anlagen so anzuordnen, zu errichten, zu ändern und instand zu halten sind, dass der Entstehung eines Brandes und der Ausbreitung von Feuer und Rauch (Brandausbreitung) vorgebeugt wird und bei einem Brand die Rettung von Menschen und Tieren sowie wirksame Löscharbeiten möglich sind«. [3-21] In weiteren Paragrafen wird diese sehr allgemeine Formulierung um den baulichen Brandschutz erweitert, der die Anforderungen an die Brennbarkeit von Baustoffen und das Brandverhalten von Bauteilen, insbesondere bei der Bildung von Nutzeinheiten und Brandabschnitten, der Gestaltung von Rettungswegen und der Installationsführung festlegt.

3.4.6.1 Brandabschnitte

Bürogebäude mit Raumeinheiten, die einzeln gesehen, eine Bruttogrundfläche von mehr als 400 m² oder eine Bruttogrundfläche eines Geschosses von mehr als 1.600 m² aufweisen, sind gemäß Musterbauordnung Sonderbauten. Sie müssen erhöhten brandschutztechnischen Vorgaben an das Vorbeugen der Brandentstehung und Brandausbreitung, die Sicherung der Rettungswege und das Ermöglichen von Löscharbeiten entsprechen.
Bei Nutzeinheiten, die kleiner als 400 m² sind, entfallen jegliche zusätzliche brandschutztechnische Anforderungen, da diese in den Bauordnungen der Länder ähnlich Wohnungen bewertet werden. Der Wegfall der Forderung nach notwendigen Fluren, die gerade bei offenen Büroorganisationsformen schwierig zu realisieren sind, erzeugt deutliche Einsparpotenziale. Bei einer Begrenzung in der Größe der Nutzeinheiten auf unter 400 m² müssen Flurzonen nicht mehr als notwendige Rettungswege ausgebildet werden und jegliche brandschutztechnische Anforderungen an Trennwände und Öffnungen zwischen Büroeinheiten und der Flurzone können entfallen. Gerade Flurzonen von Zellenbürostrukturen sind häufig mit Anforderungen an den baulichen Brandschutz ausgebildet und somit nur mit hohem Aufwand für offenere Organisationsformen transformierbar.
Auch offene Bürokonzepte mit mehr als 400 m² Fläche lassen sich ohne notwendige Flure realisieren, wenn brandschutztechnische Kompensationen für die größeren Nutzeinheiten mit der Gefahr der schnellen Brand- und Rauchausbreitung zum Tragen kommen. Da diese Lösungen einen deutlich erhöhten technischen und somit monetären Einsatz mit sich bringen, können sie im Vergleich zu Lösungen ohne Kompensationen nicht als nachhaltig eingestuft werden. Sie sind deshalb nicht Bestandteil unserer Betrachtung (vergleiche Kapitel 3.2).
Die beschriebenen Bedingungen für Nutzeinheiten, die weniger als 400 m² aufweisen, sind gerade hinsichtlich der gewünschten Flexibilität von Bürogebäuden von deutlichem Vorteil, da unabhängig von den Anforderungen des Brandschutzes mit jeglicher Büroorganisationsform geplant werden kann (für die in Europa selten realisierte Organisationsform *Großraum* sind Nutzeinheiten unter 400 m² deutlich zu gering bemessen und hier aus der Aussage auszuschließen). Umbauten können losgelöst von brandschutztechnischen Bedingungen ohne größeren baulichen und mit geringerem finanziellen Aufwand durchgeführt werden (siehe Kapitel 6). Seit Einführung dieser »400 m²-Regelung« in der Musterbauordnung und der Übernahme in die entsprechenden Landesbauordnungen lässt sich beobachten, dass die damit

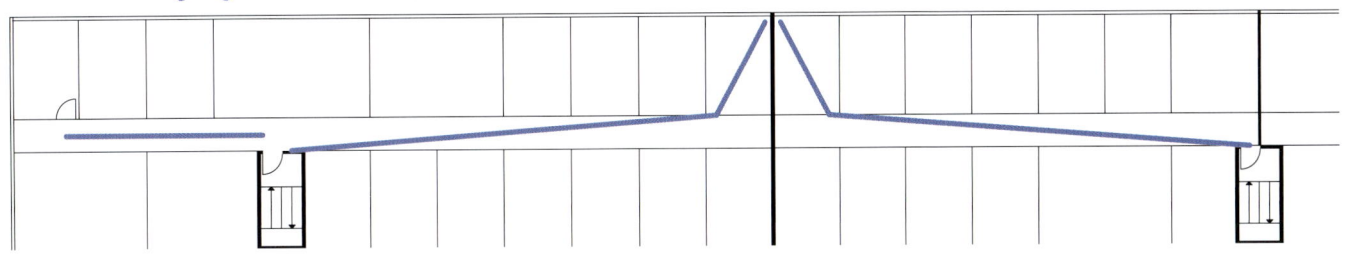

max. Fluchtweglänge Stichflure = 15,0 m   max. Fluchtweglänge = 35,0 m

Abb. 3.42 Gesetzlich festgelegte Fluchtweglängen in Bürogebäuden unterhalb der Hochhausgrenze

verbundenen Vorteile bei der Planung von Bürogebäuden immer häufiger angewendet werden, um die Investitionskosten deutlich zu senken und die Baugenehmigung zu vereinfachen. Die Unterteilung von Bürogebäuden in Brandabschnitte, die kleiner als 400 m² sind, ist auch für Sonderbereiche wie Besprechungsräume und Konferenzbereiche von Relevanz. Überschreiten diese die 400 m²-Grenze, werden keine zusätzlichen brandschutztechnischen Anforderungen gestellt, solange sich nicht mehr als 50 Personen in den Räumlichkeiten aufhalten. In abweichenden Fällen kann mit zusätzlichen Brandschutzmaßnahmen wie zum Beispiel mit einem zusätzlichen ortsfesten Rettungsweg reagiert werden.

3.4.6.2 Flucht- und Rettungswege

Mit Flucht- und Rettungswegen sollen die zwei in den Bauordnungen definierten Schutzziele zum Brandschutz – der Rettung von Mensch (und Tier) im Brandfall sowie wirksame Löscharbeiten – ermöglicht werden. Flucht- und Rettungswege werden irrtümlicherweise oft als gleichbedeutend betrachtet, da sie in der Regel identisch im Gebäude verlaufen und sich die brandschutztechnischen Anforderungen aller flankierenden Bauteile und Oberflächen gleichen. Fluchtwege führen als besonders gekennzeichnete Wege im Falle eines Brands schnell und sicher ins Freie oder zu einem gesicherten Bereich und werden in den Technischen Regeln für Arbeitsstätten näher definiert. Rettungswege, die in den Landesbauordnungen geregelt werden, müssen über eine bestimmte Beschaffenheit verfügen, so dass sie den Transport von Verletzten ermöglichen.

In den Bauordnungen ist festgelegt, dass alle Aufenthaltsbereiche in Gebäuden durch zwei voneinander unabhängige Rettungswege, bestenfalls in entgegengesetzter Richtung verlaufend, angedient werden müssen. Der erste Rettungsweg führt in der Regel zu dem gesicherten Bereich einer notwendigen Treppe, um anschließend ins Freie zu führen. Dabei sind Fluchtweglängen vom entferntesten Ort im Innenraum bis zum sichernden Treppenhaus beziehungsweise dem Ausgang ins Freie von 35 m einzuhalten. Wenn die Möglichkeit besteht, sollte in zwei Richtungen geflüchtet werden können. Bei Sackgassensituationen dürfen 15 m für die Stichflurlänge nicht überschritten werden, die von der Länge des Flurs bis zur Einmündung in den sichernden Bereich definiert wird. Von dieser Regelung befreit sind Nutzeinheiten, die weniger als 400 m² in ihrer Fläche ausweisen. Hier können für den zweiten Rettungsweg die Varianten einer weiteren notwendigen Treppe in entgegengesetzter Richtung, einer Außentreppe oder eine mit Rettungsgeräten der Feuerwehr erreichbare Stelle der Nutzeinheit gewählt werden, was mitunter zu deutlichen Vereinfachungen in der Planung führt. Alle ergänzenden Abmessungen und Anforderungen an Rettungswege sind in den Landesbauordnungen näher definiert.

3.4.7 Gebäudekern – Lage und Größe

»Der Kern ist nur schwer einzeln zu untersuchen, da er immer in Wechselwirkung mit verschiedenen Parametern des Gebäudes steht.« [3-22]

Vorrangig werden in Gebäudekernen Treppenräume inklusive Aufzugsanlage sowie Toilettenanlagen angeordnet, die um kleinere Nebenräume ergänzt sein können. Im oder am Gebäudekern sind zentrale Installationsschächte angeordnet, da sie die Tatsache nutzen, dass Treppenanlagen in Gebäudekernen in der Regel vertikal durchlaufen. Hinsichtlich der Gebäudekonstruktion ist der Gebäudekern von elementarer Bedeutung, da er üblicherweise tragende und aussteifende Aufgaben übernimmt.

Die Anordnung von Gebäudekernen ist stark entwurfsabhängig, da sie von der Anzahl der angeschlossenen Nutzeinheiten abhängt. Je zentraler im Gebäude ein Erschließungskern positioniert ist, desto vielfältiger können Nutzeinheiten an die Treppenanlage angeschlossen werden. Die Schwierigkeiten von mittig angeordneten Gebäudekernen mit notwendigen Treppenräumen zeigen sich im Erdgeschoss, wo der Rettungsweg direkt ins Freie führen muss und somit diese Fläche stark zerschneiden kann. Die Abmessung ist bestimmt durch die Anzahl der im Gebäudekern untergebrachten Funktionen, die Geschosshöhe sowie die Anzahl der Geschosse, die sich auf die Abmessungen der Treppen- und Aufzugsanlage auswirkt.

3.4.7.1 Notwendiger Treppenraum

Treppenräume dienen vorrangig der vertikalen Erschließung einzelner Geschosse. In vielen Fällen finden sich in den unteren Ebenen von Bürogebäuden offene, einladende Treppen wieder, die – von zentralen Orten ausgehend – Sonderbereiche wie zum Beispiel Kantinen, Konferenzbereiche oder Besprechungsräume erschließen. Durch offene Bewegungszonen erhöht sich der Kontakt zwischen den Mitarbeitern und durch den informellen Austausch wird das Wohlbefinden der Mitarbeiter gestärkt.
Neben den beschriebenen offenen Treppen sind notwendige Treppenräume einzuplanen, die im Brandfall zur Entfluchtung des Gebäudes dienen. Bei geschickter Positionierung können diese als »schnelle Verbindung« zu benachbarten Geschossen genutzt werden, ohne dass zentrale Treppenanlagen genutzt werden müssen. Notwendige Treppenräume müssen aus brandschutztechnischer Sicht eine wesentlich höhere Qualität aufweisen und sind in der Regel auf die in Gesetzestexten definierten Abmessungen abgestimmt. Ihre Dimensionen werden nach der Anzahl der angeschlossenen Einheiten beziehungsweise der Personen, die auf dieses Treppenhaus als Fluchtweg angewiesen sind, bemessen.
Um die Flexibilität in Bürobauten möglichst aufrechtzuhalten, sollte die Anordnung, Größe und Ausbildung der notwendigen Treppenhäuser im Rahmen der bautechnischen Vorgaben so definiert sein, dass notwendige Treppenhäuser neben ihrer Funktion als Fluchttreppenhaus auch als Zugang zu baulich abgetrennten Nutzeinheiten angepasst werden können. So kann gewährleistet werden, dass einzelne Geschosse sowohl von einem größeren Unternehmen mit mehreren Abteilungen als auch von vielen kleineren Unternehmen genutzt werden können. Vermieter haben damit die Möglichkeit, je nach Marktlage unterschiedlich große Nutzergruppen anzusprechen. Treppenräume nachhaltig zu entwerfen, heißt demnach nicht den Platzbedarf zu optimieren, sondern es gilt, die Nutzung der Treppenräume bei variierenden Szenarien entsprechend der Belegung der Geschosse aufrechtzuhalten.

3.4.7.2 Sanitäranlagen

Sanitäranlagen sind gemäß der Arbeitsstättenverordnung zu dimensionieren, in der je nach Anzahl der sich im Gebäude aufhaltenden Personen – getrennt nach Mann und Frau – die Anzahl an Toiletten und Bedürfnisständen definiert wird. Sie sollten leicht auffindbar an zentralen Orten angeordnet sein. Eine Anordnung nahe der notwendigen Treppenanlage hat den Vorteil, dass bei der Nutzung der Büroräumlichkeiten von mehreren kleinen Unternehmen eine gemeinsam genutzte Sanitäranlage zur Verfügung gestellt werden kann. Teure Umbaumaßnahmen für die Bereitstellung von Sanitäranlagen je Nutzeinheit können so umgangen werden.

3.5 Sonderbereiche

»Die Mischung von unterschiedlichen Nutzungen in Gebäuden stellt die beteiligten Partner vor große organisatorische, planerisch-technische und wirtschaftliche Herausforderungen. Dies gilt insbesondere dann, wenn die Nutzungen gestapelt werden sollen. [...] Das fängt bei der Gebäudetiefe und dem Konstruktionsraster an und hört bei der inneren Erschließung auf.« [3-1] Der Optimierungsprozess für den geeigneten Konstruktionsraster in Abhängigkeit zum Fassaden- und Ausbauraster ist stets auch in Bezug auf die planerischen Vorgaben von Sonderbereichen wie dem Foyer, dem Empfang, den Konferenzbereichen, größeren Besprechungsräumen oder im Gebäude untergebrachten Kantinen sowie Gastronomiebereichen vorzunehmen. In städtischen Lagen gilt es zusätzlich, die Abhängigkeit zwischen dem Konstruktionsraster der Büroregelgeschosse und dem Raster einer notwendigen Tiefgarage zu berücksichtigen, da sie sich voneinander unterscheiden und zu erheblichem konstruktiven und finanziellen Mehraufwand führen können.

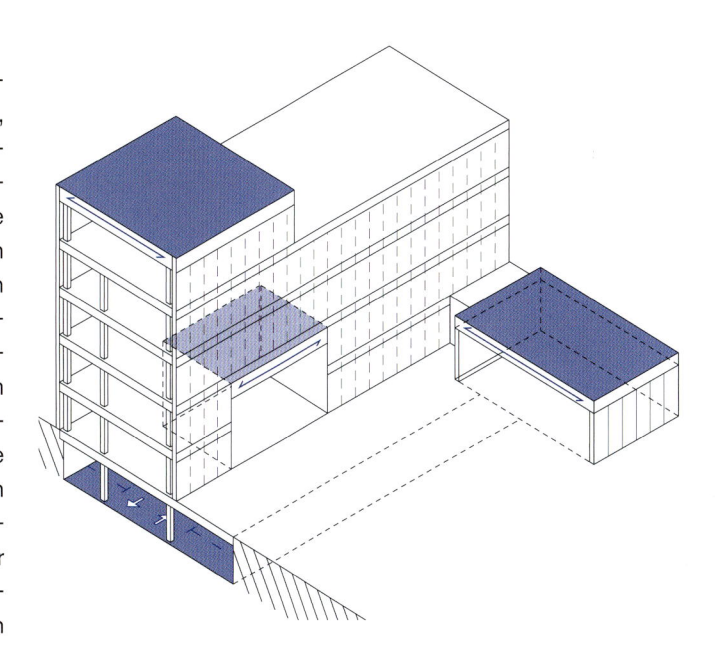

Abb. 3.43 Positionierung von Sonderbereichen in Bürogebäuden

3.5.1 Positionierung

Die Anordnung von Sonderbereichen in Bürogebäuden ist grundsätzlich nicht an einen spezifischen Ort gebunden – ausgenommen ist hier der Eingangsbereich, der in der Regel im Erdgeschoss liegt, mit einer direkten Zugangsmöglichkeit von der Straße. Sonderbereiche mit einem starken externen Publikumsverkehr wie zum Beispiel öffentliche Kantinen, Gastronomiebereiche oder Veranstaltungsräume befinden sich nahe der Eingangszone, um eine gute Orientierung und eine schnellere Auffindbarkeit zu gewährleisten. Sie können aber auch bei einem ausreichenden Leitsystem in den Obergeschossen, auf der Dachfläche oder in ausgegliederten pavillonartigen Anbauten untergebracht sein. Hierfür sind neben den Vorstellungen des Investors oder der späteren Nutzer vor allem strukturelle Fragen zu beantworten. Typologisch gesehen, können die beschriebenen Nutzungen in stützenfreien Räumen optimiert angeordnet werden. Gerade Konferenzbereiche oder Veranstaltungsräume sind selten mit einer festen Möblierung ausgestattet, da sie unterschiedlichsten Veranstaltungssituationen genügen sollen. Der Bedarf an stützenfreien, flexiblen Räumen im Erdgeschoss steht jedoch im Widerspruch zu optimierten Tragwerkskonstruktionen tiefer Regelgeschosse mit Mittelstützen. Hier wäre an der horizontalen Nahtstelle zwischen den Regelgeschossen und dem Bereich der Sondernutzung im Erdgeschoss eine aufwendigere Deckenkonstruktion als lastverteilende Maßnahme notwendig. Die Anordnung im obersten Geschoss kann die Vereinbarkeit von stützenfreiem Raum mit darunterliegender Regelgeschosse (unabhängig davon, ob mit oder ohne Mittelstütze) ohne größeren Aufwand gewährleisten, da die Lasten über die fassadennahen Stützen abgeleitet werden. Die Positionierung im obersten Geschoss beschränkt jedoch wie beschrieben die Auswahl möglicher Sondernutzung deutlich. Der Ansatz, Sonderbereiche in einen Pavillon oder Anbau auszugliedern, befreit den Entwurf von strukturellen Abhängigkeiten, ist aber eine Frage des Platzbedarfs auf dem Grundstück und gerade in beengten städtischen Lagen schwer umsetzbar. Zusätzlich ist die Ausgliederung von Nutzungen schwierig, da der Aufwand von Mitarbeitern für die Nutzung ausgelagerter Sonderbereiche oft unangemessen hoch wird.

Für die Beantwortung dieser Frage besteht kein eindeutiger Lösungsweg, da die Vielfalt möglicher Lösungsansätze den Spielraum nicht eindeutig eingrenzt. Es ist jedoch für die Nachhaltigkeit des Bürogebäudes von Relevanz, dass frühzeitig Überlegungen zu Sonderbereichen in den Entwurf einbezogen werden. Gerade diesen Bereichen ist im Entwurf ein hoher Stellenwert beizumessen, denn »für die jeweiligen Büroformen haben sich im Laufe der Jahre optimierte Abmessungen herausgebildet. Qualitätsvolle Büroarchitektur spielt sich jedoch gerade zwischen den vorgegebenen Rastern ab.« [3-5]

3.5.2 Tiefgaragen

Die Anforderungen an Tiefgaragen und die Abmessungen von Stellplätzen sind den Landesbauordnungen, der Garagenverordnung und den Empfehlungen für den ruhenden Verkehr zu entnehmen. Die Dimensionen eines Stellplatzes sind einerseits von den begrenzenden Bauteilen (Außenwände, Treppenhauswände oder Stützen / Wandscheiben) abhängig und orientieren sich andererseits an der Breite der mittleren Fahrspur, die ähnlich der Arbeitsplatzorganisation im Zweibund die Stellplätze erschließt. Anlagen, bei denen nur einseitig Stellflächen angeordnet sind, sind aufgrund des hohen Aufwands für die Errichtung der Tiefgaragenstellplätze (Verhältnis Erschließungsfläche zu Stellplätzen) unwirtschaftlich anzusehen und daher zu vermeiden. Je weniger Fläche für die Fahrspur zur Verfügung steht, desto breiter müssen die Stellplätze ausgelegt werden, um den notwendigen Wenderadius einparkender Fahrzeuge zu gewährleisten. Da die Autoindustrie trotz Fragen des Energiebedarfs bisher stets größere, breitere und schnellere Fahrzeuge produziert, sind die Vorgaben komfortabel auszulegen, um weiterhin die Nutzbarkeit der Tiefgarage zu gewährleisten. Die Abmessungen einer Tiefgarage sind neben den beschriebenen Vorgaben in Abhängigkeit vom Konstruktionsraster der oberirdischen Regelgeschosse zu bestimmen. Ähnlich dem räumlichen Zusammenhang von Arbeitsplatz und Fassadenraster, können je nach Abmessung zwei bis vier – in der Regel drei – Stellplätze in einem Rasterfeld angeordnet werden. Untersuchungen der Abhängigkeit zwischen dem Ausbau-, dem Fassaden- und dem Tiefgaragenraster haben verdeutlicht, dass sich ein Raster von 1,35 m für die Anordnung von drei Stellplätzen als optimal erwiesen hat. Anstelle der drei üblichen Stellplätze können so auch die gesetzlichen Anforderungen an zwei barrierefreie Stellplätze mit einer jeweiligen Mindestbreite von 3,90 m gedeckt werden.

Abweichungen zwischen dem Konstruktionsraster der Regelgeschosse und der Tiefgarage sind aus Sicht der Nachhaltigkeit zu vermeiden, da sie mit einem deutlichen Mehraufwand und -kosten an der horizontalen Schnittstelle Erdgeschoss und Untergeschoss verbunden sind.

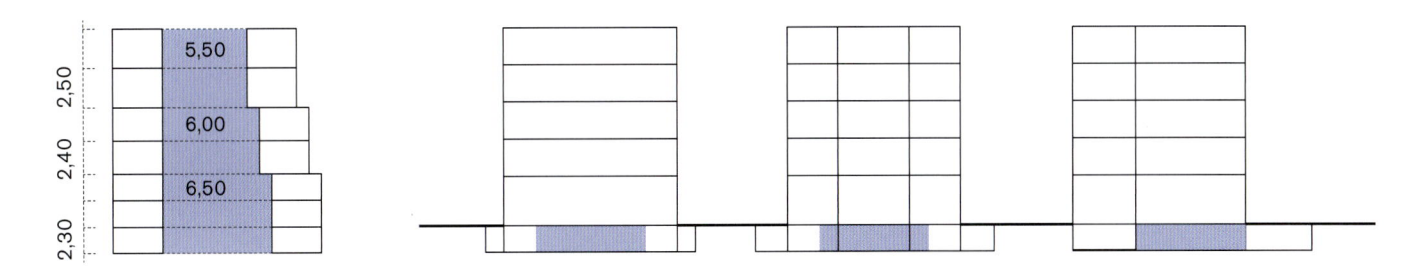

Abb. 3.44 Fahrspurbreite in Abhängigkeit von den Abmessungen der Tiefgaragenstellplätze (links); geeignete und ungeeignete Positionierung der Tiefgarage bei verschiedenen Tragwerksvarianten (rechts)

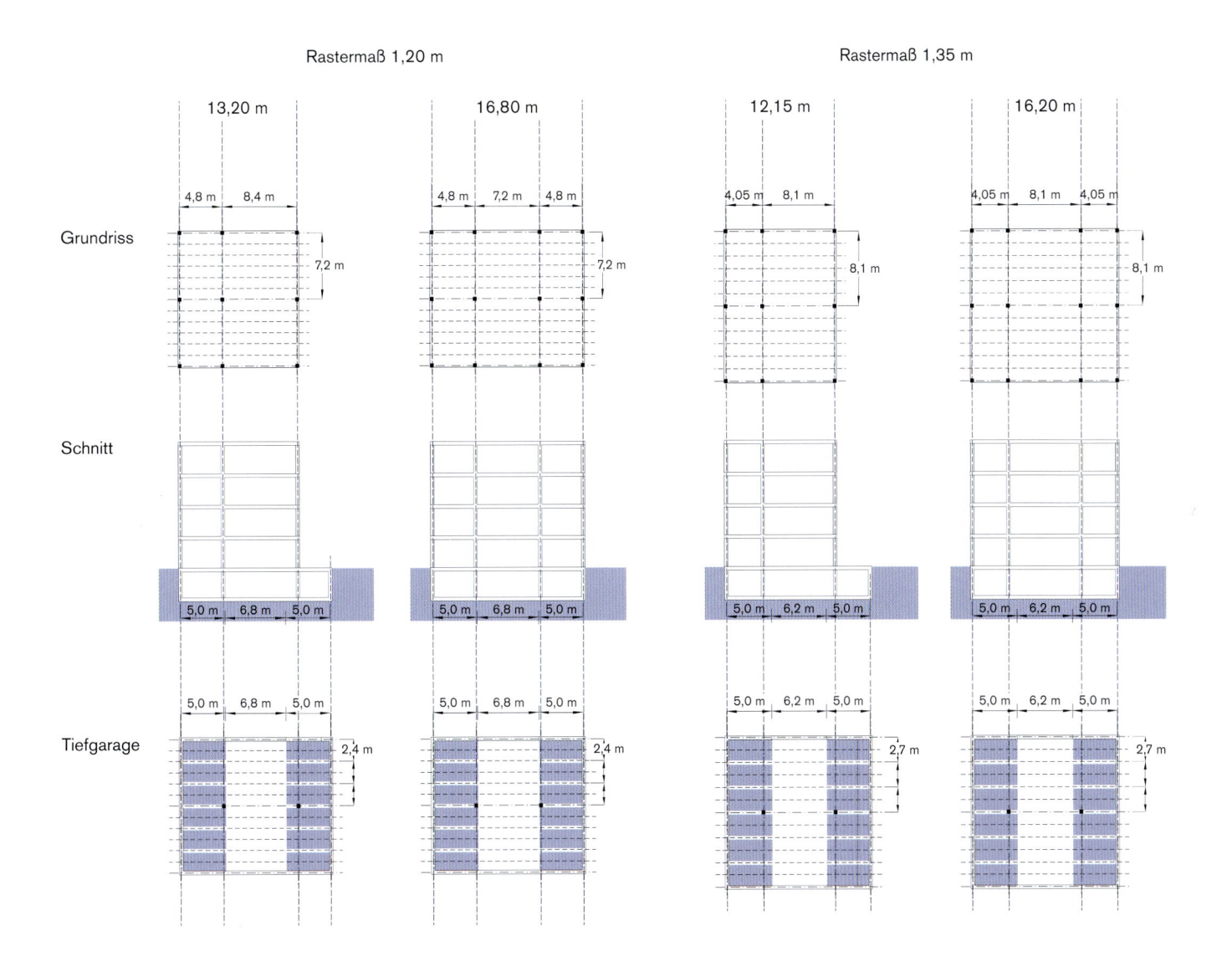

Abb. 3.45 Überlagerung des Konstruktionsrasters der Regelgeschosse und der Tiefgarage bei einem Fassadenraster von 1,20 m und 1,35 m

Sonderbereiche

3.6 Gebäude-/Geschosshöhe

Die Gebäudehöhe von Bürogebäuden kann bei gleicher Geschosszahl deutlich voneinander abweichen, da die Anforderungen an die Raumhöhe sowie die Abmessungen des Deckenpakets je nach Nutzung und gewählter Konstruktionsart variieren. Die Addition der Geschosse darf bei Bauvorhaben, die nahe an eine Höhenbegrenzung durch den Bebauungsplan herankommen, nicht außer Acht gelassen werden.

3.6.1 Lichte Raumhöhe

Die Wahrnehmung von Räumen jeglicher Art ist von den drei Dimensionen *Länge*, *Breite* und *Höhe* stark beeinflussbar. Gerade Räumlichkeiten mit extremen Proportionen wecken die Aufmerksamkeit und wirken auf den Blick, die Bewegung oder das Raumgefühl ein. Arbeitsstätten benötigen in der Regel eine für die jeweilige Tätigkeit geeignete Raumproportion, die ein entsprechendes Raumgefühl schafft. In der heute nicht mehr gültigen Fassung der Arbeitsstättenverordnung von 1975, die im Jahr 2004 durch eine überarbeitete Version ersetzt wurde, sind lichte Raumhöhen in Verbindung mit den räumlichen Abmessungen in der Fläche definiert. So ist die vorgeschriebene lichte Raumhöhe von Arbeitsräumen mit mindestens 2,50 m festgelegt und steigert sich in Schritten von 25 cm auf ein Maß von bis zu 3,25 m für Arbeitsräume, die eine Fläche von mehr als 2.000 m² in Anspruch nehmen. In der überarbeiteten und heute gültigen Fassung der Arbeitsstättenverordnung sind keine konkreten Angaben zur Raumhöhe zu finden. Hier heißt es in §6 »Der Arbeitgeber hat solche Arbeitsräume bereitzustellen, die eine ausreichende Grundfläche und Höhe sowie einen ausreichenden Luftraum aufweisen.« [3-23] Im Anhang heißt es weiter über die Höhenabmessungen der Räume: »Arbeitsräume müssen eine ausreichende Grundfläche und eine, in Abhängigkeit von der Größe der Grundfläche der Räume, ausreichende lichte Höhe aufweisen, so dass die Beschäftigten ohne Beeinträchtigung ihrer Sicherheit, ihrer Gesundheit oder ihres Wohlbefindens ihre Arbeit verrichten können. (2) Die Abmessungen aller weiteren Räume richten sich nach der Art ihrer Nutzung. (3) Die Größe des notwendigen Luftraumes ist in Abhängigkeit von der Art der körperlichen Beanspruchung und der Anzahl der Beschäftigten sowie der sonstigen anwesenden Personen zu bemessen.« [3-24] Diese undefinierten Angaben der neuen Arbeitsstättenverordnung erlauben, von den ursprünglich festgelegten Werten abzuweichen, und sie geben dem Planer die Freiheit, auf die räumliche Situation in

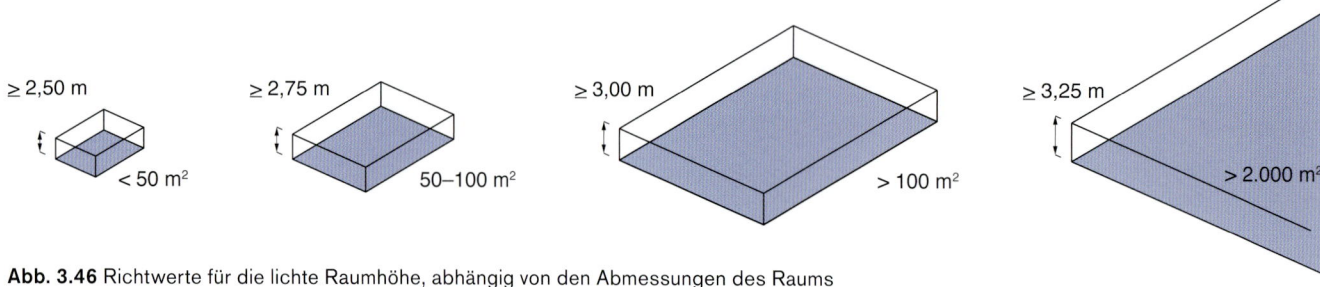

Abb. 3.46 Richtwerte für die lichte Raumhöhe, abhängig von den Abmessungen des Raums

Arbeitsräumen flexibler reagieren zu können. Die ursprünglichen Angaben der veralteten Arbeitsstättenverordnung können bei der Planung von Büroräumlichkeiten aber weiterhin als Richtwert herangezogen werden, um ein für den Nutzer angenehmes Verhältnis von Raumtiefe/-breite zu Raumhöhe herstellen zu können.

Bezogen auf die einzelnen Büroorganisationsformen hat die jeweils unterschiedliche Flächeninanspruchnahme der einzelnen Büroorganisationsformen Auswirkungen auf die anzusetzende lichte Raumhöhe für den jeweiligen Arbeitsplatz. So kommen Zellenbüros und kleinere Gruppenbüros mit dem Richtwert von 2,50 m aus, während größere Gruppenbüros und Flächen für den *Business Club* mindestens 2,75 m benötigen und für die lichte Raumhöhe von Großraumbüros mindestens 3,00 m anzusetzen sind. Eine lichte Raumhöhe von etwa 3,25 m ist im Büro- und Verwaltungsbau unüblich, da Arbeitsräume von über 2.000 m² für die Arbeit am Schreibtisch schwer vermittelbar sind und sich eher in produzierenden Unternehmen wiederfinden lassen.

Für die Nachhaltigkeit und Attraktivität einer Büroimmobilie ist es sinnvoll, eine lichte Raumhöhe anzusetzen, in der möglichst alle Organisationsformen angeordnet werden können. So kann flexibel auf Nutzerwechsel oder strukturelle Veränderungen der Arbeitswelt reagiert werden.

Die zunächst naheliegende Überlegung, ein lichtes Raummaß in der Höhe von 3,00 m anzusetzen, um allen Organisationsformen eine ausreichende Raumhöhe anzubieten, ist jedoch dringend in Bezug auf die Geschosshöhe und der sich addierenden Gebäudehöhe zu untersuchen.

3.6.2 Decken- und Bodenaufbauten

»Gebäude- oder haustechnische Anlagen bei den heutigen, oft komplexen Hochbauten nehmen einen wesentlichen Rahmen der Gesamtbaumaßnahme ein und garantieren bei richtigem Funktionieren eine uneingeschränkte Nutzung des Bauwerks. Gebäudetechnische Anlagen können je nach Ausbaugrad und Standard zwischen 25% und 50% der Gesamtbausumme ausmachen und sind somit ein nicht zu unterschätzender Faktor im Zuge einer Gesamtprojektentwicklung. Gebäudetechnische Anlagen haben in der Regel dienende Funktionen und sind somit integraler Bestandteil einer Baumaßnahme. Sie sollten sich jedoch bei ihrer Entwicklung am Bedarf und späteren Nutzen orientieren, wobei es wesentlich darauf ankommt, die beeinflussenden Parameter wie Fassade, Konstruktion usw. so zu konzipieren, dass der Aufwand an haustechnischen Einrichtungen so gering wie möglich bleibt.« [3-25]

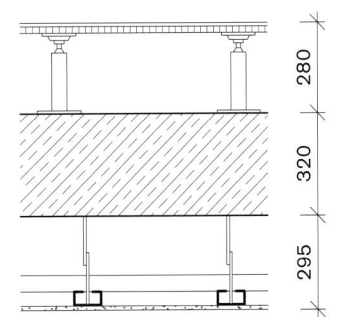

Boden-/Deckenaufbau:
10 mm Teppich
60 mm Zementestrich
PE-Folie zweilagig
250 mm Stahlbetondecke
mit Betonkernaktivierung
5 mm Spachtelung

Boden-/Deckenaufbau:
10 mm Teppichfliese auf Wiederaufnahmekleber
20 mm Doppelbodenplatte
250 mm Doppelbodenstütze
320 mm Stahlbetondecke
abgehängte Decke
12,5 mm Gipskarton

Abb. 3.47 Beispielhafte Geschossdeckenaufbauten realisierter Bürobauprojekte – links: Fraunhofer-Institut Ilmenau, Staab Architekten rechts: Volksbank Salzburg (AT), BKK-3 mit Johann Winter

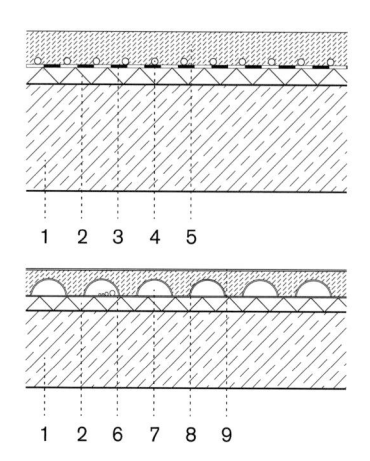

Abb. 3.48 Beispielhafte Bodenaufbauten:
Massivdecke, Hohlraumboden, Doppelboden

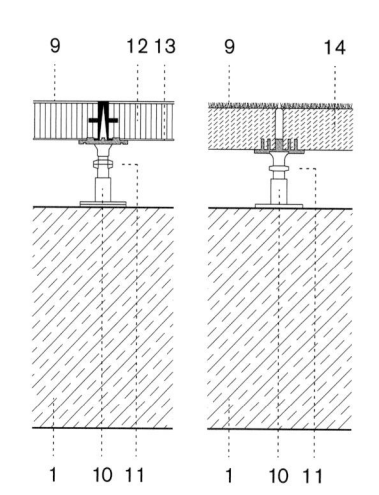

1 Stahlbetondecke
2 Trittschalldämmung/Dämmschicht
3 PE-Folie
4 Rohleitungen Fußbodenheizung
5 Estrich
6 Stahlblechtafeln
7 PVC-Folienschalung mit Installationshohlraum
8 Fließestrich
9 Bodenbelag
10 höhenverstellbare Doppelbodenstützen
11 Schalldämmauflage
12 Holzwerkstoffplatte
13 Alu-Feinbleche (Feuchtigkeitsschutz)
14 Metallwanne mit Fließestrich gefüllt

Die Verteilung gebäudetechnischer Leitungen erfolgt, kommend aus vertikalen Installationsschächten in der Horizontalen, größtenteils über Boden- und Deckenflächen – eher selten in Wandflächen. Die Verteilung muss frühzeitig in den Planungsprozess einfließen, um rechtzeitig Lösungswege für mögliche Konflikte mit der Konstruktion zu finden. Zum Beispiel müssen unterhalb von Decken oder in Bodenaufbauten große Kanalquerschnitte einer Lüftungsanlage untergebracht werden. In diesem Fall ist zu untersuchen, ob bei hohen Tragelementen der Primärkonstruktion Aussparungen/Durchbrüche für die Leitungsführung vorgesehen werden können, oder ob alternativ eine dezentrale Lüftungsanlage einkalkuliert werden sollte.

In die zu addierenden Abmessungen der resultierenden Geschosshöhe wirken neben der lichten Raumhöhe auch Entscheidungen bei der Ausbildung des Decken- und/oder Bodenaufbaus mit. Hier sind je nach technischem Ausbaustandard Deckenpakete von wenigen Zentimetern bis hin zu Deckenkonstruktionen von knapp einem Meter möglich.

Ihre Dimension wird neben der Konstruktion (siehe Kapitel 4) vorrangig durch die Wahl des technischen Komforts und Konzepts bestimmt. Die fortschreitenden technischen Entwicklungen der vergangenen Jahre verdeutlichen die gewachsenen Ansprüche an Böden und Decken. Genügte vor etwa 30 Jahren noch eine einzelne Steckdose am Arbeitsplatz, ist in der heutigen Zeit durch EDV, Klimatechnik und verschiedene Verordnungen ein Höchstmaß an technischer Versorgung erforderlich. »Auch wenn dem Bürobau [...] grundlegendere und langfristigere Eigenschaften zugewiesen werden [...], bleibt vor allem die Gebäudetechnologie ein entscheidender Faktor. Nachhaltige Technologie wird ›eingebaut‹, auch wenn ihre Halbwertszeit kürzer ist als diejenige des Rohbaus. [...] Diese Überlegung führt zu einem Rückschluss auf die Kombination von Architektur und Technologie – beide müssen in ihren unterschiedlichen Rhythmen intelligent abgestimmt werden.« [3-5]

Die voneinander abweichenden Haltbarkeiten der Primärstruktur (etwa 50–100 Jahre), einem sekundären Ausbau mit mittlerer Lebensdauer (25–50 Jahre) und einem kurzlebigen tertiären System von beweglichen Einbauten wie Möbeln und technischen Geräten sind für die Aufrechterhaltung der nötig gewordenen Flexibilität ohne größere Investitionskosten schichtweise zu denken. Schichten wie die Primärstruktur sind langfristig anzulegen, gepaart mit auswechselbaren Komponenten der anderen Ebenen. Sind jedoch technische Leitungen in massive Geschossdecken integriert, sind diese in ihrer Veränderbarkeit deutlich eingeschränkt. Sie sind in der Regel auf einen bestimmten Büroausbau ausgelegt und bei sich veränderten Anforderungen nur mit erhöhtem Aufwand anzupassen. Die technische Versorgung müsste zusätzlich über Wandflächen, etwa in Kabelkanälen, geführt werden. Hohlraum- und Doppelböden bieten sich für die hohen Anforderungen an flexible Strukturen an, wobei das Maß an Flexibilität beim Doppelboden aufgrund des überhohen Hohlraums deutlich höher einzustufen ist. In beiden Fällen besteht die Möglichkeit, über Revisionsöffnungen wie Bodentanks oder durch die Herausnahme von Einzelplatten, das technische System nachzurüsten, ohne die Primärkonstruktion zu tangieren.

Vergleichbar unflexibel sind massive Deckenaufbauten, in denen technische Versorgungsleitungen in die Deckenebene eingelegt werden. Systemdecken, die einen additiv montierten technischen Ausbau hinter einer abgehängten Decke verdecken, können flexibler auf neue Anforderungen reagieren. Im Unterschied zu Bodenaufbauten müssen Deckenkonstruktionen oft noch klima-, lüftungstechnische oder schallabsorbierende Aufgaben übernehmen und sind für den flexiblen Ausbau intensiv zu planen.

Die Entscheidung über Boden- und/oder Deckenaufbau wie auch die jeweiligen sichtbaren Oberflächen ist anhand von architektonischen Gesichtspunkten, jedoch in direkter

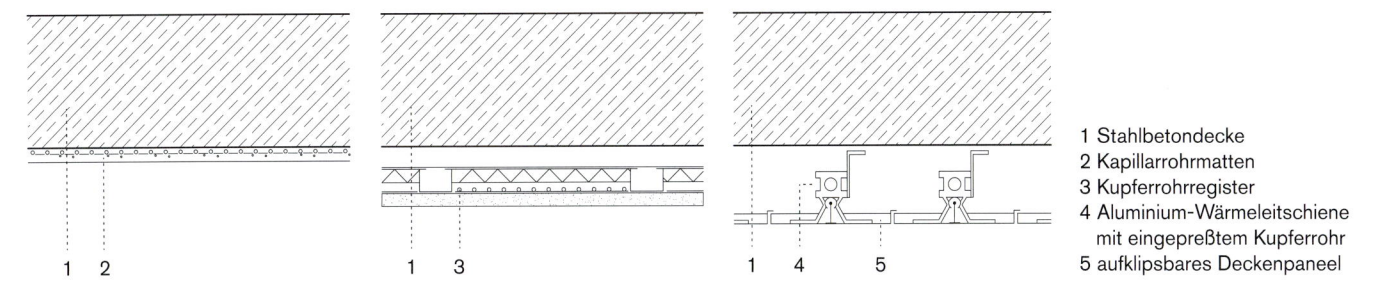

1 Stahlbetondecke
2 Kapillarrohrmatten
3 Kupferrohrregister
4 Aluminium-Wärmeleitschiene mit eingepreßtem Kupferrohr
5 aufklipsbares Deckenpaneel

Abb. 3.49 Beispielhafte Deckenuntersichten (bei integrierter TGA): Putzdecke, Gipskartondecke, abgehängte Metalldecke

Abstimmung mit dem Fachplaner zu treffen, um die Auswirkungen auf die Konstruktion, den Jahresheizwärmebedarf oder dem Raumkomfort direkt zu erkennen. Eine frühe Einbindung der Entscheidung in den Entwurfsprozess hat Vorteile, »da der räumliche Zusammenhang zwischen technischen Elementen und der inneren Raumdefinition präzise gestaltet werden muss. [...] Der Einsatz von abgehängten Decken und aufgedoppelten Böden wird beispielsweise dann sinnvoll, wenn in den Geschossdecken keine klare Verteilung von Medien (elektrisch, Zu- und Abluft) definiert und eingelegt werden kann. Bei hohen Flexibilitätsanforderungen und auch bei unterschiedlichen möglichen Nutzungsverteilungen machen diese Zusatzschichten Sinn.« [3-26]

3.6.3 Gebäudehöhe

Die aus konstruktiven und technischen Vorgaben resultierende Geschosshöhe ist bei der Planung der Geschossigkeit von entscheidender Relevanz. Sie bemisst sich für flexible Bürogrundrisse zwischen 3,5 m und 4,0 m, abhängig von der Wahl des Deckenaufbaus. Die einzelnen Geschosshöhen definieren die Gebäudehöhe, wobei hier Höhengrenzwerte wie beispielsweise im Bebauungsplan definierte Traufhöhen einzuhalten oder ein Höhenniveau der obersten Aufenthaltsebene von mehr als 22,0 m (Hochhausgrenze) nicht zu überschreiten sind. Denn ein entfallendes Geschoss, das aufgrund von Höhengrenzwerten nicht realisiert werden kann, lässt aus Sicht eines Investors die Realisierung der Immobilie unrentabel werden, da im Finanzierungsplan Mieteinnahmen ausfallen. Zusätzlich erzeugen überdimensionierte Geschosse deutliche Mehrkosten und eine schlechtere Nachhaltigkeitsbewertung, da sich alle vertikalen Flächen – Konstruktion, Fassaden und TGA-Leitungen – um das Maß der Überhöhung erweitern. Es ist somit Aufgabe aller Projektverantwortlichen, Entscheidungen über die Geschosshöhe in ein geeignetes Verhältnis zu setzen, um sowohl das gewünschte Maß der räumlichen Flexibilität zu erreichen, als auch die Investitionskosten für das Bürogebäude gering zu halten.

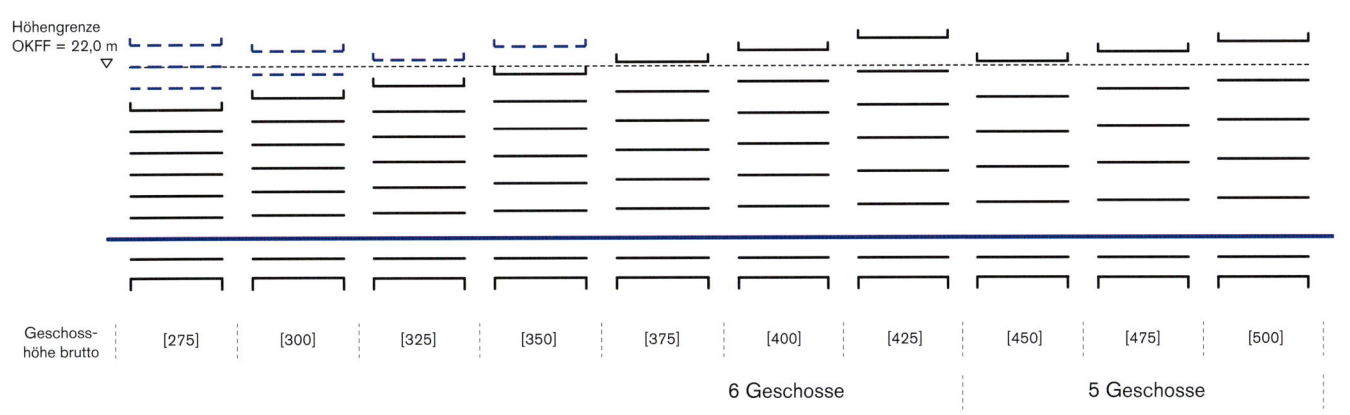

Abb. 3.50 Gebäudehöhe, abhängig von der Geschosshöhe in Bezug auf die Höhenbegrenzung für Hochhäuser von 22,0 m OKFF der höchsten Aufenthaltsebene

3.7 Fassadengestaltung

»Ebenso rasch wie unsere Arbeitswelt verändern sich die technischen Möglichkeiten für den Bau hoch effizienter und moderner Bürogebäude. In kaum einem architektonischen Aufgabengebiet zeigt sich dieser Wandel so sehr wie in dem der Fassadengestaltung und -planung. [...] Eine Fassade hat neben rein konstruktiven oder ästhetischen Aufgaben zunehmend auch technische Funktionen zu erfüllen. Dies macht die frühzeitige Abstimmung aller am Prozess beteiligten Planer und Fachingenieure notwendig [...].« [3-1]

Der Vielfalt in der Fassadengestaltung sind wenige Grenzen gesetzt. Unabhängig von der Konstruktion oder der Materialwahl ist allen Gebäudefassaden gemein, dass sie den Innenraum vor den äußeren Einflüssen wie der Witterung, dem Außenklima, Geruchsbelästigungen oder einem erhöhten Schallpegel schützen und zugleich den Innenraum mit der Außenwelt visuell verbinden, Tageslicht zuführen und für ausreichend Zu- beziehungsweise Abluft sorgen. Diese wechselnden und teils in sich widersprüchlichen Aufgaben müssen zusätzlich in vier verschiedenen Jahreszeiten erledigt werden und für eine Behaglichkeit des Nutzers im Innenraum sorgen – und das mit einem möglichst geringen Energiebedarf. Daneben ist die Fassade ein prägendes Bauteil, das die konzeptionellen, gestalterischen Aspekte des Architekten mit den konstruktiven, klimatischen Bedingungen der Tragwerksentwickler und Bauphysiker vereint. »Dass Fassaden heute wieder zunehmend in den Blick gerückt sind, hat seine Ursache sicher in der wachsenden Bedeutung, die die Außenwände im Zusammenhang mit Fragen des Energieverbrauchs einnehmen [...]. Dazu kommt – meist kontrastierend – die Suche nach Selbstdarstellung und ›Adressbildung‹ [...].« [3-20]

3.7.1 Fassaden- und Konstruktionsarten

Die Fassade übernimmt eine zunehmende Anzahl an Funktionen im Gesamtgefüge Gebäude. Diese sind sowohl auf den winterlichen sowie den sommerlichen Wärmeschutz auszulegen, indem zum Beispiel Transmissionswärmeverlusten

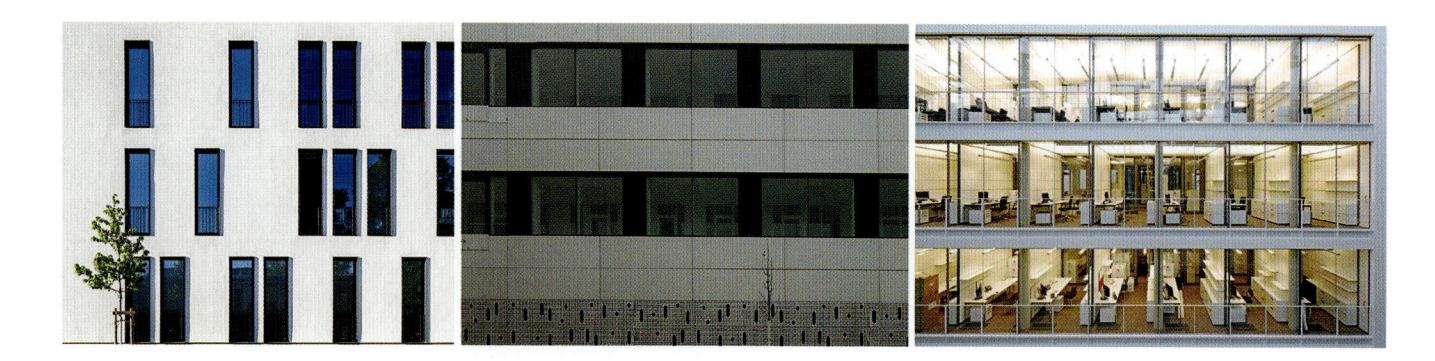

Abb. 3.51 Beispielhafte Fassaden – Loch-, Band- und Ganzglasfassade
Fotos: Daniel Vieser, Architekturfotografie, Karlsruhe, www.dv-a.de – Martin Krause, Dresden – landau+kindelbacher architekten innenarchitekten, München

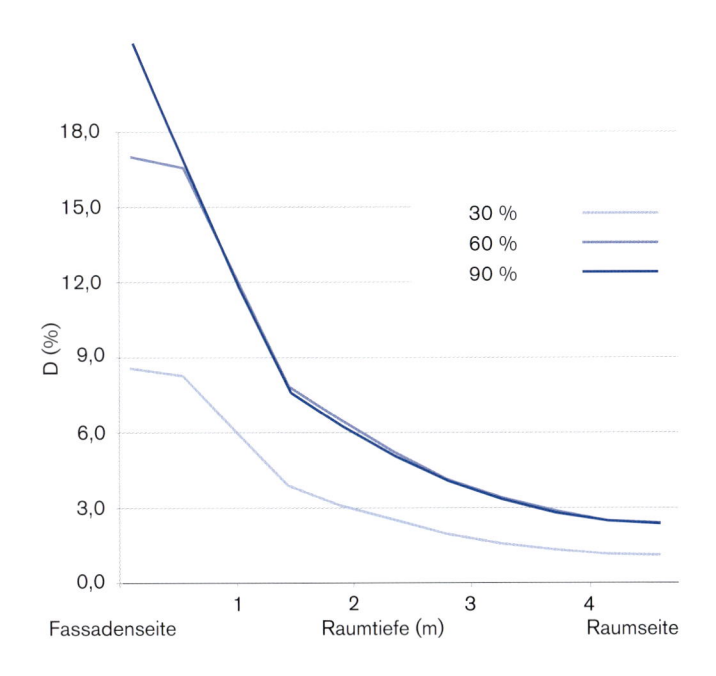

Abb. 3.52 Tageslichtquotient D im Vergleich für einen 30%-, 60%- und 90%-igen Fensterflächenanteil aus Wärmeschutzverglasung und außen liegendem Sonnenschutz

Quelle: Bürobauatlas – M. Norbert Fisch et al.

mittels Wärmedämmung entgegengewirkt wird oder solare Erträge über Glasflächen mittels Verschattungsmöglichkeiten vermieden werden. Bei der materiellen und technischen Definition der Fassadenkonstruktion und ihrer Oberfläche spielen viele Faktoren eine Rolle, so dass hier nur auf das Verhältnis von verglasten zu opaken Flächen eingegangen werden soll. Ein vertiefender Blick auf die Fassadenkonstruktionen wird in Kapitel 5 vorgenommen.

Abhängig von ihrem Fensterverglasungsanteil werden die Fassaden von Bürogebäuden in drei Fassadenarten unterteilt. Die Lochfassade – einzelne, sich meist wiederholende Fensteröffnungen in Abhängigkeit von der inneren Organisation – mit einem Verglasungsanteil von etwa 30% ist dabei die traditionellste Fassadenart und eng in Zusammenhang mit der Organisationsform *Zellenbüro* zu sehen. Die dem Gebäude eine horizontale Gliederung verleihende Fensterbandfassade besitzt einen Verglasungsanteil von etwa 60%. Fassaden mit einem 90%-igen Verglasungsanteil, bei denen fast vollständig Glaselemente vor oder zwischen die Konstruktion der Geschossdecken gehängt werden, sind Ganzglasfassaden. Sie verleihen dem Gebäude eine hohe Transparenz und spiegeln Großzügigkeit und Offenheit wider. Die Anordnung dieser Fassadenelemente ist üblicherweise auf den vorab definierten Fassadenraster abgestimmt.

Aus innenräumlicher Sicht sind Band- oder Ganzglasfassaden gegenüber der Lochfassade für die Aufrechterhaltung der Flexibilität vorzuziehen, da sie nutzungsneutraler mit dem Innenraum vereint werden können. Auch wenn Anschlüsse von Trennwänden an die Fassade bei diesen beiden Varianten sorgfältiger abzustimmen sind, sind Veränderungen der Büroorganisationsform mit weniger Aufwand zu realisieren.

3.7.2 Tageslicht

Licht beeinflusst unseren Hormonhaushalt. Nicht alle Menschen bemerken die Abhängigkeit der Leistung direkt in Abhängigkeit von Licht und Tageslicht, doch jedem ist bekannt, dass die Leistungsfähigkeit ansteigt, wenn die Sonne früher auf- und später untergeht. Am Arbeitsplatz ist die Leistungsfähigkeit ganz eindeutig auf die Ermüdung der Augen zurückzuführen, der mit der Bildschirmarbeitsplatzverordnung entgegengewirkt werden soll. Öffnungen sind in der Gebäudehülle unumgänglich, um das Innere nutzen zu können und den Innenraum mit Licht (und Luft) zu versorgen. Ihre Anordnung und geometrische Ausbildung stehen immer im Zusammenhang mit dem dahinterliegenden Raum und seiner Nutzung, da sie direkte Auswirkungen auf den Tageslichteintrag

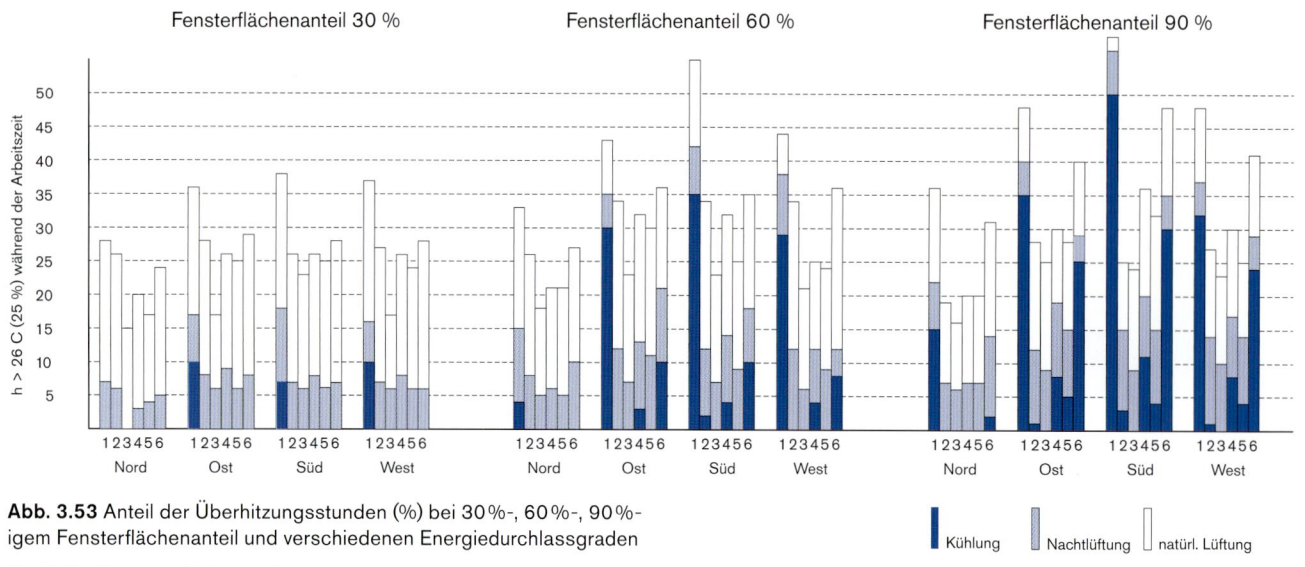

Abb. 3.53 Anteil der Überhitzungsstunden (%) bei 30 %-, 60 %-, 90 %-igem Fensterflächenanteil und verschiedenen Energiedurchlassgraden

Quelle: Bürobauatlas – M. Norbert Fisch et al.

Legende: ■ Kühlung ▨ Nachtlüftung □ natürl. Lüftung

beziehungsweise die Blickbeziehung des Nutzers zum Außenraum haben. Die Versorgungsfunktion mit Tageslicht muss in ihrer Durchlässigkeit veränderbar sein, um den Schwankungen im Außenraum wie im Extremfall der direkten Sonneneinstrahlung konstante Bedingungen im Innenraum gegenüberzustellen. Hierfür stehen dem Planer verschiedenste Möglichkeiten eines Sonnenschutzes, der aus energetischen und klimatischen Gründen außerhalb der Fensterebene positioniert sein sollte, wie auch Verdunklungs- und Blendschutzsysteme, die für eine leichte Bedienung eher im Innenraum installiert sein sollten, zur Verfügung.

Untersuchungen des Tageslichteintrags in Zusammenhang mit den Fensterflächenanteilen von Dr.-Ing. Norbert Fisch verdeutlichen, dass die Lichtausbeute für Fassaden mit einem Fensterflächenanteil von rund 30 % sehr niedrig ausfällt. Der Tageslichtquotient beim Bemessungspunkt mit 1,50 m Abstand von der Fassade liegt abhängig von der Verglasung und den Schutzmaßnahmen teilweise unter der empfohlenen 3 %-Grenze. Fehlender Tageslichteintrag muss mit künstlicher Beleuchtung kompensiert werden, um die Mindestbeleuchtungsstärke an Büroarbeitsplätzen (abhängig von der Tätigkeit) zu erzielen. Eine Erhöhung des Fensterflächenanteils auf etwa 60 % steigert den Lichteintrag signifikant. Die 3 %-Grenze verschiebt sich auf einen Bemessungspunkt, der einen Abstand von 3,00 m von der Fassade aufweist und somit in der Regel den Schreibtischbereich in seiner Gänze abdeckt. Der Energiebedarf für die künstliche Beleuchtung ist im Vergleich zu einer Variante mit 30 % Fensterflächenanteil um 30–40 % reduziert.

Eine weitere Erhöhung des Fensterflächenanteils auf etwa 90 % führt dagegen nicht zu einer vergleichbaren deutlichen Zunahme des Tageslichteintrags, da der Einfluss des verglasten Brüstungsbereichs auf den Lichteintrag in Bezug auf die Raumtiefe sehr gering ist. Lediglich im fassadennahen Bereich ist eine Verbesserung messbar. [3-1]

3.7.3 Thermischer Komfort

Der thermische Komfort ist stark an individuelle Bedürfnisse gekoppelt und kann in Arbeitsräumen von mehreren Personen zu internen Problemen führen, weil das Wohlbefinden des einzelnen Mitarbeiters und die Leistungsfähigkeit eingeschränkt sind.

Bezieht man die Ergebnisse aus der Betrachtung des Tageslichteintrags auch auf den gleichzeitig stattfindenden Wärmeeintrag durch die solare Einstrahlung, ergibt sich eine gegensätzliche Empfehlung für den Fensterflächenanteil. Je höher der Prozentsatz des Fensterflächenanteils ist, desto stärker steigt der neben vorhandenen inneren Wärmelasten entstehende Wärmeeintrag, der zu einer höheren Anzahl an Überhitzungsstunden führt. Da diesen bereits bei einer Fassade mit einem Fensterflächenanteil von etwa 30 % kaum über die natürliche Lüftung während der Arbeitszeit entgegengewirkt werden kann, sind Maßnahmen wie zum Beispiel die Nachtlüftung erforderlich. Bei einem Fensterflächenanteil, der größer als 30 % ist, sind je nach Konstruktionsart und Materialwahl der Fassade neben einer Nachtlüftung weitere Maßnahmen zur Kühlung einzuplanen. Aus der gemeinsamen Interpretation des Tageslichteintrags und des thermischen Komforts ergibt sich ein optimaler Verglasungsanteil für Bürofassaden zwischen 50 % und 70 %. Entgegen dieser Feststellung ist zu beobachten, dass vermehrt Bürogebäude mit einem höheren Verglasungsanteil ausgeführt werden. Einerseits ist in diesen Gebäuden die innere Atmosphäre deutlich besser, da Streiflicht auf dem Boden den Innenraum heller wirken lässt, und andererseits erlaubt der höhere Tageslichtanteil tiefere Büroflächen. Die früher übliche Begrenzung der Gebäudetiefe von 14,0 m (unabhängig von Vorgaben durch den Zuschnitt des Grundstücks) wird in aktuellen Projekten oft überschritten. Häufig weisen die Gebäude eine Tiefe von bis zu 18,0 m auf.

3.8 Flexibilität

Wie einleitend erwähnt, ist der Leerstand von Büroimmobilien deutschland- und europaweit ein ernstzunehmendes und wachsendes Problem. Die rasante technische Entwicklung und Veränderungsprozesse der Arbeitswelt sind in vielen älteren Büro- und Verwaltungsbaustrukturen heute nicht mehr umsetzbar. Fehlende Reserven für Versorgungsleitungen der technischen Gebäudeausrüstung oder zu starre konstruktive Strukturen führen zu einem hohen finanziellen Aufwand, Büroimmobilien wieder für die heutigen Ansprüche der Nutzer auszulegen. Die Gegenüberstellung der Kosten für eine Sanierung mit denen für einen Neubau, der aktuelle Bedürfnisse erfüllt, inklusive eines Abbruch des Bestands, ist ein übliches Verfahren, das vielfach mit der Entscheidung für einen Neubau beantwortet wird. Der Begriff der Nachhaltigkeit darf sich deshalb nicht alleine auf Dauerhaftigkeit und Energieeffizienz der Bauteile beschränken, sondern muss den Aspekten der räumlichen Flexibilität sowie der Rückbaueignung eines Gebäudes besonderen Wert beimessen. »Heute bemühen sich bereits nicht nur die Investoren spekulativ errichteter Gebäude um eine möglichst hohe Flexibilität für die individuellen Anforderungsprofile der in der Planungsphase in der Regel unbekannten späteren Nutzer. Auch die Bauherren eigengenutzter Immobilien erweitern das Bündel ihrer Anforderungen um die Möglichkeit einer Teil- oder späteren Nachvermietung an Dritte. Es wird allgemein eine in ihrer Nutzbarkeit durch die verschiedenen Büroformen flexible und in ihrem [...] Erscheinungsbild neutrale Gebäudestruktur angestrebt.« [3-1] Bürogebäude werden in Zukunft für ein Neben- und Nacheinander unterschiedlicher Büronutzungsstrategien verschiedenster Nutzer konzipiert sein müssen. Lassen offene Grundrisse zunächst auf eine uneingeschränkte Flexibilität und somit auf eine nachhaltige Struktur schließen, da jegliche Büroorganisationsform realisierbar scheint, wird erst bei tieferer Betrachtung erkennbar, wie deutlich die Flexibilität neben der Grundrissgestaltung auch vom Konstruktionsraster, dem Fassadenraster, der Gebäudetiefe, der Geschosshöhe, den Boden- und Deckenaufbauten, dem Brandschutz, etc. abhängt. So muss zum Beispiel – je nach städtebaulichen Anforderungen und Beschränkungen hinsichtlich der Gebäudeform – die Geschossfläche es ermöglichen, in der Gebäudetiefe in bis zu drei unterschiedlichen Zonen Arbeitsplatzbereiche und Gemeinschaftsflächen anzubieten, um die Gestaltungsspielräume in der Planung zu erweitern. Die Erweiterung der Gebäudetiefe hat einen erhöhten Investitionsaufwand zur Folge, da für dunklere Mittelzonen der Energieverbrauch für mechanische Lüftung und künstliche Belichtung ansteigt. Die Auswirkungen auf das Tragwerk können im günstigen Fall ohne Mittelstütze sehr gering ausfallen. Bei Lösungen – auch aus wirtschaftlichen Gründen – mit Mittelstützenreihe ist für die Realisierung verschiedener Büroorganisationsformen die genaue Lage im Raum entscheidend, denn Zellenstrukturen können im Vergleich zu offeneren Bürokonzepten schwerer auf Veränderungen reagieren.

Eine wichtige zukünftige Aufgabe für die Entwickler von Bürobauten wird die Vereinbarkeit unterschiedlicher Büroszenarien in einem Grundriss sein. Eine Möglichkeit, diese planerisch-technisch zu bewältigen, ist die Entwicklung von Gebäuden, die sich im Laufe ihres Lebens immer wieder neu erfinden. Ausgehend von einer robusten statisch-konstruktiven Primärstruktur, die auch die innere Erschließung, die Einteilung der Fassade sowie die Haustechnik betrifft, könnte sich zukünftig eine Welt entfalten, die in der Lage ist, flexibel auf technologische Fortschritte zu reagieren und sich den wandelnden Bedürfnissen ihrer Nutzer im Arbeitsprozess anzupassen. Dieser Prozess bedeutet zunächst einen höheren planerischen und monetären Einsatz, da Untersuchungen der Gebäudestruktur für mögliche Szenarien sowie Zusatzkosten für vorzuhaltende Maßnahmen der Konstruktion und der

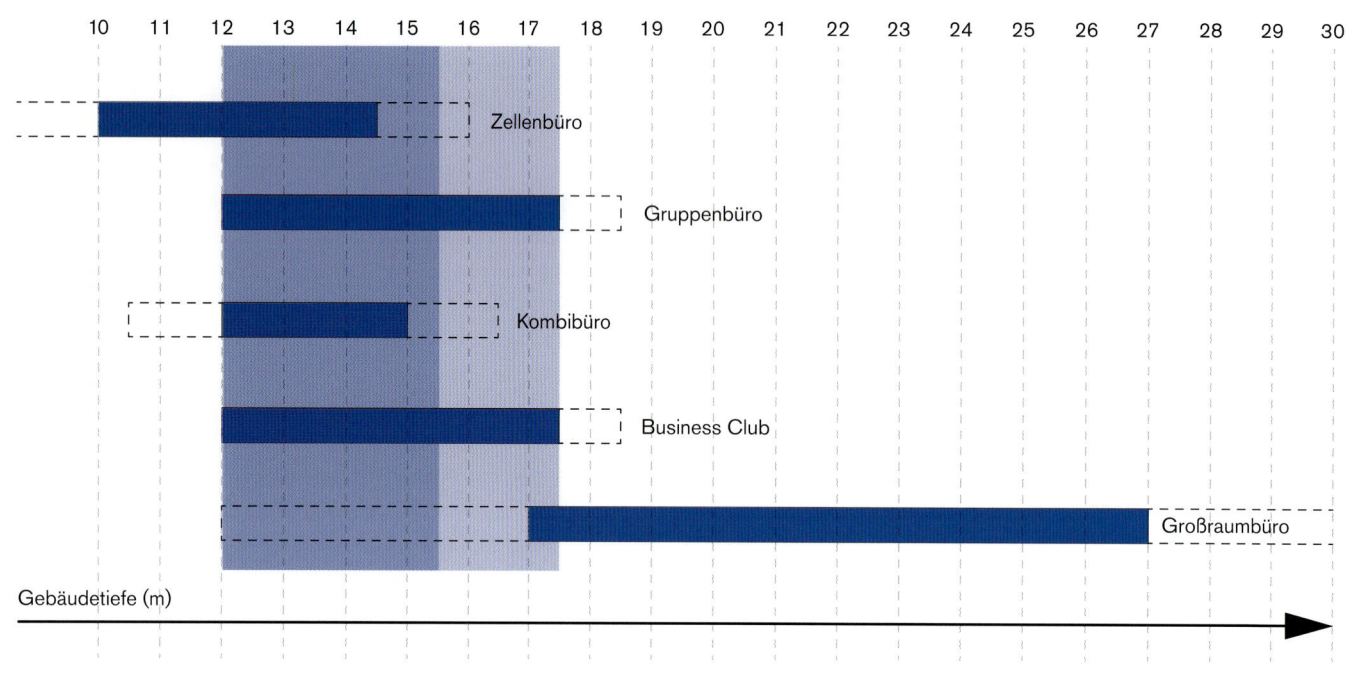

Abb. 3.54 Reversible Gebäudetiefe (12,0–15,5 m / 17,5 m), in der die verschiedenen Büroorganisationsformen realisierbar wären

technischen Gebäudeausrüstung notwendig wären. Es enstehen Flächen, die nicht optimiert für die jeweilige Büroorganisationsform ausgelegt sind. Zusätzlich sind geometrische, statische und technische Reserven einzukalkulieren, die nicht in allen Nutzungsvarianten benötigt werden. Alle Maßnahmen erzeugen aber langfristig gesehen gegenüber einer weniger flexiblen Bürostruktur einen nachhaltigen Effekt, der sich über Mieteinnahmen refinanzieren lässt. Denn »Flexibilität« kann dem Nutzer als Mehrwert der Immobilie verkauft und über eine Miete in Rechnung gestellt werden. Aus Sicht des Investors rechnet sich der finanzielle und planerische Mehraufwand, da sich ohne größere Umbaumaßnahmen die Attraktivität der Immobilie verlängert. Der Nachweis hierzu wird im Kapitel 6 erbracht, indem der Vergleich zwischen einem im hohen Maß flexiblen fünfgeschossigem Bürogebäude und einem aufgrund von Raumhöhe, Mittelstützen und Gebäudetiefe in seiner Flexibilität eingeschränktem Bürogebäude gezogen wird.

Die Gefahr des Leerstands kann mit flexiblen Strukturen nicht vollkommen gebannt werden, jedoch kann sie aufgrund einer verbesserten Vermarktungsfähigkeit deutlich gemindert werden. Auch wenn der Bedarf an Büroarbeitsplätzen aufgrund der beschriebenen Veränderungen in der Arbeitswelt weiter sinken und sich die Situation auf dem Immobilienmarkt weiter verschärfen wird, werden Bürogebäude in Zukunft für die Gesellschaft weiter von elementarer Bedeutung sein. Sie sollten auf die zu erwartenden baulichen, strukturellen und technischen Veränderungen reagieren können und ausreichende geometrische, statische und technische Reserveflächen beinhalten. So können Nutzer ihre Arbeitsprozesse ohne größere räumliche und strukturelle Veränderungen auf zukünftige Bedingungen anpassen.

Gerade weil es durch den steten Wandel der Arbeitswelt nicht *die* geeignetste Büroorganisation oder *das* geeignetste Bürogebäude gibt, ist es wichtig, sich der Notwendigkeit von Flexibilität in der Typologie *Büro- und Verwaltungsbau* bewusst zu sein und für unterschiedlichste Szenarien einen für den Standort bestmöglichen Lösungsvorschlag anzubieten, der ausreichend Spielraum für Veränderungen hat. Dies ist ein Grund, weshalb heute flexible Bürostrukturen gegenüber starren Zellenbüros bevorzugt werden sollten, ohne eine 08/15-Architektur zu erzeugen, sondern eine Identität auf eigene Weise zu stiften. Jedoch muss das Maß an Flexibilität bei jeder Planung neu definiert werden. Grundrissgestaltung, Standortfaktoren, potenzielle Nutzer, Lebenszyklen, Kosten etc. spielen dabei eine entscheidende Rolle. Denn »die Konsequenzen einer ›kritischen Konzeption‹ (zu hoher Standard, zu große Arbeitsplätze, zu viele spezifische Nebenräume) sind verheerend, sie führen im schlimmsten Fall zum Konkurs eines Unternehmens und zur Vernichtung der Arbeitsplätze. Demgegenüber steht der Anspruch auf ›den guten Arbeitsplatz‹ gerade weil wir so viel Lebenszeit am Arbeitsplatz verbringen«. [3-26]

Wie wichtig die Flexibilität bei der Betrachtung der Nachhaltigkeit von Bürogebäuden geworden ist, verdeutlicht auch die Tatsache, dass die *Deutsche Gesellschaft für Nachhaltiges Bauen* den Aspekt der Flexibilität in ihre Kriterien für Zertifizierungen einfließen lässt. Auch wenn der Aspekt nur zu einem geringen Prozentsatz in die Bewertung eingeht, wird sie bei der Planung nachhaltiger Bürogebäude positiv belohnt. Denn »Flexibilität ist […] das Minimum dessen, was eine zukunftsfähige Büroimmobilie nachweisen muss«. [3-1]

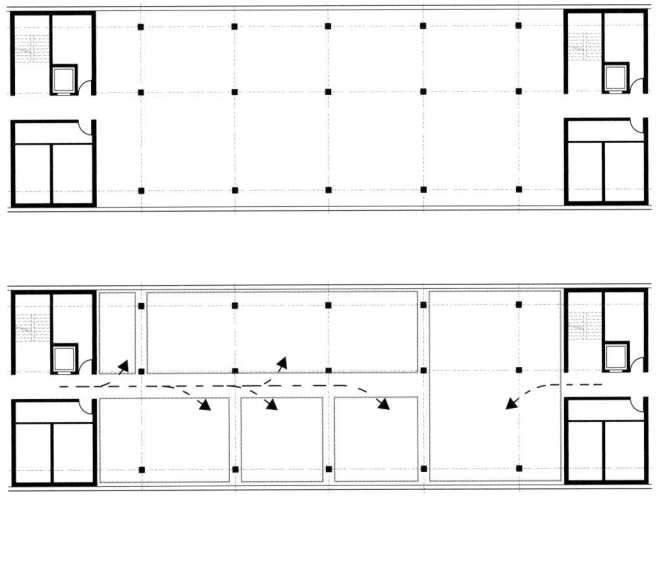

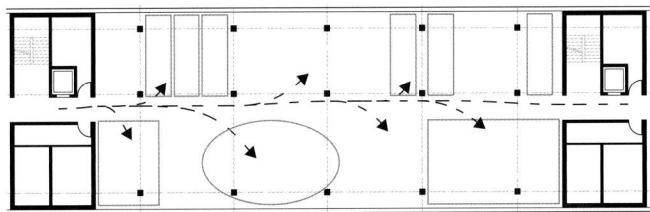

Abb. 3.55 »Elastische«, flexible Belegung einer Nutzungseinheit

Konstruktion

106 Einführung

107 Tragkonstruktionen im Stahl- und Verbundbau

112 Technische Anforderungen und
statisch-konstruktive Auslegung

119 Ökologische und ökonomische Nachhaltigkeit

126 Parameterstudien zum Entwurf
nachhaltiger Tragkonstruktionen

146 Entwurfshilfen

4

Nachhaltige Stahl- und Verbundtragwerke

Richard Stroetmann, Christine Podgorski, Thomas Faßl

Zusammenfassung

Die Ressourceneffizienz von Tragkonstruktionen kann durch die geeignete Wahl der Bauweisen, statischen Systeme und Spannweiten sowie durch die umweltgerechte Material- und Konstruktionswahl gesteigert werden. Für Büro- und Verwaltungsgebäude werden in technologisch hoch entwickelten Ländern mit unterschiedlichen Marktanteilen Stahl- und Verbundkonstruktionen eingesetzt. Im Rahmen des Forschungsprojekts P881 wurden in Anlehnung an die Systeme DGNB und BNB Bewertungsmethoden speziell für Tragkonstruktionen von Büro- und Verwaltungsgebäuden entwickelt, um die Optimierung von Stahl- und Verbundbauweisen in Bezug auf Nachhaltigkeitskriterien und den Vergleich zu konkurrierenden Bauweisen zu ermöglichen.

In diesem Kapitel werden nach einer allgemeinen Einführung zunächst typische Tragkonstruktionen des Geschossbaus in Stahl- und Verbundbauweise vorgestellt und die technischen Anforderungen für die statisch-konstruktive Auslegung beschrieben. Der Abschnitt 4.4 behandelt Bewertungsmethoden für die ökologische und ökonomische Nachhaltigkeit und deren Adaption auf Tragkonstruktionen. Zudem enthält er eine Zusammenstellung ausgewählter ökonomischer und ökologischer Daten typischer Baustoffe und Tragwerkskomponenten. Im Abschnitt 4.5 werden auszugsweise die Ergebnisse umfangreicher Parameterstudien vorgestellt und daraus Empfehlungen zur nachhaltigen Gestaltung der Tragkonstruktionen abgeleitet. Es kann eine Vorauswahl der Bauweise, Stützen- und Konstruktionsraster sowie der Bauelemente getroffen werden. Hierzu wurde ein Bauteilkatalog erstellt (siehe Abschnitt 4.6), in dem für ausgewählte Deckensysteme und Stützen statische und ökologische Daten zusammengestellt sind. Die Anwendung wird an einem Bürogebäude gezeigt.

GOBA-Zentrum in Bielefeld, DGNB-zertifiziert in Gold
Foto: GOLDBECK

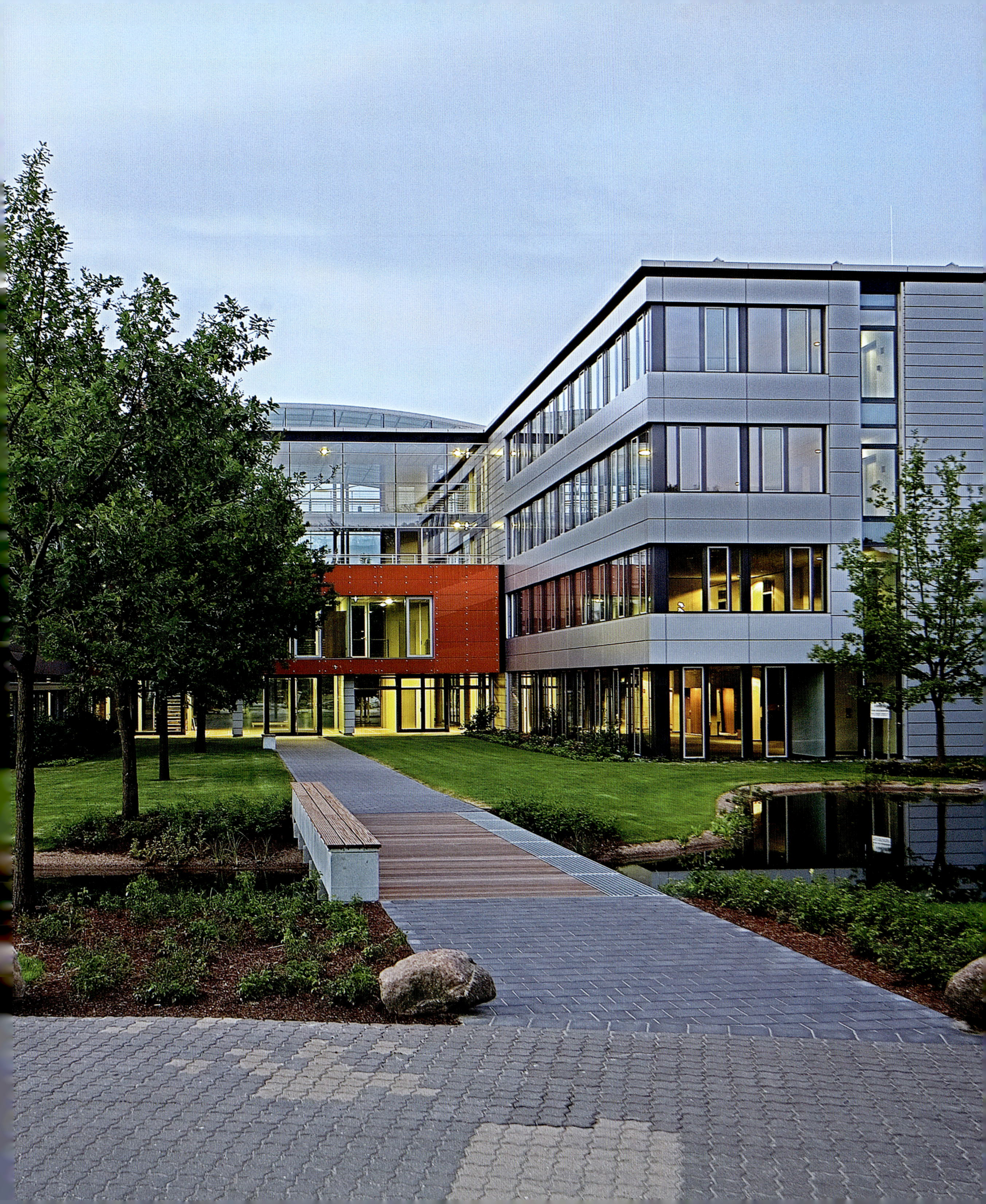

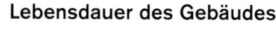

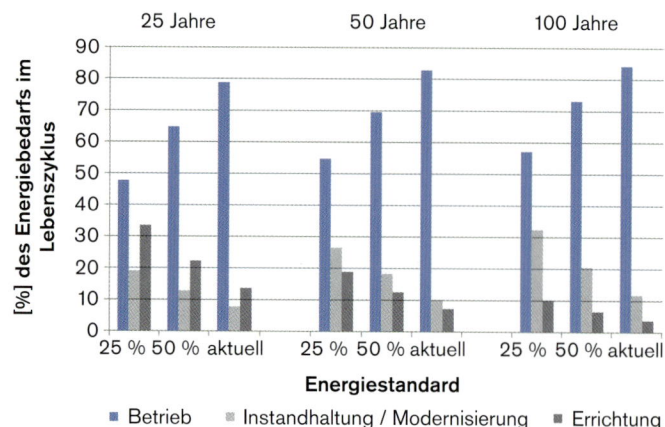

Abb. 4.1 Energiebedarf im Lebenszyklus von Bürogebäuden in Vancouver in Abhängigkeit von Energiestandard und Lebensdauer (vgl. [4-1])

4.1 Einführung

Der hohe Rohstoffbedarf und das Abfallaufkommen der Bauindustrie haben einen starken Einfluss auf die Natur, den Landschaftsverbrauch, den Schadstoffeintrag in Böden und Gewässer und die Luftverschmutzung. Daher gehören Ressourcenschonung und Abfallvermeidung zu den wichtigsten Aufgaben der Zukunft. Aufgrund der umweltpolitischen Rahmenbedingungen und der daraus resultierenden Gesetzgebung (Energieeinsparverordnung, Bundesemissionsschutzgesetz, Abfallvermeidungsgesetz etc.) geht die Tendenz bei Gebäuden klar zu hohen Energiestandards hin. Der zweitgrößte Hebelarm für die ökologische Nachhaltigkeit nach dem Energiestandard ist eine lange Nutzungsdauer bei gleichzeitig geringem Aufwand für Errichtung, Umbau und Instandhaltung. Wenn hierauf die Gebäudestrukturen optimiert werden, führt dies zu einer Minimierung der grauen Energie und der Ressourceninanspruchnahme. Für die Planung bedeutet dies die Schaffung einer hohen Flexibilität mit geringen Umbauaufwendungen bei gleichzeitig optimierter und werthaltiger Konstruktion.

Abb. 4.1 zeigt am Beispiel von Bürogebäuden in Vancouver den Zusammenhang zwischen der grauen Energie für Errichtung, Instandhaltung und Modernisierung und der Energie für den Betrieb. [4-1] Der Anteil der grauen Energie ist in hohem Maße vom Energiestandard des Gebäudes und der Nutzungsdauer abhängig (siehe auch [4-1], [4-2]). Ist die Nutzungsdauer der Gebäude kurz und der Energiestandard hoch, ist der Anteil der grauen Energie am Gesamtenergiebedarf hoch (Abb. 4.1). Ist hingegen die Nutzungsdauer lang und der Energiestandard niedrig, überwiegen die Aufwendungen im Betrieb.

Neben Energiebedarf, Treibhaus- und Versauerungspotenzial sind Recyclingfähigkeit und Abfallaufkommen von wesentlicher Bedeutung. Stahl im Bauwesen wird aufgrund der hohen Wertigkeit zu nahezu 100 % recycelt oder wiederverwendet (siehe [4-3], [4-4], [4-5]). Inzwischen hat sich eine Recyclingindustrie entwickelt, die den Schrott sehr spezifisch nach Herkunft und Legierung sortiert und aufbereitet, um den Qualitätsverlust durch metallurgisch schwer zu beseitigende Legierungsbestandteile (zum Beispiel Kupfer, Nickel, Molybdän, Zinn) so gering wie möglich zu halten (siehe [4-4]).

Durch geschickte System- und Baustoffwahl, Variation der Konstruktions- und Stützenraster und weiterer Parameter können die Baukonstruktionen unter Berücksichtigung von Nachhaltigkeitskriterien optimiert werden (vgl. [4-6], [4-7], [4-8], [4-9]). Dies kann in der Entwurfsphase automatisiert oder teilautomatisiert unter Anwendung generischer Algorithmen mit geeigneten Zielfunktionen erfolgen (siehe [4-6], [4-10]). Zu den wesentlichen Nachhaltigkeitsaspekten der Stahl- und Verbundbauweise gehören:

— die Recyclingfähigkeit von Stahl und die Reduzierung von Abfall (siehe [4-11] und [4-8]),
— der hohe Vorfertigungsgrad, mit dem Flächenbedarf, Lärm und Staub auf Baustellen vermieden und dem ausführenden Personal gute und kontrollierte Arbeitsbedingungen geboten werden (vgl. [4-11]),
— die kurzen Montagezeiten, die höhere Prozesssicherheit und Qualität aufgrund der Vorfertigung (vgl. [4-12]),
— die vergleichsweise geringen Konstruktionsgewichte und Baustoffmassen, die zu einer Reduzierung der Transportkosten, der erforderlichen Hubkapazität auf der Baustelle sowie zu wirtschaftlicheren Gründungskörpern führen,
— Flexibilität und Umnutzungsfähigkeit, die durch größere Spannweiten, geringeren Raumbedarf für Konstruktionselemente, einfaches Verstärken, Austauschen oder Demontieren von Tragliedern möglich werden (vgl. [4-13]),
— die Dauerhaftigkeit der Konstruktionen, die Nutzungsdauern weit über 100 Jahre ermöglichen (siehe auch [4-13], [4-14]).

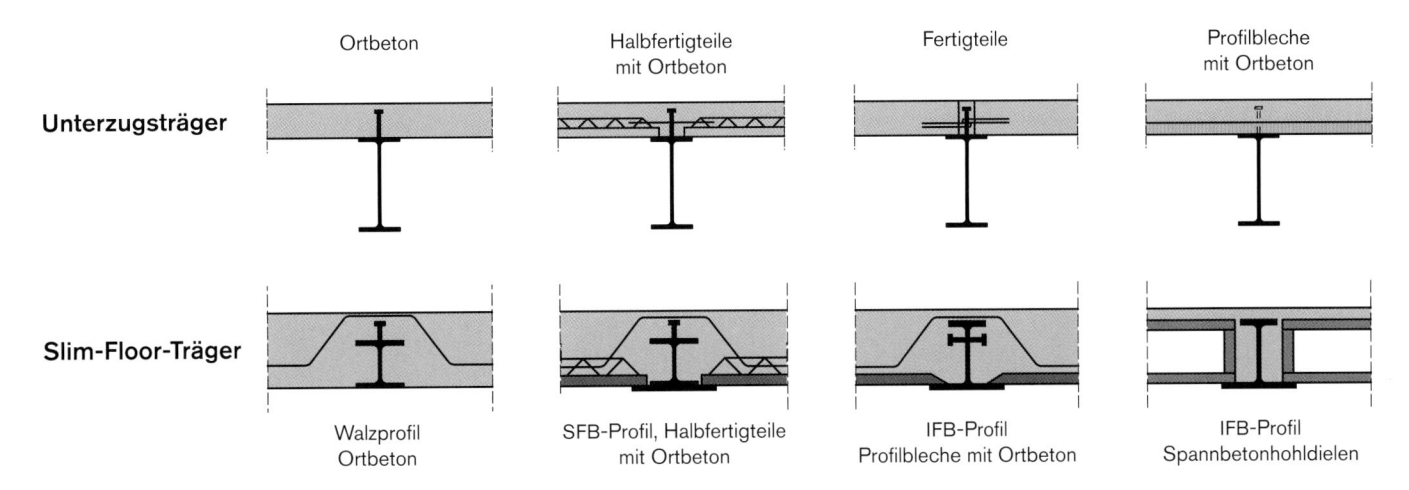

Abb. 4.2 Unterzugsträger und deckenintegrierte Slim-Floor-Träger in möglichen Kombinationen mit unterschiedlichen Deckentypen

4.2 Tragkonstruktionen im Stahl- und Verbundbau

4.2.1 Deckensysteme

Für Büro- und Verwaltungsgebäude werden in vielen technologisch hoch entwickelten Ländern Stahl-Beton-Verbundkonstruktionen eingesetzt. Bei der konstruktiven Ausbildung der Deckensysteme wird zwischen zwei grundsätzlichen Bauprinzipien (siehe Abb. 4.2) unterschieden: Deckensysteme mit Unterzügen als Verbundträger und Flachdeckensysteme mit deckenintegrierten Trägern (sogenannte Slim-Floor-Bauweise). Die Unterzugsdecken bestehen aus Stahlträgern mit Verbundmitteln, in der Regel aufgeschweißte Kopfbolzendübel, die eine schubfeste Verbindung mit der Stahlbeton- oder Verbunddecke bilden. Die Stahlträger werden als gewalzte oder geschweißte Profile mit einfach- oder doppeltsymmetrischem, I-förmigem Querschnitt eingesetzt. Schweißprofile sind in der Herstellung aufwendiger, bieten jedoch den Vorteil, dass durch die genaue Auslegung der Querschnittsteile (Obergurt, Steg und Untergurt) auf die Beanspruchungen und die konstruktiven Randbedingungen Stahlmassen eingespart werden können. Die Deckenplatten werden aus Ortbeton, Halbfertigteilen oder Profilblechen mit Aufbeton oder als Fertigteile mit Fugenverguss ausgeführt (Abb. 4.2). Verbunddecken haben den Vorteil, dass die Profilbleche die untere Schalung ersetzen und bei entsprechender Geometrie und Endverankerung als Bewehrung anrechenbar sind. Sie können wegen des geringen Gewichts von Hand verlegt und zudem zum Abhängen von Unterdecken und Leitungssystemen des technischen Ausbaus genutzt werden (Abb. 4.3). Beim Einsatz von Halbfertigteilen oder Fertigteilen entfällt ebenfalls der größte Teil der aufwendigen Schalungsarbeiten. Diese Elemente weisen jedoch gegenüber der Ausführung in Ortbeton konstruktionsbedingt und wegen der Standsicherheit im Bauzustand einen höheren Bewehrungsanteil auf.

Für den Einbau des Aufbetons oder des Fugenvergusses ist im Allgemeinen eine Randschalung erforderlich.
Unterzugsdecken eignen sich bei größeren Spannweiten und ermöglichen eine freie Grundrissgestaltung. Übliche Längen der Deckenträger liegen zwischen 6 m und 15 m, die Längen der Rand- und Mittelträger zwischen 6 m und 12 m. Damit ist es möglich, typische Breiten von Bürogebäuden stützenfrei zu überspannen oder auch ein oder zwei Mittelstützenreihen anzuordnen (siehe Abschnitt 3.4). Der Deckenträgerabstand bestimmt die Spannweite der Stahlbeton- oder Verbunddecken, die üblicherweise zwischen 2,5 m und 4,0 m liegt.
Bei geringen bis mittleren Spannweiten ist die Ausführung von Flachdeckensystemen mit integrierten Stahlträgern möglich. Vorteile dieser Bauweise liegen in der geringen Konstruktionshöhe und der Installationsfreiheit. Dadurch können

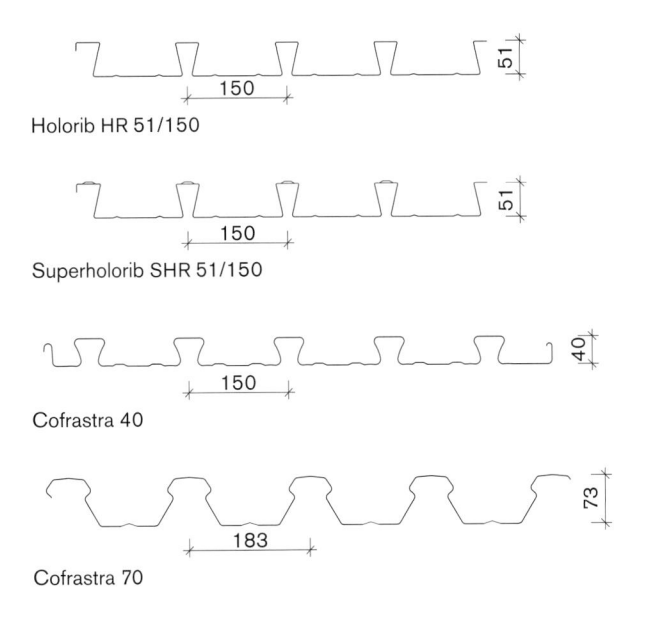

Holorib HR 51/150

Superholorib SHR 51/150

Cofrastra 40

Cofrastra 70

Abb. 4.3 Profilbleche unterschiedlicher Hersteller für Verbunddecken

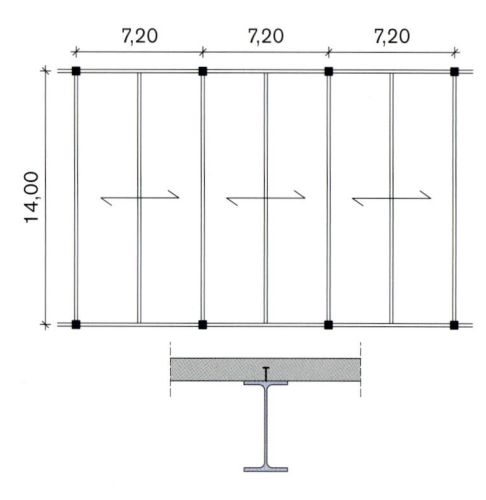

Abb. 4.4 Beispiele für Systeme und Trägerabstände [m] von Unterzugsdecken und Slim-Floor-Konstruktionen

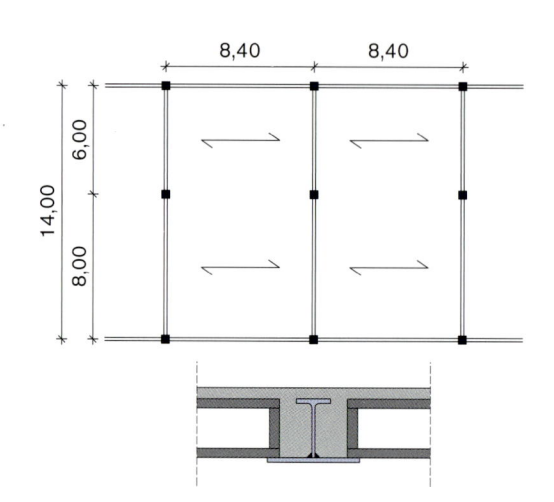

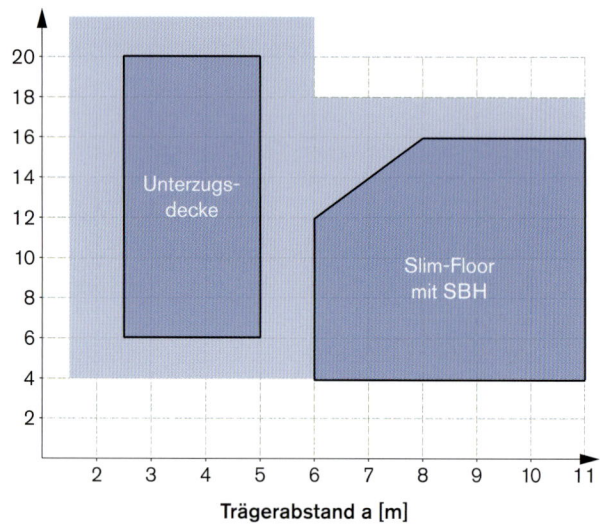

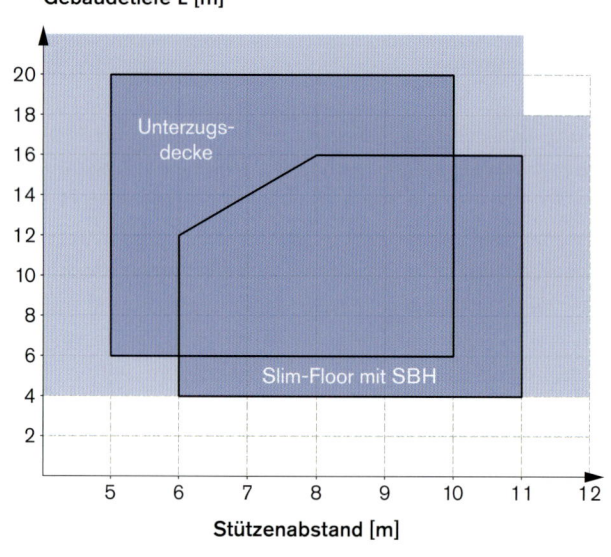

Abb. 4.5 Mögliche Träger- und Stützenabstände in Gebäudelängsrichtung beim Einsatz von Flach- und Unterzugsdecken

die Geschosshöhe, das zu beheizende Gebäudevolumen und die Fassadenfläche minimiert werden. Die Deckenträger werden häufig als Kombination aus Walzprofilen und Grobblechen für den verbreiterten Untergurt zur Auflagerung der Decken ausgeführt. Als Deckenelemente kommen oft Spannbetonhohldielen zur Anwendung, die als Fertigteile verlegt, große Stützweiten überbrücken können. Übliche Längen liegen bei der 1,0- bis 1,5-fachen Spannweite der Deckenträger. Es können Raster bis etwa 11 × 8 m mit dieser Konstruktionsvariante ausgeführt werden (Abb. 4.4 und Abb. 4.5). Aus der Entscheidung, ob in Bürogebäuden Innenstützen angeordnet werden oder nicht, lassen sich bereits Vorzugsvarianten für Deckensysteme ableiten. Weitere Kriterien zur Systemwahl sind neben der freien Spannweite die Konstruktionshöhe (davon abhängig die Geschosshöhe), Anforderungen an den Installationsraum für die technische Gebäudeausstattung und die Gestaltung der Deckenunterseite (zum Beispiel Sicht auf die Tragkonstruktion oder Unterdecke).

Abb. 4.6 zeigt in einem Grundriss verschiedene Varianten zur Anordnung von Stützen und Trägern. Das erste Deckenfeld (links) zeigt die stützenfreie Überspannung des Gebäudegrundrisses mit Verbundträgern, die jeweils an Fassadenstützen anschließen. Werden die Stützen in einem größeren Abstand angeordnet, sind Randunterzüge erforderlich, die die Deckenträger abfangen (2. und 4. Feld). Entsprechendes gilt, wenn eine innere Stützenreihe angeordnet wird (4. Feld). Die Positionierung dieser Stützen erfolgt im Allgemeinen asymmetrisch, zum Beispiel in der Achse der Trennwände zum Mittelgang, wenn klassische Zellenbüros angeordnet werden. Die kürzeren Spannweiten ermöglichen den wirtschaftlichen Einsatz von Flachdeckensystemen.

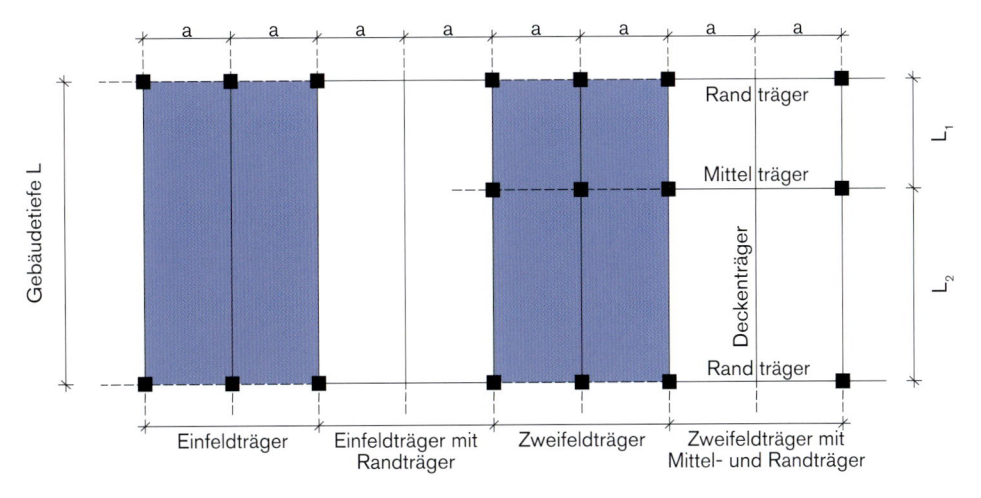

Abb. 4.6 Varianten der Anordnung von Stützen und Trägern

Zur Begrenzung der Verformungen und Rissbreiten in den Betondecken, zur Erhöhung der modalen Massen bei dynamischer Erregung (personeninduzierte Schwingungen) und zur Optimierung des Materialeinsatzes werden Deckenträger und Unterzüge auch mit Durchlaufwirkung ausgeführt. Dies ist mit moderatem Aufwand durch die Anordnung von Stützbewehrung im Deckenbeton und Kontaktstücken zur Durchleitung der Druckkräfte in den Untergurten der Verbundträger möglich (siehe Abschnitt 4.2.3). Plastische Bemessungsmodelle unter Berücksichtigung der Momentenumlagerung vom Stütz- zum Feldbereich erlauben ein hohes Maß an Anpassung der Berechnung an eine wirtschaftliche Ausführung.

4.2.2 Stützen

Bei Büro- und Verwaltungsgebäuden in Stahl- und Verbundbauweise werden reine Stahlstützen und Stahl-Beton-Verbundstützen eingesetzt. Die Kombination von Verbunddecken mit Stahlbetonstützen ist auch möglich, erfordert jedoch geeignete Lösungen für die Verbindungstechnik, Montage- und Passgenauigkeit. Bei Gebäuden bis zur Hochhausgrenze (h ≤ 22 m) sind die anfallenden Lasten je Stütze moderat, so dass übliche I-förmige Walzprofile und Stahlhohlprofile eingesetzt werden können. Auch andere Querschnittsformen sind möglich, wenn dies aus gestalterischen und konstruktiven Erwägungen erforderlich ist.

Beim Einsatz von Stahlstützen sind zusätzliche Maßnahmen erforderlich, um konstruktive Brandschutzanforderungen zu erfüllen. Hierzu eignen sich Brandschutzverkleidungen, Putz und dämmschichtbildende Beschichtungssysteme. Die Wahl der Querschnittsform richtet sich nach statischen, gestalterischen und konstruktiven Gesichtspunkten. Offene Walzprofile werden inzwischen mit Streckgrenzen bis zu 500 N/mm² hergestellt. Stahlhohlprofile sind auch in höheren Festigkeiten erhältlich. Die Entscheidung über die Stahlsorte erfolgt in Abhängigkeit der Höhe der Belastung, der Stützenschlankheit, der Verfügbarkeit und nach Kriterien der Nachhaltigkeit. Bei Stützen im gedrungenen bis mittleren Schlankheitsbereich können höhere Stahlfestigkeiten ökologisch und ökonomisch vorteilhaft eingesetzt werden (siehe [4-17]).

Stahl-Beton-Verbundstützen bieten gegenüber Stahlstützen mit gleichen Außenabmessungen des Querschnitts eine höhere Tragfähigkeit. In Bezug auf die Bauweise wird zwischen betongefüllten Stahlhohlprofilen, kammerbetonierten offenen Profilen und einbetonierten Stahlprofilen unterschieden. Der Beton wird durch Längs- und Bügelbewehrung und gegebenenfalls Wendelbehrung (betongefüllte Kreishohlprofile) ergänzt. Der Tragfähigkeitszuwachs gegenüber der reinen Stahlstütze bei der Kaltbemessung liegt je nach Konstruktion und Querschnittsanteilen zwischen 10 % und 80 %.

Stahlstützen

Verbundstützen

Abb. 4.7 Typische Querschnitte von Stahl- und Verbundstützen

Abb. 4.8 Einbetoniertes Stahlprofil mit Wendelbewehrung vor und nach der Betonage

Fotos: ArcelorMittal Europe – Construction Solutions – Christoph Radermacher

Stützen der *HighLight Towers*, München

Foto: stahl + verbundbau gmbh, Dreieich

Durch die Ergänzung mit Beton und Betonstahl können die nach Baurecht einzuhaltenden Brandschutzklassen für Bürogebäude bei geeigneter Auslegung ohne weitere Zusatzmaßnahmen eingehalten werden.

Ausbetonierte Stahlhohlprofile erfordern keine Schalung bei der Herstellung, sind abrieb-, verschleiß- und stoßfest und können durch das Korrosionsschutzbeschichtungssystem mit einer ästhetisch ansprechenden Farbgebung versehen werden. Sie können bei zentrischem Druck besonders schlank ausgebildet werden und weisen bei quadratischem oder kreisförmigem Querschnitt in beiden Achsrichtungen gleiche Momententragfähigkeiten auf. Für den Brandfall werden zum Abbau des entstehenden Gasdrucks Entlüftungslöcher vorgesehen. Da der Stahlmantel bei Erhitzung für den Lastabtrag weitestgehend ausfällt, müssen Stahlbeton und Bewehrung im Stützeninneren die statische Funktion übernehmen. Zum Anschluss von Trägern werden häufig Fahnenbleche verwendet, die an das Hohlprofil angeschweißt und gegebenenfalls durchgeführt werden. Bei Quadrat- und Rechteckhohlprofilen ist auch der Anschluss von Knaggenlagern wirtschaftlich möglich.

Kammerbetonierte I-Profile lassen sich im Allgemeinen wirtschaftlicher als ausbetonierte Stahlhohlprofile herstellen. Die Verbindungstechnik beim Anschluss von Unterzügen und der Ausbildung von Stützenstößen ist einfacher. Die außenliegenden Gurte werden mit einem Korrosionsschutzbeschichtungssystem mit geeigneter Farbgebung versehen. Die Stützenflansche bieten einen Kantenschutz vor Abrieb und Ausbruch und dienen zusammen mit dem Steg als Schalung beim Betonieren. Die Stützenkammern werden mit Bewehrungskörben und Sicherungselementen (zum Beispiel Kopfbolzendübel, durchgesteckte oder angeschweißte Bügel) versehen und wechselseitig ausbetoniert. Durch die Ausrichtung des Stahlprofils ergeben sich stark unterschiedliche Biegetragfähigkeiten um die beiden Hauptachsen. Die Bemessungsregeln von Verbundstützen nach Eurocode 4 sind für Stähle bis S460 und Normalbetone bis C50/60 ausgelegt. Durch den Einsatz hoher Stahl- und Betonfestigkeiten ergeben sich kleine Stützenquerschnitte mit hoher Tragfähigkeit. Im Brandfall schützt der Kammerbeton den Stützensteg vor Erwärmung und die hitzebeaufschlagten Gurte fallen weitestgehend aus. Es ist ersatzweise ausreichende Längsbewehrung in den Kammern unterzubringen. Für die Heißbemessung ergeben sich keine Vorteile aus dem Einsatz höherer Streckgrenzen, wenn die Gurte der Erwärmung ungeschützt ausgesetzt und keine Zusatzmaßnahmen vorgesehen sind.

Einbetonierte Stahlprofile weisen zwar durch die Betonüberdeckung einen sehr guten Schutz im Brandfall auf, bieten jedoch nur wenige Vorteile gegenüber reinen Stahlbetonstützen. Sie sind für das Betonieren vollständig einzuschalen, die fehlende Zugänglichkeit zum Stahlprofil erfordert eine entsprechende Verbindungstechnik. Im Bauteilkatalog sind daher die vorgenannten Stützentypen berücksichtigt.

4.2.3 Anschlüsse

Bei der Ausführung von Stahl- und Verbundtragwerken wird die Vorfertigung von transport- und montagegerechten Baueinheiten im Werk und die Montage mit Schraub- oder Steckverbindungen an der Baustelle oder auch die einfache Auflagerung von Bauteilen angestrebt.

Bei Verbundkonstruktionen kommen gelegentlich auch schraubenlose Verbindungstechniken zum Einsatz; ein Beispiel hierfür ist das Gebäude der *Deutschen Post* in Saarbrücken, bei dem der Ortbeton der Verbunddecken für die Lagesicherung der mit Knaggen, Knüppel sowie Kontakt- und Steckverbindungen montierten Verbundbauteile (Träger, Stützen) sorgt (vgl. [4-18]).

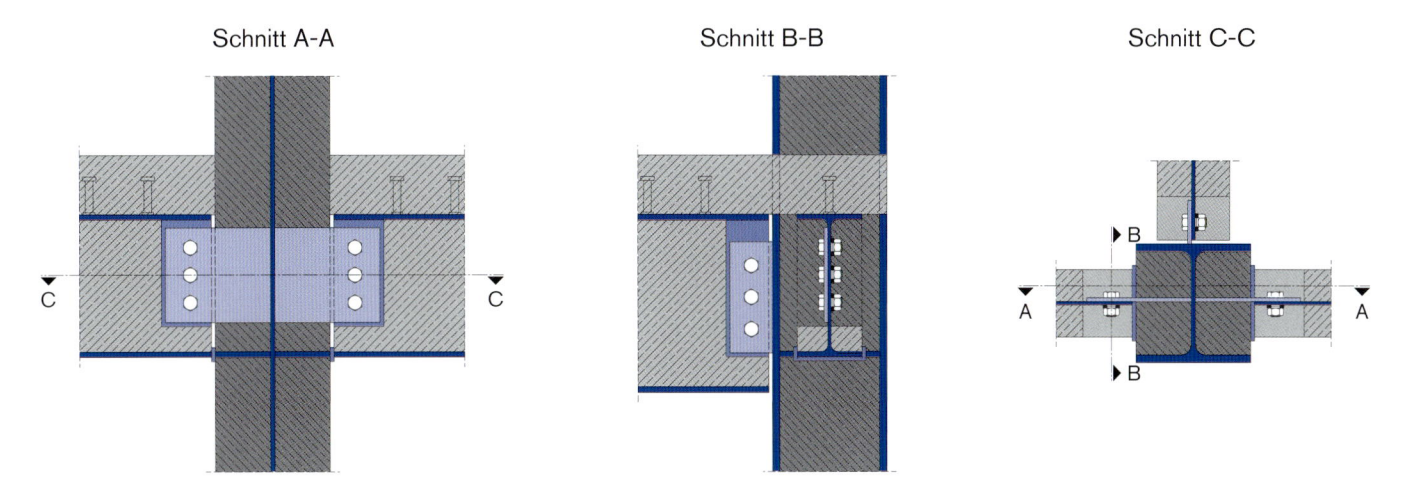

Abb. 4.9 Anschlusstyp für den Fall, dass Stütze und Träger mit I-Profilen und Kammerbeton ausgeführt werden

Das beschriebene Herstellungs- und Montageprinzip führt bei sachgerechter Anwendung zu einem sehr geringen oder zumindest geringen bis mittleren Aufwand bei der Demontage. Das Lösen der Schraubverbindungen und die Demontage mit Hebezeugen ermöglicht eine Wiederverwendung der Bauteile in einem anderen Bauwerk oder Anwendungsfall. Betonplatten von Verbundkonstruktionen können mit Sägeschnitten und Hochdruckwasserstrahltechnik von Stahlbauteilen getrennt werden. Wird keine Wiederverwendung der Bauteile angestrebt, sind konventionelle Abbruchtechniken mit Presslufthämmern, hydraulischen Zangen und Greifern möglich. Häufig werden Brennschneider zur schnellen Trennung von Stahlbauteilen in Transporteinheiten eingesetzt. Wie zuvor beschrieben, kommen bei Büro- und Verwaltungsgebäuden verschiedene Bausysteme in Stahl- und Stahlverbundbauweise zum Einsatz. In Bezug auf Randbedingungen für die Ausbildung der Anschlüsse ist zunächst zwischen Unterzugs- und Flachdeckensystemen zu unterscheiden. Bei diesen Systemen stehen verschiedene Konstruktionshöhen zur Verfügung. Die Querschnittsformen der Stahlträger und deren Lage zur Stahlbetonplatte bieten unterschiedliche Möglichkeiten zur Ausbildung von gelenkigen oder momententragfähigen Anschlüssen. Darüber hinaus ist zwischen Träger-Träger- und Träger-Stützen-Verbindungen sowie zwischen den verschiedenen Typen von Gebäudestützen zu unterscheiden. Abb. 4.9 zeigt als Beispiel den Anschluss kammerbetonierter I-Träger an eine kammerbetonierte H-Stütze. Die Querkraftübertragung erfolgt jeweils durch ein Fahnenblech. Zum Anschluss der Randträger wird das Fahnenblech aus dem Stützenquerschnitt herausgeführt, damit eine einfachere Montage möglich ist. Um die Schraubenverbindung bauseits herstellen zu können, erhält der Kammerbeton entsprechende Aussparungen. Diese können nach der Trägermontage mit Mineralwolle gefüllt und durch Abdeckungen mit Brandschutzplatten verschlossen werden. Damit wird eine direkte Hitzebeaufschlagung im Brandfall vermieden. Die Durchlaufwirkung der Randträger kann durch das Einschweißen von Steifen in den Stützenquerschnitten in Höhe der Untergurte, die Anordnung von Kontaktstücken nach der Trägermontage und das Einlegen von Rundstahlbewehrung parallel zum Randunterzug im Bereich der mittragenden Plattenbreite der Decke hergestellt werden.

4.3 Technische Anforderungen und statisch-konstruktive Auslegung

4.3.1 Bemessung für die Grenzzustände der Tragsicherheit und Gebrauchstauglichkeit

Für die Deckensysteme und Stützen sind die Tragfähigkeit und die Gebrauchstauglichkeit auf Grundlage der Eurocodes EN 1990 bis EN 1994 nachzuweisen. Im Grenzzustand der Tragfähigkeit werden Nachweise der Querschnittstragfähigkeit, der Stabilität (Biegeknicken von Stützen und Biegedrillknicken von Trägern, soweit von Relevanz), der Verbundsicherung und der Übertragung der Schubkräfte geführt. Die Nachweise im Grenzzustand der Gebrauchstauglichkeit erfolgen durch Einhaltung von Verformungskriterien, der Rissbreitenbeschränkung und der Begrenzung personeninduzierter Schwingungen (siehe auch [4-6], [4-7]).

Kat.	Nutzung	q_k [kN/m²]
B1	Büroflächen, Flure, Aufenthaltsräume	2,0
B3	Büroflächen, Flure, Aufenthaltsräume mit schwerem Gerät	5,0
C1	Flächen mit Tischen, z. B. Empfangsräume, Speisesäle, Lesesäle	3,0
C2	Flächen mit fester Bestuhlung, z. B. Hörsäle, Wartesäle	4,0
C3	Frei begehbare Flächen, z. B. Eingangsbereiche in öffentlichen Gebäuden	5,0

Tab. 4.1 Typische Nutzlasten für Büro- und Verwaltungsgebäude (vgl. [4-20])

Die Nutzlasten für Büroflächen werden in EN 1991-1-1 [4-19] mit 3 kN/m² für die Regelnutzung (einschließlich Trennwandzuschlag) und 5 kN/m² in Bereichen mit schwerem Gerät, Aufenthaltsräumen u. Ä. angegeben. Die Annahme größerer als der normativ vorgegebenen Nutzlasten erhöht die Sicherheit bei späteren Nutzungsänderungen und erfordert zumeist einen überschaubaren Mehraufwand bei der statisch-konstruktiven Auslegung. Die Ausbaulast wird durch den Aufbau des Deckenpakets bestimmt. Abhangdecken und Doppelböden sind besonders flexibel, da der technische Ausbau ohne aufwendige Umbaumaßnahmen bei Bedarf angepasst werden kann. Zudem weisen die Konstruktionen ein geringes Eigengewicht auf. Massive Estrichböden hingegen sind schwerer, können aber mit geringen Konstruktionshöhen realisiert werden.

Zur Erhöhung der Materialeffizienz empfiehlt sich der Einsatz höherer Stahlfestigkeiten, wenn Einsparungen hierdurch möglich sind. Mit zunehmender Schlankheit der Bauteile nimmt die Bedeutung von Verformungen und Schwingungen zu. Die Eurocodes 3 und 4 enthalten hierzu keine Grenzwerte (vgl. [4-21] und [4-22]). Im Eurocode 2 sind für die Durchbiegungsbegrenzung von Balken, Platten und Kragarmen Richtwerte angegeben. Zur Wahrung des Erscheinungsbilds wird die Einhaltung von L/250 empfohlen. Zur Vermeidung von Schäden an Bauteilen, die an den Tragelementen anschließen (zum Beispiel Trennwände, Fassaden), wird eine Begrenzung auf L/500 vorgeschlagen (vgl. [4-23]). Im Allgemeinen erhält man von den Herstellern der verschiedenen Trennwand- und Fassadensysteme keine expliziten Angaben zu Verformungsgrenzwerten. Daher wird häufig auf die empfohlenen Richtwerte zurückgegriffen.

Verbundträger werden in der Regel für ständige Einwirkungen sowie Einflüsse aus Kriechen und Schwinden überhöht, so dass ein großer Teil der Verformungen hierdurch bereits ausgeglichen wird [4-25]. Eventuelle Überhöhungen für Verkehrslasten sind im Einzelfall festzulegen. Bei der Ermittlung

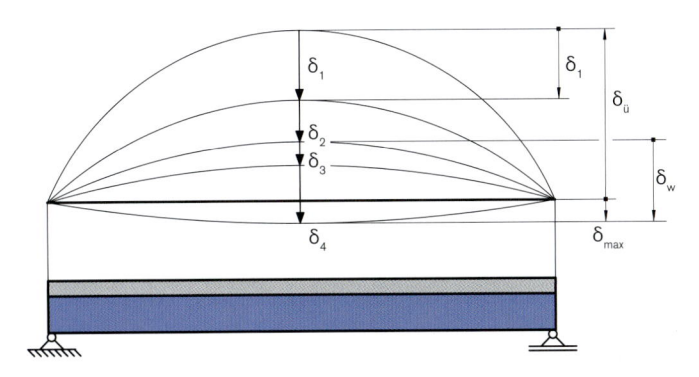

Abb. 4.10 Verformungsanteile und Überhöhung von Verbundträgern (vgl. [4-24])

δ_1 Eigengewicht
δ_2 Ausbaulasten
δ_3 Kriechen, Schwinden
δ_4 Verkehr, Temperatur
$\delta_ü$ Überhöhung
δ_{max} Durchbiegung
δ_w für Ausbauteile wirksame Verformung

der Durchbiegungen ist die Belastungsgeschichte zu berücksichtigen. Dies beinhaltet beispielsweise, ob Träger mit oder ohne Eigengewichtsverbund hergestellt werden. Bei der Begrenzung der Verformungen für Trennwände und Fassadenelemente sind der Zeitpunkt des Einbaus und der dabei vorliegende Ausbauzustand zu beachten. Nur die wirksamen Verformungsanteile sind beim Nachweis zu berücksichtigen. Neben den Durchbiegungen ist auch das Schwingungsverhalten der Deckensysteme zu untersuchen. Schwingungen in Büro- und Verwaltungsgebäuden werden durch gehende Personen hervorgerufen. Zum maßgebenden Lastfall kann das Schwingungsverhalten werden, wenn das Verhältnis von Steifigkeit zu Massenbelegung gering ist und das System nur eine geringe Dämpfung aufweist [4-26]. Das OS-RMS-Verfahren aus [4-27] ermöglicht eine Auslegung auf ein für den Komfort des Nutzers akzeptables Schwingungsverhalten und die Prognose der von Menschen verursachten Deckenschwingungen unter Einbeziehung der Gebäudenutzung. In diesem Verfahren wird für einen Punkt der Decke der Effektivwert der gewichteten Geschwindigkeitsantwort aufgrund

Gegenstand	Dicke [mm]	Flächenlast [kN/m²]
Teppich	10	0,03
Zementestrich	50	1,10
Trittschall- und Wärmedämmung	50	0,02
PE-Folie zweilagig	3	0,04
Rohbaudecke	-	-
Deckenplatte + Putz	-	0,1
Summe		**1,29**
Teppichfliesen auf Wiederaufnahmekleber	10	0,03
Doppelbodenplatten mit Doppelbodenstützen	280	0,5
Rohbaudecke	-	-
Abhangdecke	-	0,1
Technischer Ausbau	-	0,25
Summe		**0,88**

Tab. 4.2 Beispiele für Ausbaulasten bei Flach- und Unterzugsdecken

Abb. 4.11 Brandschutz der Stahlbauteile durch Spritzputz beim Hochhaus *Torre Diamante* in Mailand

Fotos: bauforumstahl e. V., Düsseldorf

Klasse	OS-RMS$_{90}$		Empfehlung
	Untergrenze	Obergrenze	
A	0	0,1	empfohlen
B	0,1	0,2	
C	0,2	0,8	
D	0,8	3,2	
E	3,2	12,8	kritisch
F	12,8	51,2	nicht empfohlen

Tab. 4.3 Klassifizierung der Deckenschwingungen und Empfehlungen für Akzeptanzklassen für Bürogebäude (Ausschnitt aus [4-29])

einer stationären Anregung durch das Gehen bestimmt. Mit diesem Effektivwert, der als OS-RMS90-Wert bezeichnet wird, kann die Decke klassifiziert und abhängig von der Nutzung die Schwingungsakzeptanz beurteilt werden. In der Tabelle 4.3 sind den einzelnen Klassen Grenzen der Effektivwerte zugeordnet und Empfehlungen für Bürogebäude bezüglich der Akzeptanz auftretender Deckenschwingungen angegeben. Die Berechnung des Effektivwerts erfolgt probabilistisch unter Verwendung einer statistischen Beschreibung der Lastfunktion für das Gehen. Die Lastfunktion eines einzelnen Schritts wird durch Polynome abgebildet, deren Koeffizienten [4-28] entnommen werden können.

4.3.2 Bemessung für den Brandfall

4.3.2.1 Grundlagen und Verfahren für die Auslegung des Brandschutzes

Die Feuerwiderstandsdauer eines Tragwerks wird nach geltendem Baurecht in Abhängigkeit von der Gebäudeklasse festgelegt (Tab. 4.4). Zur Erfüllung der Brandschutzanforderungen sind verschiedene bauliche Maßnahmen möglich. So werden zum Beispiel Brandschutzbekleidungen mit Putz, Gipskarton- und Feuerschutzplatten oder Brandschutzbeschichtungen zur Erhöhung der Feuerwiderstandsdauer eingesetzt. Darüber hinaus können Verbundstützen mit kammerbetonierten I-Profilen, betongefüllten Hohlprofilen oder einbetonierten Stahlprofilen ausgeführt werden (vgl. [4-30], [4-31]). Da Verbundträger überwiegend aus I-Profilen bestehen, ist hierfür der Kammerbeton eine übliche Maßnahme zur Erhöhung des Feuerwiderstands. Das Grundprinzip besteht darin, möglichst große Flächenanteile des Stahls vor direkter Hitzeeinwirkung zu schützen und frühzeitig ausfallende Querschnittsteile durch geschützte Teile, Bewehrung und/oder Beton zu ersetzen.

Die Bemessung von Bauteilen im Brandfall kann in der derzeitigen Koexistenzphase auf Grundlage der DIN 4102 oder der Eurocodes erfolgen. Teil 4 der DIN 4102 ermöglicht die Klassifizierung des Feuerwiderstands einer Vielzahl von Bauteilen ohne zusätzliche Prüfung. Die Regeln für die Tragwerksbemessung im Brandfall nach den Eurocodes sind in den einzelnen bauweisenspezifischen Teilen 1-2 enthalten. Es wird zwischen drei unterschiedlichen Ebenen der Nachweismethoden unterschieden, deren Komplexität aber auch Genauigkeit mit jeder Stufe steigt:
— Stufe 1: Nachweis auf Grundlage brandschutztechnischer Bemessungstabellen
— Stufe 2: Nachweis mithilfe vereinfachter Berechnungsverfahren
— Stufe 3: Nachweis mithilfe allgemeiner Berechnungsverfahren

Die Nachweisstufe 1 ermöglicht die Bemessung im Brandfall mithilfe von Tabellen, die aus Versuchsergebnissen und numerischen Berechnungen entwickelt wurden. Sie enthalten Mindestquerschnittsabmessungen, Bewehrungsgrade und andere Randbedingungen, bei deren Einhaltung der Nachweis

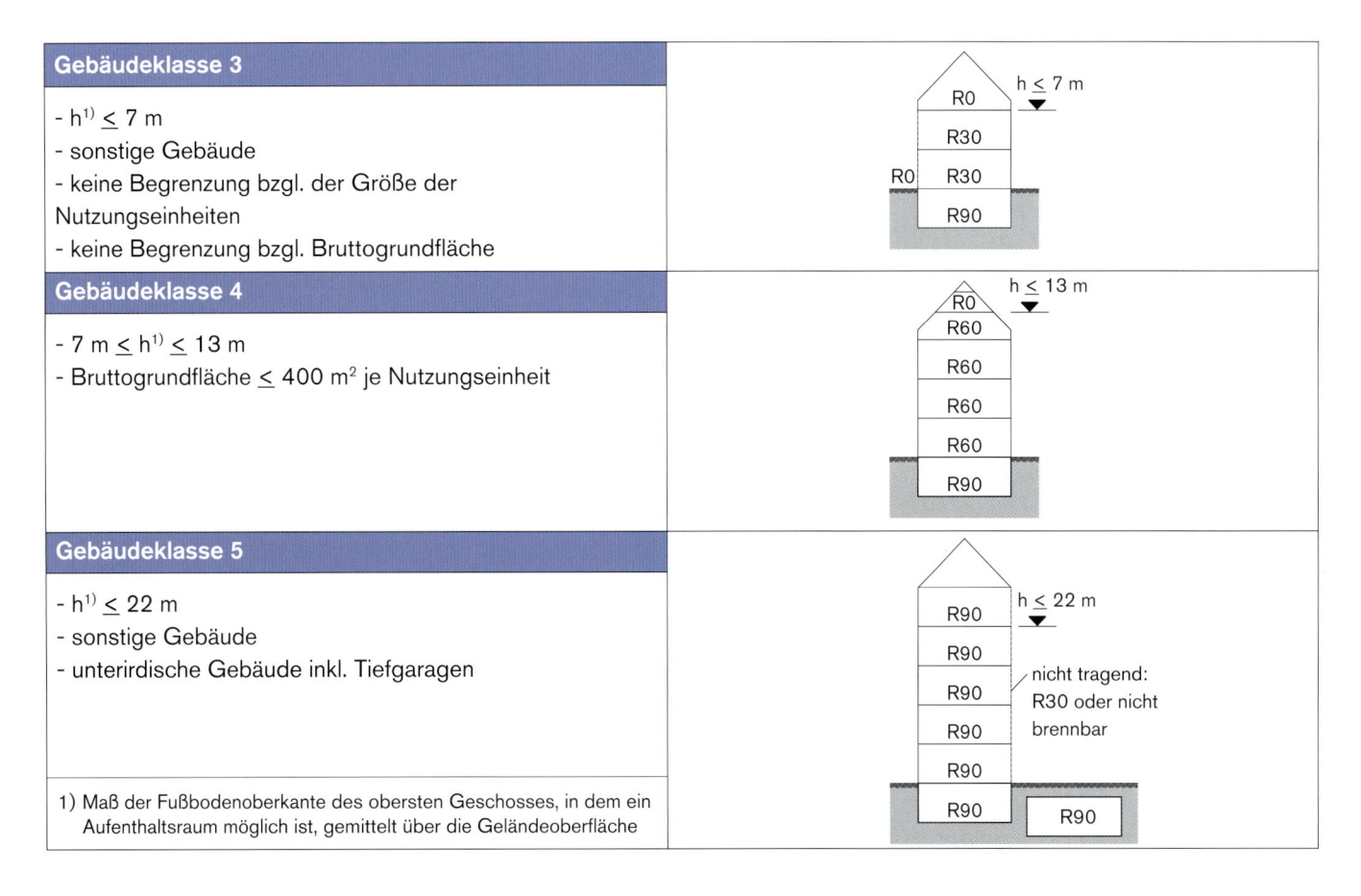

Gebäudeklasse 3 - h[1] ≤ 7 m - sonstige Gebäude - keine Begrenzung bzgl. der Größe der Nutzungseinheiten - keine Begrenzung bzgl. Bruttogrundfläche	R0, R30, R30 (R0 außen), R90 Keller; h ≤ 7 m
Gebäudeklasse 4 - 7 m ≤ h[1] ≤ 13 m - Bruttogrundfläche ≤ 400 m² je Nutzungseinheit	R0, R60, R60, R60, R60, R90 Keller; h ≤ 13 m
Gebäudeklasse 5 - h[1] ≤ 22 m - sonstige Gebäude - unterirdische Gebäude inkl. Tiefgaragen 1) Maß der Fußbodenoberkante des obersten Geschosses, in dem ein Aufenthaltsraum möglich ist, gemittelt über die Geländeoberfläche	R90 (alle Geschosse), R90 Keller, R90 Tiefgarage; h ≤ 22 m; nicht tragend: R30 oder nicht brennbar

Tab. 4.4 Bauteilanforderungen nach Musterbauordnung [4-32]

im Brandfall als erfüllt gilt. Die Verifizierung der tabellarischen Angaben erfolgte auf Basis der Einheits-Temperaturzeitkurve nach DIN EN 1991-1-2 unter Ansatz des Normbrands. Die Tabellenwerte dürfen interpoliert, jedoch nicht extrapoliert werden. Die Anwendung dieser Nachweisebene ist auf klassifizierte Bauteile beschränkt. Tabellen der Nachweisstufe 1 sind in DIN EN 1992-1-2 und DIN EN 1994-1-2 enthalten. Für Stahlbauteile mit anderen Brandschutzmaßnahmen, zum Beispiel Gipskartonplatten oder Spritzputz, existieren im Eurocode noch keine Bemessungstabellen.

Nachweisstufe 2 enthält vereinfachte Berechnungsverfahren, deren Aufwand durch Annahmen, insbesondere zur Temperaturermittlung in den Querschnitten, gering gehalten ist. Die Verfahren dieser Stufe liefern Ergebnisse für einzelne Bauteile eines Tragwerks, jedoch nicht für das Zusammenwirken mehrerer Tragwerksteile.

Allgemeine Berechnungsverfahren werden der Nachweisstufe 3 zugeordnet. Der Berechnungsaufwand ist aufgrund der vielfältigen Eingangsparameter am aufwendigsten. Mithilfe ingenieurmäßiger Modelle und numerischer Methoden werden mit dieser Variante Brandeinwirkungsdauern bis zum Versagensfall ermittelt. Dabei ist die Anwendung nicht nur auf einzelne Bauteile beschränkt, sondern auch für Gesamttragwerke oder Tragwerksbereiche möglich. Zudem sind die allgemeinen Berechnungsverfahren nicht an eine bestimmte Temperaturzeitkurve gebunden. Bieten die Eurocodes auf den Ebenen 1 oder 2 keine Lösung für die Tragwerksbemessung im Brandfall, können diese durch computergestützte Simulationen herbeigeführt werden, die ein fundiertes Fachwissen und die Genehmigung durch die Bauaufsichtsbehörde erfordern.

Die DIN 4102-4 [4-30] enthält herstellerunabhängige Bemessungshilfen auf der Nachweisebene 1 in Form von Tabellen für Stahl- und Verbundbauteile, geschützt durch Brandschutzbekleidungen wie beispielsweise Gipskartonplatten, Putz sowie Bekleidungen aus Beton, Mauerwerk und Platten.

4.3.2.2 Maßnahmen zur Erzielung einer ausreichenden Brandschutzdauer

Tragende Stahlbauteile können effektiv durch die Ergänzung von Stahlbeton für den Brandfall ausgelegt werden. Brandschutzplatten werden häufig als Alternative zu kammerbetonierten Bauteilen verwendet. Sie können in Abhängigkeit der erforderlichen Feuerwiderstandsklasse ein- oder mehrlagig eingesetzt werden. Es stehen verschiedene Plattentypen wie zum Beispiel Gips-, Vermiculit-, Fibersilikat- oder Calciumsilikatplatten zur Verfügung. Stahl- und Verbundbauteile können mithilfe dieser Brandschutzplatten kastenförmig oder profilfolgend verkleidet werden. Die Bemessung erfolgt in Abhängigkeit des Profilfaktors (U/A-Wert) des zu schützendes Querschnitts. Der U/A-Wert beschreibt dabei das Verhältnis von beflammtem Umfang zu der zu erwärmenden Querschnittsfläche des Stahl- oder Verbundbauteils. Notwendige Bekleidungsdicken sind aus den Tabellen des jeweiligen Herstellers abzulesen.

Spritzputze ermöglichen ebenfalls einen effektiven Brandschutz. Sie sind besonders bei schwierigeren Geometrien wie zum Beispiel bei Trapezprofilen wirkungsvoll einsetzbar, können aber mithilfe eines Unterbaus auch kastenförmig aufgebracht werden. Üblicherweise setzen sich Brandschutzputze aus Komponenten wie Zement, Gips, Vermiculite und/oder Perlite zusammen. Besondere Aufmerksamkeit ist auf eine ausreichende Haftung zwischen Putz und Untergrund zu legen. Dabei können Putzträger oder Haftvermittler zum Einsatz kommen. Die Verträglichkeit des Brandschutzputzes mit Korrosionsschutzsystemen von Stahlbauteilen ist im Vorfeld zu prüfen. Die Verfügbarkeit von Bemessungshilfen seitens der Hersteller ist sehr begrenzt.

Brandschutzbeschichtungen werden gerne eingesetzt, um architektonischen Ansprüchen zu genügen. Das Erscheinungsbild der Konstruktion bleibt in diesem Fall weitestgehend erhalten. Entsprechende Produkte sind bis zur Feuerwiderstandsklasse R90 erhältlich. Man unterscheidet zwischen Ablationsbeschichtungen, bei denen es infolge einer endothermen Reaktion bei Brandbeanspruchung zur Verdampfung und Sublimation von Bestandteilen kommt, infolgedessen eine isolierende Schicht auf dem zu schützenden Bauteil entsteht, und den häufig verwendeten Dämmschichtbildnern, die bei Brandbeanspruchung aufschäumen und dabei eine isolierende Hitzeschutzschicht bilden.

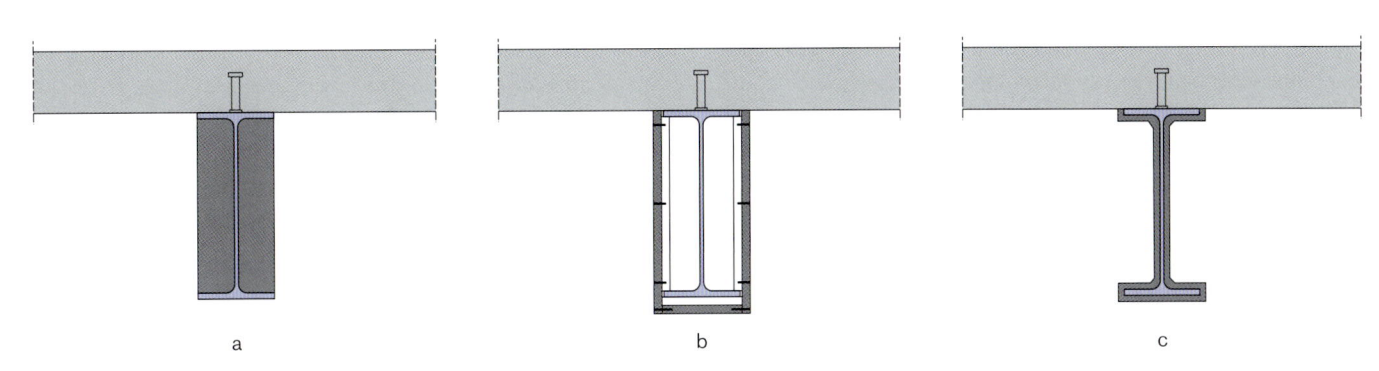

Abb. 4.12 Brandschutzmaßnahmen für Unterzugsträger:
a) Kammerbeton, b) Brandschutzplatte, c) Spritzputz

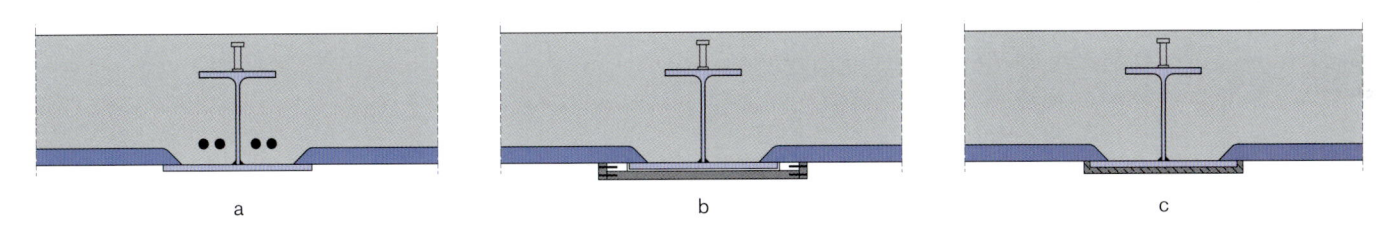

Abb. 4.13 Brandschutzmaßnahmen für Slim-Floor-Träger:
a) zusätzliche Längsbewehrung, b) Brandschutzplatte, c) Spritzputz

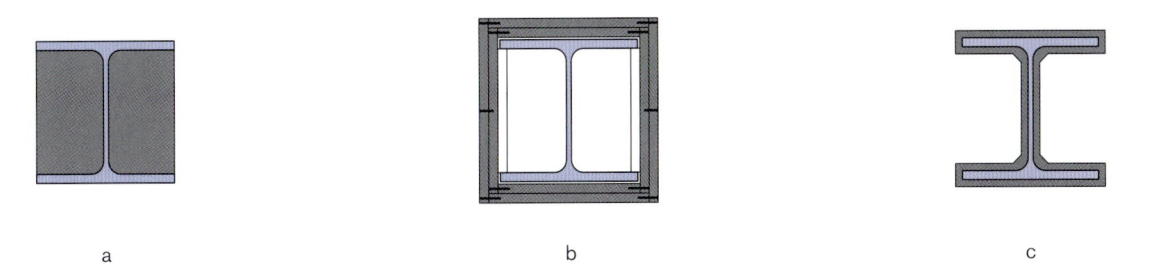

Abb. 4.14 Brandschutzmaßnahmen für Stützen:
a) Kammerbeton, b) Brandschutzplatten, c) Spritzputz

Der Zeit- und Verarbeitungsaufwand bei der Applikation der Brandschutzbeschichtungen ist vergleichsweise hoch und führt zu entsprechenden Kosten. Es ist auf die Verträglichkeit mit der Korrosionsschutzbeschichtung zu achten.

4.3.3 Korrosionsschutz

Die Auslegung des Korrosionsschutzes erfolgt nach der Korrosivitätskategorie und der angestrebten Schutzdauer. Dem Erstschutz ist eine hohe Bedeutung einzuräumen, da die Instandsetzung mit deutlich höheren Kosten und Beeinträchtigungen der Nutzung einhergeht. Bei Büro- und Verwaltungsgebäuden in Stahl- und Verbundbauweise werden für den Korrosionsschutz hauptsächlich Beschichtungssysteme angewendet. Die Wahl des Systems, die Auslegung und Ausführung erfolgen nach [4-33]. Bei Innenbauteilen von Büro- und Verwaltungsgebäuden sind die Anforderungen an den Korrosionsschutz im Allgemeinen gering. Die relative Luftfeuchtigkeit liegt unter 60% und die Atmosphäre ist neutral. Die Einstufung erfolgt in die Kategorie C1 (unbedeutend, vgl. [4-34]). Es könnte daher auf den Korrosionsschutz verzichtet werden. Im Allgemeinen wird aus gestalterischen Gründen und als Schutz während der Bauausführung dennoch ein einfaches Beschichtungssystem aus einer Grundierung und einer Deckschicht vorgesehen. Hierfür können zum Beispiel eine Zinkstaubfarbe auf 2-K-Epoxidharzbasis und eine PUR-aliphatische Farbbeschichtung eingesetzt werden. Die Art der Deckschicht steht für eine hohe Farb- und Glanzerhaltung bei moderatem mechanischen Widerstand. In Tiefgaragen mit hohem Eintrag von Feuchtigkeit und Salzen sowie Kondenswasserbildung und bei Stahlbauteilen im Außenbereich (zum Beispiel außenliegende Fassadenstützen, Eingangsüberdachungen, Balkongeländer und Fluchttreppen) sind die Anforderungen höher. Hier empfiehlt es sich, auf Systeme zurückzugreifen, die für die Korrosivitätskategorien C3 oder C4 und die Schutzdauer »lang« geeignet sind. Dazu gehören zwei- bis dreilagige Beschichtungssysteme mit 160–240 µm Trockenschichtdicke oder auch eine galvanische Verzinkung.

Nach der 31. Verordnung zur Durchführung des Bundesimmissionsschutzgesetzes zur Begrenzung der Emissionen flüchtiger organischer Verbindungen (vgl. [4-35]) ist der Anteil flüchtiger organischer Verbindungen (VOC) in Beschichtungsstoffen zu begrenzen. Stoffe mit 250 g VOC/l (etwa 290 m³ bei einer Dichte von 0,87 g/cm³), das heißt Beschichtungsstoffe mit Festkörpervolumen über 71%, erfüllen diese Anforderung. Geeignet sind zum Beispiel High-Solid- und Hydro-Beschichtungsstoffe sowie Pulverbeschichtungen.

4.4 Ökologische und ökonomische Nachhaltigkeit

4.4.1 Bewertungssysteme und Normung

In den vergangenen Jahrzehnten wurden in zahlreichen Ländern Bewertungssysteme zur Beurteilung der Nachhaltigkeit von Gebäuden entwickelt. Diese weisen Unterschiede in der Methodik, den verwendeten Kriterien, Indikatoren und der Datengrundlage auf. Mit dem Bestreben nach internationaler und europäischer Harmonisierung wurden Normungsvorhaben auf den Weg gebracht, die von den Arbeitsgruppen des ISO/TC 59/SC 17 und des CEN/TC 350 umgesetzt werden. Spiegelausschuss des *DIN-Normenausschuss Bauwesen* (NABau) ist der Arbeitsausschuss NA 005-01-31 AA *Nachhaltiges Bauen*. Die Arbeiten konzentrieren sich auf eine gemeinsame Basis zur Förderung nachhaltigen Bauens, die Bereitstellung geeigneter Indikatoren und Berechnungsgrundlagen, die Beschreibung von umwelt- und gesundheitsrelevanten Eigenschaften von Bauprodukten und die Bewertung und Darstellung der Umweltqualität von Gebäuden.

Zur Bewertung der Nachhaltigkeit von Büro- und Verwaltungsgebäuden gibt es in Deutschland Systeme von dem *Bundesministerium für Umwelt, Naturschutz, Bau und Reaktorsicherheit* (BMUB) und von der *Deutschen Gesellschaft für Nachhaltiges Bauen e.V.* (DGNB), die sich aufgrund gleicher Wurzeln im Aufbau und in den Bewertungskriterien sehr ähneln (siehe [4-36], [4-37]). Diese Systeme bieten konkrete Handreichungen durch den Kriterienkatalog, die Kriteriensteckbriefe sowie Wichtungen der einzelnen Kriterien und Hauptkriteriengruppen. Die Systeme sind in ihrer Entwicklung nicht abgeschlossen, sondern werden unter Berücksichtigung neuer Erkenntnisse und Forschungsergebnisse stetig weiterentwickelt. Zielsetzung bei der Beurteilung der Nachhaltigkeit ist die Verwendung von objektiven und wissenschaftlich begründeten Kriterien, die – soweit möglich und praktikabel – auf quantifizierbaren Größen beruhen und dem jeweiligen Bauwerkstyp und der Bauweise gerecht werden.

4.4.2 Ökologische Nachhaltigkeit

Zur Beurteilung der ökologischen Qualität wird die Ökobilanzierung über den Lebenszyklus (LCA) eines Gebäudes (Abb. 4.15), Bausystems oder Bauteils herangezogen.

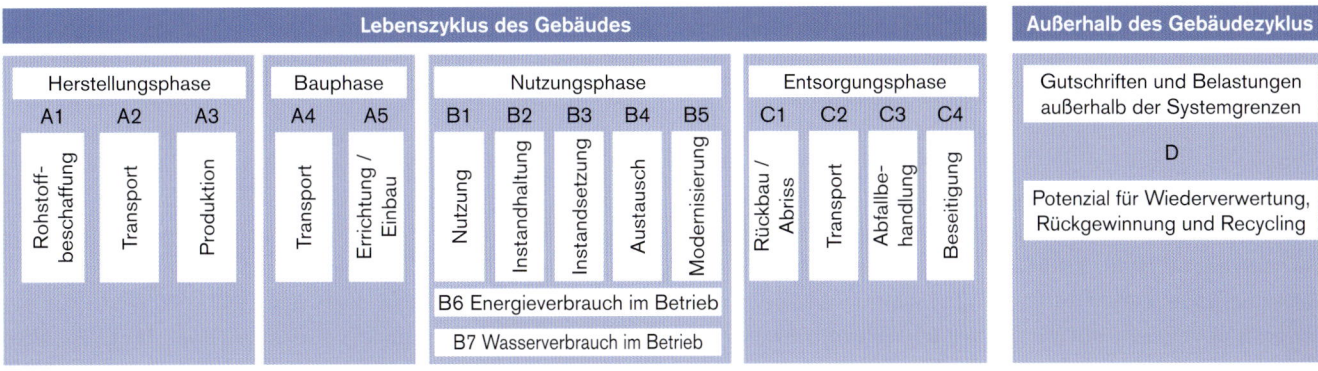

Lebenszyklus des Gebäudes														Außerhalb des Gebäudezyklus
Herstellungsphase			Bauphase		Nutzungsphase					Entsorgungsphase				Gutschriften und Belastungen außerhalb der Systemgrenzen
A1	A2	A3	A4	A5	B1	B2	B3	B4	B5	C1	C2	C3	C4	D
Rohstoffbeschaffung	Transport	Produktion	Transport	Errichtung / Einbau	Nutzung	Instandhaltung	Instandsetzung	Austausch	Modernisierung	Rückbau / Abriss	Transport	Abfallbehandlung	Beseitigung	Potenzial für Wiederverwertung, Rückgewinnung und Recycling
					B6 Energieverbrauch im Betrieb									
					B7 Wasserverbrauch im Betrieb									

Abb. 4.15 Lebenszyklusphasen eines Gebäudes nach DIN EN 15978

Je nach Zielsetzung stellt die Bilanzierung eine Entscheidungshilfe zur Identifikation des Handlungsbedarfs bei der Weiterentwicklung von Werkstoffen, Produkten, Bauweisen und Bauwerken dar. EN ISO 14040 [4-38] beschreibt Grundsätze und Rahmenbedingungen von Ökobilanzen, EN ISO 14044 [4-39] legt Anforderungen fest und liefert Anleitungen zu deren Erstellung.

Die Ökobilanzstudien umfassen vier Phasen (siehe Abb. 4.16 und [4-38], [4-39]). In Abhängigkeit von Untersuchungsgegenstand und Zielsetzung der Studie wird in der ersten Phase der Untersuchungsrahmen einschließlich der Systemgrenzen und des Detaillierungsgrads festgelegt. In der zweiten Phase erfolgt eine Sachbilanzierung, bei der sämtliche Input- und Outputdaten in Bezug auf das zu untersuchende System bestimmt werden. Sie umfasst die Sammlung der Daten, die zum Erreichen der Ziele der Studie notwendig sind. In der dritten Phase werden die Sachbilanzergebnisse durch zusätzliche Informationen ergänzt, um die Wirkung auf die Umwelt besser abschätzen zu können. Sachbilanzdaten mit gleicher Umweltwirkung werden zu Wirkkategorien zusammengefasst. In der Auswertungsphase werden die Ergebnisse der Phasen 2 und 3 für Schlussfolgerungen, Empfehlungen und Entscheidungen diskutiert und zusammengefasst.

Das Schutzgut der Ökologischen Qualität ist die natürliche Umwelt. Um dieses Ziel zu erreichen, werden die Stoff- und Energieströme über den Lebenszyklus eines Gebäudes optimiert. Zur Bewertung der ökologischen Qualität werden Indikatoren herangezogen, die die Wirkung auf die lokale und globale Umwelt und die Ressourceninanspruchnahme quantifizieren. In Tabelle 4.5 sind die Kriterien aufgeführt, die nach dem System BNB für die Bewertung von Büro- und Verwaltungsgebäuden herangezogen werden. Mit der Kriteriengruppe *Wirkung auf die globale und lokale Umwelt* werden globale Auswirkungen auf die Umwelt, wie das Treibhaus- und Versauerungspotenzial, und lokale Risiken durch die Errichtung und den Betrieb des Gebäudes erfasst. Mit der Kriteriengruppe *Ressourceninanspruchnahme* werden Energie- und Wasserbedarf sowie Abwasseraufkommen und Flächeninanspruchnahme berücksichtigt. Bei der Gebäudebewertung wird ein Nutzungszeitraum von 50 Jahren betrachtet. Die Wirkungen auf die Umwelt werden auf einen Zeitraum von 100 Jahren bilanziert. [4-36]

Die Daten für die Kriterien werden über den Lebenszyklus des Gebäudes erfasst. Dies umfasst die Produktherstellungs-, Bau-, Nutzungs- und Entsorgungsphase. Zudem werden Gutschriften und Belastungen außerhalb des Lebenszyklus für das Wiederverwendungs-, Rückgewinnungs- und Recyclingpotenzial berücksichtigt (Modul D in Abb. 4.15). Die Umweltindikatoren (zum Beispiel Treibhauspotenzial, Primärenergiebedarf) für Baustoffe und Bauprodukte sind in Datenbanken (zum Beispiel Ökobau.dat [4-40]) und Umweltproduktdeklarationen (EPD, zum Beispiel [4-41], [4-42]) erfasst. Häufig sind jedoch nur die Produktherstellungsphase sowie Gutschriften und Belastungen für das Lebensende berücksichtigt. Zur Bau-, Nutzungs- und Entsorgungsphase fehlt überwiegend die Datengrundlage für die ökologische Bewertung. Eine Abschätzung kann teilweise über die baubetrieblichen Abläufe und Transportwege erfolgen.

Beispielhaft sind in Tabelle 4.6 der Gesamtprimärenergiebedarf sowie das Treibhauspotenzial für 1 kg des jeweiligen Baustoffs mit Angabe der Lebenszyklusphasen aufgelistet und verglichen. Für westeuropäische Qualitätsstähle wurde eine EPD erstellt, in der die Festigkeitsklassen S235 bis S960 im Integral über die produzierten Tonnagen der beteiligten Firmen und deren ökologische Aufwendungen betrachtet werden. Für den Beton liegen derzeit zu sechs gängigen Festigkeitsklassen nach EN 1992-1-1 Werte für die ökologischen Indikatoren im Lebenszyklus vor. Mit steigender Betonfestigkeit nimmt die Wirkung auf die globale Umwelt und die Ressourceninanspruchnahme zu.

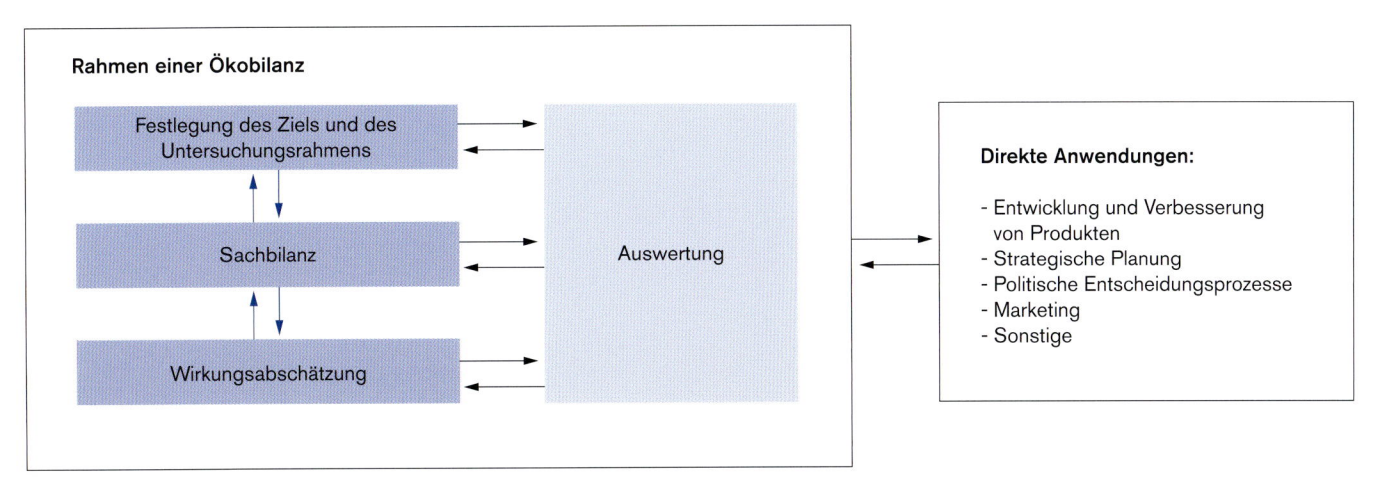

Abb. 4.16 Phasen und Anwendungsgebiete von Ökobilanzstudien (vgl. [4-38])

Kriteriengruppe	Kriterium	max. Punkte	Bedeutungsfaktor
Wirkung auf die globale und lokale Umwelt	Treibhauspotenzial (GWP)	100	3
	Ozonschichtabbaupotenzial (ODP)	100	1
	Ozonbildungspotenzial (POCP)	100	1
	Versauerungspotenzial (AP)	100	1
	Überdüngungspotenzial (EP)	100	1
	Risiken für die lokale Umwelt	100	3
	Nachhaltige Materialgewinnung / Holz	100	1
Ressourcen-inanspruchnahme	Primärenergiebedarf nicht erneuerbar (PE_{ne})	100	3
	Gesamtprimärenergiebedarf (PE_{ges}) und Anteil erneuerbarer Primärenergie (PE_{e})	100 + 50	2
	Trinkwasserbedarf und Abwasseraufkommen	100	2
	Flächeninanspruchnahme	100	2

Tab. 4.5 Kriterien zur Beurteilung der ökologischen Qualität und Bedeutungsfaktoren [4-36]

Bauprodukt	PE_{ges} [MJ/kg]	GWP [kg CO_2-Äqv./kg]	Lebenszyklusmodule	Quelle
Beton C30/37	0,573	0,09	A, B1-B5, C1-C3, D	[4-41]
Bewehrung	12,35	0,76	A1-A3, D	[4-40]
Profilstahl	11,52	0,78	A1-A3, D	[4-42]
Profilblech	18,34	1,00	A1-A3, C4, D	[4-43]
Spannbetonhohldiele	1,496	0,16	A1-A3, C1, D	[4-44]

Tab. 4.6 Ausgewählte ökologische Indikatoren für verschiedene Bauprodukte

Ökologische und ökonomische Nachhaltigkeit

Lebenszyklusphasen i	Herstellungs- und Bauphase A	Nutzungsphase B	Entsorgungsphase C	Gutschriften und Belastungen D
Bauprodukt n	a Profilstahl	c Beton	s Bewehrungsstahl	p Profilblech
	k Kopfbolzendübel	x Schalung	y Schrauben	n
Bauweise j = 1, 2, 3, ..., N	Verbundträger mit Vollbetondecken	Verbundträger mit Verbunddecken	Slim-Floor mit Vollbetondecken	usw.

Umweltwirkung $ENV_j = \sum ENV_{i,j}$

$$\begin{pmatrix} GWP_{i,j} \\ AP_{i,j} \\ POCP_{i,j} \\ ODP_{i,j} \\ \ldots \\ ENV_{i,j} \end{pmatrix} = \begin{pmatrix} m_{a,i,j} \\ m_{s,i,j} \\ m_{c,i,j} \\ m_{p,i,j} \\ \ldots \\ m_{n,i,j} \end{pmatrix} \cdot \begin{matrix} \text{EPD-Daten für Profilstahl} \\ GWP_{a,i,j} \\ AP_{a,i,j} \\ POCP_{a,i,j} \\ \ldots \end{matrix} \quad \begin{matrix} \text{EPD-Daten für Beton} \\ GWP_{c,i,j} \\ AP_{c,i,j} \\ POCP_{c,i,j} \\ \ldots \end{matrix} \quad \ldots \quad \begin{matrix} \text{EPD-Daten für Bauprodukt n} \\ GWP_{n,i,j} \\ AP_{n,i,j} \\ POCP_{n,i,j} \\ \ldots \end{matrix}$$

Wirkungsabschätzung

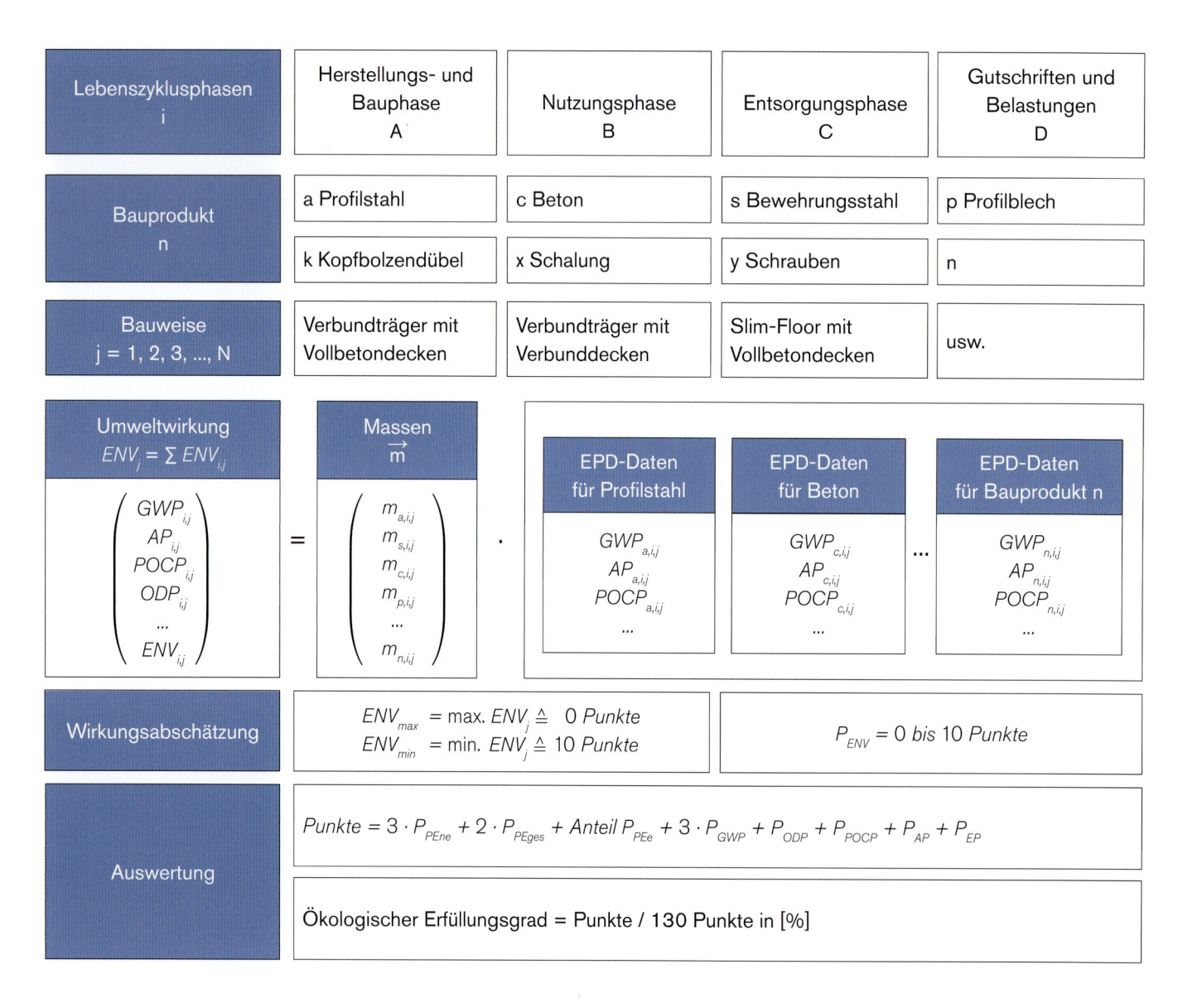

ENV_{max} = max. $ENV_j \triangleq$ 0 Punkte
ENV_{min} = min. $ENV_j \triangleq$ 10 Punkte

P_{ENV} = 0 bis 10 Punkte

Auswertung

$Punkte = 3 \cdot P_{PEne} + 2 \cdot P_{PEges} + Anteil\ P_{PEe} + 3 \cdot P_{GWP} + P_{ODP} + P_{POCP} + P_{AP} + P_{EP}$

Ökologischer Erfüllungsgrad = Punkte / 130 Punkte in [%]

Abb. 4.17 Ökobilanzierung von Bauteilen und Bausystemen

Abb. 4.18 GOBA-Zentrum in Bielefeld – Systemzentrum mit Atrium, DGNB-zertifiziert in Gold

Fotos: GOLDBECK

Für die Bewertung von Büro- und Verwaltungsgebäuden nach DGNB und BNB werden für die Wirkungsabschätzung Referenz-, Ziel- und Grenzwerte herangezogen. Für das zu bewertende Gebäude werden durch einen Abgleich der vorliegenden Bilanzwerte mit den Ziel- und Grenzwerten der Kriteriensteckbriefe Punkte vergeben. Um den Erfüllungsgrad der ökologischen Qualität zu bestimmen, werden die Umweltindikatoren anschließend mit Bedeutungsfaktoren gewichtet (Tab. 4.5). Die Referenz-, Ziel- und Grenzwerte liegen für Gebäude vor, jedoch nicht für einzelne Bauteile oder Bausysteme.

Eine analoge Vorgehensweise, wie sie bei Gebäuden angewendet wird, ist auch für eine vergleichende Beurteilung bei der Bauteil- und Bausystemoptimierung möglich. Hierzu ist es notwendig, die funktionale Einheit festzulegen sowie Ziel- und Grenzwerte zu den relevanten Lösungen zu bestimmen, anhand derer die Güte der jeweils vorliegenden Lösung eingeordnet werden kann. Mithilfe der Bedeutungsfaktoren kann anschließend analog zu den Systemen BNB und DGNB der ökologische Erfüllungsgrad bestimmt werden. Das prinzipielle Vorgehen im Rahmen des Forschungsvorhabens P881 ist in den Abbildungen 4.17 und 4.19 dargestellt.

Nach der Bemessung der Tragkonstruktionen werden die Massen der eingesetzten Baustoffe und Bauprodukte ermittelt. Mit den ökologischen Indikatoren aus Ökobau.dat und den EPD werden anschließend die Umweltwirkungen berechnet. Für die Wirkungsabschätzung ist eine Zusammenfassung der Umweltindikatoren notwendig. Hierzu werden über die für die jeweilige Parameterstudie betrachteten Bauteile und Parameter (Spannweiten, Trägerabstände, Materialgüten etc.) für die einzelnen Indikatoren jeweils die Maximal- und Minimalwerte bestimmt (Abb. 4.17). Für den Minimalwert werden 10 Punkte, für den Maximalwert 0 Punkte vergeben. Systeme, die zwischen diesen beiden Grenzen liegen, erhalten die Punktezahl durch lineare Interpolation (Abb. 4.19).

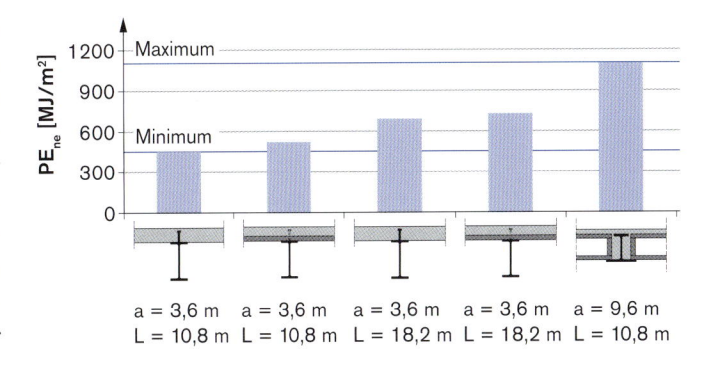

Abb. 4.19 Minimal- und Maximalwert des nicht erneuerbaren Primärenergiebedarfs für eine Systemauswahl

Die Wichtung der Indikatoren erfolgt mit den zum System BNB [4-36] angegebenen Bedeutungsfaktoren (Tab. 4.5). Die anschließende Zusammenfassung der gewichteten Indikatoren liefert den ökologischen Erfüllungsgrad für den untersuchten Parameterraum. Als Orientierung für die zwischen 0 % und 100 % liegende Bandbreite wird in den Abbildungen der Minimal- und Maximalwert des nicht erneuerbaren Primärenergiebedarfs ausgewiesen.

4.4.3 Ökonomische Nachhaltigkeit

Die ökonomische Nachhaltigkeit wurde mit den Schwerpunkten *Baukostenkalkulation* und *Immobilienwirtschaft* unter Berücksichtigung der Flexibilität und Vermarktungsfähigkeit bereits ausführlich im Kapitel 6 behandelt. Mit den folgenden Ausführungen werden das Bewertungssystem BNB und die Vorgehensweise bei der Beurteilung und Optimierung der Tragkonstruktionen beschrieben.

Kriterium	Kostenarten und Teilkriterien	Bewertung [1]
Lebenszyklus-kosten (Wichtung 3)	Ausgewählte Herstellungskosten - KG 300 nach DIN 276: Baukonstruktionen - KG 400 nach DIN 276: Technische Anlagen	Bewertungsmaßstab für Kategorie 1 (Standardmäßige Zuordnung) [3]
	Ausgewählte Nutzungskosten (Folgekosten) - Ausgewählte Betriebskosten - Instandsetzungskosten	Z: 100 < 2.000 €/m² BGF R: 50 < 2.900 €/m² BGF G: 10 ≥ 3.620 €/m² BGF
	Kosten für Rückbau und Entsorgung [2]	
Drittverwertungs-fähigkeit (Wichtung 2)	Flächeneffizienz Flächeneffizienzfaktor $F_{eff} = NF/BGF$ NF Nutzfläche, BGF Bruttogrundfläche	Flächeneffizienz $F_{eff} = 0{,}75: P_{FL} = 100$ $F_{eff} = 0{,}60: P_{FL} = 50$ $F_{eff} < 0{,}48: P_{FL} < 10$
	Umnutzungsfähigkeit - Gebäudegeometrie (Raumhöhe, Gebäudetiefe, vertikale Erschließung) - Grundrisse (Ermöglichung einer kleinteiligen Nutzung, z. B. Größe der Nutzungseinheit ≤ 400 m², keine Rettungswege durch andere Nutzeinheit, Anordnung HT-Schächte) - Konstruktion (Innenwände weitestgehend nicht tragend, Trennwände an jeder Fassadenachse ohne Eingriff in Boden und Decke möglich sowie wiederverwendbar, Nutzlastreserven vorhanden (> 5 kN/m² auf min. 50 % BGF)) - Technische Ausstattung (BUS-System vorhanden, Installation schränkt Stellmöglichkeit der Innenwände nicht ein und ist revisionierbar, TGA erlaubt kleinteilige Nutzung)	Umnutzungsfähigkeit durch Punktevergabe nach Einzelkriterien Z: 100 $P_{UM} = 100$ R: 50 $P_{UM} = 50$ G: 10 $P_{UM} \leq 10$ Drittverwertungsfähigkeit durch Wichtung $P = 0{,}3 \cdot P_{FL} + 0{,}7 \cdot P_{UM}$ Z: 100 P = 100 R: 50 P = 50 G: 10 P ≤ 10

1) Z: Zielwert, R: Richtwert, G: Grenzwert;
2) In der aktuellen Version [4-36] nicht berücksichtigt;
3) Preisstand 2010

Tab. 4.7 Bewertung der ökonomischen Qualität nach dem System [4-36]

Die ökonomische Nachhaltigkeit wird in den Bewertungssystemen BNB und DGNB durch die gebäudebezogenen Kosten im Lebenszyklus (derzeit noch ohne Kosten für Rückbau und Entsorgung) und die Wertentwicklung eines Gebäudes beschrieben (Tab. 4.7). Die Lebenszykluskosten (LCC) werden nach BNB mit dem Bedeutungsfaktor 3 und die Drittverwendungsfähigkeit mit dem Faktor 2 belegt. Zur Beurteilung der Drittverwendungsfähigkeit werden die Kriterien *Flächeneffizienz* (30 %) und *Umnutzungsfähigkeit* (70 %) herangezogen. Aus dem Bewertungssystem wird deutlich, dass die Herstellungskosten an Bedeutung verlieren und die Folgekosten sowie Funktion und Flexibilität in den Vordergrund treten. Flächeneffizienz und Umnutzungsfähigkeit werden durch entsprechende Grundrissgestaltung, Geschosshöhen und die Gebäudeerschließung unter Einbeziehung relevanter Nutzungsszenarien geschaffen. So zeichnen sich flexible Bürogebäude beispielsweise durch Stützenfreiheit oder unter Einbeziehung verschiedener Nutzungsszenarien zumindest optimal positionierter Innenstützen aus. Ferner werden demontierbare Trennwände und Doppelböden mit revisionierbarer TGA berücksichtigt. In Bezug auf die (Trag-)Konstruktion wird die Umnutzungsfähigkeit positiv bewertet, wenn mindestens 80 % der Innenwände nicht tragend sind und die zulässigen Nutzlasten von mindestens 50 % der Bruttogeschossflächen mindestens 5 kN/m² betragen. Trennwände sollten in jeder Achse des Fassadenrasters anschließen können, nicht in Fußbodenaufbau und Decke eingreifen sowie staubfrei montierbar und wiederverwendbar sein.

Unter den durch die Objektplanung geschaffenen Randbedingungen für eine flächeneffiziente und flexible Nutzung sowie der Annahme, dass die Nutzungskosten weitestgehend unabhängig von den Rohbaukonstruktionen sind, erfolgte die Optimierung und der Vergleich von Deckensystemen und Stützen über die Herstellungskosten.

Preise für Baumaterialien, Aufwandswerte für die Bauproduktion und Löhne sind regionalen, zeitlichen und konjunkturellen Schwankungen unterlegen. Tabelle 4.8 enthält eine Zusammenstellung von Preisen und Arbeitsprozessen, die anhand von Recherchen und Erfahrungswerten von Unternehmen für die Bauproduktion zusammengestellt wurden. Die Ergebnisse der im Abschnitt 4.5 vorgestellten Parameterstudien wurden prozentual zum jeweiligen Höchstwert (100 %) angegeben. Das ermöglicht einen relativen Vergleich und blendet zugleich den Einfluss dieser Schwankungen auf die Aussagefähigkeit der Ergebnisse weitestgehend aus. Dies gilt, solange die Relationen der Aufwendungen bei den verglichenen Systemen erhalten bleiben.

Bauprodukte		Preise	Ergänzende Arbeitsvorgänge
Beton	C20/25	112 €/m³	Einbau
	C25/30	117 €/m³	
	C30/37	121 €/m³	
	C35/45	126 €/m³	
	C45/55	134 €/m³	
	C50/60	143 €/m³	
Bewehrung		580 €/t	Verlegen
Profilstahl	S235	910 €/t	Zuschnitt, Korrosionsschutz, Schweißen, Überhöhung, Anschlüsse, Montage
	S355	945 €/t	
	S460	1.010 €/t	
Dübel		2 €/Stück	Schweißen
Profilblech (für 0,1 kN/m²)		15 €/m²	Verlegen, Befestigung
Halbfertigteil (h = 50 mm)		7,5 €/m²	Verlegen mit Kran
Fertigteil		68–115 €/m²	Verlegen mit Kran
Spannbetonhohldiele		50–70 €/m²	Verlegen mit Kran
Schalung		2,03 €/m²	Montage
Hilfsstützen		4,25 €/Stück	Montage

Tab. 4.8 Ausgewählte Marktpreise (Recherche- und Umfragewerte aus 2011–2014) und ergänzende Arbeitsvorgänge von Bauprodukten

Abb. 4.20 Stützenfreie Überspannung eines Gebäudegrundrisses mit einer Verbunddecke des Systems TOPfloor INTEGRAL

Fotos: H. Wetter AG, Stetten (CH)

links: Deckenuntersicht, rechts: Elementmontage

4.5 Parameterstudien zum Entwurf nachhaltiger Tragkonstruktionen

4.5.1 Allgemeines

In den folgenden Abschnitten werden Parameterstudien und deren Ergebnisse für verschiedene Deckensysteme, Stützen und Anschlüsse vorgestellt. Dabei werden die Konstruktionshöhen, der Materialeinsatz sowie die ökologische und ökonomische Nachhaltigkeit unter Zugrundelegung der im Abschnitt 4.4 beschriebenen Bewertungsmethodik verglichen und Empfehlungen für die System-, Konstruktions- und Materialwahl abgeleitet. Es wurden bei den Studien häufig die in den Tabellen 4.9 und 4.10 zusammengestellten Parameter berücksichtigt. Sofern hiervon abgewichen wurde, ist dies entsprechend vermerkt.

Die ökologischen und ökonomischen Daten der Baumaterialien, Bauelemente und Bauleistungen sind stetigen Veränderungen unterworfen. Die Ergebnisse der Parameterstudien stellen daher nur eine Momentaufnahme dar. Sie haben Bestand, solange die Relationen der Eingangsdaten erhalten bleiben. Die Darstellung absoluter Größen bei der Bewertung der Ökologie und Ökonomie wurde weitestgehend vermieden. Die Kurvenverläufe in den Diagrammen wurden in vielen Fällen geglättet, um Querschnitts- und Dickenabstufungen u.Ä. nicht zu betonen.

Zur Beurteilung der ökologischen Qualität wurde für die folgenden Studien der ökologische Erfüllungsgrad ermittelt (vgl. Abschnitt 4.4.2). Für jede dieser Studien wurde eine Punktevergabe und in der Folge eine Skalierung des Erfüllungsgrades vorgenommen. Das System (beziehungsweise die Parameterkombination) mit der geringsten Umweltbelastung erhält 100 %, das mit der höchsten wird mit 0 % bewertet. Alle anderen Systeme werden zwischen diesen Grenzen eingeordnet. Als Orientierung für die zwischen 0 % und 100 % Erfüllungsgrad liegende Bandbreite wird in den Diagrammen der nicht erneuerbare Primärenergiebedarf ausgewiesen.

Die Kosten werden ebenfalls prozentual angegeben. Das System beziehungsweise die Parameterkombination mit den höchsten Kosten in einem Diagramm wird mit 100 % bewertet. Die Kosten der anderen Systeme werden in Relation dazu gesetzt (zum Beispiel 70 % der Maximalkosten). Die Berechnung erfolgte auf Grundlage der im Forschungsbericht [4-6] zusammengestellten Kosten.

4.5.2 Stahlbeton-, Spannbeton- und Verbunddecken

In diesem Abschnitt werden einachsig gespannte Stahlbeton- und Verbunddecken sowie Decken aus Spannbetonhohldielen in Bezug auf ihre Bauhöhe, den ökologischen Erfüllungsgrad und die Kosten betrachtet. Es wird der Einfluss unterschiedlicher Betonfestigkeitsklassen, Blechtypen und Ausführungsvarianten (Ortbeton- oder Fertigteildecke sowie Halbfertigteil mit Aufbeton) erläutert.

Abb. 4.21 zeigt in Abhängigkeit der Spannweite a (entspricht dem Abstand der Unterzugs- oder Slim-Floor-Träger) für Stahlbetondecken in Ortbeton und Verbunddecken die erforderliche Deckenhöhe, die Baustoffmassen sowie den ökologischen Erfüllungsgrad und die Kosten. Es sind Durchlaufsysteme mit Feldweiten von 2,40 m bis 6,00 m im Raster von 1,20 m berücksichtigt. Spannweiten darüber führen aufgrund des hohen Materialeinsatzes zu ökologisch und wirtschaftlich ungünstigen Ergebnissen. Um den Einfluss der Betongüte zu untersuchen, erfolgte die Bemessung für die Festigkeitsklassen C20/25 und C30/37. Bei den Verbunddecken wurde ein Profilblech mit 40 mm Höhe und 0,75 mm Dicke berücksichtigt. Die Diagramme auf der nächsten Seite zeigen erwartungsgemäß, dass die Deckenstärke sowie

Belastung	Eigengewicht + 1,5 kN/m² Ausbaulast + 3 kN/m² Nutzlast
Durchbiegungskriterium	1/250 der Spannweite
Betongüte	C20/25
Stahlgüte	S355
Profiltyp	IPE für Unterzugsdecken, IFB für Slim-Floor-Systeme
Bezugsgröße	je Quadratmeter Deckenfläche

Tab. 4.9 Häufig verwendete Parameter für die Untersuchung der Deckensysteme

Belastung	Drucknormalkraft (Ausmitte e = 0 mm)
Betongüte	C30/37
Stahlgüte	S460
Stat. System	Einfeldstütze mit gelenkiger Lagerung (Eulerstab 2)
Profiltypen	Stahlstützen (SC) und Verbundstützen (CC): I-Profile der Reihe HEA, Kreishohlprofile (KHP), t = 8 mm, Quadrathohlprofile (QHP), t = 8 mm
Bewehrung	A_S = min. 0,03 A_C
Bezugsgröße	je Meter Stützenlänge und je Tragfähigkeit [kN·m]

Tab. 4.10 Häufig verwendete Parameter für die Untersuchung von Stützen

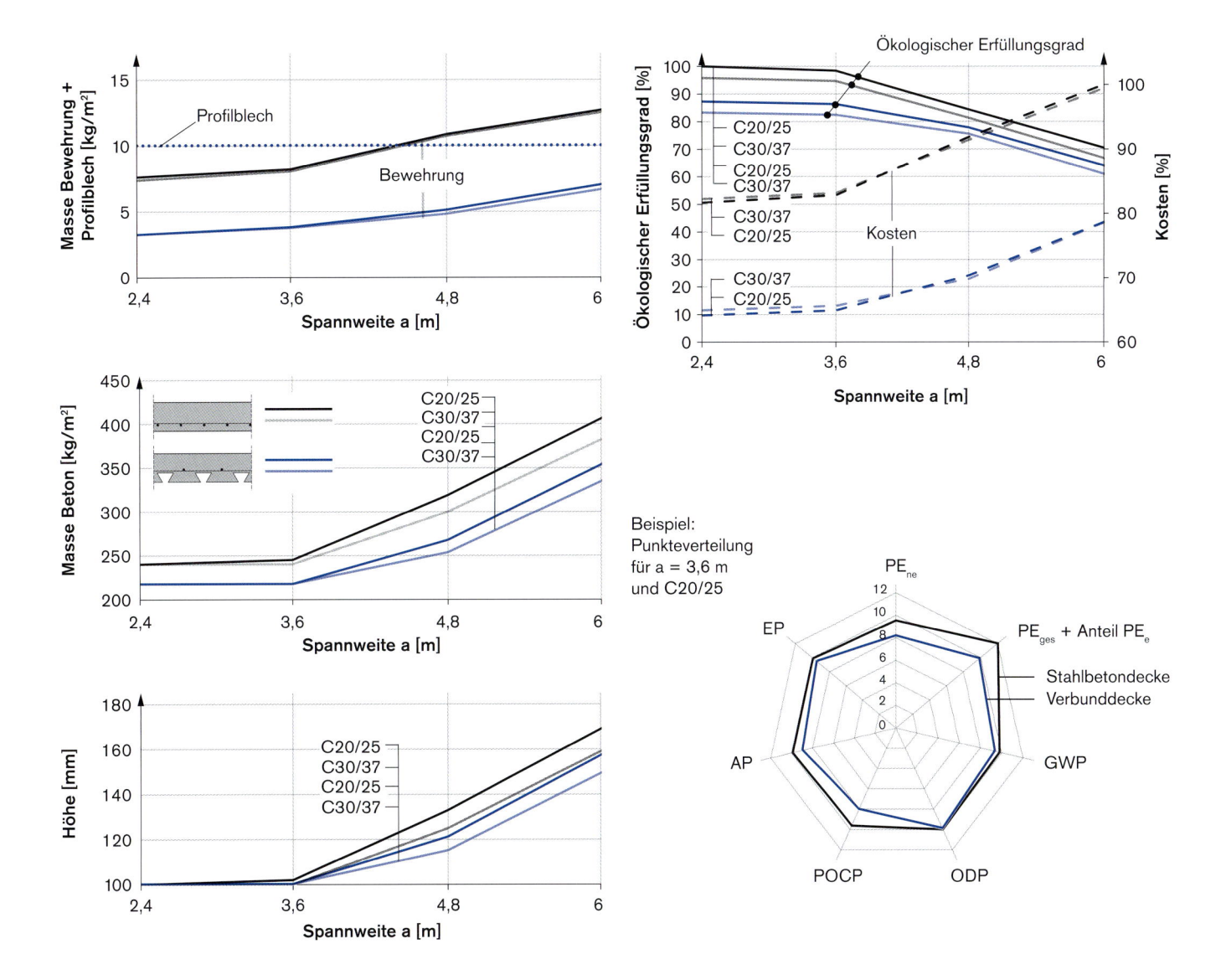

Abb. 4.21 Vergleich verschiedener Deckentypen in Bezug auf Baustoffmassen, Bauhöhen, ökologische Erfüllungsgrade und Herstellungskosten

Parameterstudien zum Entwurf nachhaltiger Tragkonstruktionen

die Beton- und Bewehrungsmengen mit der Spannweite zunehmen. Bis etwa 3,60 m wird bei der Verbunddecke die Mindesthöhe von 100 mm maßgebend. Darüber hinaus ergeben sich aufgrund des günstigeren inneren Hebelarms geringere Deckenstärken und Betonmassen als bei den Stahlbetondecken. Der Betonstahl wird bei den Verbunddecken zur Abdeckung der Stützmomente und als konstruktive Mindestbewehrung für die Lastquerverteilung und Rissbreitenbeschränkung benötigt. Das Profilblech wird als Feldbewehrung, Schalung und Unterstützung im Bauzustand herangezogen. Zur Begrenzung der Durchbiegung im Bauzustand auf a/180 wurden Hilfsunterstützungen berücksichtigt.

Stahlbetondecken sind in ökologischer Hinsicht geringfügig günstiger einzustufen. Zwar sind die Deckenstärken höher

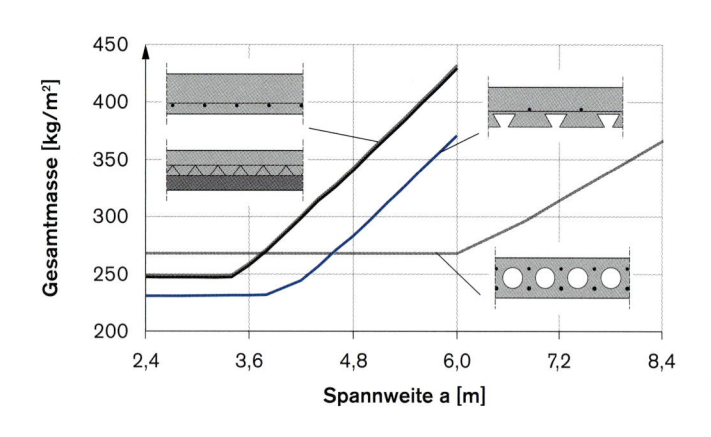

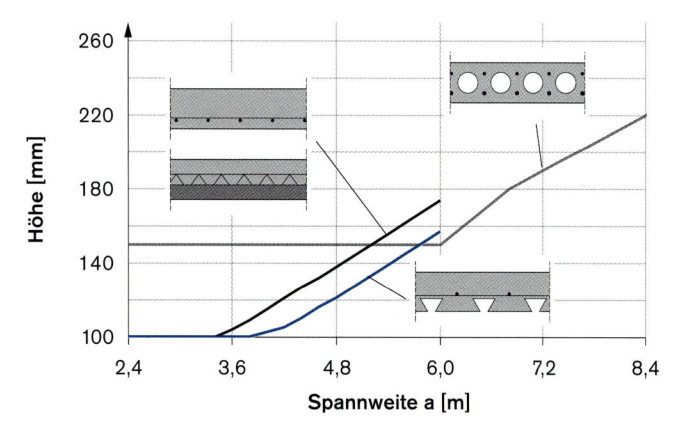

Stahlbetondecke, Halbfertigteile und Profilbleche mit Aufbeton als Durchlaufträger in C20/25

Spannbetonhohldiele (SBH) als Einfeldträger in C45/55

0 % - max. PE_{ne} = 653 MJ/m²
100 % - min. PE_{ne} = 193 MJ/m²

Abb. 4.22 Vergleich von Stahlbeton-, Spannbeton- und Verbunddecken

Abb. 4.23 Verbunddeckensystem mit Profilblechen und kammerbetonierten Unterzügen bei der *Goethe Galerie* in Jena
Fotos: stahl + verbundbau gmbh, Dreieich

Montagefreundliche Knaggen und Knüppelanschlüsse

als bei den Profilblechdecken, die Einsparungen in den Beton- und Betonstahlmengen werden jedoch durch die ökologischen Aufwendungen für das verzinkte Profilblech aufgehoben (siehe auch Tab. 4.6). Durch die höhere Betonfestigkeit kann die Deckenstärke geringfügig reduziert werden, die Einsparungen werden jedoch durch die ungünstigeren ökologischen Werte des C30/37 im Vergleich zum C20/25 kompensiert. Bei den Kosten wurden auch die Schalungs- und Montagearbeiten für Hilfsunterstützungen berücksichtigt. Bei den Verbunddecken schlagen sich die Ersparnis der Schalung und die schnelle Montage der Bleche positiv in den Kosten nieder (Abb. 4.21). In der Praxis werden anstelle von Ortbetondecken oft Betonhalbfertigteile oder -fertigteile eingesetzt, da diese zu einer rationelleren Ausführung mit geringem bauseitigen Schalungsaufwand führen. Bedingt durch Transport, Konstruktion und Betonierlasten ist ein höherer Bewehrungsanteil notwendig. Dies erhöht die Umweltwirkung und reduziert somit den ökologischen Erfüllungsgrad (Abb. 4.22). Wie im Abschnitt 4.2.1 erwähnt, werden Spannbetonhohldielen erst für größere Spannweiten (etwa 6–11 m) eingesetzt. Aus diesem Grund werden für Spannweiten, die kleiner als 6 m sind, keine Hohldielen angeboten. Dies führt zu der Mindesthöhe von 150 mm (siehe Abb. 4.22). Die Betonmasse kann durch die Hohlräume und den eingesetzten Spannstahl gegenüber den Stahlbeton- und Verbunddecken deutlich reduziert werden. Aufgrund ihrer ökologischen Daten (siehe [4-44]) sind Spannbetonhohldielen im Vergleich zu den anderen Decken jedoch als ökologisch ungünstiger einzustufen (Abb. 4.22).

4.5.3 Unterzugsdecken

Wie die Ergebnisse aus Abschnitt 4.5.2 zeigen, sind aus ökologischer und ökonomischer Sicht Spannweiten der Decken bis etwa 4 m günstig. Aus Abb. 4.24 geht hervor, dass dies auch für die Kombination mit Verbundunterzügen gilt. Die Verbundträger wurden als Zweifeldträger mit einer Mittelstütze bei 4,80 m (dies entspricht der Raumtiefe eines Zellenbüros) berechnet, so dass sich zwei ungleiche Feldweiten L_1 und L_2 ergeben. Mit steigendem Trägerabstand nehmen Konstruktionshöhe, Gesamtgewicht und Betonstahlmasse zu, während die Profilstahlmasse je m² abnimmt. Die Betonstahlmengen in den Deckenplatten sind gegenüber denjenigen in Abb. 4.21 höher, da zusätzliche Bewehrung zur Abdeckung der Stützmomente der Verbundträger (auch Duktilitätsbewehrung) und zur Einleitung der Schubkräfte in die Betonplatte (Schulterschub der Verbundträger) benötigt wird. Für die Raster a = 2,4 m und 3,6 m ist das Gesamtgewicht wegen der identischen Deckenstärken und der dominierenden Betonmassen annähernd gleich.

In Abb. 4.24 sind rechts die Kosten und der ökologische Erfüllungsgrad für die betrachteten Systeme dargestellt. Die Fertigungs- und Montagekosten steigen mit zunehmender Anzahl der Stahlträger (kleine Trägerabstände und Stückgewichte, mehr Verbindungen). Bei Trägerabständen, die größer als etwa 4,0 m sind, steigen die Stahlbetonmassen und die damit verbundenen Herstellkosten so an, dass diese nicht durch den geringeren Profilstahlbedarf kompensiert werden können. Gleiches gilt für den ökologischen Erfüllungsgrad. Aus Abb. 4.25 ist ersichtlich, dass sich die Materialeinsparungen durch die Verwendung von S460 gegenüber S235 positiv auf die ökologische Qualität und die Kosten auswirken. Bei den dargestellten Ergebnissen wurde das Verformungskriterium L/250 zugrunde gelegt. Dies ist keine besonders strenge Anforderung und steht dem Einsatz höherer Stahlfestigkeiten nur selten entgegen. Liegen jedoch verformungsempfindliche Bauteile vor, so sollten die Verformungen nach dem Ausbau kleiner als 1/500 der Stützweite sein. Bei Einfeldträgern höherer Stahlfestigkeiten wird dieses strengere Kriterium maßgebend. Dies führt zu einem Anstieg

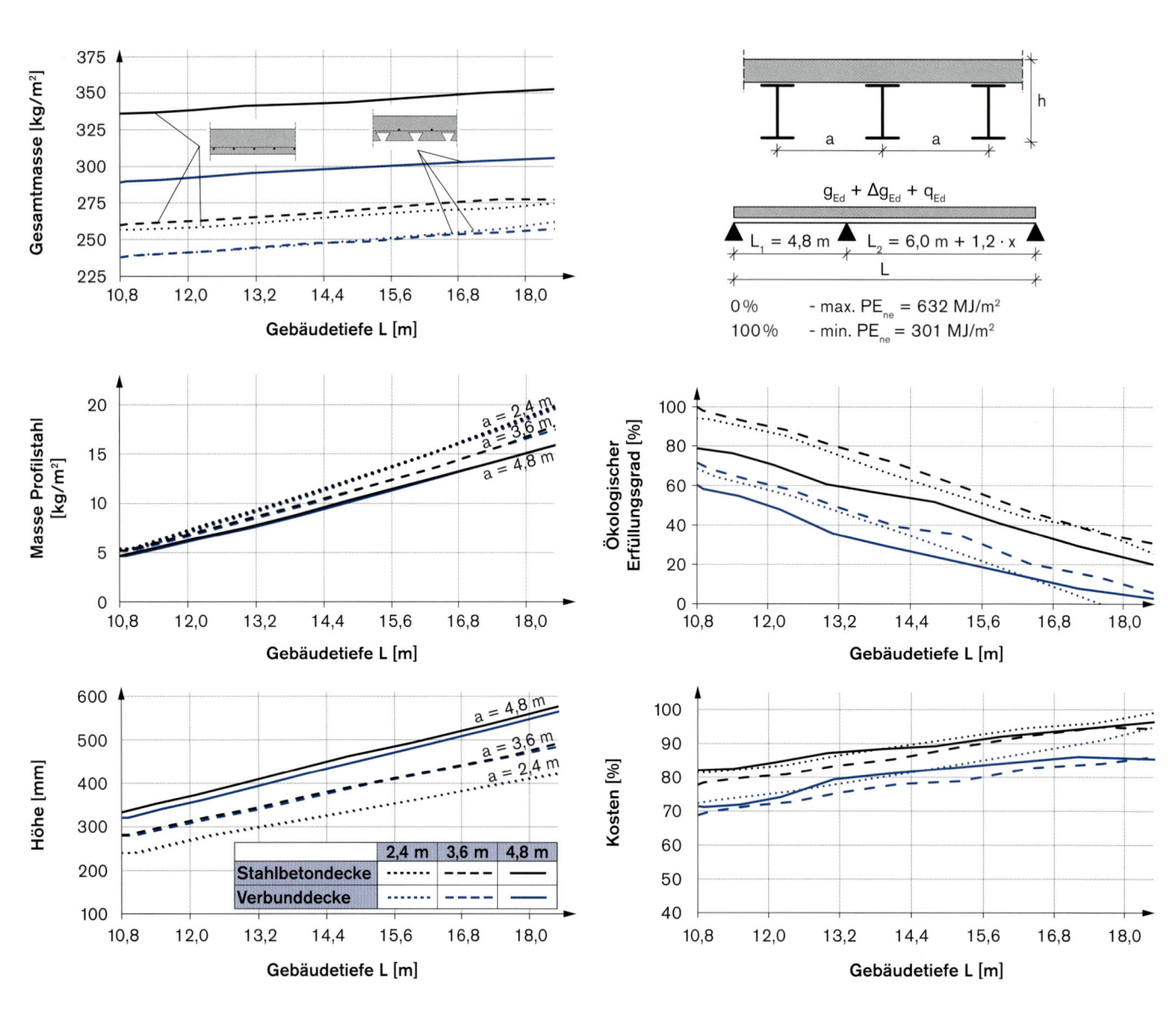

Abb. 4.24 Vergleich von Baustoffmassen, Konstruktionshöhen, Kosten und ökologischen Erfüllungsgraden für verschiedene Deckentypen

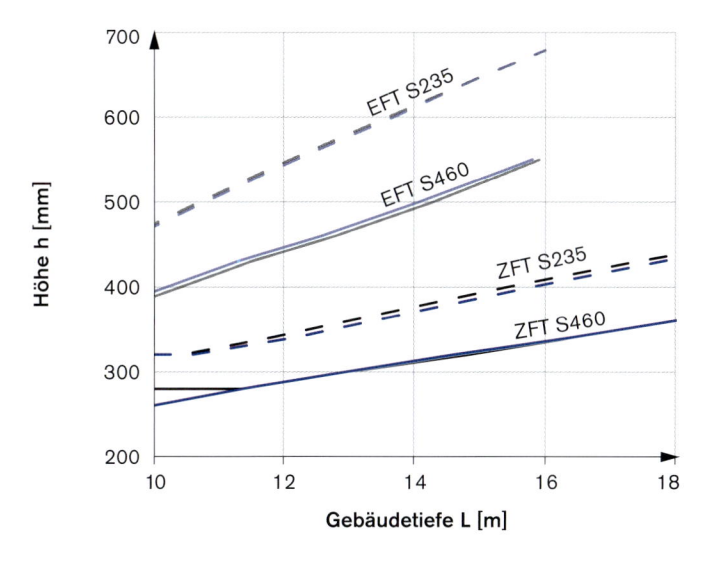

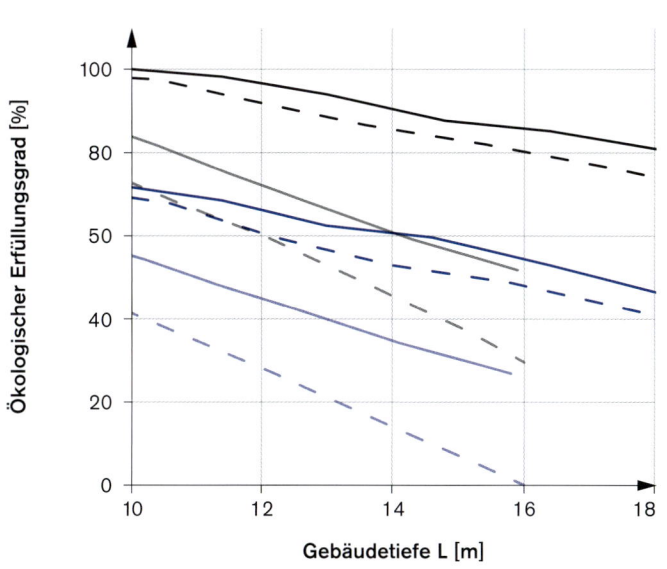

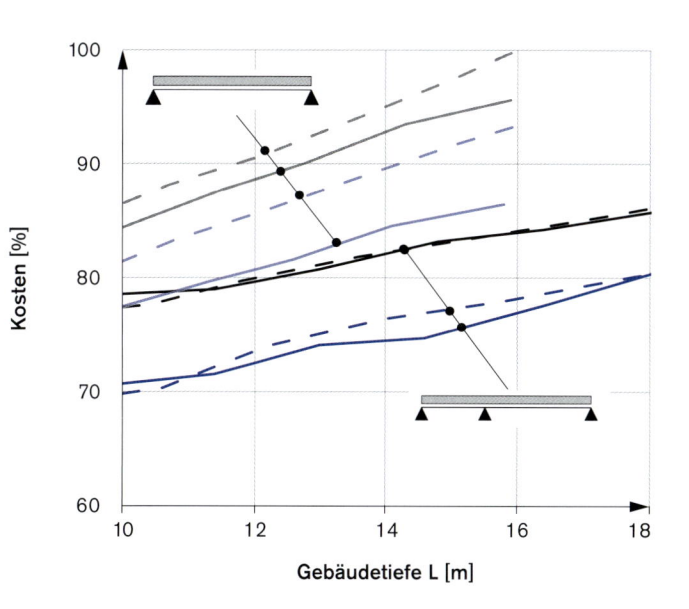

Abb. 4.25 Vergleich von Decken mit Ein- und Zweifeldverbundträgern in den Festigkeitsklassen S235 und S460

Zweifeldträger (ZFT) mit $L_1 = L_2 - 2{,}0$ m, Einfeldträger (EFT)

Trägerabstand $a = 3{,}6$ m
Ausbaulast 1,5 kN/m², Nutzlast 3,0 kN/m²
C20/25

0 % — max. $PE_{ne} = 730$ MJ/m²
100 % — min. $PE_{ne} = 310$ MJ/m²

		S235	S460
EFT	Stahlbetondecke	– – –	———
	Verbunddecke	– – –	———
ZFT	Stahlbetondecke	– – –	———
	Verbunddecke	– – –	———

Parameterstudien zum Entwurf nachhaltiger Tragkonstruktionen

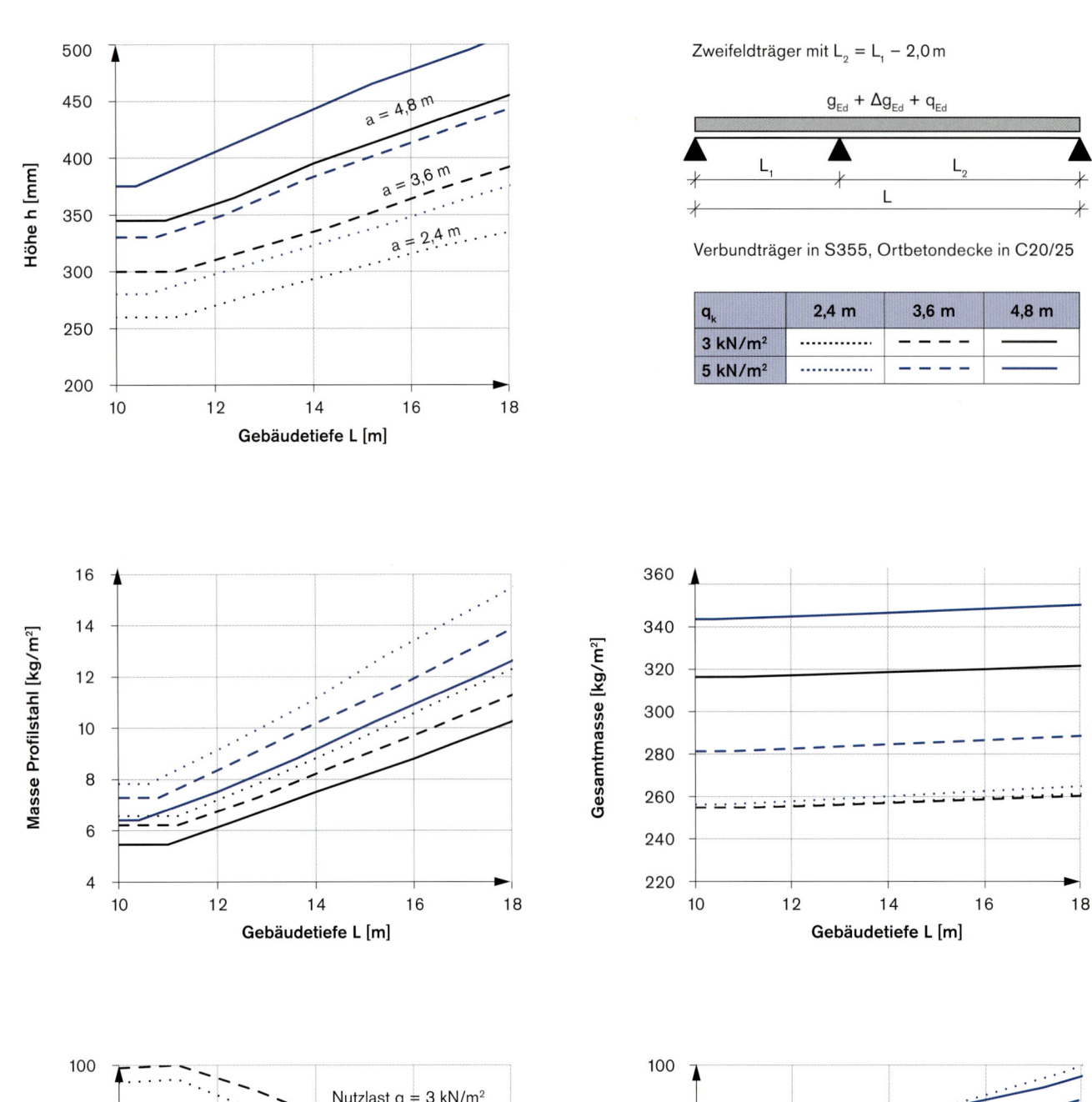

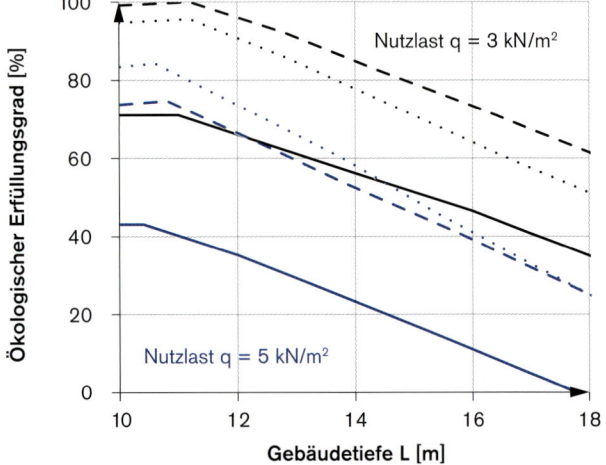

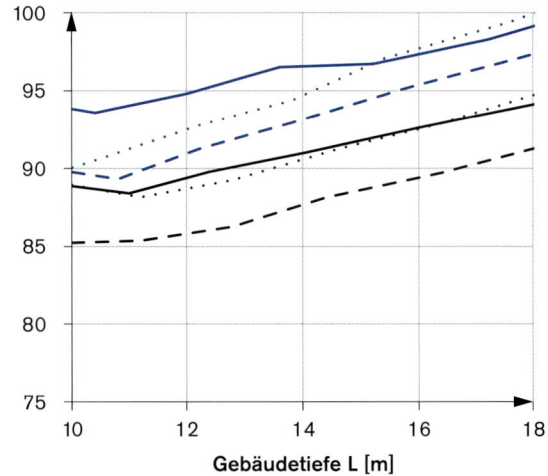

Abb. 4.26 Einfluss der Nutzlast auf die Bauhöhe, Deckenstärke, Profil- und Gesamtmasse sowie den ökologischen Erfüllungsgrad und die Kosten

132　Konstruktion

Abb. 4.27 Flachdeckensystem bei der *Goethe Galerie* in Jena – Verbundträger mit unterer Schalung und Bewehrungsführung

Fotos: stahl + verbundbau gmbh, Dreieich

	Slim-Floor mit Stahlbeton- oder Verbunddecken	Slim-Floor mit Spannbetonhohldielen
Profiltyp	IFB der HEB-Reihe IFB der HEM-Reihe für Einfeldträger	IFB der HEB-Reihe
Betongüte	C20/25	C45/55
Deckentyp	Stahlbetondecke, Verbunddecke mit Cofrastra 70, t = 0,88 mm	Spannbetonhohldielen
Trägerabstand	a = 4,8 m	a = 6,0 m und a = 7,2 m
Statisches System	Einfeldträger, Zweifeldträger mit $L_1 = L_2 - 2{,}0$ m	Einfeldträger, Zweifeldträger als 2 Einfeldträger mit $L_1 = L_2 - 2{,}0$ m

Tab. 4.11 Übersicht der betrachteten Parameter für den Vergleich der Slim-Floor-Systeme

der Konstruktionshöhe und der Profilstahlmassen. Der ökologische Erfüllungsgrad sinkt und die Kosten steigen (vgl. [4-6]). Nach dem Kriterienkatalog des BNB [4-36] kann die Umnutzungsfähigkeit und damit die Drittverwendungsfähigkeit höher eingestuft werden, wenn mindestens 50 % der Bruttogrundfläche für Nutzlasten größer 5 kN/m² ausgelegt werden (vgl. Abschnitt 4.4.3). In Abb. 4.26 sind die Abhängigkeiten der Konstruktionshöhe, Profil- und Betonstahlmassen von der Höhe der Nutzlasten dargestellt. Untersucht wurden Systeme mit Zweifeldträgern aus IPE-Profilen in S355 und Decken aus Beton C20/25. Die Nutzlasten betragen zum Vergleich 3,0 und 5,0 kN/m². Bei der Nutzlast von 5 kN/m² sind geringfügig größere Deckenstärken und höhere Stahlprofile erforderlich. Die Deckenkonstruktion ist zwischen 2 cm und 5 cm höher (Abb. 4.26, oben links). Für Trägerabstände bis 3,6 m sind die Höhen der Stahlbeton- und Verbunddecken konstant, so dass sich die Gesamtmassen je m² Deckenfläche nur aufgrund der Bewehrungs- und Profilstahlmengen unterscheiden. Für Trägerabstände, die mehr als 3,6 m betragen, ist die Gesamtmasse bei einer Nutzlast von 5,0 kN/m² etwa 10 % höher als bei 3,0 kN/m², da eine größere Deckenstärke erforderlich ist. Maßgebend für die Dimensionierung der Decken ist in diesem Fall der Durchbiegungsnachweis.

4.5.4 Slim-Floor-Systeme

Slim-Floor-Systeme weisen eine vergleichsweise geringe Konstruktionshöhe auf und ermöglichen wegen der fehlenden Unterzüge eine freie Installation (vgl. Abs. 4.2.1). Diese positiven Eigenschaften sind bei der Entscheidung für ein Deckensystem gesondert zu würdigen und in Verbindung mit den Herstellungskosten und den ökologischen Eigenschaften abzuwägen. Geringe Bauhöhen reduzieren Fassadenflächen, Gebäudevolumen und damit Betriebskosten. Die freie Installation erhöht die Umnutzungsfähigkeit. Da Verbundträger bei geeigneter Anordnung einen hohen Lochanteil im Steg zur Leitungsdurchführung ermöglichen und Lüftungssysteme inzwischen häufiger am Deckenrand positioniert werden, sollte diese Eigenschaft nicht überbewertet werden.

Abb. 4.28 Flachdeckensystem mit IFB-Trägern und Spannbetonhohldielen – Büro- und Geschäftsgebäude Karl-Arnold-Platz in Düsseldorf

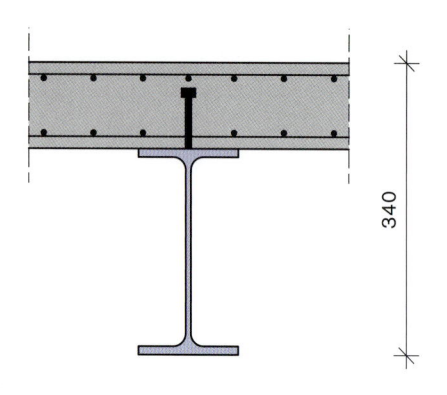

Fotos: stahl + verbundbau gmbh, Dreieich

IPE 240, a = 3,6 m

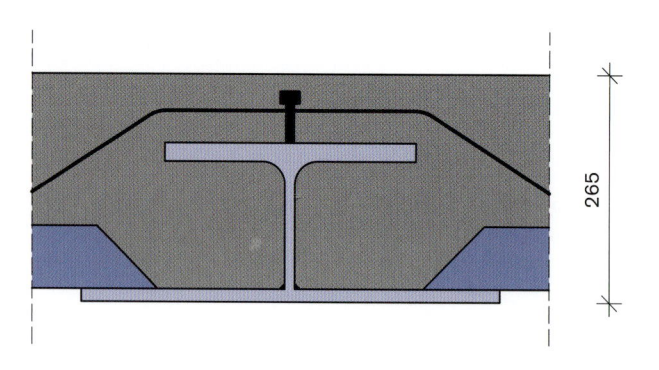

IFB (1/2 HE340B + Bl 500 × 15), a = 4,8 m

Abb. 4.29 Vergleich eines Unterzugsträgers und eines Slim-Floor-Trägers mit den Spannweiten L = 8,5 m + 6,5 m = 15 m

In Abb. 4.30 sind Slim-Floor-Systeme für Bürogebäude ohne und mit Mittelstützenreihe gegenübergestellt. Die Parameter für den Vergleich der Deckensysteme sind in Tabelle 4.11 zusammengefasst. Die Skalierung des ökologischen Erfüllungsgrads und der Kosten erfolgte über alle dargestellten Systeme. Bei den Parameterstudien wurden IFB-Profile (*Integrated-Floor-Beam* – halbes Walzprofil mit angeschweißtem Untergurt, siehe Abb. 4.2) berücksichtigt. Bei gleicher Querschnittshöhe sind Tragfähigkeit und Baustahlmasse je m² Deckenfläche höher als bei SFB-Profilen (*Slim-Floor-Beam* – Walzprofil mit angeschweißtem Blech zur Verbreiterung des Untergurts, siehe Abb. 4.2).

Die Verwendung der IFB-Profile führt zu einem geringfügig günstigeren ökologischen Erfüllungsgrad und niedrigeren Kosten, da die Konstruktionshöhe und damit die Betonmasse kleiner sind als beim Einsatz von SFB-Profilen. Die IFB- beziehungsweise SFB-Profile sind im Vergleich zu den IPE-Profilen für Unterzugsdecken sehr kompakt. Dies und der hohe Betonanteil der Deckenplatte führen zu einem höheren Materialeinsatz der Slim-Floor-Konstruktionen gegenüber den Unterzugsdecken (Abb. 4.29).

Um die Betonmassen zu reduzieren, werden häufig Spannbetonhohldielen in Kombination mit Slim-Floor-Trägern eingesetzt. In Abbildung 4.30 sind für Slim-Floor-Konstruktionen mit unterschiedlichen Trägerabständen die Konstruktionshöhe, der ökologische Erfüllungsgrad und die Kosten in Abhängigkeit der Spannweite L dargestellt. Die Slim-Floor-Träger und Spannbetonhohldielen wurden als Einfeldsysteme untersucht, weil die Durchlaufwirkung ohne Aufbeton nur mit größerem Aufwand bei den Verbindungen zu realisieren ist. Bei kleinen Spannweiten L wird die Konstruktionshöhe durch die Spannweite der Decken a und damit von der Dicke der Spannbetonhohldielen bestimmt. Dies führt dazu, dass trotz veränderlicher Spannweiten der IFB-Träger die Konstruktionshöhe zunächst konstant ist (Abb. 4.30). Mit zunehmendem Trägerabstand steigt die erforderliche Dicke und somit die Höhe des Deckensystems.

Slim-Floor-Systeme als Zweifeldträger

Slim-Floor-Systeme als Einfeldträger

100 % − min. PE_{ne} = 505 MJ/m²   0 % − max. PE_{ne} = 1.282 MJ/m²

IFB mit Stahlbetondecke
a = 4,8 m

IFB mit Verbunddecke
a = 4,8 m

IFB mit Spannbetonhohldielen
a = 6,0 m; a = 7,2 m

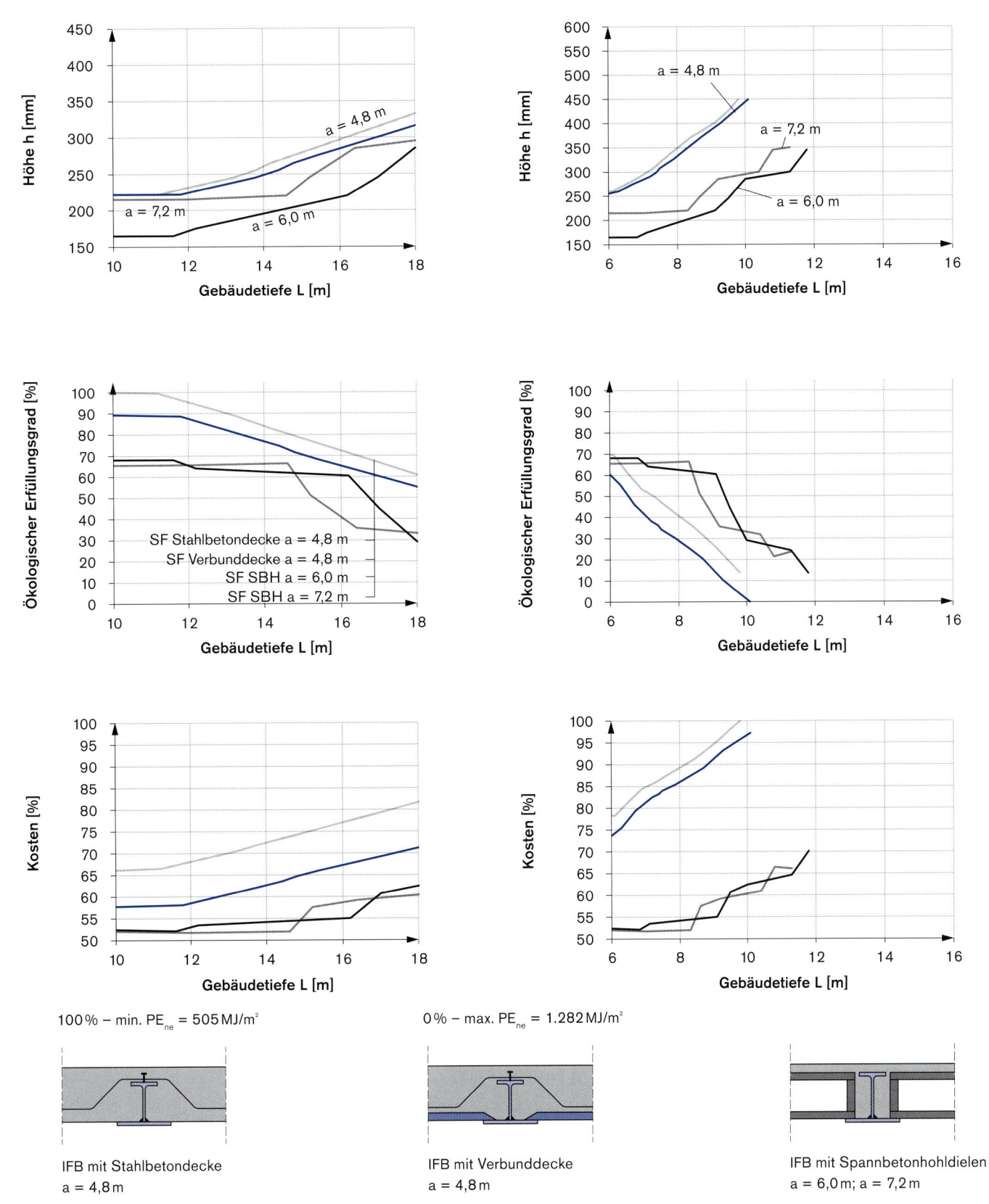

Abb. 4.30 Höhe, ökologischer Erfüllungsgrad und Kosten zum Vergleich der Slim-Floor-Systeme ohne und mit Mittelstützenreihe

Parameterstudien zum Entwurf nachhaltiger Tragkonstruktionen 135

Abb. 4.31 Verbundstützen aus kammerbetonierten H-Profilen

Fotos: stahl + verbundbau gmbh, Dreieich

Trotz größerer Trägerabstände sind die Profilstahl- und Betonmassen der Slim-Floor-Konstruktionen höher als die der Unterzugsdecken. Zudem sind die ökologischen Indikatoren von den Spannbetonhohldielen wesentlich ungünstiger als vom Ortbeton. So ist beispielsweise der Gesamtprimärenergiebedarf je Kilogramm Spannbetonhohldiele um etwa das 2,5-Fache ungünstiger als der Gesamtprimärenergiebedarf eines Kilogramms Ortbeton. Dies ergibt sich aus den ökologischen Produktdaten.

Die Profilstahlmasse nimmt mit steigendem Trägerabstand ab, die Betonmasse zu. Aufgrund der Höhenabstufungen und der unterschiedlichen Hohlraumgeometrien der Spannbetonhohldielen verhält sich der Verlauf der Masse über die Spannweiten und Trägerabstände sprunghaft. Dies führt zu dem nicht-linearen Verlauf des ökologischen Erfüllungsgrads und der Kosten. Trotz höherer Profilstahlmasse je Quadratmeter Deckenfläche sind im Hinblick auf die Ökologie Trägerabstände zwischen 6,0 und 7,2 m zu bevorzugen. Bei größeren Trägerabständen steigt die Masse der Spannbetonhohldielen stark an.

Für die Slim-Floor-Konstruktionen sind die Materialkosten aufgrund der höheren Baustahlmassen und wegen der Kosten der Spannbetonhohldielen höher als für Unterzugsdecken. Mit zunehmender Trägerspannweite erhöhen sich im Wesentlichen die Baustahlkosten und die damit verbundenen Transportkosten. Bei Variation des Trägerabstands bei gleicher Spannweite führen die dickeren Spannbetonhohldielen zu höheren Kosten. Die Kosten für Baustahl sowie für Zuschnitt, Überhöhung, Korrosionsschutz und Dübelschweißen (Vorbereitung) sinken.

Aufgrund des hohen Eigengewichts der Slim-Floor-Konstruktionen mit Stahlbeton- und Verbunddecken hat die Verkehrslasterhöhung von 3 kN/m² auf 5 kN/m² kaum eine Auswirkung auf Konstruktionshöhe, ökologischen Erfüllungsgrad und Kosten. Bei dem leichteren Deckensystem mit Spannbetonhohldielen führt die Lasterhöhung zu größeren Konstruktionshöhen. Die Mehraufwendungen bei der Verkehrslasterhöhung sind jedoch gering.

4.5.5 Stützen

Die Auswahl der Gebäudestützen hängt von der erforderlichen Tragfähigkeit, den Brandschutzanforderungen, der konstruktiven Gestaltung und dem Platzbedarf ab. Geht man in Bezug auf die Dauerhaftigkeit und den Unterhaltungsaufwand von einer Gleichwertigkeit der Stützentypen aus, kann die Nachhaltigkeitsanalyse auf die Ökologie und Wirtschaftlichkeit in der Herstellungs- und Bauphase sowie auf die Entsorgungsphase und Verwertung fokussiert werden. Stützen tragen in erster Linie die Vertikallasten aus dem Dach und den Geschossdecken bis zum Fundament ab. Aus exzentrischer Lasteinleitung, Einspannung in Unterzüge, Wind- und Stabilisierungslasten, Imperfektionen und Effekten nach Theorie II. Ordnung kommen zu den Normalkräften mehr oder weniger große Biegemomente hinzu. Die Tragfähigkeit wird von den Querschnittsabmessungen, den verwendeten Baustoffen und der Schlankheit der Stützen bestimmt. Bei Büro- und Verwaltungsgebäuden erfolgt die Aussteifung überwiegend durch die Gebäudekerne, Wand- und Deckenscheiben, so dass zur Kaltbemessung der Stützen häufig die Geschosshöhe als Knicklänge angesetzt werden kann (vgl. [4-17]).

Für eine vergleichende Betrachtung von Stützen in ökologischer und ökonomischer Hinsicht stellt sich die Frage nach der Bezugsgröße. Um eine Vielzahl gebäudespezifischer Randbedingungen auszublenden, bietet sich der Bezug auf die Tragfähigkeit einer Stütze (funktionale Einheit kN) für den Vergleich und eine darauf aufbauende Optimierung an, die nachfolgend verwendet wird. Dabei ist jedoch zu beachten, dass mit zunehmender Belastung die Stützenquerschnitte

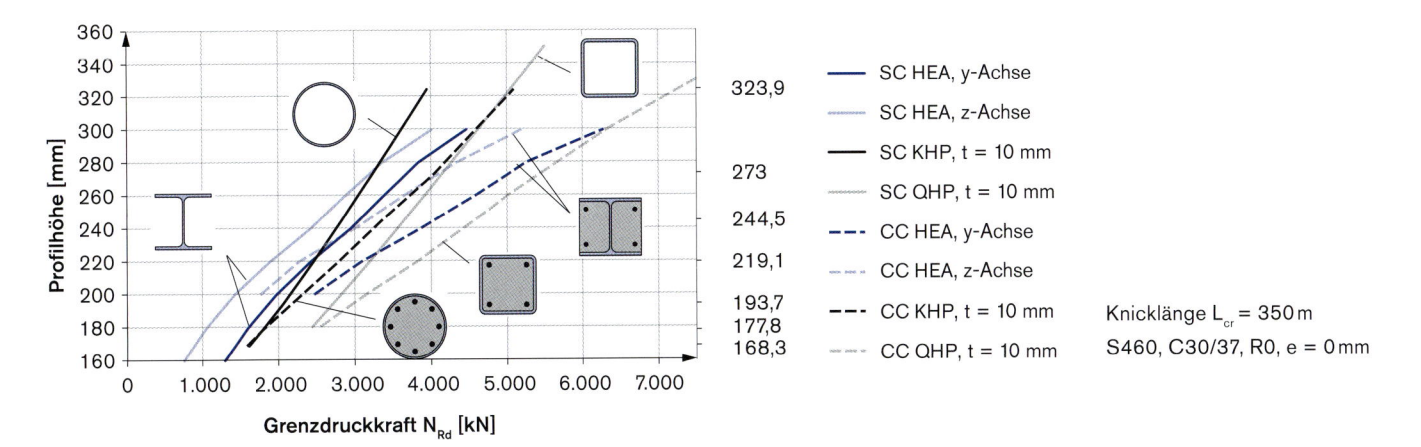

Abb. 4.32 Tragfähigkeit ausgewählter Stahl- und Verbundstützen in Abhängigkeit von der Profilhöhe

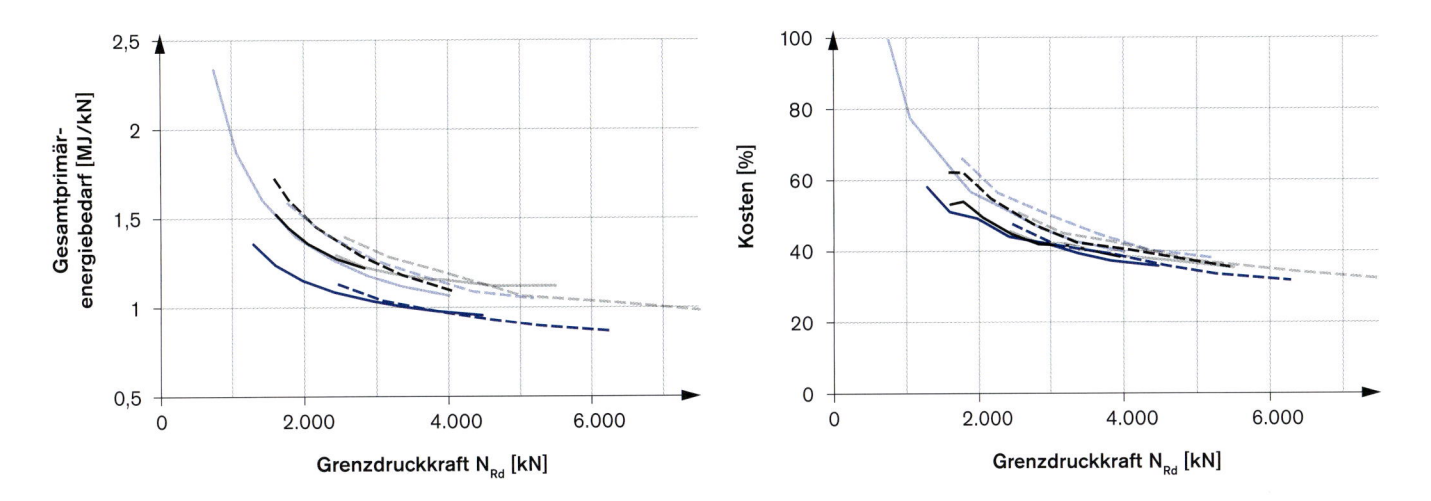

Abb. 4.33 Auf die Tragfähigkeit bezogene Werte für Primärenergiebedarf und Kosten ausgewählter Stahl- und Verbundstützen (Legende gemäß Abb. 4.32)

größer werden und die Knickgefährdung zurückgeht. Materialaufwendungen, Kosten und ökologischer Erfüllungsgrad werden bei Bezug auf die Tragfähigkeit günstiger. Daher ist ein Vergleich unterschiedlicher Stützenausführungen für die jeweils relevante Belastung durchzuführen. Auch müssen zusätzliche technische und konstruktive Anforderungen vergleichbar sein. Dies gilt zum Beispiel für die Knicklängen und Brandschutzanforderungen.

Abbildung 4.32 zeigt die Ergebnisse einer Parameterstudie für planmäßig zentrisch gedrückte Stahl- und Verbundstützen. Zugrunde gelegt wurden die Materialgüten S460 und C30/37, eine Knicklänge von 3,50 m und ein Bewehrungsgrad von 3 %. Um ungewollte Tragfähigkeitssprünge zu vermeiden, wurde bei den Kreis- und Quadrathohlprofilen eine einheitliche Blechdicke von 10 mm für alle Profilhöhen angesetzt. Bei den ausgewählten Stahl- und Verbundstützen sind im untersuchten Parameterbereich mindestens die Anforderungen an die Querschnittsklasse 3 eingehalten.

In Abbildung 4.32 ist oben die Tragfähigkeit der verschiedenen Stützentypen in Abhängigkeit von der Nennhöhe der Querschnitte aufgetragen. Bei den Stützen mit HEA-Profilen wurde jeweils das Knicken senkrecht zur y-Achse und zur z-Achse berücksichtigt. Aus dem Vergleich von Stahl- und Verbundstützen mit gleicher Nennhöhe lässt sich der Tragfähigkeitszuwachs durch die Ergänzung des Stahlbetons ablesen. Es fällt auf, dass mit zunehmender Nennhöhe der Zuwachs größer wird, vor allem bei Stützen mit Kreis- und Quadrathohlprofilen. Dies liegt einerseits daran, dass der Flächenanteil des Stahlbetons am Gesamtquerschnitt zunimmt. Andererseits geht auch der Knickeinfluss auf die Tragfähigkeit zurück. Werden niedrigere Profilstahlfestigkeiten verwendet, macht sich der Einfluss der Stahlbetonergänzung früher bemerkbar.

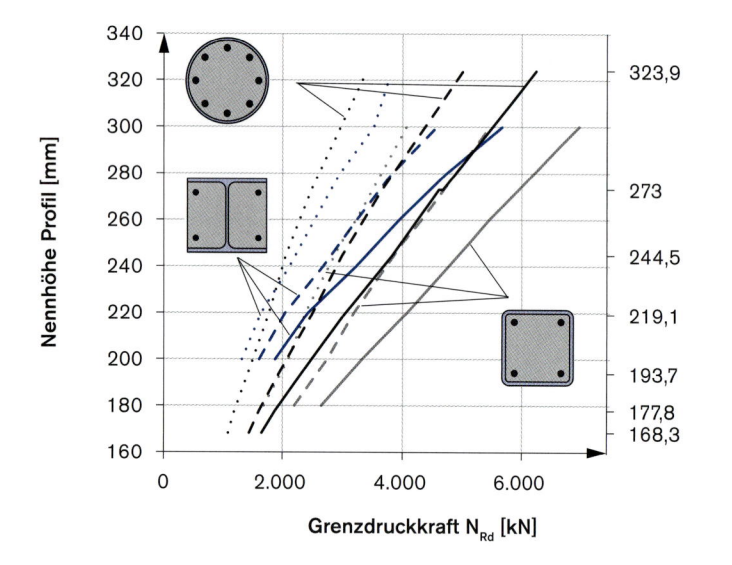

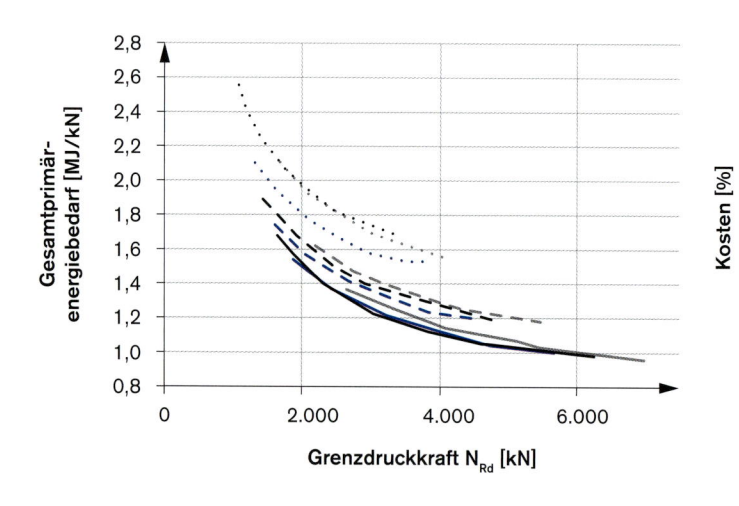

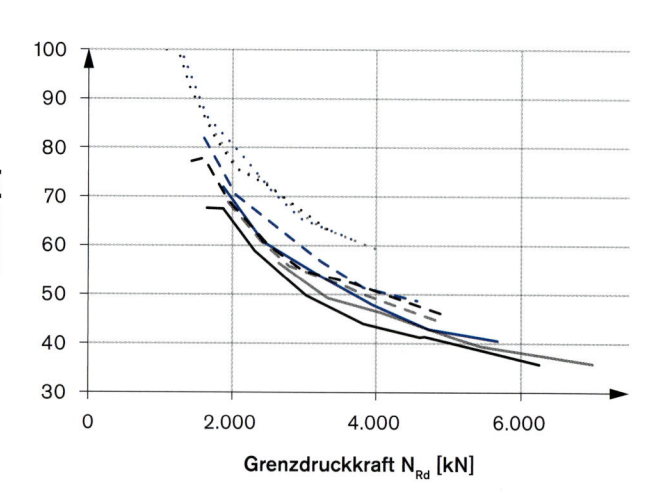

Abb. 4.34 Profilhöhe sowie Primärenergiebedarf und Kosten für Verbundstützen in unterschiedlichen Werkstoffkombinationen

R0	R30 $t = 15\,mm$	R60 $t = 25\,mm$	R90 $t = 25\,mm$*

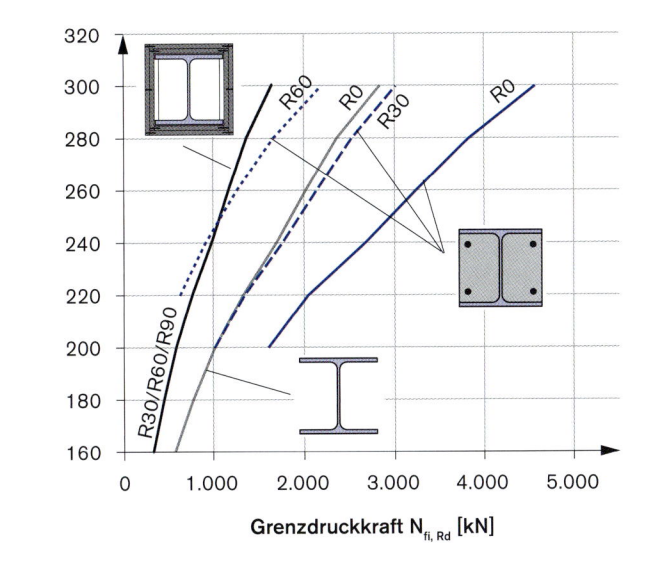

R0	R30	R60

S355, C30/37, e = 0 mm, L = 3,50 m
Profile der Reihe HEA, Knicken senkrecht zur z-Achse
* Für eine Nennhöhe h ≤ 180 mm beträgt die Dicke der Beplankung bei R90: t = 30 mm.

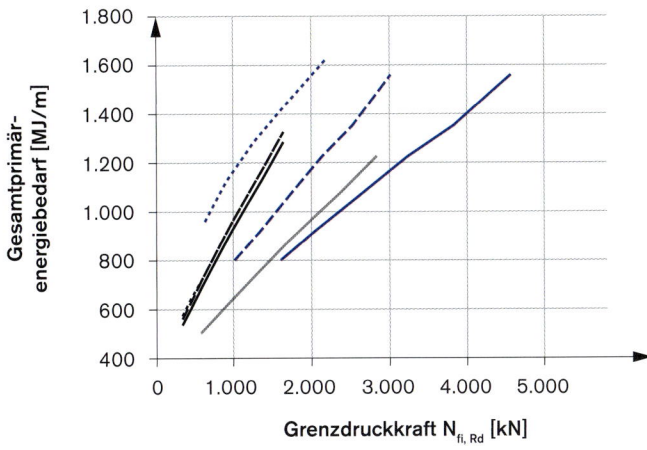

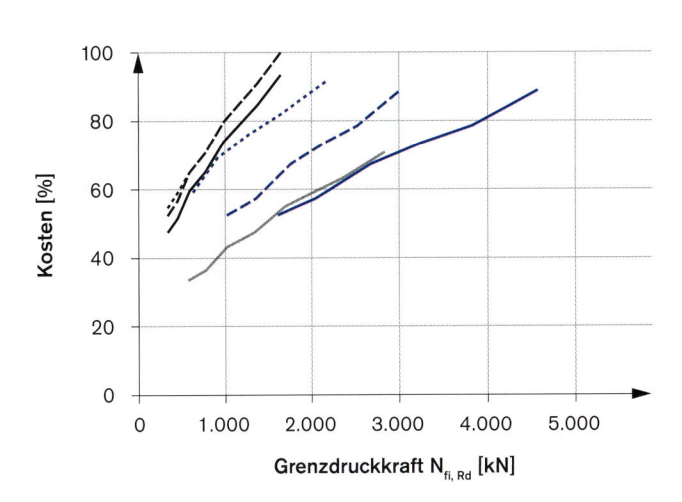

Abb. 4.35 Profilhöhe, Primärenergiebedarf je lfdm. Stützenlänge und Kosten mit Bezug auf die Tragfähigkeit $N_{fi,Rd}$ im Brandfall für die Feuerwiderstandsklassen R0–R90

Parameterstudien zum Entwurf nachhaltiger Tragkonstruktionen

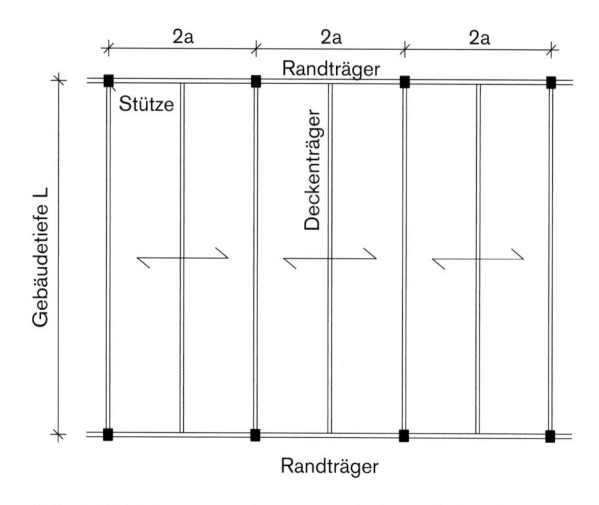

Abb. 4.36 Varianten von Unterzugsdecken mit Angabe der Konstruktionsraster und Bauteilbezeichnungen – ohne Mittelstützenreihe

Aus dem jeweiligen Vergleich der Stahl- und Verbundstützen untereinander ist abzulesen, dass bei gleicher Höhe die Querschnitte mit Quadrathohlprofilen die größte Tragfähigkeit aufweisen. Durch die Wahl von HEB- und HEM-Profilen sowie größerer Wandstärken der Hohlprofile lassen sich die Tragfähigkeiten bei gleichbleibender Nennhöhe der Profile weiter steigern oder die Stützen für eine gegebene Belastung schlanker ausbilden.

Der auf die Stützentragfähigkeit bezogene Primärenergiebedarf und die bezogenen Kosten der untersuchten Stützen liegen bei gleicher Tragfähigkeit eng beieinander (Abb. 4.33). Mit zunehmender Tragfähigkeit fallen die Aufwandswerte ab. Die Materialeinsparungen bei den Hohlprofilstützen werden durch die höheren Herstellungskosten und den höheren Primärenergiebedarf teilweise ausgeglichen. Der Einsatz von Beton und Bewehrung erhöht zwar die Kosten, führt jedoch zu höheren Tragfähigkeiten, so dass sich die auf die Tragfähigkeit bezogenen Kosten für Stahl- und Verbundstützen annähern und bei großen Grenzdruckkräften nahezu gleich sind. Bei den Untersuchungen wurden die Herstellungs-, Fertigungs- und Montagekosten berücksichtigt. Da die Betonier- und Bewehrungsarbeiten bei Verbundstützen im Vergleich zu Deckensystemen aufwendiger sind, wurden die Aufwendungen mit einem Aufschlag von 20 % versehen. Durch die Verwendung höherer Stahlfestigkeiten ist sowohl für Stahl- als auch für Verbundstützen eine Steigerung der Tragfähigkeit oder die Ausführung kleinerer Querschnitte möglich. Da in der EPD Baustahl die Festigkeitsklassen S235 bis S960 im Integral ihrer Verwendung behandelt werden, sind die ausgewiesenen ökologischen Belastungen unabhängig von der Streckgrenze, den Legierungsanteilen und dem Behandlungszustand einheitlich. Entsprechendes gilt für Stahlhohlprofile nach DIN EN 10210, jedoch sind Norm und EPD auf Stähle bis S460 begrenzt. Wegen der mit der Stahlfestigkeit zunehmenden Tragfähigkeit sinkt der hierauf bezogene Primärenergiebedarf. Die höheren Materialkosten können innerhalb des betrachteten Schlankheitsbereichs durch die Tragfähigkeitssteigerung kompensiert werden, so dass sich auch ökonomische Vorteile durch die höheren Festigkeiten ergeben.

In Abbildung 4.34 ist der Zusammenhang zwischen der Nennhöhe des Profils, dem Primärenergiebedarf und den Kosten für Verbundstützen verschiedener Stahl- und Betonfestigkeiten aufgetragen. Analog zu den Stahlgüten führt auch eine Erhöhung der Betongüte bei Verbundstützen zu einer Erhöhung der Tragfähigkeit. Umweltwirkung und Ressourceninanspruchnahme nehmen mit höheren Betongüten zu (vgl. [4-6]). Bezieht man den Primärenergiebedarf stattdessen auf die Tragfähigkeit, werden die relativen Aufwendungen niedriger. Entsprechende Auswirkungen ergeben sich auch auf die Kosten. Zu erkennen ist, dass durch entsprechende Material- und Querschnittswahl Einsparungen bis etwa 30 % möglich sind.

4.5.5.1 Berücksichtigung von Maßnahmen zum Brandschutz

Um den Einfluss von Brandschutznahmen auf die Ökologie sowie die Kosten zu verdeutlichen, wurden Stahlprofile mit Bekleidungen aus Feuerschutzplatten und Verbundstützen aus kammerbetonierten I-Profilen untersucht. Da in der Praxis sehr häufig die Auslegung zum Brandschutz durch die Anwendung klassifizierter Bauteile erfolgt, wurde die Vorgehensweise auch für diese Parameterstudie angewendet. In Abbildung 4.35 sind Ergebnisse aus Parameterstudien zu Stahl- und Verbundstützen mit HEA-Profilen aus S355 für verschiedene R-Klassen in Abhängigkeit von der Grenzdruckkraft $N_{fi,Rd}$ im Brandfall dargestellt. Im Diagramm oben ist die Stützentragfähigkeit in Abhängigkeit von der Profilhöhe aufgetragen. Da bei den Stützen mit Brandschutzbekleidung die

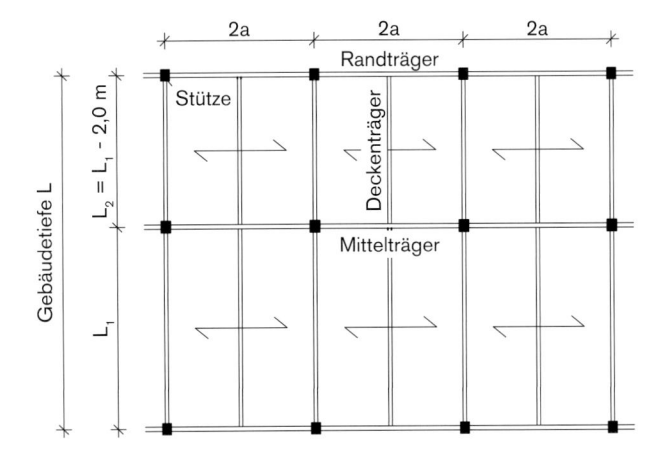

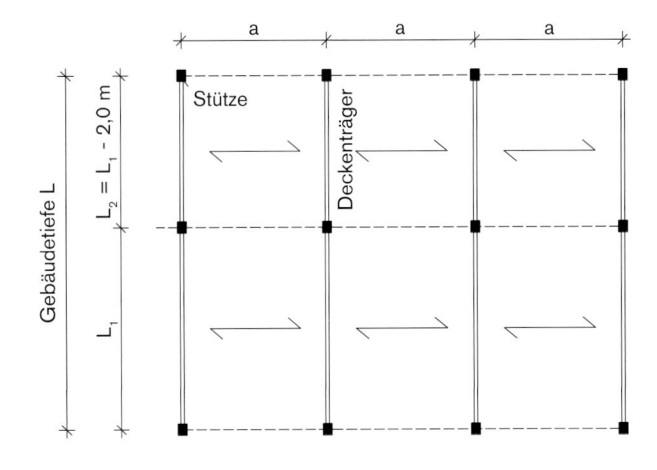

Abb. 4.37 Varianten von Unterzugsdecken mit Angabe der Konstruktionsraster und Bauteilbezeichnungen – mit Mittelstützenreihe

Streckgrenzenabminderung nach DIN 4102-4 für alle Feuerwiderstandsklassen einheitlich ist (die Auslegung der Bekleidungsdicken erfolgt für eine kritische Temperatur von 500°C), sind die Tragfähigkeitslinien deckungsgleich. Verbundstützen der Klasse R90 wurden nicht berücksichtigt, da die Mindestbreite nach DIN EN 1994-1-1 300 mm beträgt und im dargestellten Parameterbereich hierfür nur ein Datenpunkt vorliegt. Aus dem Diagramm ist erwartungsgemäß abzulesen, dass die Querschnittshöhe der Walzprofile mit steigender Brandschutzanforderung und Belastung zunimmt. Das Diagramm unten links in Abbildung 4.35 zeigt mit den eng beieinanderliegenden schwarzen Linien, dass der Gesamtprimärenergiebedarf zur Herstellung von Brandschutzbekleidungen im Vergleich zum Profilstahl gering ist.

Für Verbundstützen der Klasse R30 ergibt sich ein niedrigerer Gesamtprimärenergiebedarf, für Stützen der Klasse R60 ein höherer.

Aus dem Vergleich der Kosten ist ablesbar, dass im untersuchten Parameterbereich die Brandschutzanforderungen bis zur Klasse R60 mit Verbundstützen im Vergleich zu bekleideten Stahlstützen wirtschaftlich erfüllt werden. Die Aufwendungen für die Bekleidungen sind stark vom verwendeten System, der Montagetechnologie und den Lohnkosten abhängig. DIN 4102-4 enthält im Abschnitt 6.3.5 die konstruktiven Anforderungen an Gipskartonplattenbekleidungen, wie zum Beispiel die Befestigung jeder Bekleidungslage an die Unterkonstruktion und das Versetzen und Verspachteln der Fugen. Feuerschutzplatten können überwiegend einlagig ausgeführt werden. Die Aufwendungen hängen von Stützengröße und -anzahl, Plattentyp und -dicke sowie der Montagetechnologie (Verwendung von Metallunterkonstruktionen oder stirnseitiges Verschrauben und Verklammern der Platten, Ausbildung von Stößen etc.) ab. Der Auswertung in Abbildung 4.35 wurde ein Montageaufwand von 45 Minuten je Quadratmeter Bekleidungsfläche zugrunde gelegt.

4.5.6 Systemoptimierungen am Beispiel von Unterzugsdecken

Zur Optimierung von Tragkonstruktionen in ihrer Gesamtheit sind die wesentlichen Tragwerkskomponenten gemeinsam zu berücksichtigen, da die Summe der Optima der Einzelbetrachtungen nicht dem Gesamtoptimum entsprechen muss. Beispielsweise werden durch eine Reduzierung der Stützenzahl die Stützenlasten höher und die auf die Tragfähigkeit bezogenen Kosten geringer (siehe Abb. 4.33). Gleichzeitig sind damit jedoch größere Trägerspannweiten und Trägerquerschnitte verbunden. Mit der Anordnung einer Innenstützenreihe wird die Spannweite der Deckenträger reduziert. Neben den zusätzlichen Stützen ist dann gegebenenfalls ein weiterer Unterzug in Gebäudelängsrichtung erforderlich, der die Anzahl der Trägeranschlüsse (und somit den Werkstatt- und Montageaufwand) erhöht.

Die Abbildungen 4.36 und 4.37 zeigen die untersuchten Grundrisse mit verschiedenen Träger- und Stützenanordnungen sowie die Spannrichtung der Decken. Um herauszufinden, mit welchem Materialeinsatz die verschiedenen Varianten verbunden sind und welche Konstruktionsraster und Systemausbildungen in Bezug auf die Nachhaltigkeit günstig sind, wurden Parameterstudien durchgeführt.

Im Folgenden werden zunächst die Ergebnisse von Tragsystemen mit Unterzugsdecken vorgestellt, bei denen die Aufwendungen für die Stützen, die Deckenträger, die Rand- und die Mittelträger sowie für die Stahlbetonplatte berücksichtigt wurden. Bei den Berechnungen wurden zusätzlich zum Eigengewicht Ausbaulasten von 1,5 kN/m² und Nutzlasten von 3,0 kN/m² (charakteristische Werte) berücksichtigt. Für die Verformungsberechnungen der Verbundträger sind die Ausbaulasten nach 28 Tagen angesetzt. Die Durchbiegungen wurden auf L/250 unter Berücksichtigung möglicher Trägerüberhöhungen begrenzt.

Abb. 4.38 Deckensysteme und Unterzüge als Wabenträger –
VW / Porsche-Zentrum AMAG Schlieren, Zürich (CH)

AOM-Gebäude in Esch-sur-Alzette (LU)

Fotos: links H. Wetter AG, Stetten (CH) – rechts bauforumstahl e. V., Düsseldorf

Für die Parameterstudien wurden bei den Decken-, Rand- und Mittelträgern IPE-Profile mit der Stahlgüte S460 berücksichtigt, da hierfür die günstigsten Ergebnisse in ökologischer und ökonomischer Hinsicht erzielt werden (Abb. 4.25). Die Bemessung der Träger erfolgte bei den Mehrfeldsystemen unter Ansatz der Durchlaufwirkung. Bei der Bemessung der Stahlbetondecken wurde die Betongüte C30/37 zugrunde gelegt. Es wurden die Konstruktionsraster a = 2,40 m, 3,60 m und 4,80 m in die Parameterstudie einbezogen. Der Stützenabstand wurde zunächst mit dem zweifachen Rastermaß a festgelegt (Abb. 4.36 und 4.37, links). Dies entspricht auch der Feldweite der Rand- und Mittelträger in Gebäudelängsrichtung. Ergänzend hierzu wurde für a = 4,80 m ein gleicher Träger- und Stützenabstand untersucht, um auf Mittel- und Randträger verzichten zu können (Abb. 4.36 und 4.37, rechts). Zur Bemessung der Stahlstützen wurden über die Höhe eines fünfgeschossigen Bürogebäudes gemittelte Normalkräfte und eine Geschosshöhe von 3,50 m sowie eine Ausmitte, die einem Sechstel der Querschnittshöhe entspricht, berücksichtigt. Es wurden Stahlprofile der Reihe HE in der Festigkeitsklasse S460 ausgewählt.

Aus Abbildung 4.39 geht der Profilstahlbedarf in kg für ein Feld L × 2a der Deckenvarianten in Abb. 4.36 und Abb. 4.37 für Gebäudetiefen (Außenstützenabstände) zwischen 10,0 m und 16,0 m hervor. Bei Berücksichtigung von jeweils vier mal sechs verschiedenen Rastern enthält die Grafik insgesamt 24 Varianten. Differenziert wird nach dem Stahlbedarf für die Decken-, Rand- und Mittelträger sowie für die Stützen. Abzulesen ist, dass das Gewicht der Träger mit zunehmender Gebäudetiefe und wachsendem Trägerabstand ansteigt. Dies ist besonders deutlich bei den Systemen ohne Mittelstützenreihe zu erkennen (blaue und schwarze Balken). Bei den Varianten mit Mittelstützenreihe sind die Aufwendungen für die Deckenträger wegen der kürzeren Spannweiten kleiner, diejenigen für die Rand- und Mittelträger aufgrund der größeren Anzahl bei annähernd gleicher Gesamtlast jedoch höher. Dies gilt ebenso für die Stützen, da die Lasten im betrachteten Feld, anstatt von zwei durch drei Stützen abgetragen werden. Bei den Varianten ohne Rand- und Mittelträger (siehe Säulen zu 4,8* in Abb. 4.39) entstehen nur Aufwendungen für die Deckenträger und Stützen. Während der Stahlbedarf für die Träger gleich bleibt (vgl. die Ergebnisse für 4,8* mit 4,8 in Abb. 4.39), erhöht sich derjenige für die Stützen, da die doppelte Anzahl eine annähernd gleiche Last abträgt. Durch das Entfallen der Rand- und Mittelträger ist der Stahlbedarf insgesamt jedoch niedriger.

In Abbildung 4.40 ist der Baustoffbedarf (getrennt nach Profilstahl, Betonstahl und Beton) für ein Feld L × 2a angegeben. Zu beachten ist, dass die Ordinatenwerte beim Beton mit dem Faktor 10 zu multiplizieren sind. Da die Deckenstärken nur vom Trägerabstand a abhängig sind, ergeben sich für gleiche Werte a und L auch gleiche Betonmassen. Der erforderliche Betonstahl ergibt sich aus der Plattenbemessung, dem Stahlbedarf zur Ausleitung der Schubkräfte aus den Verbundträgern (Schulterschub), der Bewehrung zur Abdeckung der Stützmomente der Verbunddurchlaufträger (einschließlich erforderlicher Duktilitätsbewehrung) sowie der Bewehrung zur Beschränkung der Rissbreiten (w_k = 0,4 mm). Zudem wurden Zuschläge für Überlappungen, Randeinfassungen, Verankerungslängen und Verschnitt berücksichtigt. Der Hauptanteil der Betonstahlmasse resultiert aus der Biegebemessung der Platte, wie man durch einen Vergleich der Systeme ohne und mit Mittelstützenreihe für gleiche Werte a und L erkennen kann.

Die Profilstahlmassen in Abbildung 4.40 entsprechen der Summe der Aufwendungen für die einzelnen Bauteile der Varianten in Abb. 4.39. Aus dem Vergleich der Systeme ohne und mit Mittelstützenreihe ist zu erkennen, dass bei kleinen Gebäudetiefen die Aufwendungen noch ähnlich sind, jedoch mit zunehmendem Wert L die Varianten ohne Mittelstützen

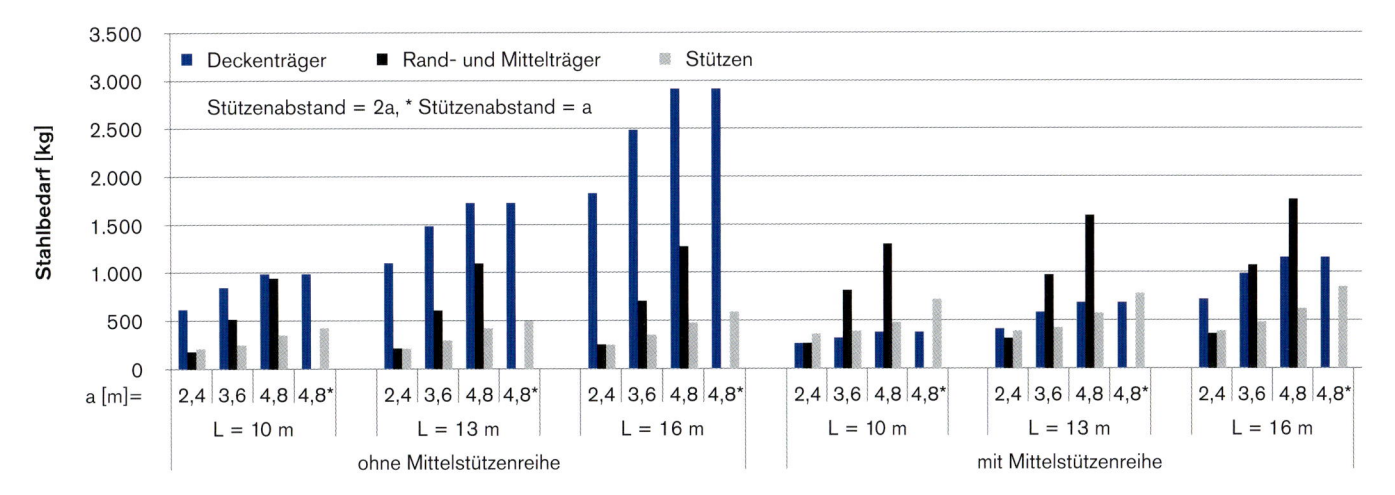

Abb. 4.39 Stahlbedarf eines Deckenfelds L × 2a
für ausgewählte Varianten von Unterzugsdecken

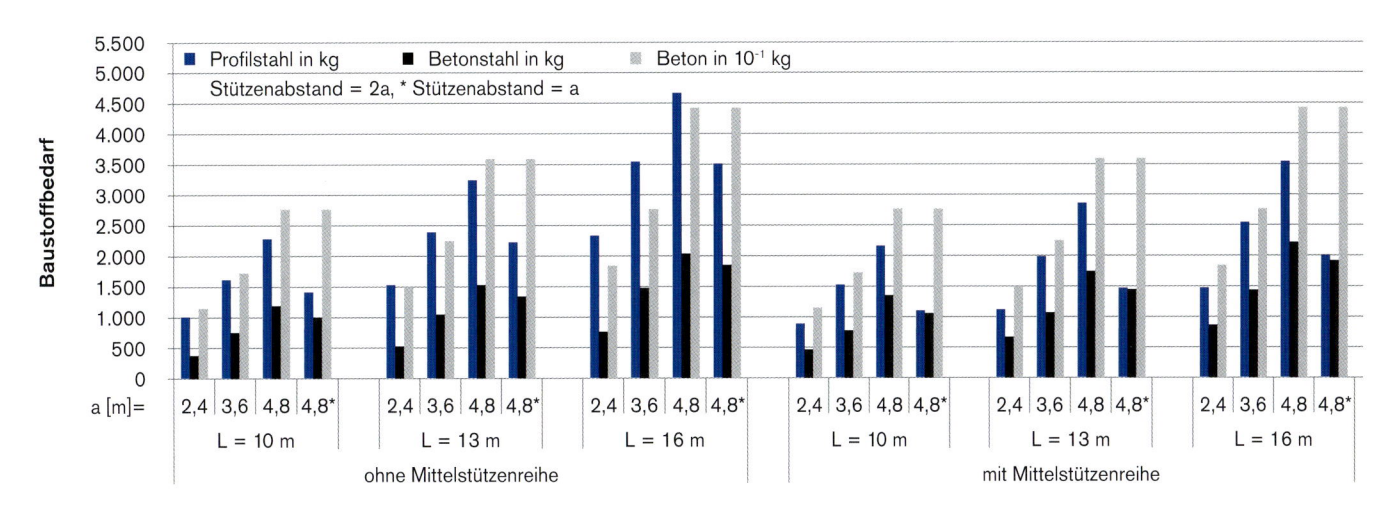

Abb. 4.40 Baustoffbedarf eines Deckenfelds L × 2a
für ausgewählte Varianten von Unterzugsdecken

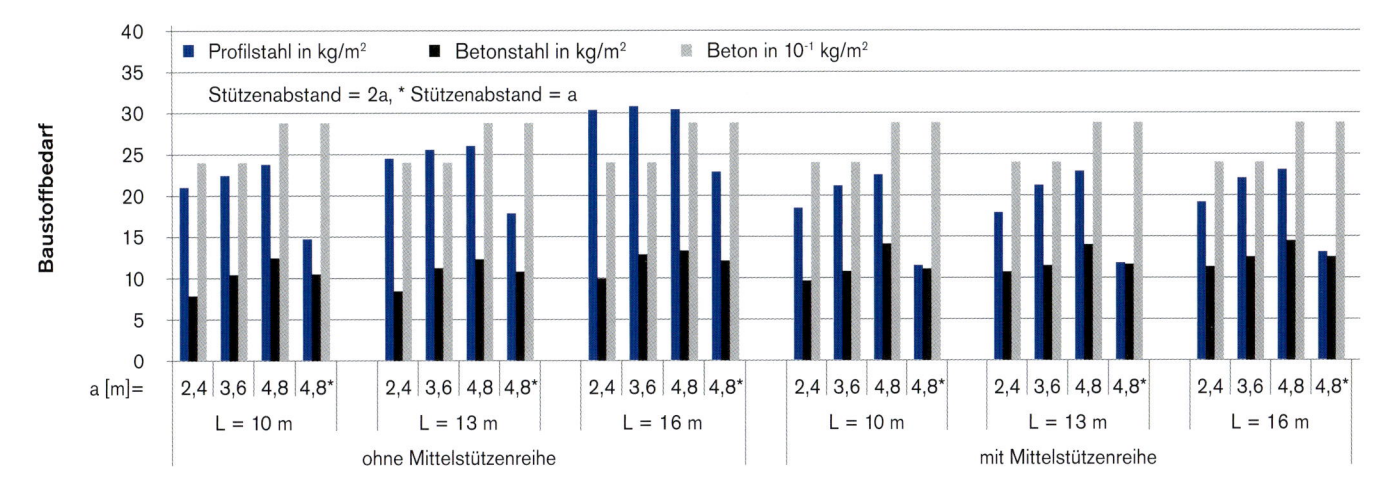

Abb. 4.41 Baustoffbedarf je m² Bruttogeschossfläche
für ausgewählte Varianten von Unterzugsdecken

überproportional mehr Stahl erfordern. Die Varianten mit a = 4,8 m, bei denen in jeder Trägerachse eine Stützenreihe liegt (Systeme in Abb. 4.40, rechts), erfordern deutlich geringere Stahlmengen als die Varianten mit dem Stützenabstand 2a = 9,60 m, bei denen wegen der großen Spannweite hohe Rand- und Mittelträger benötigt werden.

In Abb. 4.41 ist der Baustoffbedarf bezogen auf den Quadratmeter Bruttogeschossfläche angegeben. Mit dem Bezug auf die Fläche wird ein großer Teil der von den Rastermaßen abhängigen Unterschiede in den Abbildungen 4.39 und 4.40 ausgeglichen. Entsprechend der zwei Deckenstärken für a = 2,40 m und 3,60 m sowie für a = 4,80 m enthält das Diagramm auch nur zwei verschiedene Betonmassen je Quadratmeter (Abb. 4.21). Bei der Bewehrung liegen die Aufwendungen zwischen 8 und 14 kg/m². Dabei erfordern die Systeme mit Mittelstützenreihe höhere Werte als die Systeme ohne. Der Profilstahlbedarf liegt bei den untersuchten Varianten zwischen 11 und 31 kg/m². Dabei weisen die Varianten mit Mittelstützenreihe, bei denen der Stützenabstand dem Trägerabstand entspricht (Abb. 4.37, rechts), die kleinsten Werte auf, die Varianten ohne Mittelstützenreihe mit Randträgern (Abb. 4.36, links) die größten. Für L = 10 m liegen die Aufwendungen nahe beieinander.

Abb. 4.42 enthält eine Auswertung zum ökologischen Erfüllungsgrad und den prozentualen Kosten der Varianten. Der Einfluss der Anschlüsse ist darin nicht enthalten. Die blauen Linien stehen für die Varianten ohne Mittelstützenreihe. Zu erkennen ist, dass mit zunehmender Gebäudetiefe der ökologische Erfüllungsgrad zurückgeht und die Kosten moderat ansteigen. Bei den Varianten mit Mittelstützenreihe ist der Abfall des ökologischen Erfüllungsgrads weniger stark ausgeprägt. Die Kosten liegen nahezu auf konstantem Niveau, da einerseits die Materialaufwendungen mit der Gebäudetiefe mäßig ansteigen, andererseits die auf die Fläche bezogene Anzahl von Bauteilen und die damit verbundenen Lohnaufwendungen zurückgehen. Die besten Ergebnisse werden für die Variante mit Mittelstützenreihe erzielt, bei der der Stützenabstand dem Trägerabstand entspricht (gestrichelte graue Linien in Abb. 4.42).

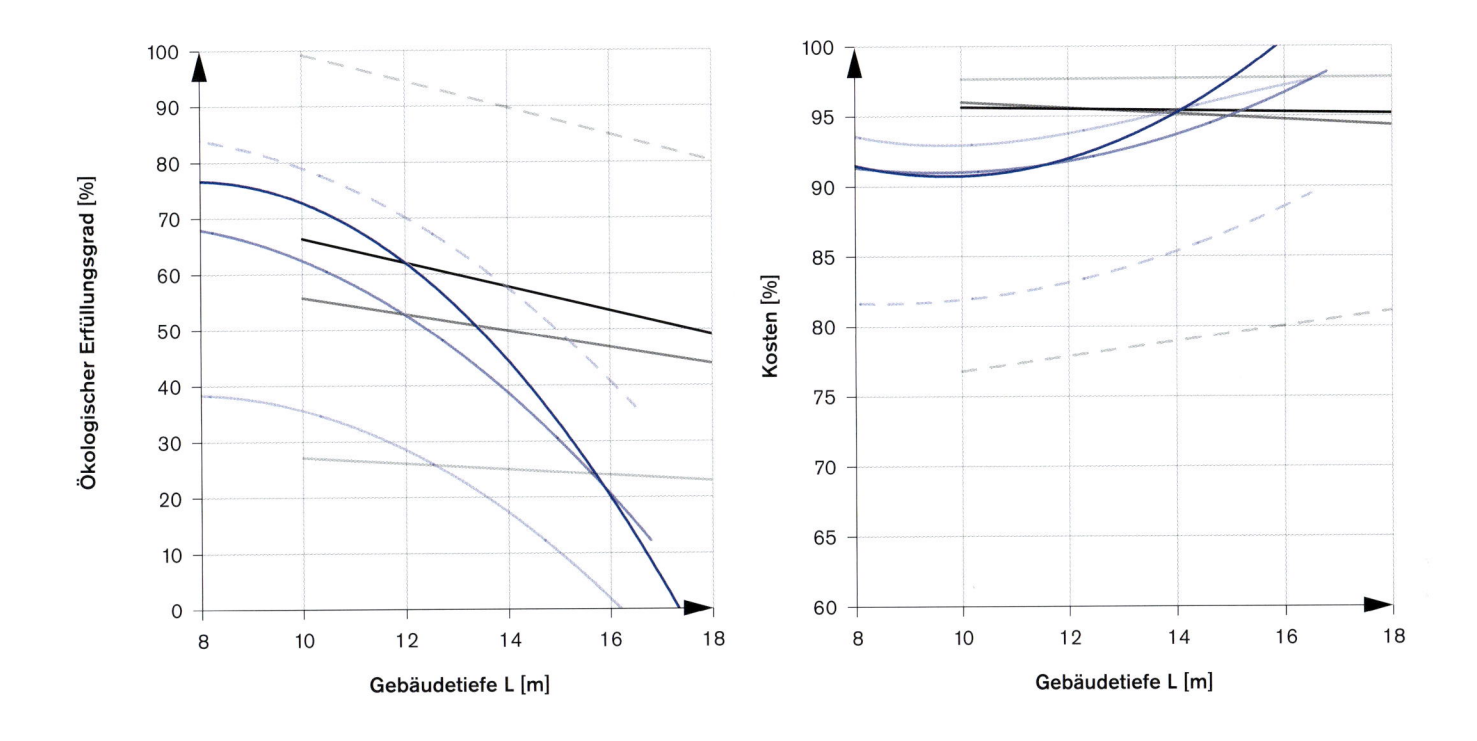

Unterzugsdecke mit Unterzugsträgern der Reihe IPE in S460 und Ortbetondecken in C30/37
Stahlstützen der Reihe HE in S460 und einer Länge von 350 m

0 %   - max. PE_{ges} = 778 MJ/m²
100 %   - min. PE_{ges} = 490 MJ/m²

	a = 2,4 m	a = 3,6 m	a = 4,8 m	a = 4,8 m*
ohne Mittelstützenreihe				
mit Mittelstützenreihe				

Stützenabstand = 2 · a, * Stützenabstand = a

Abb. 4.42 Ökologischer Erfüllungsgrad und prozentuale Kosten für Tragsysteme mit Unterzugsdecken (Trendlinien)

4.6 Entwurfshilfen

4.6.1 Allgemeines

Im Abschnitt 4.2 wurden Tragkonstruktionen für den Hochbau in Stahl- und Verbundbauweise und deren Anwendung erläutert. Hierzu gehören Deckensysteme, Träger, Stützen und Anschlüsse. Im Abschnitt 4.5 sind auszugsweise die Ergebnisse umfangreicher Parameterstudien beschrieben, in denen die Abhängigkeiten aus der System- und Baustoffwahl, der Spannweiten und Trägerabstände auf den Materialeinsatz und die Konstruktionshöhen sowie die Ökologie und Herstellungskosten dargelegt sind. In Verbindung mit den Erläuterungen im Abschnitt 4.2 kann daraus eine Auswahl der Systeme, Bauteile und Konstruktionsraster erfolgen. Als weiteres Planungshilfsmittel wurde im Rahmen des Projekts P881 ein Bauteilkatalog erstellt, in dem für ausgewählte Deckensysteme und Stützen statische und ökologische Daten zusammengestellt sind. Hieraus können konkrete Dimensionen der Bauteile entnommen werden. Beide Hilfsmittel sowie der im Kapitel 7 vorgestellte *Structural Office Designer* (SOD) unterstützen den Entwurf umweltgerechter und wirtschaftlicher Stahl- und Verbundkonstruktionen für Büro- und Verwaltungsgebäude.

In den folgenden Abschnitten werden zunächst zusammenfassende Erläuterungen zu den Deckensystemen und Stützen sowie Hinweise auf die entsprechenden Parameterstudien des Kapitels 4.5 gegeben. Es folgt eine Beschreibung zum Inhalt und der Anwendung des Bauteilkatalogs. Für Tragwerke mit Unterzugsdecken und Slim-Floor-Systemen wird im Bauteilkatalog die Anwendung der Entwurfshilfen an einem Beispiel gezeigt.

4.6.2 Unterzugsdecken

Unterzugsdecken eignen sich bei größeren Spannweiten und ermöglichen eine freie Grundrissgestaltung. Gebräuchliche Längen der Deckenträger liegen zwischen 6 m und 15 m, die Längen der Rand- und Mittelträger zwischen 6 m und 12 m. Der Deckenträgerabstand bestimmt die Spannweite der Stahlbeton- oder Verbunddecken, die üblicherweise zwischen 2,5 m und 4,0 m liegt. Werden Träger- und Stützenabstand gleich gewählt, sind zur Abtragung der Deckenlasten keine Rand- und Mittelträger in Gebäudelängsrichtung erforderlich (siehe Abb. 4.36 und 4.37, rechts). Um in diesem Fall zu enge Stützenabstände in Gebäudelängsrichtung zu vermeiden, können größere Trägerabstände sinnvoll sein. In den Parameterstudien führte ein Abstand von 4,80 m zu deutlich besseren Ergebnissen hinsichtlich Ökologie und Kosten, als dies bei den Varianten mit Rand- und Mittelträgern der Fall ist (Abb. 4.42).

Bei Anordnung von Rand- und Mittelträgern sind Trägerabstände zwischen 2,4 m und 3,6 m zu bevorzugen. Die Unterzugsdecken können mit Stahlbeton- oder Verbunddecken ausgeführt werden. Verbunddecken sind aufgrund der Aufwendungen für die Profilbleche ökologisch ungünstiger, jedoch ist bei einem späteren Rückbau die stoffliche Trennung vom Beton einfacher durchzuführen. Sie bieten zudem wegen ihrer Montagefreundlichkeit ökonomische Vorteile gegenüber Stahlbetondecken (Abb. 4.22 und 4.24) und ermöglichen kürzere Bauzeiten. Bei gleichzeitiger Berücksichtigung von Ökologie und Kosten sind die Stahlbeton- und Verbunddecken mit ihren unterschiedlichen Vor- und Nachteilen als gleichwertig einzustufen.

Aus ökologischer und ökonomischer Sicht kann auf eine Mittelstützenreihe bis zu einer Gebäudetiefe von etwa 12 m verzichtet werden (siehe Abb. 4.42). Bei größeren Spannweiten steigen die Konstruktionshöhe (siehe Abb. 4.25) und der

Abb. 4.43 Slim-Floor-System mit SFB-Trägern bei der Galerie *Kons* in Luxemburg – Querschnitt der SFB-Träger; Bewehrung der Decke
Fotos: ArcelorMittal Europe – Construction Solutions – Christoph Radermacher

Deckenuntersicht

Profilstahlbedarf (siehe Abb. 4.41) gegenüber den Systemen mit Mittelstützenreihe deutlich an. Durch den Einsatz höherer Stahlfestigkeiten können häufig die Profilstahlmassen reduziert werden. Dies ist immer dann der Fall, wenn die Tragsicherheit für die Bauteildimensionen maßgebend wird. Die Einsparungen wirken sich positiv auf die Ökologie und trotz etwas höherer Stahlpreise auch positiv auf die Kosten aus (siehe Abb. 4.25). Durch höhere Betonfestigkeiten können die Deckenstärken nur geringfügig reduziert werden, sofern nicht ohnehin die Mindestdicken maßgebend werden. Die höheren Kosten des Betons werden durch die Masseneinsparungen nur in wenigen Fällen kompensiert (siehe Abb. 4.21 und [4-6]). Ein Ausgleich der höheren ökologischen Belastung durch die Masseneinsparungen konnte bei den untersuchten Systemen nicht festgestellt werden.

4.6.3 Slim-Floor-Systeme

Bei geringen bis mittleren Spannweiten ist die Ausführung von Flachdecken mit integrierten Stahlträgern möglich. Im Hinblick auf die Konstruktionshöhe, die Ökologie und die Kosten ist die Ausführung der Slim-Floor-Systeme mit Mittelstützenreihe zu empfehlen (vgl. [4-6]). Durch eine geringere Konstruktionshöhe können die Geschosshöhe, das zu beheizende Gebäudevolumen und die Fassadenflächen reduziert werden. Voraussetzung hierfür ist jedoch, dass der Platzbedarf für den technischen Ausbau und gegebenenfalls einer Abhangdecke nicht die Einsparungen bei der Tragkonstruktion kompensiert. Daher sind bei der Festlegung der Geschosshöhen Tragkonstruktion und Ausbau gemeinsam zu berücksichtigen. Die ebene Deckenunterseite erlaubt eine flexible Anordnung nicht tragender Wände und eine einfache Leitungsführung. Da Verbundträger bei geeigneter Anordnung einen hohen Lochanteil im Steg zur Leitungsdurchführung ermöglichen und Lüftungssysteme inzwischen häufiger am Deckenrand positioniert werden, sollte die Installationsfreiheit bei den Flachdeckensystemen nicht überbewertet werden.

Die Slim-Floor-Systeme sollten mit Spannbetonhohldielen oder anderen Deckenelementen kombiniert werden, die ein vergleichsweise geringes Konstruktionsgewicht aufweisen und gleichzeitig größere Trägerabstände erlauben. Hierzu zählen Verbunddecken mit hohen Profilblechen, die zugleich eine Integration von Leitungen in Spannrichtung ermöglichen. Bei Systemen mit Spannbetonhohldielen haben sich Trägerabstände und damit Spannweiten der Dielen von 6,0 m und 7,2 m als günstig erwiesen (vgl. [4-6]). Sowohl aus ökologischer als auch aus ökonomischer Sicht sollte die Länge der Spannbetonhohldielen das 1,0- bis 1,5-fache der Spannweite der Deckenträger betragen.

4.6.4 Stützen

Die Auswahl der Gebäudestützen hängt von der erforderlichen Tragfähigkeit, den Brandschutzanforderungen, der konstruktiven Gestaltung und dem Platzbedarf ab. Bei Büro- und Verwaltungsgebäuden unterhalb der Hochhausgrenze mit Kern-, Scheiben- oder Verbandsaussteifungen sind die Stützenlasten moderat. Es können übliche Walzprofile oder auch Verbundstützen zur Lastabtragung eingesetzt werden. Die Verwendung von Verbundstützen ist aus statischer und ökonomischer Sicht erst bei Querschnittsabmessungen ab 200 mm von Relevanz. Ihre Tragfähigkeit wird im Allgemeinen durch den zusätzlichen Einsatz von Beton und Bewehrungsstahl gegenüber reinen Stahlstützen gesteigert (siehe Abb. 4.32). Zudem erhöht Stahlbeton den Feuerwiderstand. Einschränkend hierzu wurde im Rahmen der Parameterstudien festgestellt, dass die Bemessungsregeln zur Biegeknicktragfähigkeit in den Teilen 1-1 der Eurocodes 3 und 4 dazu führen, dass bei kleinen Stützenquerschnitten die rechnerische Tragfähigkeit durch die Stahlbetonergänzung nicht erhöht wird. Dies liegt an den Trägheitsradien und der unterschiedlichen Zuordnung der Knicklinien. Die Grenze der Stützenabmessungen, ab der sich auch rechnerische Tragfähigkeitssteigerungen ergeben, ist nicht fest, sondern hängt von der Stützenform, den Materialfestigkeiten und dem Flächenanteil des Betons und der Bewehrung ab (vgl. [4-17]). Daher können hier keine festen Werte angegeben werden. Durch die Verwendung höherer Stahlfestigkeiten ist sowohl für Stahl- als auch für Verbundstützen im üblichen Schlankheitsbereich von Geschossstützen eine Steigerung der Tragfähigkeit oder die Ausführung kleinerer Querschnitte möglich. Analog zu den Stahlgüten führt auch eine Erhöhung der Betongüte von Verbundstützen zu einer Erhöhung der Tragfähigkeit (Abb. 4.34).

Zur Erfüllung der Brandschutzanforderungen werden unter anderem Brandschutzbekleidungen aus Putz, Gipskarton- oder Feuerschutzplatten oder Brandschutzbeschichtungen eingesetzt. Darüber hinaus werden Verbundstützen mit kammerbetonierten I-Profilen, betongefüllten Hohlprofilen oder einbetonierten Stahlprofilen ausgeführt (Abs. 4.3.2). Wegen der Verfügbarkeit der ökologischen Daten und der häufigen Anwendung wurden die Parameterstudien für Stahlstützen mit Feuerschutzplatten und Verbundstützen durchgeführt (Abs. 4.5.5). Diese Varianten sind auch Gegenstand des Bauteilkatalogs. Aufwendungen für Bekleidungen mit Feuerschutzplatten hängen stark vom verwendeten System, der Montagetechnologie und den Lohnkosten ab (Abs. 4.5.5.1). Beim Vergleich der Varianten zeigte sich, dass bei den Verbundstützen Ökologie und Kosten mit zunehmenden Anforderungen an den Brandschutz (R-Klasse) ungünstiger werden und dieser Einfluss bei den Brandschutzbekleidungen kaum eine Rolle spielt (Abb. 4.35). Im untersuchten Parameterbereich konnten bis zur Klasse R60 mit den kammerbetonierten Verbundstützen wirtschaftliche Ergebnisse gegenüber den bekleideten Stahlstützen erzielt werden. Bei Anwendung der klassifizierten Querschnitte nach DIN EN 1994-1-2, Tabelle 4.6 betragen bei der Feuerwiderstandsklasse R90 die Mindestabmessungen b und h jeweils 300 mm. Diese Abmessungen werden bei Büro- und Verwaltungsgebäuden unterhalb der Hochhausgrenze seltener benötigt, so dass gegebenenfalls auf andere Stützentypen zurückgegriffen werden sollte. Bei betongefüllten Kreis- und Quadrathohlprofilen sowie einbetonierten H-Profilen liegt die untere Grenze der Querschnittsabmessungen für die Klasse R90 bei 220 mm (vgl. [4-31]).

Der Abstand der Stützen und die Anordnung von Mittelstützenreihen sind entsprechend der vorgesehenen Nutzung nach gestalterischen, aber auch statischen-konstruktiven Belangen zu wählen. Die Wechselwirkung zwischen dem Stützenraster und den Aufwendungen bei den Deckensystemen wurde im Abschnitt 4.5.6 untersucht. Der dominierende Einfluss auf Ökologie und Kosten resultiert aus den Deckensystemen. Die Aufwendungen für die Stützen sind wesentlich geringer, so dass sich deren Anordnung in erster Linie nach der Nutzung und den Erfordernissen der Deckensysteme orientiert. Schmale Gebäude können auch unter Berücksichtigung von Ökologie und Kosten ohne Mittelstützen geplant werden. Die Grenzen sind beim Einsatz von Unterzugsdecken höher (etwa 12–14 m, siehe Abb. 4.42) als beim Einsatz von Flachdecken (etwa 8–10 m, vgl. [4-6]). Kleine Stützenabstände in Gebäudelängsrichtung ermöglichen bei Unterzugsdecken, dass zur Abtragung der Lasten auf Mittel- und Randträger verzichtet werden kann (vgl. Abs. 4.6.2). Dies wirkt sich deutlich auf die Ökologie und Kosten dieser Deckensysteme aus. Bei Flachdeckensystemen mit Spannbetonhohldielen bestimmt der Stützenabstand in Gebäudelängsrichtung die Spannweite der Dielen. Günstige Werte liegen zwischen 6,0 m und 7,2 m.

4.6.5 Bauteilkatalog

4.6.5.1 Zum Inhalt

Der Bauteilkatalog, dessen Bestandteile und deren Anwendung im Folgenden beschrieben werden, stellt für ausgewählte Deckensysteme und Stützen statische und ökologische Daten sowie Massen zur Verfügung. Die in Tabelle 4.12 aufgeführten Bauteile, Abmessungen, Werkstofffestigkeiten und Bemessungskriterien wurden dabei berücksichtigt.

4.6.5.2 Deckensysteme

Es sind Unterzugsdecken mit Trägern mit und ohne Kammerbeton sowie Slim-Floor-Systeme tabelliert. Aufgrund der Parametervielfalt wurde beim Aufbau des Bauteilkatalogs eine Codierung eingeführt. Die verwendeten Bezeichnungen sind in Abb. 4.45 angegeben. Auf einer Doppelseite werden die in Abb. 4.46 aufgeführten Parameter für verschiedene Trägerabstände aufgelistet. Auf den Folgeseiten wird jeweils ein Parameter variiert.

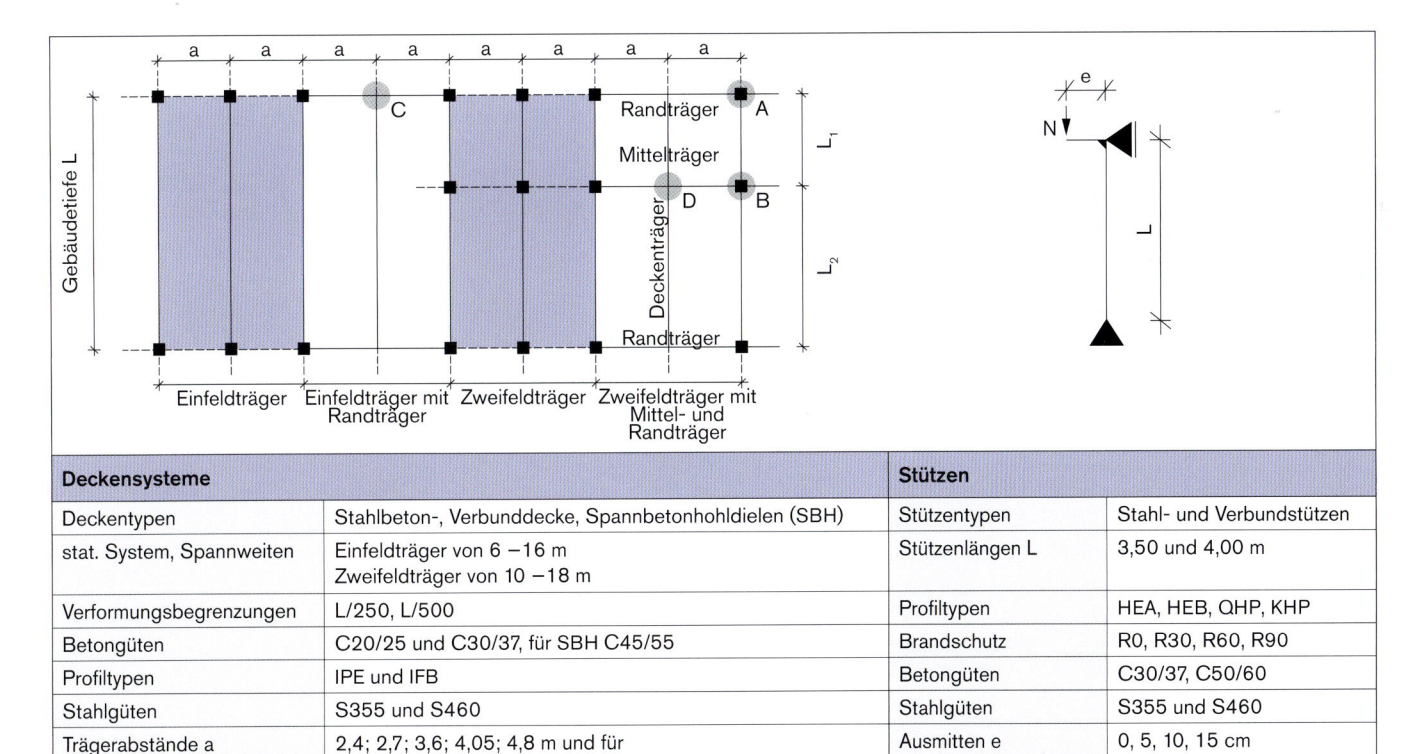

Deckensysteme		Stützen	
Deckentypen	Stahlbeton-, Verbunddecke, Spannbetonhohldielen (SBH)	Stützentypen	Stahl- und Verbundstützen
stat. System, Spannweiten	Einfeldträger von 6 –16 m Zweifeldträger von 10 –18 m	Stützenlängen L	3,50 und 4,00 m
Verformungsbegrenzungen	L/250, L/500	Profiltypen	HEA, HEB, QHP, KHP
Betongüten	C20/25 und C30/37, für SBH C45/55	Brandschutz	R0, R30, R60, R90
Profiltypen	IPE und IFB	Betongüten	C30/37, C50/60
Stahlgüten	S355 und S460	Stahlgüten	S355 und S460
Trägerabstände a	2,4; 2,7; 3,6; 4,05; 4,8 m und für SBH 6,0; 7,2; 8,4; 9,0 m	Ausmitten e	0, 5, 10, 15 cm

Tab. 4.12 Inhalte des Bauteilkatalogs

Entwurfshilfen

Abb. 4.44 Stahlverbundkonstruktion des Büro- und Geschäftsgebäudes Karl-Arnold-Platz in Düsseldorf während der Montage

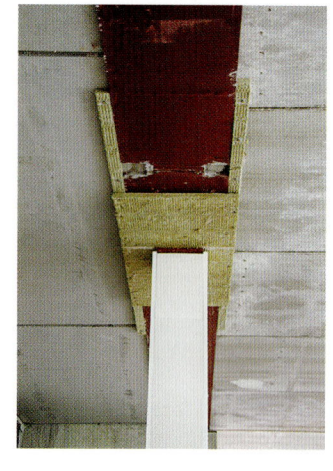

Träger-Stützen-Verbindung und Brandschutzbekleidung der Untergurte der IFB-Träger

Fotos: stahl + verbundbau gmbh, Dreieich

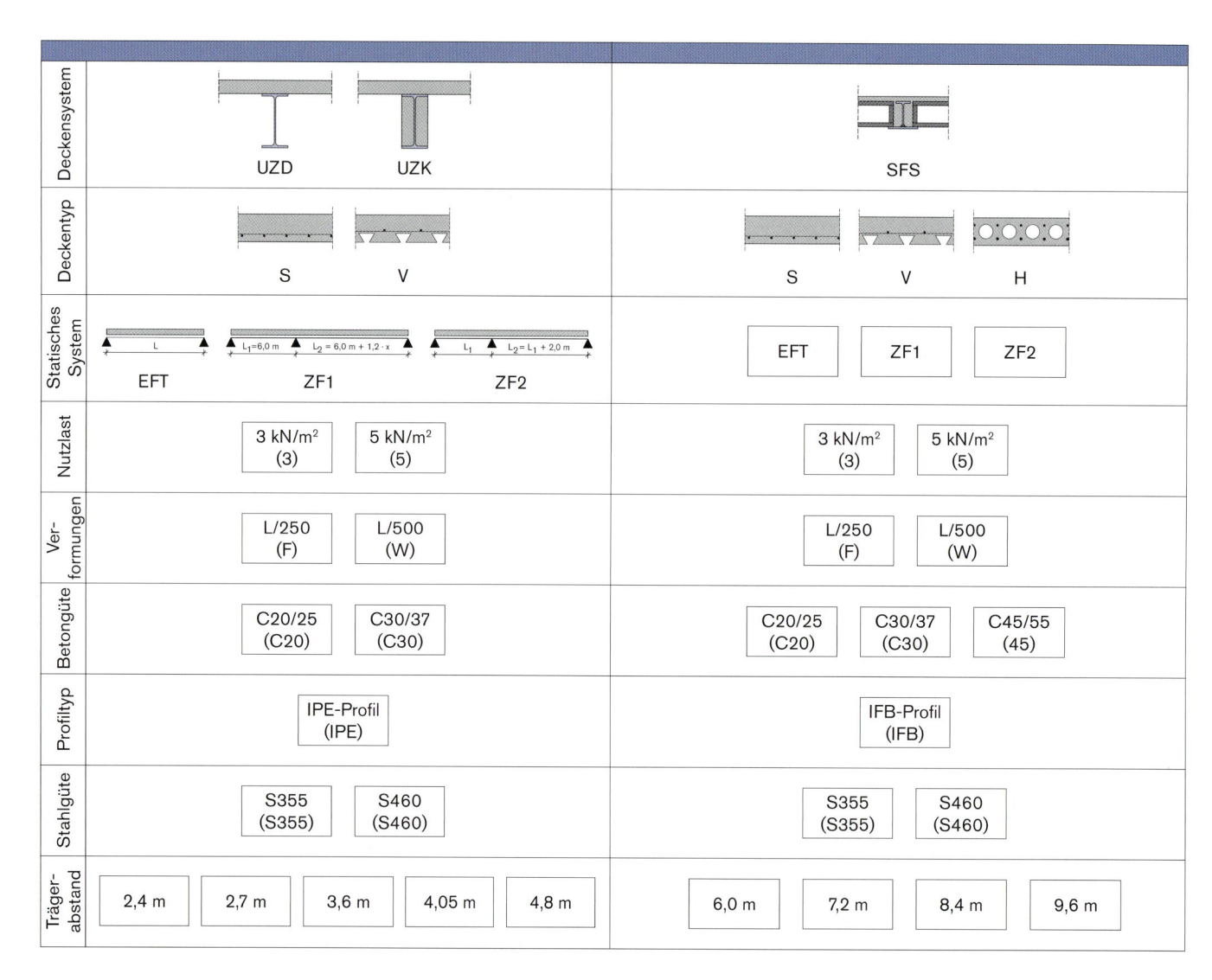

Deckensystem	UZD	UZK				SFS			
Deckentyp	S	V				S	V	H	
Statisches System	EFT	ZF1		ZF2		EFT	ZF1	ZF2	
Nutzlast	3 kN/m² (3)	5 kN/m² (5)				3 kN/m² (3)	5 kN/m² (5)		
Verformungen	L/250 (F)	L/500 (W)				L/250 (F)	L/500 (W)		
Betongüte	C20/25 (C20)	C30/37 (C30)				C20/25 (C20)	C30/37 (C30)	C45/55 (45)	
Profiltyp	IPE-Profil (IPE)					IFB-Profil (IFB)			
Stahlgüte	S355 (S355)	S460 (S460)				S355 (S355)	S460 (S460)		
Trägerabstand	2,4 m	2,7 m	3,6 m	4,05 m	4,8 m	6,0 m	7,2 m	8,4 m	9,6 m

Beispielcode: UZD-S-EFT-3-F-C20-IPE-S355

Abb. 4.45 Inhalte des Bauteilkatalogs für Deckensysteme

UZD-S-ZF1-3-F-C20-IPE-S355 Unterzugsträger als Zweifeldträger

$L = 6,0\ m + L_2$
$\Delta g_{Ed} = 1,5\ kN/m^2$
$q_{Ed} = 3\ kN/m^2$
Durchbiegungsbegrenzung L/250
Stahlbetondecke C20/25
Profilstahl S355

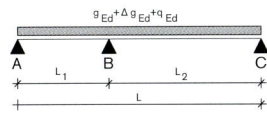

Profil	Systemmaße			Momente		Querkraftbeträge			Nachweis	Baustoffmassen		
IPE	L [m]	L_1 [m]	L_2 [m]	$M_{F,Ed}$ [kNm]	$M_{B,Ed}$ [kNm]	$V_{A,Ed}$ [kN]	$V_{B,Ed,max}$ [kN]	$V_{C,Ed}$ [kN]	NW [-]	M_a [kg/m²]	M_s [kg/m²]	M_c [kg/m²]
a = 2,4 m, h_c = 100 mm												
140	12,0	6,0	6,0	84,3	-64,6	63,5	82,6	63,5	GZT	5,36	10,3	240
160	12,8	6,0	6,8	113	-74,3	61,9	92,4	73,4	GZT	6,57	9,45	240
180	13,5	6,0	7,5	140	-84,5	60,2	101	82,1	GZT	7,82	8,57	240
200	14,3	6,0	8,3	175	-98,2	58,0	112	91,8	GZT	9,32	8,66	240
220	15,1	6,0	9,1	214	-114	55,4	122	101	GZT	10,9	8,74	240
240	16,0	6,0	10,0	261	-135	52,0	134	112	GZT	12,8	9,16	240
270	17,2	6,0	11,2	331	-167	46,8	151	127	GZT	15,0	9,61	240
300	18,4	6,0	12,4	409	-205	40,6	167	141	GZT	17,6	10,2	240

Unterzugsträger als Zweifeldträger UZD-S-ZF1-3-F-C20-IPE-S355

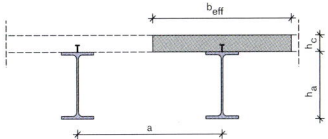

$L = 6,0\ m + L_2$
$\Delta g_{Ed} = 1,5\ kN/m^2$
$q_{Ed} = 3\ kN/m^2$
Durchbiegungsbegrenzung L/250
Stahlbetondecke C20/25
Profilstahl S355

	ökologische Indikatoren je m²								Profil
PEne [MJ]	PEe [MJ]	Sek [MJ]	GWP [kg CO_2]	ODP [10^{-6} kg R11]	POCP [10^{-4} kg C_2H_4]	AP [10^{-3} kg SO_2]	EP [10^{-4} kg PO_4^{3}]	L [m]	IPE
a = 2,4 m, h_c = 100 mm									
319	31,0	42,4	35,5	10,6	87,3	72,1	94,9	12,0	140
322	30,6	42,5	35,7	10,4	90,1	73,2	96,5	12,8	160
324	30,3	42,6	35,9	10,2	92,8	74,2	98,1	13,5	180
342	31,5	42,5	37,3	10,2	97,9	78,0	102	14,3	200
362	32,8	42,5	38,7	10,2	103	82,1	107	15,1	220
389	34,8	42,5	40,6	10,4	110	87,5	113	16,0	240
420	37,1	42,5	42,8	10,5	118	93,8	120	17,2	270
458	39,9	42,4	45,5	10,7	128	101	129	18,4	300

Abb. 4.46 Auszug aus dem Bauteilkatalog

Deckentypen	- Stahlbetondecke als Ortbetondecke und Durchlaufsystem
	- Verbunddecke mit Profilblech (mit Reibungsverbund und mechanischem Verbund)
	  h = 40 mm, t = 0,75 mm als Durchlaufsystem für Unterzugsdecken
	- Verbunddecke mit Profilblech (mit Reibungsverbund und mechanischem Verbund)
	  h = 70 mm, t = 0,88 mm als Durchlaufsystem für Slim-Floor-Konstruktionen
	- Spannbetonhohldielen als Einfeldsystem

Statische Systeme	- Einfeldträger zwischen 6 und 16 m Spannweite - Zweifeldträger zwischen 10 und 18 m Gesamtlänge - Slim-Floor-Konstruktionen mit Spannbetonhohldielen als Einfeldsystem (s. Abschnitt 4.5.4)
Lastannahmen (s. Abschnitt 4.3.1)	- 3 kN/m² und 5 kN/m² Nutzlast - 1,5 kN/m² Ausbaulast
Verformungen	- Durchbiegungsbegrenzungen L/250 und für verformungsempfindliche Bauteile L/500 (s. Abschnitt 4.3.1)
Betongüten	- C20/25 und C30/37 - C45/55 für Spannbetonhohldielen
Profiltypen	- IPE für Unterzugsträger - IFB mit Profilen der Reihen HEB und HEM für Slim-Floor-Träger
Stahlgüten	- S355 und S460
Trägerabstände	- ein Vielfaches der Rastermaße 1,20 m und 1,35 m - Unterzugsdecken zwischen 2,4 m und 4,8 m - Slim-Floor-Decken mit Stahlbeton- und Verbunddecken zwischen 3,6 m und 4,8 m - Slim-Floor-Träger mit Spannbetonhohldielen zwischen 6,0 m und 9,6 m

Tab. 4.13 Ergänzende Erläuterungen zu den Parametern der Deckensysteme

Die berücksichtigten Parameter sind im Tabellenkopf und durch die Codierung angegeben. Ergänzende Erläuterungen enthält Tabelle 4.13. Die Tabellen selbst setzen sich aus zwei Teilen zusammen: zum einen aus den statischen Parametern, wie Systemmaße und Schnittgrößen, zum anderen aus den Baustoffmassen und den ökologischen Indikatoren, die zur Beurteilung der Nachhaltigkeit benötigt werden (siehe Abb. 4.46).

In den Tabellen sind in der ersten Spalte die Profile der Unterzugsträger oder Slim-Floor-Träger in aufsteigender Größe aufgeführt. In der zweiten Spalte sind für diese Profile die maximalen Abstände der äußeren Lager angegeben. Diese entsprechen bei Einfeldträgern der zulässigen Spannweite und bei Zweifeldträgern der zulässigen Gesamtlänge (ohne Überstand). Die Maße L_1 und L_2 sind die Feldweiten, die bei der Auslegung von Zweifeldträgern berücksichtigt wurden.

Ergänzend zu den Bemessungsschnittgrößen wird ausgewiesen, welcher Grenzzustand für die Bemessung maßgebend wird (GZG oder GZT).

Aus den Tabellen können für einen gewählten Trägerabstand a und ein aus der Gebäudebreite abzuleitendes Maß L das entsprechende Profil ausgewählt sowie die Baustoffmassen und ökologischen Indikatoren je Quadratmeter Deckenfläche für das Deckensystem abgelesen werden. Eine umweltgerechte Material- und Konstruktionswahl kann über den Vergleich dieser Werte für unterschiedliche Entwurfsparameter erfolgen.

Eine Möglichkeit, die Unterzüge wirksam gegen Brandeinwirkungen zu schützen, ist die Anordnung von Kammerbeton. Die Mindestquerschnittsabmessungen und erforderlichen Längsbewehrungen im Kammerbeton können nach DIN EN 1994-1-2, Abs. 4.2.2. festgelegt werden. Für die Tabellen des Bauteilkatalogs wurde die Bewehrung zu 30 % der Fläche des Untergurts gewählt. Dieser Querschnitt führt zu einem konservativen Bemessungsergebnis unter Normaltemperatur. Ebenso auf der sicheren Seite wurden die Mindestachsabstände der Bewehrungsstäbe nach DIN EN 1994-1-2, Tab. 4.2 für die Feuerwiderstandsklasse R90 gewählt. Damit ist, sofern die Mindestquerschnittsabmessungen vom ausgewählten Profil eingehalten werden, die Auslegung der Unterzugsdecken bis R90 in den Tabellen enthalten.

4.6.5.3 Stützen

Im Bauteilkatalog sind Stahl- und Verbundstützen mit Höhen von 3,5 m und 4,0 m berücksichtigt. In Abhängigkeit von der erforderlichen Tragfähigkeit, den Brandschutzanforderungen sowie den gestalterischen und konstruktiven Anforderungen können die entsprechenden Stützen aus dem Tabellenwerk ausgewählt werden. Stützen von Geschossbauten, die nicht gleichzeitig zur Gebäudeaussteifung dienen, werden im Wesentlichen durch zentrischen Druck beansprucht. Biegemomente können durch exzentrische Lasteinleitungen anschließender Träger, Einspannungen der Deckenträger oder durch Eintragung von Windlasten über die Fassaden entstehen (Abs. 4.5.5). Zur Berücksichtigung möglicher planmäßiger Biegebeanspruchungen sind verschiedene Ausmitten der Stützennormalkräfte im Bauteilkatalog angesetzt. Für den Tragsicherheitsnachweis wurde ein dreieckförmiger Momentenverlauf angenommen. Der Bauteilkatalog wurde für die in Abb. 4.47 aufgeführten Parameter erstellt. Die Struktur des Katalogs weicht von derjenigen der Deckensysteme ab. Bei den Stahlstützen sind die Tragfähigkeiten für die Festigkeitsklassen S355 und S460 und die zugehörigen ökologischen Indikatoren auf einer Doppelseite tabelliert. Die darauffolgende Doppelseite enthält für die Feuerwiderstandsklassen R30, R60 und R90 die erforderliche Brandschutzbekleidung beziehungsweise die Baustoffmassen der Verbundstützen. Ebenso sind für die Stützen die ökologischen Indikatoren je Meter Stützenlänge angegeben. Die Werte sind wegen der einheitlichen EPD für beide Stahlgüten gültig.

Stützentypen	- Verbundstützen - Stahlstützen
Statisches System	- Die Stützenhöhe entspricht der Knicklänge. - Im Brandfall gelten die tabellierten Werte nur für Sützen in mittleren Geschossen (s. DIN EN 1994-1-2, Abs. 4.3.5.1 (9)).
Betongüten	- C30/37 und C50/60 (näherungsweise können Zwischenwerte interpoliert werden)
Bewehrungsgrad	- mind. 3 % der Betonfläche - Mindestbewehrungsgrad und Mindestachsabstände der Bewehrung je nach Feuerwiderstandsklasse nach DIN EN 1994-1-2, Tabellen 4.6 und 4.7
Brandschutz	- Lastausnutzungsfaktor n_{fi} mittels Interpolation der Querschnittswerte nach DIN EN 1994-1-2, Tabellen 4.6 und 4.7 - Brandschutzbekleidung s. Abschnitt 5.6.5.4 im Forschungsbericht [4-6]
Stahlgüten	- S355 und S460 - S355 für alle Feuerwiderstände der kammerbetonierten Stützen (s. DIN EN 1994-1-2, Abs. 4.2.3.3) - S235 für alle Feuerwiderstände der betongefüllten Hohlprofilstützen (s. DIN EN 1994-1-2, Abs. 4.2.3.4)

Tab. 4.14 Ergänzende Erläuterungen zu den Parametern der Stützencodierung

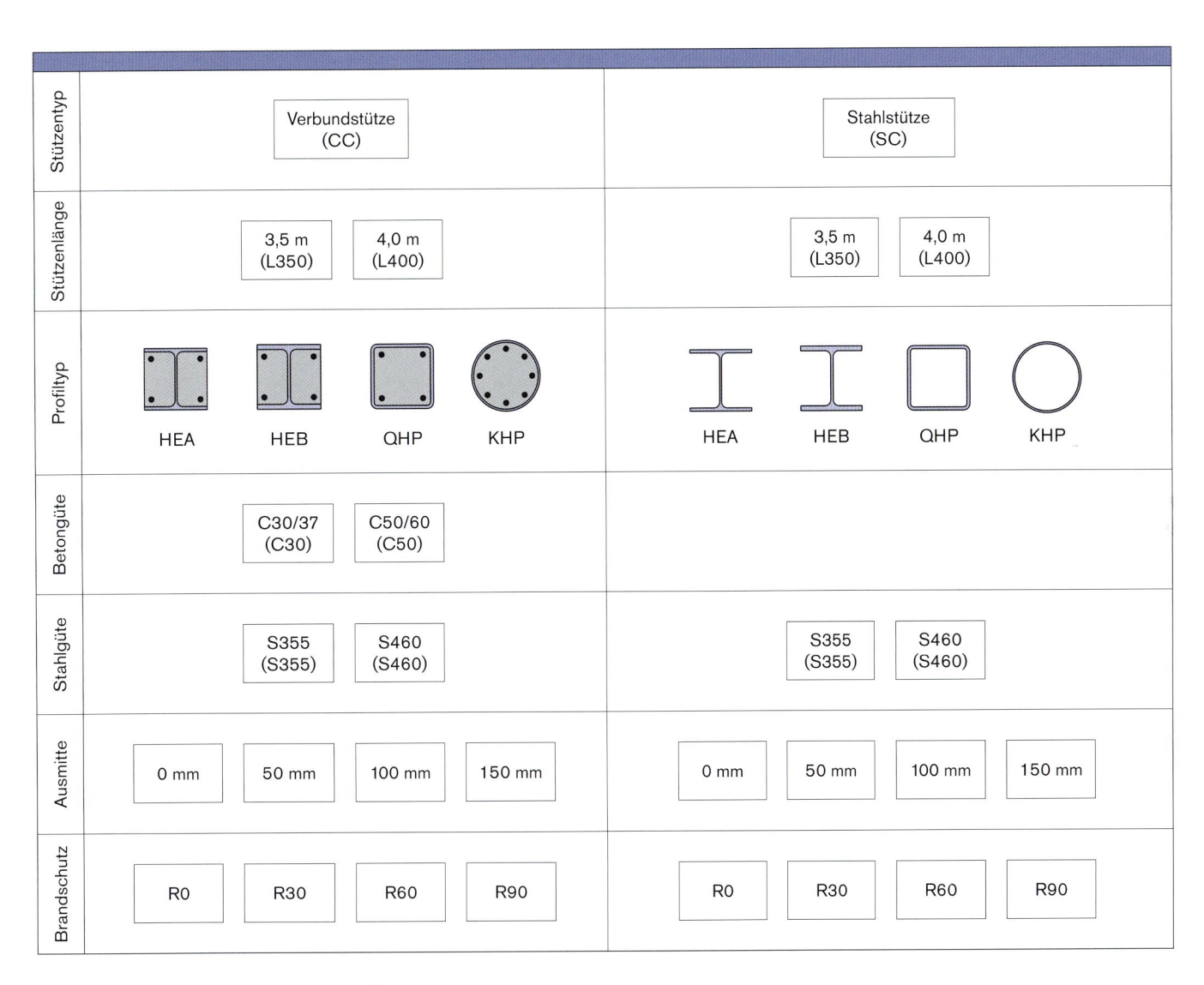

	Verbundstütze (CC)	Stahlstütze (SC)
Stützentyp		
Stützenlänge	3,5 m (L350) / 4,0 m (L400)	3,5 m (L350) / 4,0 m (L400)
Profiltyp	HEA, HEB, QHP, KHP	HEA, HEB, QHP, KHP
Betongüte	C30/37 (C30) / C50/60 (C50)	
Stahlgüte	S355 (S355) / S460 (S460)	S355 (S355) / S460 (S460)
Ausmitte	0 mm / 50 mm / 100 mm / 150 mm	0 mm / 50 mm / 100 mm / 150 mm
Brandschutz	R0 / R30 / R60 / R90	R0 / R30 / R60 / R90

Beispielcode: CC-L350-HEA-S355/C30

Abb. 4.47 Aufbau des Bauteilkatalogs für Stützen

Fassade

158 Energieeffizienz

160 Nachhaltigkeitsaspekte

166 Gestaltungs- und Konstruktionsarten

5

Anforderungen aus Energieeffizienz und Nachhaltigkeit

Markus Feldmann, Dominik Pyschny, Markus Kuhnhenne

Zusammenfassung

Das vorliegende Kapitel beschäftigt sich mit den Anforderungen an Bürofassaden hinsichtlich *Energieeffizienz* und *Nachhaltigkeit*. Diese Aspekte haben bei der Konzeption, Planung und Ausführung von Außenwandkonstruktionen im Büro- und Verwaltungsbau in den vergangenen Jahren stark an Bedeutung gewonnen und sind zu Maßgaben für Neu- und Weiterentwicklungen in diesem Bereich geworden.

Zunächst wird ein Überblick über die Entwicklung der energetischen Anforderungen an Bürogebäude gegeben. Hierbei sind hinsichtlich der sich in Zukunft weiter verschärfenden Energieeinsparverordnungen die bauphysikalischen Merkmale als besonders wichtig herauszustellen. Im Anschluss wird der Einfluss der Fassade auf die Nachhaltigkeitsbewertung der *Deutschen Gesellschaft für Nachhaltiges Bauen* (DGNB) am Beispiel einzelner Kriteriensteckbriefe erläutert. Eine sorgfältige Planung der Gebäudehülle kann durch ihre vielseitigen Funktionen positive Auswirkungen auf viele verschiedene Aspekte der Nachhaltigkeit haben. Abschließend werden Gestaltungs- und Konstruktionsarten für Fassaden von Bürogebäuden erläutert und an realen Objekten gezeigt. Der Fokus liegt hier auf der vorgehängten hinterlüfteten Fassade und der Ganzglasfassade.

adidas Laces-Fassade in Herzogenaurach –
Architekten: kadawittfeldarchitektur – 2011

Foto: Werner Huthmacher Photography, Berlin

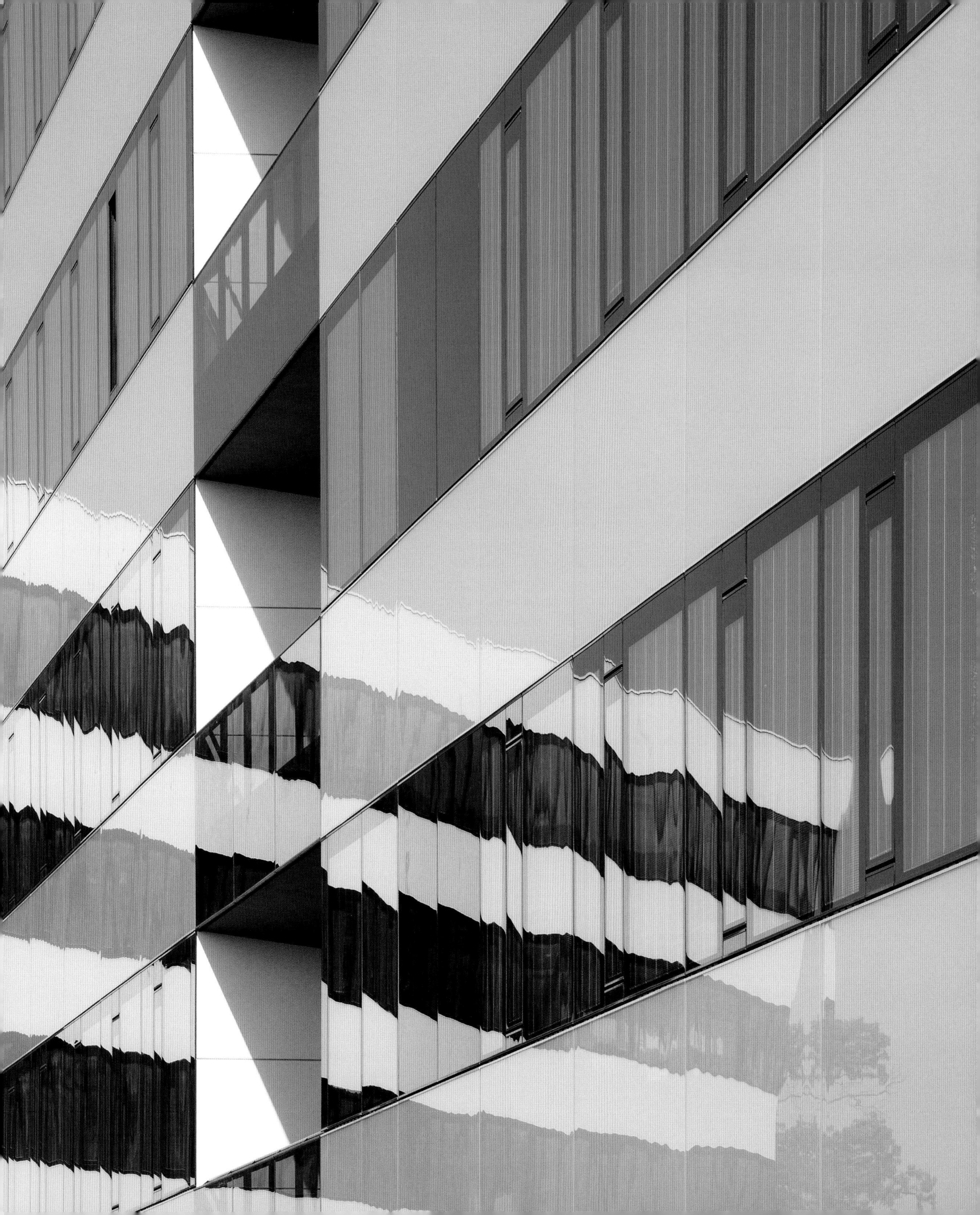

5.1 Energieeffizienz

Die Reduktion des Energieverbrauchs und schädlicher Umweltauswirkungen ist ein zentraler Aspekt der Nachhaltigkeit von Büro- und Verwaltungsgebäuden. So ist bereits seit langer Zeit die Energieeinsparung Gegenstand von Gesetzgebung und Normung. Die Steigerung der Energieeffizienz gehört dabei zu den Schlüsselmerkmalen des nachhaltigen Bauens. Zum einen wird der Energiebedarf selbst in der Nachhaltigkeitsbewertung von Gebäuden erfasst, zum anderen fließen die mit dem Energiebedarf verbundenen Umweltwirkungen und Kosten ebenfalls in die Gesamtnote ein.

Nach den Regeln der Energieeinsparverordnung ist eine Berechnung des Jahresprimärenergiebedarfs für alle Nichtwohngebäude erforderlich, sobald mindestens eine der Konditionierungen Heizung, Kühlung, Be- und Entlüftung, Befeuchtung, Beleuchtung und Trinkwarmwasserversorgung gegeben ist. Mit der Einführung der EnEV 2009 [5-1] ist von der Bundesregierung eine Verschärfung des Anforderungsniveaus um etwa 30 % im Vergleich zur EnEV 2007 [5-2] vorgenommen worden. Der Energiebedarf wird durch verschiedene bauliche und betriebliche Faktoren wie zum Beispiel Wärmedämmstandard, Art der Lüftung, Verluste bei der Wärmeerzeugung, Beleuchtungskonzept und Kühlsystem beeinflusst. In der EnEV 2009 wird versucht, sämtliche Einflussgrößen auf den Energiebedarf eines Gebäudes in der Betriebsphase zu berücksichtigen. Die am 1. Mai 2014 in Kraft getretene EnEV 2014 [5-3] reduziert wiederum den zulässigen Jahres-Primärenergiebedarf für Neubauten ab dem 1. Januar 2016 um ein Viertel und erhöht die Anforderungen an den Wärmeschutz der Gebäudehülle um ein Fünftel im Vergleich zur EnEV 2009 [5-1]. Neben den Anforderungen an den Primärenergiebedarf und der Begrenzung des Transmissionswärmetransfers werden zusätzlich generell geltende Anforderungen gestellt an:

— Mindestwärmeschutz, Wärmebrücken,
— Luftdichtheit, Mindestluftwechsel,
— Anlagen der Heizungs-, Kühl- und Raumlufttechnik,
— Prüfung alternativer Energieversorgungssysteme und
— Energieausweise.

Neben der ästhetischen Gestaltung des Gebäudes und der Sicherstellung von technischen Qualitäten wie Witterungs- und Schallschutz hat die Gebäudehülle die wärmetechnische Aufgabe, zu einem möglichst geringen Energiebedarf während des Betriebs und zur Behaglichkeit des Nutzers beizutragen. Dabei muss im thermischen Einflussbereich von Wärmebrücken ein Nachweis des Mindestwärmeschutzes erfolgen und der »zusätzliche« Wärmetransfer ist bei der Berechnung des Primärenergiebedarfs zu berücksichtigen.

Bei beheizten und gut wärmegedämmten Gebäuden erreicht der Wärmetransfer über Undichtheiten in der Gebäudehülle einen nicht zu vernachlässigenden Anteil. Die Anforderung an die Dichtheit der Gebäudehülle soll dazu beitragen, unnötigen Wärmetransfer und Bauschäden zu vermeiden. Die Luftdichtheitsschicht soll verhindern, dass Bauteile mit warmer feuchtebeladener Luft durchströmt werden. Leckagestellen in der Luftdichtheitsebene können zu Tauwasserschäden in der Konstruktion führen. Ein Luftaustausch kann sowohl über Fensterlüftung als auch über mechanische Lüftung gewährleistet werden. Über diesen werden die Luftfeuchte und die Temperatur im Raum beeinflusst.

Aus dem Spektrum der vielfältigen, häufig miteinander verknüpften Anforderungen und Merkmale von Gebäudehüllkonstruktionen, siehe Abb. 5.1, sind hinsichtlich der oben beschriebenen und sich in Zukunft weiter verschärfenden Energieeinsparverordnungen die bauphysikalischen Merkmale als besonders wichtig herauszustellen.

Beim winterlichen Wärmeschutz kommt der Dämmung des Gebäudes, die durch den Wärmedurchgangskoeffizienten U beurteilt wird, eine zentrale Bedeutung zu. Tabelle 5.1 zeigt die Begrenzung der Höchstwerte der Wärmedurchgangskoeffizienten, bezogen auf den Mittelwert der jeweiligen Bauteile, nach EnEV 2014 [5-3] für Nichtwohngebäude.

Tabelle 5.2 zeigt die U-Werte für die Ausführung des Referenzgebäudes für Nichtwohngebäude nach EnEV 2014 [5-3]. Im Sommer können durch die Wahl eines moderaten Verhältnisses von opaken zu transparenten Hüllflächen unerwünschte Kühllasten vermieden werden. Durch die unterschiedlichen Anforderungen im Sommer und im Winter ist die Verglasungsqualität samt Verschattungseinrichtung auf alle auftretenden Lastfälle abzustimmen. Bei Bürogebäuden, die ohnehin hohe interne Wärmequellen aufweisen, sind eine hohe Lichttransmission (τ-Wert) bei geringer solarer Transmission (g-Wert) in Verbindung mit einem niedrigen U-Wert anzustreben.

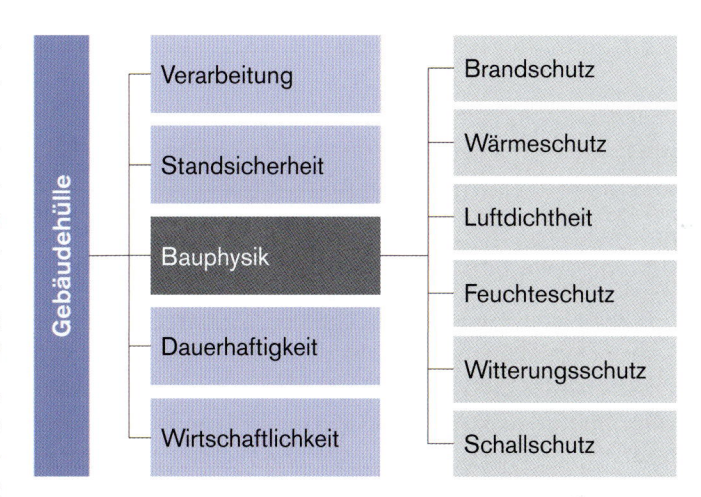

Abb. 5.1 Integrale Anforderungen an Gebäudehüllen

Bauteil	Höchstwerte der Wärmedurchgangskoeffizienten, bezogen auf den Mittelwert der jeweiligen Bauteile
	Zonen mit Raum-Solltemperaturen im Heizfall $\geq$ 19 °C
Opake Außenbauteile, soweit nicht in Bauteilen der Zeilen 3 und 4 enthalten	$\bar{U} = 0{,}28 \ W/(m^2 \cdot K)$ für Neubauvorhaben ab dem 1.1.2016
Transparente Außenbauteile, soweit nicht in Bauteilen der Zeilen 3 und 4 enthalten	$\bar{U} = 1{,}50 \ W/(m^2 \cdot K)$ für Neubauvorhaben ab dem 1.1.2016
Vorhangfassade	$\bar{U} = 1{,}50 \ W/(m^2 \cdot K)$ für Neubauvorhaben ab dem 1.1.2016
Glasdächer, Lichtbänder, Lichtkuppeln	$\bar{U} = 2{,}50 \ W/(m^2 \cdot K)$ für Neubauvorhaben ab dem 1.1.2016

Tab. 5.1 Höchst-U-Werte im Mittel nach EnEV 2014 ab 1.1.2016 [5-3]

Bauteil	U-Wert der Referenzausführung
	Zonen mit Raum-Solltemperaturen im Heizfall $\geq$ 19 °C
Dach	$U = 0{,}20 \ W/(m^2 \cdot K)$
Außenwand	$U = 0{,}28 \ W/(m^2 \cdot K)$
Vorhangfassade	$U = 1{,}40 \ W/(m^2 \cdot K)$
Glasdächer	$U_w = 2{,}70 \ W/(m^2 \cdot K)$
Lichtbänder	$U_w = 2{,}40 \ W/(m^2 \cdot K)$
Lichtkuppeln	$U_w = 2{,}70 \ W/(m^2 \cdot K)$
Fenster	$U_w = 1{,}30 \ W/(m^2 \cdot K)$
Dachflächenfenster	$U_w = 1{,}40 \ W/(m^2 \cdot K)$

Tab. 5.2 U-Werte der Referenzausführung nach EnEV 2014 [5-3]

Energieeffizienz

5.2 Nachhaltigkeitsaspekte

Planung und Ausführung der Gebäudehülle haben durch ihren Einfluss auf viele Einzelkriterien eine direkte Auswirkung auf die Gesamtbewertung im DGNB-System (siehe Abb. 5.2).

5.2.1 Ökologische Qualität

Von der Herstellung über die Nutzung bis zum Lebensende verursachen Gebäude über alle Lebenszyklusphasen hinweg Emissionen in Luft, Wasser und Boden, die vielfältige Umweltprobleme zur Folge haben können. Mithilfe des Kriteriums *Ökobilanz – emissionsbedingte Umweltwirkungen* werden diese Emissionen hinsichtlich folgender Wirkungspotenziale bewertet, die aus anerkannten Umweltwirkungsmodellen stammen:
1) Treibhauspotenzial (*Global Warming Potential*, GWP)
2) Ozonschichtabbaupotenzial
    (*Ozone Depletion Potential*, ODP)
3) Ozonbildungspotenzial
    (*Photochemical Ozone Creation* Potenzial, POCP)
4) Versauerungspotenzial (Acid Potenzial, AP)
5) Überdüngungspotenzial (Eutrophication Potenzial, EP)

Anhand des Kriteriums *Ökobilanz – Ressourcenverbrauch* wird der gesamte Primärenergiebedarf eines Gebäudes über den Lebenszyklus (Herstellung, Instandsetzung, Betrieb und Rückbau/Entsorgung) hinweg bewertet. Hierbei wird besonderer Wert auf die Reduktion des Gesamtverbrauchs an Primärenergie und auf eine Maximierung des Einsatzes erneuerbarer Energie gelegt. Darüber hinaus sollen im Rahmen der Bearbeitung dieses Kriteriums auch der abiotische Ressourcenverbrauch und der Wasserverbrauch für das Gebäude ermittelt werden. Eine Bewertung dieser Indikatoren erfolgt allerdings momentan nicht, da aktuell noch keine Referenzwerte existieren. [5-4]

Beide Kriterien werden anhand der Ergebnisse einer Ökobilanz nach DIN EN 15978 [5-6] beurteilt. Diese stellt die In- und Outputflüsse eines Gebäudes im Verlauf seines gesamten Lebenswegs zusammen und quantifiziert die potenziellen Umweltwirkungen durch verschiedene Indikatoren. Die Qualität der Gebäudehülle – und damit insbesondere die Fassadenqualität – kann in diesen beiden Kriterien auf verschiedene Weise Einfluss auf eine positive Bewertung des Gesamtgebäudes nehmen. Zum einen können durch die Optimierung des Materialeinsatzes die Umweltauswirkungen und der Primärenergiebedarf für Herstellung und Entsorgung der verwendeten Baustoffe minimiert werden. Zum anderen trägt eine energieeffiziente Fassade dazu bei, dass der Energiebedarf und somit auch die Umweltwirkungen während der Nutzungsphase verringert werden können. Daneben kann die Integration von erneuerbaren Energien in die Fassade einen wichtigen Beitrag zur Ressourcenschonung leisten.

Das Kriterium *Risiken für die lokale Umwelt* enthält spezifische Anforderungen an die unterschiedlichen verwendeten Baumaterialien. Grundsätzlich sind Materialien und Bauprodukte zu vermeiden, welche ein Risikopotenzial für die Umweltmedien Grundwasser, Oberflächenwasser, Boden und Luft darstellen. Im Bereich der Fassadenbekleidung wird beispielsweise der VOC-Gehalt von Korrosions- und Effektbeschichtungen begrenzt oder die Verwendung von chrom(VI)-freien Passivierungsmitteln von Aluminium und Edelstahl durch eine höhere Punktevergabe belohnt. Kunstschaumdämmstoffe werden hinsichtlich ihrer Freiheit halogenierter Treibmittel bewertet. Darüber hinaus muss das Ziel von nachhaltigen Bürogebäuden sein, den Trinkwasserbedarf und das Abwasseraufkommen so zu reduzieren, dass der natürliche Wasserkreislauf so wenig wie möglich gestört wird. Insbesondere durch die Optimierung des Fensterflächenanteils kann eine gute Fassadenplanung zur Verringerung des Trinkwasserbedarfs zur Reinigung beitragen.

Ökologische Qualität
- Ökobilanz - Ressourcenverbrauch
- Risiken für die lokale Umwelt
- Ökobilanz - emissionsbedingte Umweltwirkungen

Soziokulturelle und funktionale Qualität
- Thermischer Komfort
- Innenraumluftqualität
- Akustischer Komfort

Trinkwasserbedarf und Abwasseraufkommen
Visueller Komfort
Einflussnahme des Nutzers
Aufenthaltsqualitäten innen/außen

Technische Qualität
- Schallschutz
- Tauwasserschutz der Gebäudehülle
- Reinigungs- und Instandhaltungsfreundlichkeit
- Rückbau- und Recyclingfreundlichkeit

Ökonomische Qualität
- Gebäudebezogene Kosten im Lebenszyklus

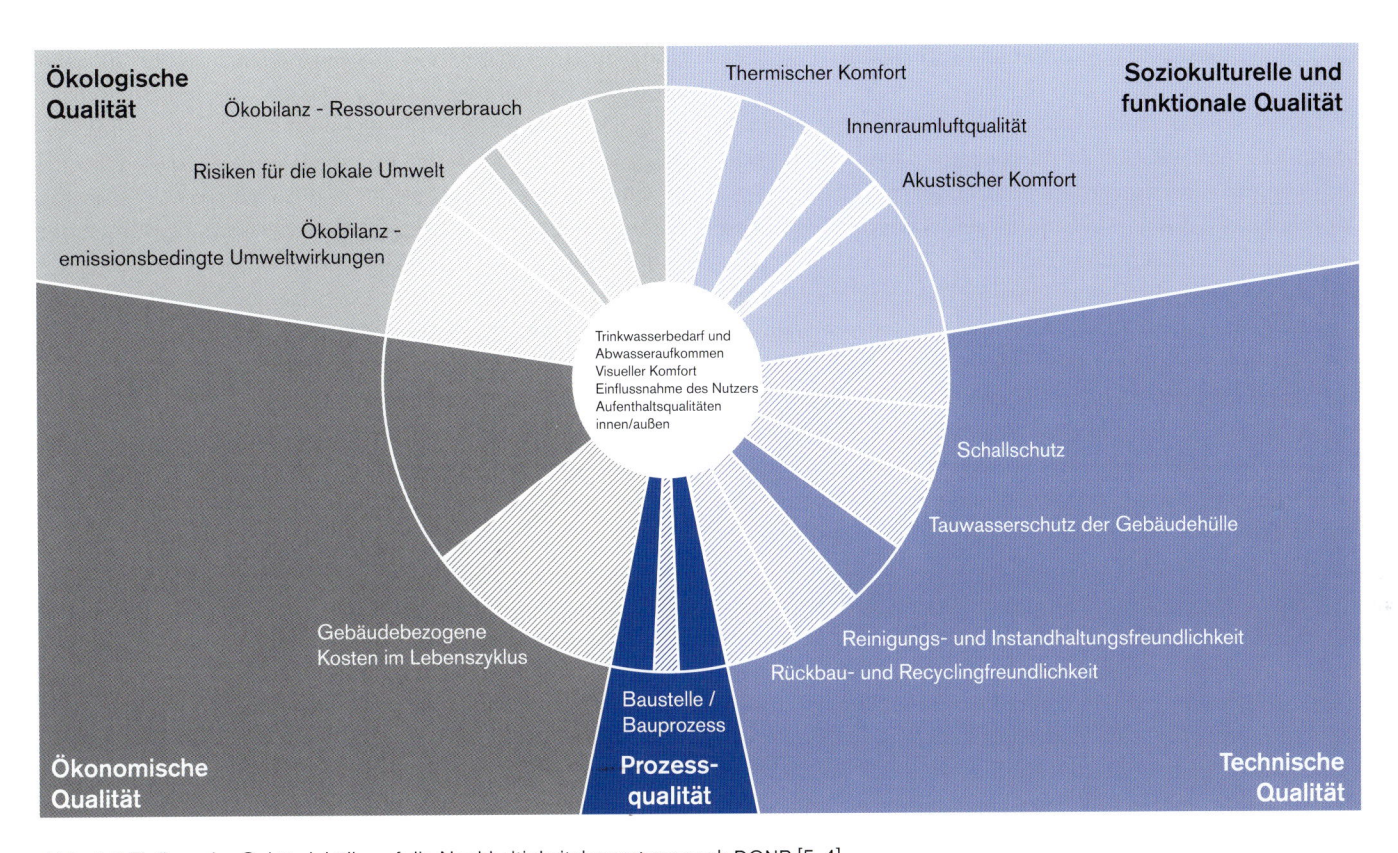

Prozessqualität
- Baustelle / Bauprozess

Abb. 5.2 Einfluss der Gebäudehülle auf die Nachhaltigkeitsbewertung nach DGNB [5-4]

5.2.2 Ökonomische Qualität

Die ökonomische Qualität eines Gebäudes hängt nicht nur von den Anschaffungs- und Errichtungskosten ab, sondern insbesondere von den Baufolgekosten, die über die gesamte Nutzungs- beziehungsweise Lebensdauer anfallen. Diese können die Errichtungskosten in der Praxis sogar um ein Mehrfaches überschreiten. Eine Lebenszykluskostenanalyse (LCC, *Life Cycle Costing*) soll über die Errichtungs-, Nutzungs- und Rückbaukosten Aufschluss geben. Darüber hinaus ist die Wertentwicklung des Gebäudes von besonderem Interesse für die Immobilienbranche. Neben den reinen Herstellungskosten werden hier auch die Instandhaltungs- und Reinigungskosten, die Kosten für Rückbau und Entsorgung sowie die Nutzungskosten des Gebäudes betrachtet. All diese Kostenarten können durch eine optimierte Fassadenplanung positiv beeinflusst werden.

5.2.3 Soziokulturelle und funktionale Qualität

Die soziokulturelle und funktionale Qualität betrachtet neben Fragen der Ästhetik und Gestaltung vor allem die Aspekte des Gesundheitsschutzes und der Behaglichkeit.
Der thermische Komfort in Büroräumen bildet die Grundlage für effizientes und leistungsförderndes Arbeiten. Einerseits wird dieser durch die Gesamtbehaglichkeit bestimmt, andererseits können auch lokale Unbehaglichkeitserscheinungen den thermischen Komfort einer Person beeinflussen. Die Akzeptanz des Raumklimas hängt sowohl im Winter als auch im Sommer von der Raumlufttemperatur, der Temperatur der den Menschen umgebenden Oberflächen, der Luftgeschwindigkeit im Raum sowie der relativen Luftfeuchte ab. Insbesondere im Sommerfall kann durch eine frühzeitige Planung der passiven und aktiven Maßnahmen an der Fassade ein hoher thermischer Komfort bei niedrigem Energiebedarf für die Kühlung erreicht werden. Darüber hinaus beeinflusst die Art, wie der thermische Komfort bereitgestellt wird, den Energieverbrauch von Bürogebäuden erheblich, so dass durch die Nutzung des Potenzials baulicher Maßnahmen auch Betriebskosten gesenkt werden können.
Mit dem Kriterium *Innenraumluftqualität* soll die Luftqualität in Innenräumen so sichergestellt werden, dass das Wohlbefinden und die Gesundheit der Nutzer nicht beeinträchtigt werden. Die Wahl geruchs- und emissionsarmer Bauprodukte in der Fassade mit Kontakt zu Innenräumen schafft die Grundlage für eine hohe Raumluftqualität unter hygienischen Gesichtspunkten.
Eine wichtige Voraussetzung für die Leistungsfähigkeit und Behaglichkeit von Menschen in Innenräumen sind gute akustische Bedingungen, die unter anderem durch die Begrenzung der Nachhallzeiten gesichert werden. Belastungen durch Lärm können schon bei niedrigem Schalldruckpegel auftreten und die Leistungsfähigkeit am Arbeitsplatz stören.

Um dies zu vermeiden, muss die raumakustische Qualität speziell in Bürogebäuden gewährleistet werden, da hier die sprachliche Kommunikation im Fokus steht. Sowohl Besprechungs- und Seminarräume als auch Einzel- und Mehrpersonenbüros erfordern eine akustische Bedämpfung des Raums durch ein Mindestmaß an schallabsorbierenden Raumbegrenzungsflächen. Dementsprechend hat auch die Fassade als ein wesentliches Element der raumumhüllenden Fläche Einfluss auf den akustischen Komfort von Bürogebäuden.
Nutzerzufriedenheit und Komfortempfinden stehen in einem engen Zusammenhang und können durch eine gute Tageslichtversorgung positiv beeinflusst werden. Der visuelle Komfort wird durch eine ausgewogene Beleuchtung ohne Blendung mit der Möglichkeit der individuellen Anpassung an die jeweiligen Bedürfnisse erreicht. Die Sichtverbindung nach außen ist für die Zufriedenheit am Arbeitsplatz von hoher Bedeutung, da diese für die Informationsvermittlung über Tageszeit, Ort und Wetterbedingungen sorgt. Die Fassade als Schnittstelle zwischen Innen- und Außenraum ist hauptverantwortlich für diese Sichtverbindung, so dass eine gute Tageslichtplanung die Leistungsfähigkeit und Gesundheit am Arbeitsplatz nachweislich erhöhen und daneben die Betriebskosten senken kann. Die visuelle Behaglichkeit ist darüber hinaus stark von der Raumgestaltung sowie dem Sonnen- und Blendschutz abhängig, der in die Fassade integriert sein kann.
Eine positive Bewertung des Kriteriums *Einflussnahme des Nutzers* wird erreicht, indem diesem ein möglichst großer Einfluss auf die Bereiche *Lüftung, Sonnenschutz, Blendschutz, Temperatur* sowie *Tages- und Kunstlicht* gewährleistet wird. Durch diese Einflussmöglichkeit kann die Behaglichkeit am Arbeitsplatz und somit die Zufriedenheit und Leistungsfähigkeit des Nutzers gesteigert werden. Fassadenintegrierte Lüftungs-, Sonnen- oder Blendschutz- sowie Tageslichtsteuerungssysteme können diverse Möglichkeiten

zur Einflussnahme des Nutzers bieten und in diesem Zusammenhang einen Beitrag zu einer positiven Nachhaltigkeitsbewertung von Bürogebäuden leisten.

Im Rahmen des Steckbriefs *Aufenthaltsqualitäten innen/außen* werden sowohl außenliegende Aufenthaltsbereiche als auch begrünte Außenflächen positiv bewertet. Fassadenintegrierte Balkone und Loggien schaffen Ausweich- und Rückzugsmöglichkeiten für unterschiedliche Nutzergruppen und deren Bedürfnisse. Sie können auch für kommunikative Zwecke genutzt werden und tragen so zur Aufenthaltsqualität der Nutzer bei.

5.2.4 Technische Qualität

Die Qualität der technischen Ausführung ist eine sogenannte Querschnittsqualität, die sich auf alle Bereiche der Nachhaltigkeit auswirkt. So trägt beispielsweise die energetische Qualität der Gebäudehülle durch die Einsparung von Energieverbrauch zur Minderung sowohl der Lebenszykluskosten als auch der negativen Umweltauswirkungen bei.

Die Sicherstellung einer akustischen Mindestqualität ist eine Grundvoraussetzung für die Nutzung eines Bürogebäudes. Durch die schalltechnische Qualität werden im Wesentlichen die akustische Behaglichkeit und das Zufriedenheitsgefühl des Nutzers im Raum bestimmt. Durch die Einhaltung der Schallschutzanforderungen nach DIN 4109 [5-7] werden unzumutbare Lärmbelästigungen ausgeschlossen. Darüber hinaus sollte der Schallschutz in Bürogebäuden so geplant werden, dass die Konzentrationsfähigkeit der Nutzer erhalten bleibt, der Vertraulichkeitsschutz gewahrt bleibt und Personen mit eingeschränktem Hörvermögen nicht benachteiligt werden. Durch eine Übererfüllung des Luftschallschutzes gegenüber Außenlärm kann die Fassade zu einer positiven Bewertung des Kriteriums beitragen.

Das Kriterium *Tauwasserschutz der Gebäudehülle* dient zur Minimierung des Energiebedarfs für die Raumkonditionierung des Gebäudes bei gleichzeitiger Sicherstellung einer hohen thermischen Behaglichkeit und der Vermeidung von Bauschäden. Dies soll erreicht werden durch die Einhaltung von Grenzwerten für die mittleren Wärmedurchgangskoeffizienten der verschieden Außenbauteile und den Wärmebrückenzuschlag, die Ermittlung der Luftwechselrate n50, die Einteilung in Klassen der Luftdurchlässigkeit der Fugen von Fenstern und Türen sowie den Nachweis des Sonneneintragskennwerts nach DIN 4108 2 [5-8]. Da all diese Aspekte unmittelbar von der baukonstruktiven Durchbildung der Gebäudehülle abhängen, hat die Fassadenplanung durch dieses Kriterium den direktesten Einfluss auf die Nachhaltigkeitsbewertung des gesamten Bürogebäudes im DGNB-System. Die im Gebäude eingesetzten Materialien und Bauteile können nur durch eine gezielte, planmäßige Reinigung und Instandhaltung ihre maximale Lebensdauer erreichen. Gleichzeitig benötigen Oberflächen, die sich leicht reinigen lassen, weniger Reinigungsmittel und verursachen sowohl weniger Umweltwirkungen als auch geringere Kosten. Für die Fassade bedeutet dies, dass eine gute Zugänglichkeit der Außenglasflächen durch Hilfsmittel wie zum Beispiel eine Fassadenbefahranlage und Reinigungsstege gewährleistet werden sollte. Je einfacher das Gebäude wieder in seine Bestandteile zerlegt werden kann, umso besser ist seine Rückbaufreundlichkeit zu beurteilen. Rückbaufreundlich ist eine Konstruktion, wenn die Möglichkeit einer zerstörungsfreien Entnahme der Bauteile und einer sortenreinen Trennung der einzelnen Bauteilschichten gegeben ist. Als zerstörungsfrei wird die Entnahme von Bauteilen bezeichnet, wenn eine Wieder- oder Weiterverwendung des entsprechenden Bauteils möglich ist. Eine sortenreine Trennung bedeutet, dass im Anschluss eine stoffliche Verwertung der gewonnen Materialien ohne Einschränkung durchgeführt werden kann.

Darüber hinaus werden Baustoffe im Rahmen der DGNB-Zertifizierung hinsichtlich ihrer Recyclingfreundlichkeit in drei verschiedene Stufen eingeteilt. Die höchste Stufe bedeutet, dass eine Wieder- oder Weiterverwendung der Bauprodukte möglich ist oder eine Wiederverwertung zu einem Produkt mit vergleichbaren Einsatzmöglichkeiten führen kann. Das Recyclingprodukt muss also in seinen wesentlichen Eigenschaften dem Ausgangsprodukt entsprechen und in der Lage sein, das gesamte Leistungsspektrum des Ausgangsprodukts abzudecken oder sogar zu übertreffen (Beispiel: Stahlrechteckprofil ist rezyklierfähig zu einem (eventuell sogar leistungsstärkeren] Stahl-I-Profil). In die zweite Stufe werden Baustoffe eingeteilt, deren Wieder- oder Weiterverwertung zu einem hochwertigen Bauprodukt führen kann, das im Gegensatz zum Ausgangsprodukt ein anderes Leistungsspektrum abbildet (Beispiel: tragender Holzbalken ist weiterverwertbar zu aussteifendem Holzplattenwerkstoff). Die niedrigste Stufe der Recyclingstufe wird hier definiert als eine Materialauswahl, die nicht unter den oben genannten Gesichtspunkten getroffen wird. [5-4]

Die Möglichkeiten des Rückbaus oder der Demontage hängen im Wesentlichen von der verwendeten Bauweise ab. Fassadenkonstruktionen, die mithilfe von lösbaren Anschlüssen und Verbindungen befestigt werden, ermöglichen eine nahezu zerstörungsfreie Demontage und sortenreine Trennbarkeit. Zudem trägt die Verwendung rezyklierbarer Materialien zur Vermeidung von Abfällen und zur Ressourcenschonung bei.

5.2.5 Prozessqualität

Die Qualität der Planung, Bauausführung und Bewirtschaftung eines Gebäudes kann, genau wie die technische Qualität, keiner der drei ursprünglichen Säulen der Nachhaltigkeit (Ökologie, Ökonomie, Soziales) eindeutig zugeordnet werden. Da diese Aspekte aber als wichtig für die Qualität eines Gebäudes im Sinne der Nachhaltigkeit angesehen werden, sind sie explizit in das DGNB-System aufgenommen worden.

Nachhaltigkeit im Bauwesen bedeutet, in alle Phasen des Lebenszyklus von Gebäuden eine Minimierung des Verbrauchs von Energie und Ressourcen anzustreben. Ziel ist es deshalb, auch während der Bauausführung die Auswirkungen auf die Umwelt zu minimieren und die Gesundheit aller Beteiligten zu schützen. Durch die Vermeidung von Abfällen auf der Baustelle wird ein wichtiger Beitrag zur Ressourcenschonung geleistet. Eine lärm- und staubarme Baustelle fördert die Akzeptanz von Baumaßnahmen bei direkt betroffenen Anwohnern und trägt zum (Gesundheits-)Schutz von Mensch und Tier bei.

Die Verwendung von vorgefertigten Fassadenelementen reduziert den Zeitaufwand auf der Baustelle und führt somit zu einer geringeren Beeinträchtigung der Anwohner. Gleichzeitig können durch die Konzentration der Baustellentätigkeiten auf Montagearbeiten Verschnitt- und Abfallmengen reduziert werden.

Abb. 5.3 *adidas Laces* in Herzogenaurach – Architekten: kadawittfeldarchitektur – 2011

Foto: Werner Huthmacher Photography, Berlin

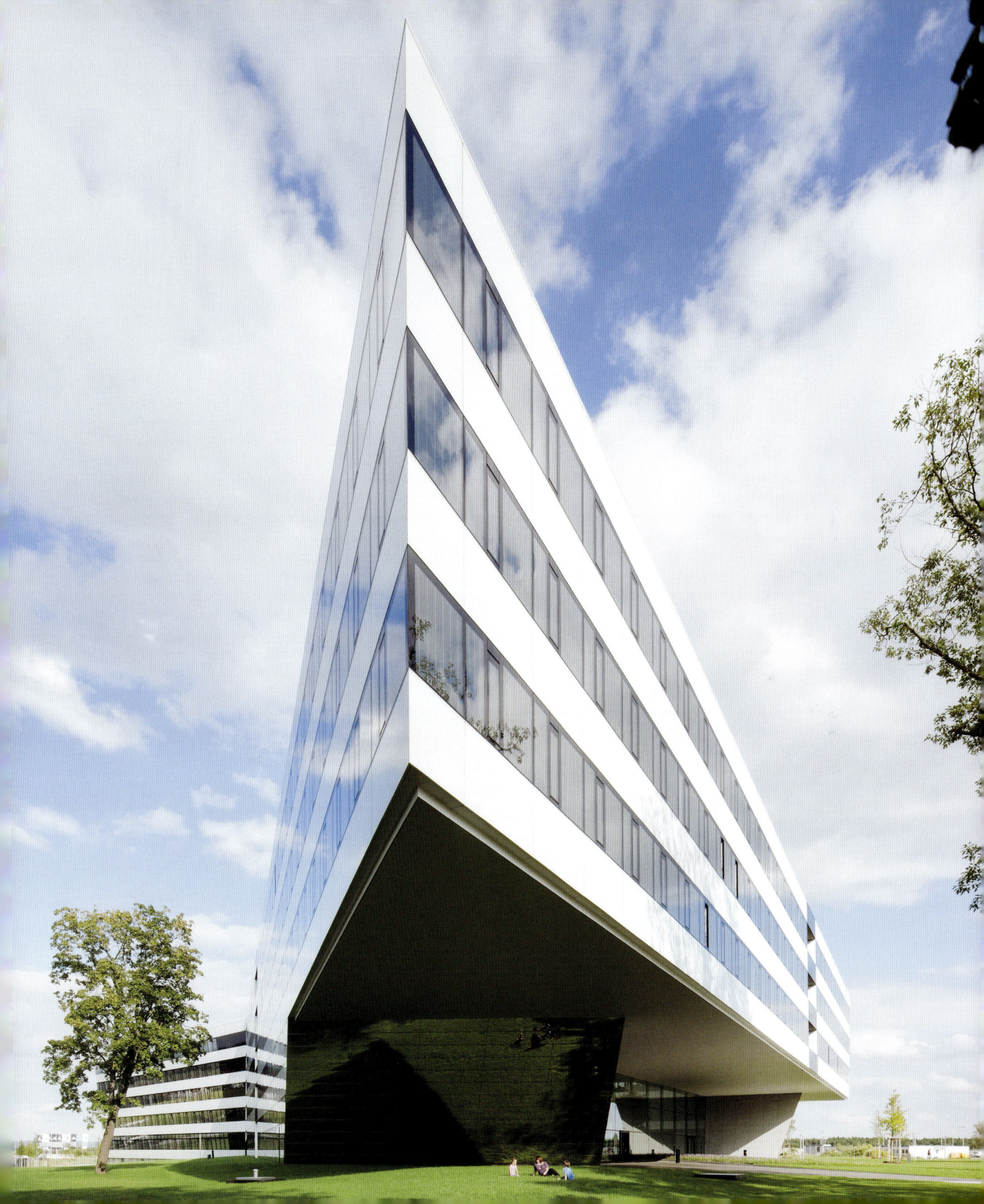

Abb. 5.4 DIAL GmbH in Lüdenscheid – Architekt: Artec Architektengemeinschaft – 2012 (Produkt: LAUKIEN Steckpaneel PLUS)

Fotos: Steffen Schulte-Lippern, Lüdenscheid

5.3 Gestaltungs- und Konstruktionsarten

Grundsätzlich werden drei verschiedene Fassadenarten für Bürogebäude in Abhängigkeit ihres Verglasungsanteils unterschieden [5-5], siehe (Abb. 5.5). Die Lochfassade mit einem Verglasungsanteil von etwa 30 % ist eine traditionelle Fassadenart, deren Erscheinungsbild von einzelnen klar begrenzten Öffnungen geprägt ist und daher nur eine geringe Transparenz besitzt. Eine stark horizontal gegliederte Bauweise in massive und transparente Bänder bezeichnet man als Bandfassade (Verglasungsanteil etwa 60 %). Die dritte Fassadenart stellt die Ganzglasfassade mit einem Verglasungsanteil von etwa 90 % dar. Hierbei handelt es sich um sogenannte Vorhangfassaden, die nur ihr Eigengewicht und keine weiteren statischen Lasten tragen. Meist wird die Vorhangfassade mit einer Skelettbauweise kombiniert. Die Vorhangfassade wird mittels einer Unterkonstruktion am Tragwerk des Gebäudes aufgehängt, so dass ihr Eigengewicht abgetragen werden kann. Sie besteht in der Regel aus einer Rahmenkonstruktion aus Stahl- oder Aluminiumprofilen, die großflächig mit Glas oder anderen flächigen Füllelementen ausgefacht ist. Eine Vorhangfassade kann als Pfosten-Riegel-Fassade oder als Elementfassade realisiert werden.

Eine beliebte Konstruktionsart für die Ausgestaltung von Lochfassaden ist die »vorgehängte hinterlüftete Fassade (VHF)«. Als VHF bezeichnet man ein mehrschichtiges Fassadensystem, welches nach DIN 18516-1 [5-9] geregelt ist und aus der eigentlichen Fassadenbekleidung (Witterungsschutz) und der durch einen Hinterlüftungsraum konstruktiv getrennt angeordneten Wärmedämmung besteht. Die Trennung der Funktionen *Raumabschluss*, *Witterungsschutz* und *Wärmedämmung* ist zum einen bauphysikalisch sinnvoll, zum anderen bringt diese Trennung auch Vorteile hinsichtlich Demontierbarkeit und Sanierungsfreundlichkeit mit sich. Der durch Wind und den thermischen Auftrieb erwärmter Luft erzeugte Luftaustausch im Belüftungsraum bewirkt den Abtransport der durch Wasserdampfdiffusion oder Schlagregen hervorgerufenen Feuchte. Die Fassadenbekleidung wird durch eine Unterkonstruktion auf Abstand zur massiven Außenwand gehalten. Hierfür ist ein statisch tragender Verankerungsgrund notwendig. Die Bekleidung der Fassade verleiht dem Gebäude seinen Charakter. Möglichkeiten zur

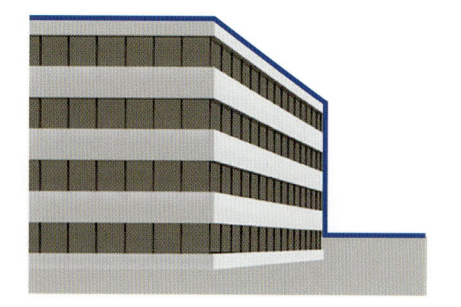

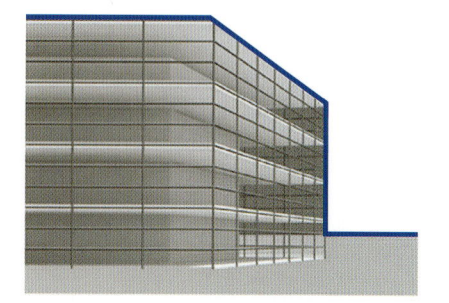

Abb. 5.5 Fassadenarten: Lochfassade mit einem Verglasungsanteil von 30 % – Bandfassade mit einem Verglasungsanteil von 60 % – Ganzglasfassade mit einem Verglasungsanteil von 90 %

Quelle: TU Darmstadt, FB Architektur, Fachgebiet Entwerfen und Baugestaltung

Abb. 5.6 Denios AG in Bad Oeynhausen – Architekt: Gottfried Kasel awp, Minden – 2014 (Produkt: LAUKIEN Steckpaneel PLUS)

Fotos: Peter Hübbe, Minden

architektonischen Gestaltung mithilfe von VHF-Lösungen mit Stahlbekleidungen sind in Abb. 5.4 und Abb. 5.6 dargestellt. Als Wärmedämmung dürfen ausschließlich genormte oder bauaufsichtlich zugelassene Dämmstoffe verwendet werden, welche die Anforderungen nach DIN 4108-10 [5-10] Typ WAB erfüllen. Die in Mitteleuropa gebräuchlichen Dämmstoffdicken liegen zwischen 150 und 200 mm, bei erhöhten Wärmeschutzanforderungen auch darüber. Die Energieverluste durch Wärmebrückenwirkung der Fassadenhalter und Verankerungen sind bei der Berechnung des Wärmedurchgangskoeffizienten (U-Wert) zu berücksichtigen. Dies ist zum Beispiel mithilfe von Finite-Elemente- (FE)-Simulationen nach DIN EN ISO 10211 [5-11] möglich. Abb. 5.7 zeigt beispielhaft ein FE-Modell und den Temperaturverlauf einer dreidimensionalen Berechnung der Wärmebrückenwirkung eines Fassadenhalters in zwei verschiedenen Materialausführungen. Die Ergebnisse zeigen, dass die Wärmebrückenwirkung von Fassadenhaltern durch eine geeignete Materialwahl – in diesem Fall glasfaserverstärkter Kunststoff (GFK) statt Aluminium – deutlich reduziert werden kann.

Ganzglasfassaden werden in den meisten Fällen als Vorhangfassade ausgeführt und mit einer Skelettbauweise kombiniert. Die Fassaden sind selbsttragend, übernehmen keine weiteren Lasten und werden mittels einer Unterkonstruktion am Tragwerk des Gebäudes aufgehängt, so dass ihr Eigengewicht abgetragen werden kann. Ganzglasfassaden können geklebt (*Structural Glazing*), liniengelagert (Pfosten-Riegelkonstruktion) oder punktgelagert ausgeführt werden. Geklebte Glasfassaden sind durch eine glatte Oberfläche gekennzeichnet, die in der Regel lediglich von schmalen Silikonfugen durchzogen ist. Die Press- und Deckleisten entfallen, so dass der Eindruck einer halterlosen Ganzglasfassade erzeugt wird. Bei Pfosten-Riegelkonstruktionen erfolgt der Lastabtrag über senkrechte Pfosten, an welche die horizontalen Riegel angeschlossen sind. Gehalten werden die Füllungselemente durch horizontale und vertikale Pressleisten, die auf die Pfosten oder Riegel geschraubt werden. Konstruktive Randbedingungen für punktförmig gelagerte Verglasungen sind in der DIN 18008-3 [5-12] festgelegt. Aufgrund der Spannungskonzentration im Bohrungsbereich muss für punktgelagerte Scheiben thermisch vorgespanntes Glas verwendet werden. Großer Vorteil der mechanischen Kraftübertragung über Halter, Bolzen oder Klemmungen ist eine relativ problemlose Austauschbarkeit im Falle der Beschädigung einer Scheibe oder bei der Demontage.

Mit steigendem Glasanteil steigt auch der Einfluss des Klimas auf die Nutzer im Gebäude. Durch gute Planung und die Verwendung geeigneter Materialien an den entsprechenden Stellen bieten Stahlglasfassaden dennoch die Möglichkeit, thermisch und vor allem visuell behagliche sowie energieeffiziente Gebäude zu realisieren. Dazu muss das Spannungsfeld zwischen einer automatischen Nachführung des Sonnenschutzes unter energetischen Gesichtspunkten und dem Wunsch des Nutzers nach Einflussnahme und Durchsicht gelöst werden.

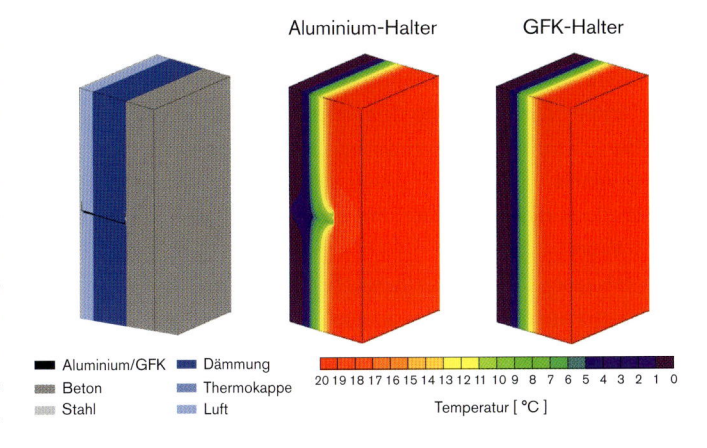

Abb. 5.7 FE-Berechnungen zur Wärmebrückenwirkung von Verankerungen

Abb. 5.8 *adidas Laces* in Herzogenaurach –
Architekten: kadawittfeldarchitektur – 2011

Foto: Werner Huthmacher Photography, Berlin

Bei der Planung der Fassade sollten daher unter anderem folgende Punkte berücksichtigt werden:
— Berücksichtigung der aus der Fassadenorientierung resultierenden Zwänge und Nutzung aus ihr resultierender Chancen durch die Wahl einer geeigneten Kombination aus Verglasung und Sonnenschutz
— Gute Wärmedämmung durch Verwendung entsprechender Materialien und Geometrien
— Prüfung zusätzlicher Maßnahmen gegen zu starken Kaltluftabfall
— Analyse aller realistischen Regelstrategien des Sonnenschutzes
— Wahl eines Glases mit niedrigem Absorptionsgrad der Innenscheibe, speziell bei innen liegendem Sonnenschutz
— Getrennte Installation von Blend- und Sonnenschutz zur optimalen Nutzung von passiven Wärmegewinnen und Hitzeschutz
— Automatisierung des Sonnenschutzes zumindest außerhalb der Belegungszeit; Prüfung einer kompletten Verschattung außerhalb der Belegungszeit
— Vernetzung von Beleuchtung und Sonnenschutz
— Gleichzeitige Betrachtung von g-Wert, Durchsicht und Tageslichtversorgung des aktivierten Sonnenschutzes
— Berücksichtigung des winkelabhängigen Verhaltens des g-Werts
— Einfluss der Glasdicke und des Glasaufbaus auf g- und τ-Wert

Ein Beispiel für eine ästhetisch anspruchsvolle Structural-Glazing-Fassade ist das *adidas Laces*-Gebäude im mittelfränkischen Herzogenaurach (Abb. 5.8). Die Aluminium-Elementkonstruktion mit hoch isolierender Dreifachverglasung und integriertem Sonnen- und Blendschutz im Scheibenzwischenraum sorgt hier für eine glatte Fassadenoptik, die in transparente und weiße Brüstungsbänder gegliedert ist.

Die Glasfassade des SuperC-Gebäudes der RWTH Aachen ist eine Pfosten-Riegelkonstruktion mit speziellen Multifunktionsgläsern und integrierten Folienrollos (Abb. 5.9). Der Entwurf des von den Architektinnen Susanne Fitzer und Eva-Maria Pape entworfenen Gebäudes basiert auf der Idee, vor dem Gebäude eine Plaza für öffentliche Aktivitäten zu schaffen und das 28 m hohe Gebäude als großes Schaufenster zu nutzen. Damit das Gebäude von der Seite aus betrachtet nicht im rückwärtigen Bereich verschwindet, kragt das Dachgeschoss in 20 m Höhe rund 17 m nach vorne frei aus. So lässt der Neubau den Blick aus östlicher Richtung frei und bildet einen Rahmen um das denkmalgeschützte RWTH-Hauptgebäude. Durch die Auskragung entstehen auch energetische Vorteile: Das Dach verschattet die südliche Glasfassade im Sommer und lässt im Winter die tiefer stehende Sonne in die Räume gelangen. In den Eckbereichen der Südfassade, die nicht von der Auskragung verschattet werden und die an zwei Seiten verglast sind, befinden sich die Treppenhäuser. Wegen der niedrigeren Anforderungen an das Temperaturniveau entsteht hier kein Risiko der Überhitzung.

Abb. 5.9 Studienfunktionales Zentrum *SuperC* der RWTH Aachen in Aachen – Architekten: Pape Architektur – 2008

Foto: Peter Hinschläger, Aachen

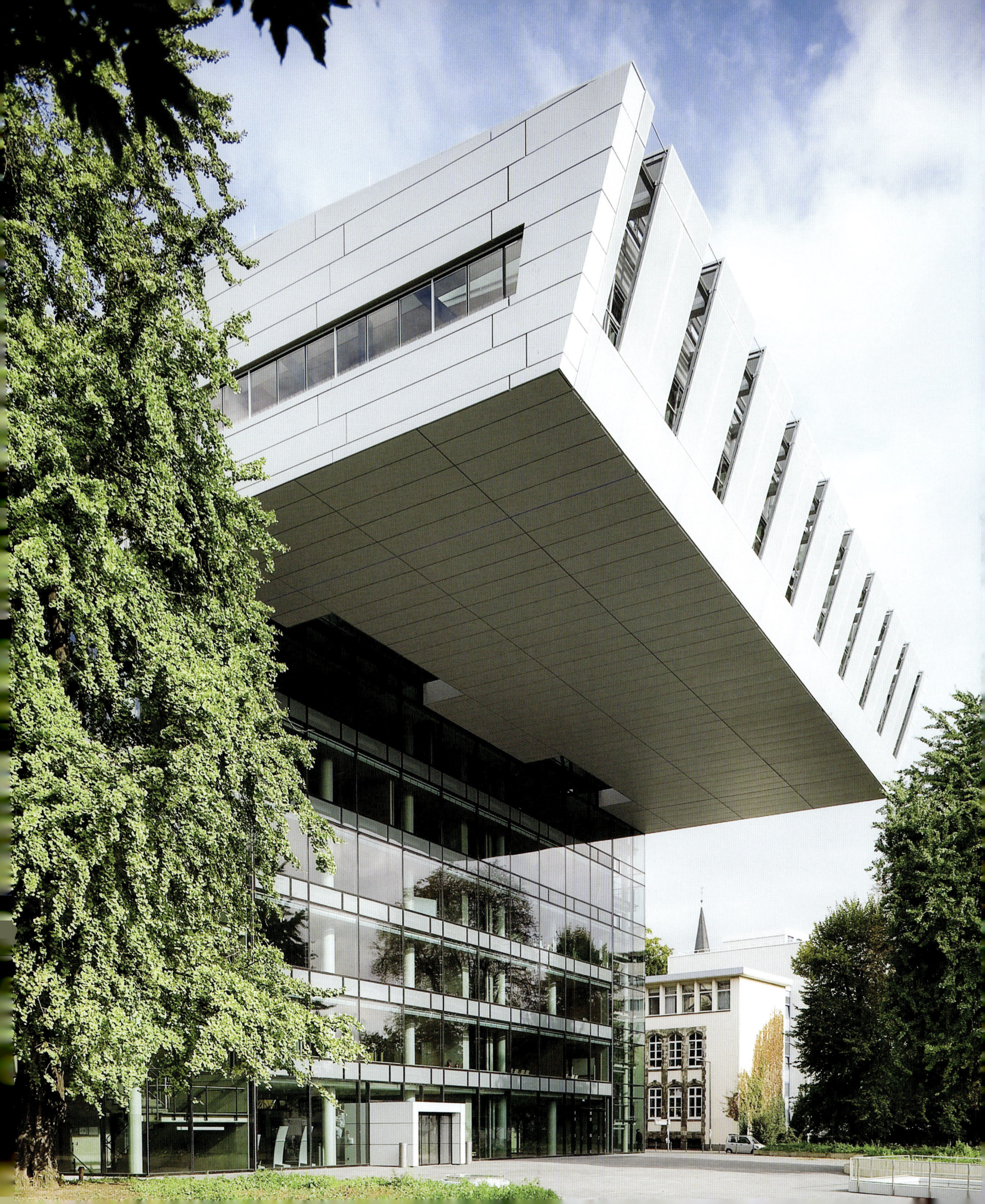

Ökonomie

174 Nachhaltigkeit als Chance für flexibel konzipierte Bürogebäude in Stahl- und Stahlverbundbauweise

176 Implikationen der Flexibilität auf die ökonomische Bewertung

178 Investitionsrechnung für flexible Bürogebäude

184 Beschreibung der zu bewertenden Mustergebäude

186 Monetäre Dimension eines Bauvorhabens

204 Ergebnisse der Kapitalwertberechnung

206 Fazit

6

Ökonomische Bewertung flexibler Bürogebäude in Stahl

Volker Lingnau, Katharina Kokot

Zusammenfassung

Die Werterhaltung eines Gebäudes ist aus Sicht der ökonomischen Nachhaltigkeit von zentraler Bedeutung. Flexible Bauweisen in Stahl- und Stahlverbundbauweise bieten aufgrund der langen Nutzungsdauer des Tragwerks und ihrer Anpassungsfähigkeit an sich ändernde Nutzeranforderungen die Möglichkeit, eine Immobilie langfristig am Markt anzubieten. Eine ökonomische Bewertung der Werterhaltung eines Gebäudes erfordert es jedoch, die Grenzen einer alleinigen Kostenorientierung zu überwinden und den ökonomischen Nutzen in die Bewertung zu integrieren. In Kapitel 6 wird gezeigt, wie es durch eine Anpassung investitionstheoretischer Verfahren an die Anforderungen flexibler Bürogebäude in Stahl- und Stahlverbundbauweise gelingt, alle Zahlungsströme im Lebenszyklus eines Bürogebäudes gebäudespezifisch zu erfassen und dabei gleichzeitig ein Spektrum zukünftiger Entwicklungen abzubilden. Einen zentralen Aspekt bildet in diesem Zusammenhang eine nachvollziehbare sowie angemessene Vorgehensweise bei der Ermittlung aller für das Investitionsverfahren relevanten Daten. Durch Anwendung der gewonnen Erkenntnisse am Beispiel verschiedener »flexibel« und »unflexibel« konzipierter Mustergebäude wird gezeigt, dass sowohl eine Investition in flexible als auch unflexible Bürogebäude in Stahl- und Stahlverbundbauweise aus ökonomischer Perspektive lohnend ist. Darüber hinaus werden Aussagen getroffen, unter welchen Bedingungen sich eine Investition in flexibel konzipierte Bürogebäude gegenüber einer Investition in eine unflexible Alternative als vorteilhaft erweist. Durch die Bewertung der Marktfähigkeit einer Immobilie werden damit die Voraussetzungen für eine Planung geschaffen, welche die ökonomische Dimension der Nachhaltigkeit eines Gebäudes ganzheitlich berücksichtigt.

Neubau von Bürogebäuden als Stahlkonstruktion im Rohbauzustand

Foto: iStock.com/Linjerry

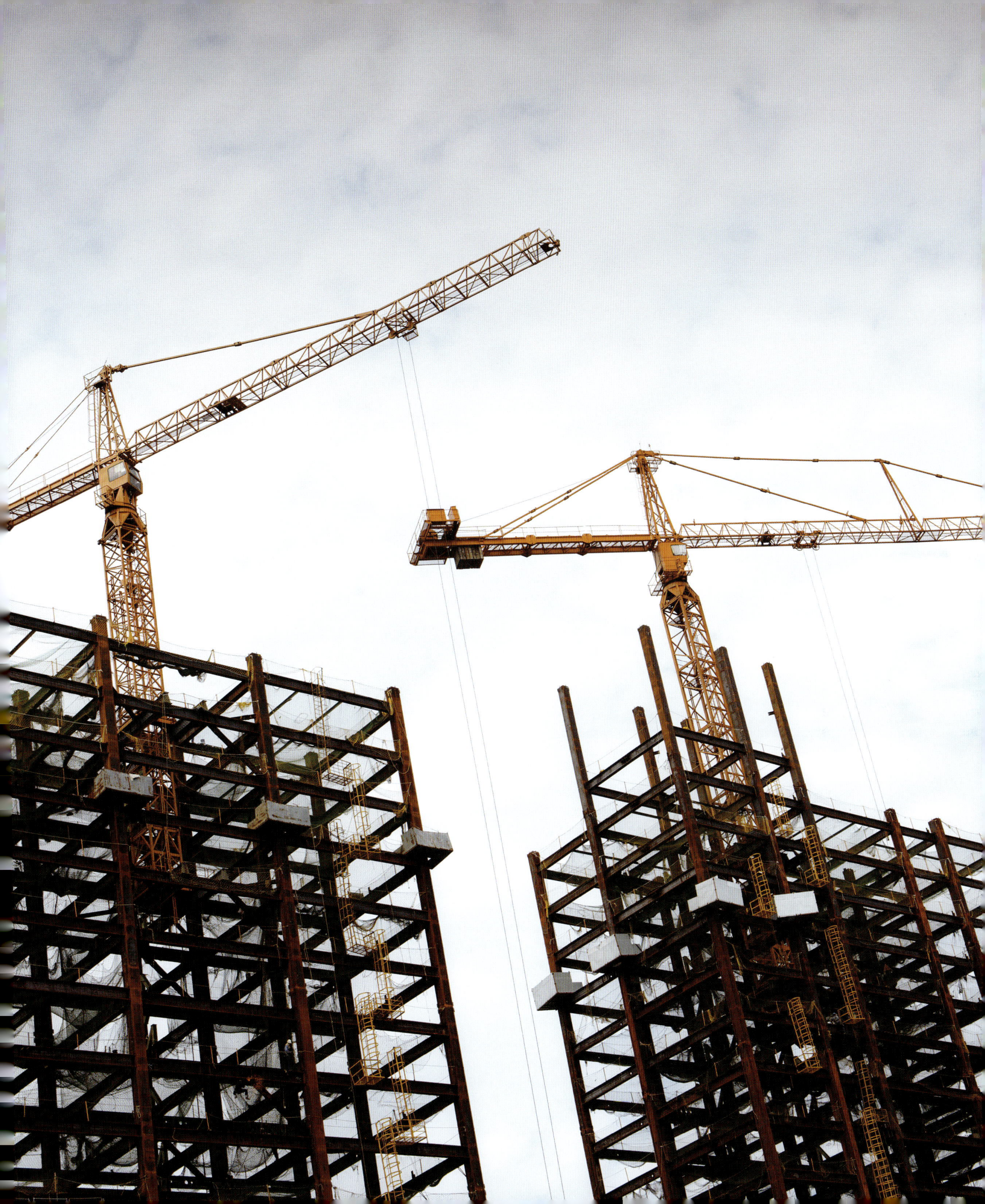

6.1 Nachhaltigkeit als Chance für flexibel konzipierte Bürogebäude in Stahl- und Stahlverbundbauweise

Die zunehmende Sensibilisierung der Gesellschaft hinsichtlich eines nachhaltigen Umgangs mit Ressourcen hat auch im Gebäudebau Nachhaltigkeitsaspekte verstärkt in den Mitelpunkt gerückt. Der Begriff der Nachhaltigkeit erweist sich hierbei als sehr facettenreich und bisweilen nicht einheitlich definiert. Breiten Konsens erfährt das Drei-Säulen-Modell, das die gleichberechtigte Verwirklichung ökologischer, ökonomischer und sozialer Ziele propagiert (siehe Abb. 6.1). Die Vielfalt der Nachhaltigkeitsziele ist durch die unterschiedlichen Interessen verschiedener Anspruchsgruppen begründet. Forciert etwa der Staat energieeffizientes Bauen beziehungsweise Sanieren, sind für Mieter die Betriebskosten oder die mit einer Immobilie einhergehende Lebensqualität von besonderem Interesse. Für private Bauherren, aber auch zunehmend für Investoren, spielt dagegen der Werterhalt eines Gebäudes beim Bau oder Kauf einer Immobilie eine entscheidende Rolle. Das Erreichen von Nachhaltigkeitszielen geht damit letztlich immer mit einem Interessensausgleich einher, bei dem Teilaspekte zum Wohl heutiger als auch künftiger Anspruchsgruppen abgewogen werden müssen. [6-2]

Zur Bewertung der Nachhaltigkeit von Bürogebäuden haben sich in den vergangenen Jahrzehnten mehrere Zertifizierungssysteme etablieren können, die neben ökologischen Kriterien zunehmend auch ökonomische und soziale Aspekte abdecken. [6-3] Eine ganzheitliche Nachhaltigkeitsbewertung, in der allen drei Nachhaltigkeitsdimensionen eine gleiche Bedeutung zukommt, wird zurzeit lediglich durch das DGNB-Zertifikat für die deutsche Privatwirtschaft beziehungsweise das BNB-Zertifikat für den Bereich der öffentlichen Hand angestrebt [6-1] [6-3], wobei beide Systeme weitgehend in Struktur und Inhalt übereinstimmen. Innerhalb des DGNB- beziehungsweise BNB-Zertifikats besteht für unterschiedliche Baustoffe und Bauweisen die Möglichkeit, sich neu am Markt zu positionieren. Voraussetzung hierfür ist jedoch, dass die für einen Baustoff oder eine Bauweise relevanten Nachhaltigkeitsaspekte durch das Bewertungssystem erfasst werden. [6-4] Stahl- und Stahlverbundkonstruktionen weisen charakteristische Eigenschaften auf, die insbesondere das Erreichen ökonomischer Nachhaltigkeitsziele begünstigen. Während etwa eine hohe Ressourceneffizienz durch Materialeinsparungen zu einer Verringerung der Herstellkosten oder das Recycling von Stahlbauteilen zu geringeren Entsorgungskosten und zusätzlichen Erlösen am Ende der Nutzungsdauer führen, determinieren große Spannweiten die Flexibilität und damit die langfristige Vermietbarkeit. Die Wertstabilität, die durch eine langfristige Marktfähigkeit eines Gebäudes positiv beeinflusst wird, stellt dabei eine der größten Herausforderungen der ökonomischen Nachhaltigkeit dar (siehe Abb. 6.1). [6-1] Derweilen beschränkt sich die Beurteilung der ökonomischen Nachhaltigkeit im DGNB- beziehungsweise BNB-Zertifikat auf die Betrachtung ausgewählter Herstellungs- und Nutzungskosten des Gebäudelebenszyklus sowie auf die Abfrage von Objektkriterien, die den Aspekt der Werthaltung zum Ausdruck bringen. Zur Bewertung der Werthaltung werden innerhalb des BNB-Zertifikats die Kriterien *Flächeneffizienz* und *Umnutzungsfähigkeit* [6-5] beziehungsweise im DGNB-Zertifikat die Kriterien *Flexibilität und Umnutzungsfähigkeit* sowie *Marktfähigkeit* [6-6] herangezogen. Monetäre Zusammenhänge zwischen den Eigenschaften flexibler Gebäudestrukturen und ihrem ökonomischen Nutzen werden im Rahmen der Kriterienbewertung nicht aufgezeigt. Aus ökonomischer Sicht bleibt somit die Bewertung der ökonomischen Qualität auf die Betrachtung ausgewählter Lebenszykluskosten beschränkt, so dass das gestiegene Bewusstsein für flexible Strukturen weiterhin im Gegensatz zur dominierenden Kostenbetrachtung steht. Flexible Gebäudestrukturen unterscheiden sich jedoch

Ökonomische Dimension
- Wertstabilität
- Flächeneffizienz
- Geringer Leerstand
- Höhere Mieten / Kaufpreise
- Imagegewinn

- Reduzierung Energieverbrauch
- Niedrigere Lebenszykluskosten

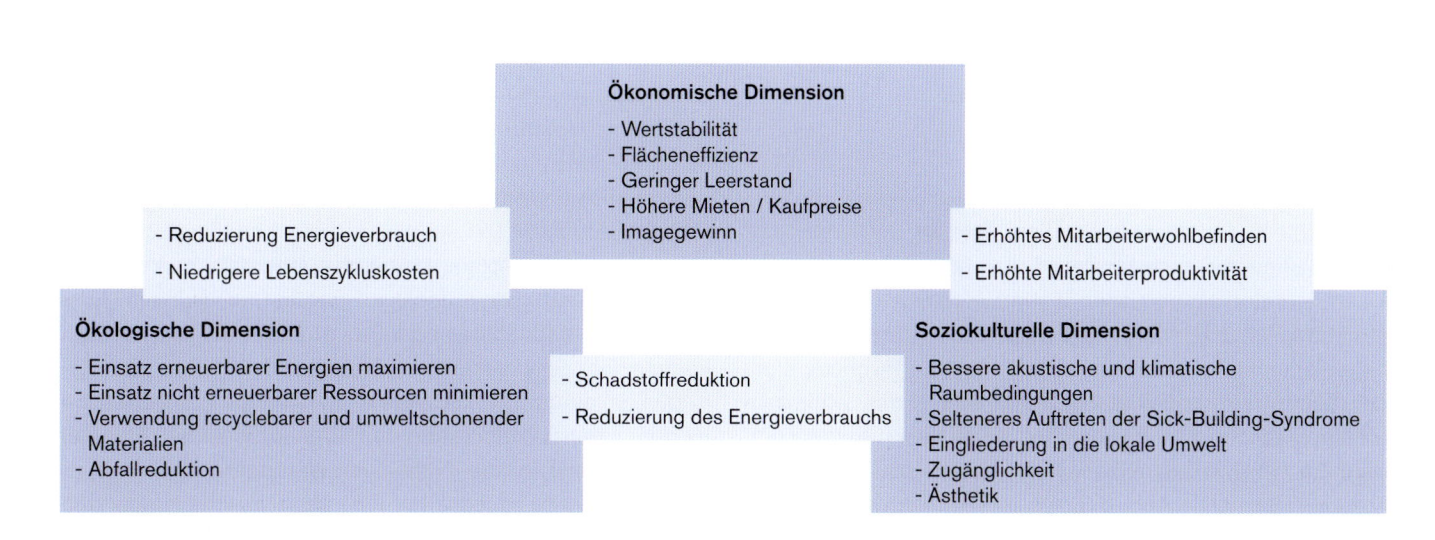

- Erhöhtes Mitarbeiterwohlbefinden
- Erhöhte Mitarbeiterproduktivität

Ökologische Dimension
- Einsatz erneuerbarer Energien maximieren
- Einsatz nicht erneuerbarer Ressourcen minimieren
- Verwendung recyclebarer und umweltschonender Materialien
- Abfallreduktion

- Schadstoffreduktion
- Reduzierung des Energieverbrauchs

Soziokulturelle Dimension
- Bessere akustische und klimatische Raumbedingungen
- Selteneres Auftreten der Sick-Building-Syndrome
- Eingliederung in die lokale Umwelt
- Zugänglichkeit
- Ästhetik

Abb. 6.1 Nachhaltigkeitsdimensionen der Immobilienwirtschaft [6-1]

von starren Konstruktionen hinsichtlich ihrer Anpassungsfähigkeit an sich ändernde Nutzeranforderungen. Eine ökonomische Bewertung, die einzig Kostenaspekte berücksichtigt, erscheint in diesem Zusammenhang unzweckmäßig. Gilt die Werterhaltung als Ziel der ökonomischen Nachhaltigkeit, dann stellt die langfristige Rentabilität einen geeigneten Maßstab für die Beurteilung flexibler Gebäudestrukturen dar. [6-7] Mithilfe der Methoden der Investitionsrechnung können die Grenzen einer sowohl ausschließlichen als auch unvollständigen Kostenorientierung überwunden und der ökonomische Nutzen in die Bewertung integriert werden, um so zu Aussagen bezüglich der Rentabilität flexibel konzipierter Bürogebäude zu gelangen. Eine Voraussetzung für die Anwendung der Methoden der Investitionsrechnung liegt in der Reduktion des gesamten Bauvorhabens auf seine finanziellen Auswirkungen. [6-8] [6-9] Für die Bewertung flexibler Bürogebäude in Stahl- und Stahlverbundbauweise bedeutet dies, gebäudeindividuelle Annahmen zu formulieren, die sich aus den Auswirkungen der Gebäudeflexibilisierung ergeben und die sich unmittelbar auf die Höhe der mit der Investition verbundenen Zahlungen auswirken. [6-10] Im Zusammenhang mit flexiblen Bürogebäuden sind somit Annahmen hinsichtlich der Parameter: wirtschaftliche Nutzungsdauer, Kalkulationszinssatz, Umbauhäufigkeit und -ausmaß sowie Höhe und Entwicklung der Mietzahlungen für flexible Bürogebäude zu treffen. Die finanziellen Auswirkungen der Gebäudeflexibilisierung können dann in Form von Ein- und Auszahlungen vollständig und zeitpunktgenau erfasst [6-9] und in eine umfassende Lebenszyklusbetrachtung integriert werden. Die Beschreibung des Lebenszyklus kann hierbei anhand einer Szenarioanalyse erfolgen, die eine Integration zukünftiger Entwicklungsmöglichkeiten der Büroimmobilien in die Investitionsrechnung erlaubt. Durch die Berücksichtigung der ökonomischen Konsequenzen verschiedener Zukunftsszenarien lassen sich somit zusätzlich die Vorteile einer Flexibilisierung im Bürogebäudebau bei veränderlichen Rahmenbedingungen aufzeigen.

6.2 Implikationen der Flexibilität auf die ökonomische Bewertung

Nachhaltiges Bauen im Büro- und Verwaltungsbau bedeutet, flexible Konstruktionstypen zu realisieren, die in der Lage sind, heutige wie auch künftige Nutzeranforderungen zu erfüllen. Um eine ökonomische Bewertung flexibler Gebäudestrukturen vorzunehmen, muss das Konstrukt der Flexibilität daher zunächst genauer definiert werden. Im Hochbau stellt der Begriff der Flexibilität einen Überbegriff dar, unter dem unterschiedliche Flexibilitätstypen subsumiert werden, mit dem Ziel, flexible Gebäude von weniger flexiblen Gebäuden abzugrenzen (siehe Abb. 6.3). Mit der Überlegung, dass ein Bürogebäude einen maximalen Flexibilitätsgrad aufweist, wenn alle gegenwärtigen sowie zukünftig geforderten Büroorganisationsformen innerhalb des Gebäudes realisierbar sind, ohne dass das Tragwerk des Gebäudes verändert werden muss, werden die interne und prospektive Flexibilität angesprochen. Die interne Flexibilität beschreibt die Anpassungsfähigkeit eines Gebäudes innerhalb bestehender Strukturen und gibt Aufschluss darüber, in welchem Umfang Umbaumaßnahmen oder Sanierungen realisiert werden können. Bei der prospektiven Flexibilität handelt es sich dagegen um eine vorab geplante und angelegte Flexibilität, die in den lebenszyklusorientierten Entwurfsprozess Eingang findet, um zukünftige Nutzungsänderungen einplanen zu können. [6-7] Im Hinblick auf eine ökonomische Bewertung flexibler Bürogebäude sind somit die monetären Konsequenzen der internen und prospektiven Flexibilität zu erfassen. Konstruktionsbedingt kann zu diesem Zweck das Gesamtsystem *Gebäude* in die drei Teilsysteme: Primär, Sekundär- und Tertiärsystem differenziert werden (siehe Abb. 6.4). [6-11] Die prospektive Flexibilität ist oftmals mit zusätzlichen Investitionen während der Bauwerkserstellung verbunden, die sowohl auf der Ebene des Primär- als auch des Sekundärsystems eines Gebäudes anfallen. Mehrkosten auf der Ebene des Primärsystems ergeben sich insbesondere aufgrund von speziellen Anschlussdetails und vorgehaltenen Reserven wie zum Beispiel einer überdimensionierten Statik. Auf der Ebene des Sekundärsystems führt der Einsatz von Doppelböden und versetzbaren Trennwänden sowie eine überdimensionierte Gebäudetechnik in der Regel zu zusätzlichen Kosten während der Bauwerkserstellung. Eine sorgfältige Konstruktion sowie eine sinnvolle Positionierung von Anschlüssen bieten jedoch die Möglichkeit, Teile der prospektiven Flexibilität kostenneutral vorzuhalten. [6-7] Es ist ersichtlich, dass mit der prospektiven Flexibilität frühzeitig die interne Flexibilität des Gebäudes determiniert wird. Insbesondere nachträgliche Eingriffe in das Primärsystem des

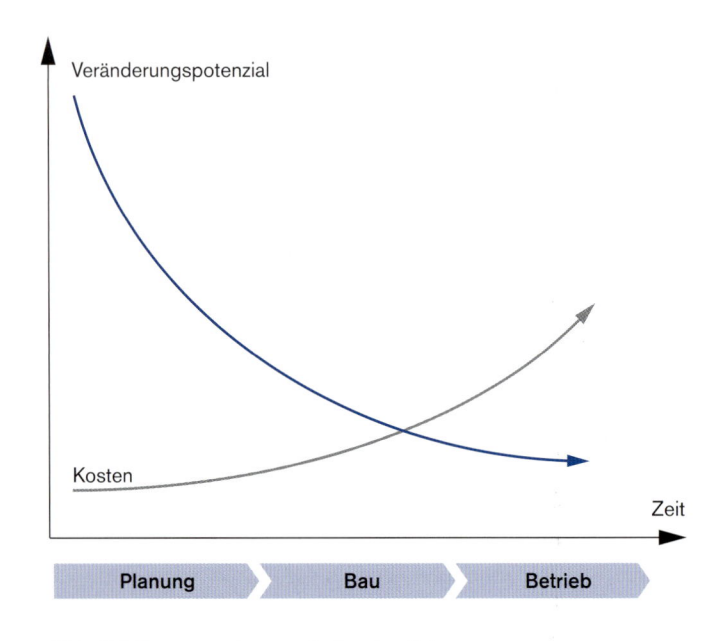

Abb. 6.2 Zusammenhang zwischen baulichem Veränderungspotenzial und Kostenhöhe [6-7]

Typologie der Flexibilität im Gebäudebau	
Erweiterungsflexibilität	Die Erweiterungsflexibilität umschreibt, auf welche Arten die zur Verfügung stehende Fläche eines Bauwerks erweitert oder reduziert werden kann.
Interne Flexibilität	Die interne Flexibilität beschreibt die interne konstruktive Flexibilität, die Anpassungen innerhalb der bestehenden Strukturen einfach und schnell ermöglicht. Die interne Flexibilität sieht keine Nutzungsänderung vor.
Nutzungsflexibilität	Die Nutzungsflexibilität beinhaltet die Änderung der ursprünglichen Nutzung und die Anpassungsfähigkeit der Struktur und der Gebäudetechnik an die neuen Anforderungen (Variabilität).
Planungsflexibilität	Die Planungsflexibilität beschreibt die Flexibilität während des gesamten Planungsprozesses. Sie ist notwendig, um während der Planung auf neu definierte Anforderungen an das Gebäude reagieren zu können.
Prospektive Flexibilität	Die prospektive Flexibilität beschreibt die Maßnahmen, die während des Planungsprozesses in das Projekt fließen, um eine zukünftige Flexibilität (nach Fertigstellung des Bauwerks) zu gewährleisten.

Abb. 6.3 Typologie der Flexibilität im Gebäudebau [6-7]

Teilsystem	Primärsystem (langfristige Investition)	Sekundärsystem (mittelfristige Investition)	Tertiärsystem (kurzfristige Investition)
Bauelemente	Fassade, Tragstruktur	nicht tragende Innenwände, Bodenaufbauten, Unterdeckenkonstruktionen, Verkabelung	Apparate, Einrichtungen, Mobiliar
Technische Nutzungsdauer	50–100 Jahre; Stahl > 100 Jahre	15–50 Jahre	5–10 Jahre
Änderbarkeit	nicht oder nur unter wesentlichen baulichen Anpassungen veränderbar!	anpassbar unter geringen baulichen Veränderungen!	ohne wesentliche bauliche Anpassung veränderbar!
Kosten der Flexibilität	während der Bauwerksherstellung (prospektive Flexibilität)	während der Bauwerksherstellung (prospektive Flexibilität), bei Umbaumaßnahmen (interne Flexibilität)	

Abb. 6.4 Teilsysteme des Gesamtsystems *Gebäude* [6-11]

Gebäudes sind meistens sehr kostenintensiv und oft nur in Verbindung mit einschränkenden Kompromissen möglich (siehe Abb. 6.2). [6-12]
Während die prospektive Flexibilität damit die Voraussetzungen schafft, dass eine interne Flexibilität als ökonomisch vertretbar gilt, beeinflusst die interne Flexibilität die Höhe der Umbaukosten, die bei Nutzungsänderungen während des Gebäudelebenszyklus anfallen. Wurde eine prospektive Flexibilität bei der Konzeption eines Bürogebäudes berücksichtigt, betreffen Umbaumaßnahmen nur das Sekundärsystem, das Primärsystem des Gebäudes bleibt unverändert. Die im Rahmen der internen Flexibilität anfallenden Umbaukosten ergeben sich folglich nur auf der Ebene des Sekundärsystems des Gebäudes.

Die Übertragung der Überlegungen auf die im Rahmen des Projekts P881 getroffene Arbeitsdefinition der Flexibilität führt zu folgender Konkretisierung: Ein Bürogebäude weist eine maximale interne Flexibilität auf, wenn sich alle gegenwärtigen sowie zukünftig geforderten Büroorganisationsformen innerhalb des Gebäudes verwirklichen lassen, ohne dass das Primärsystem verändert werden muss. Im Rahmen der prospektiven Flexibilität sind zu diesem Zweck auf der Ebene des Primär- und Sekundärsystems Maßnahmen zu treffen, die eine maximale interne Flexibilität zukünftig ermöglichen. Ein Bürogebäude gilt demnach als unflexibel, wenn sich nicht alle gegenwärtigen sowie zukünftig geforderten Büroorganisationsformen ohne Eingriffe in das Primärsystem realisieren lassen.

6.3 Investitionsrechnung für flexible Bürogebäude

Die in der Betriebswirtschaft anzutreffende Unterscheidung zwischen einem leistungswirtschaftlichen und einem finanzwirtschaftlichen Bereich lässt sich auch auf den Begriff der Investition anwenden. Der leistungswirtschaftlichen Sichtweise liegt ein kombinationsorientierter Investitionsbegriff zugrunde, bei dem Wechselwirkungen zwischen einem Investitionsobjekt und anderen Produktionsfaktoren im Vordergrund stehen. [6-9] In diesem Sinn sind vor allem die räumlichen Voraussetzungen eines Bürogebäudes als Produktionsfaktor im Leistungserstellungsprozess entscheidend. [6-12] [6-13] Die Finanzwirtschaft zielt dagegen auf die durch eine Investition ausgelöste Veränderung des Zahlungsmittelbestands ab [6-14], so dass es sich hierbei um einen zahlungsorientierten Investitionsbegriff handelt. In diesem Zusammenhang ist es völlig irrelevant, ob das Investitionsobjekt mit anderen Produktionsfaktoren zusammenwirkt oder einen Einfluss auf die Leistungsfähigkeit eines Unternehmens hat. Es wird nur der mit einer Investition verbundene Zahlungsstrom betrachtet. [6-9] Gemäß dieser investitionstheoretischen Auffassung legt ein Investor Kapital in ein Bürogebäude an, mit der Zielsetzung, Raumeinheiten dieses Bürogebäudes während dessen Nutzungsdauer unmittelbar am Markt anzubieten. [6-10] Unter einer Kapitalanlage kann damit eine mittel- bis langfristige Bindung von monetären Mitteln zum Zweck der Renditeerzielung verstanden werden. [6-10] [6-13] Der alleinige Besitz eines Bürogebäudes stellt dabei zunächst nur eine Nutzungsmöglichkeit dar. Der Investor erzielt erst dann einen Nutzen beziehungsweise eine Rendite, wenn er Miete für die Nutzungsüberlassung erhält. [6-15] Um eine ökonomische Bewertung eines flexiblen Bürogebäudes mithilfe der Methoden der Investitionsrechnung durchzuführen, sind einige grundlegende Anforderungen an eine Investitionsrechnung zu erfüllen. [6-8]

6.3.1 Auswahl eines geeigneten Verfahrens

Eine Investition in ein Bürogebäude führt zu einer langfristigen Kapitalbindung, so dass die aus der Vermietung resultierenden Einzahlungen beziehungsweise die durch Instandhaltung oder Umbaumaßnahmen verursachten Auszahlungen erst in künftigen Perioden folgen. Aufgrund des Zeitwerts des Gelds hat ein Investor in der Regel Interesse daran, spätere Ausgaben gegenüber früheren Ausgaben und frühere Einnahmen gegenüber späteren Einnahmen zu bevorzugen. Innerhalb der statischen Verfahren der Investitionsrechnung spielt es keine Rolle, zu welchen Zeitpunkten Zahlungen anfallen, stattdessen orientiert man sich an einer Durchschnittsperiode, die stellvertretend für die gesamte Nutzungsdauer steht. Eine Berücksichtigung des Faktors Zeit erfolgt dagegen innerhalb der dynamischen Verfahren der Investitionsrechnung. Mithilfe der Aufzinsung wird ermittelt, welchen Wert ein heutiger Geldbetrag unter Berücksichtigung von Zinsen und Zinseszinsen zu einem späteren Zeitpunkt annimmt (Endwert). Oder umgekehrt im Fall einer Abzinsung: Welcher Geldbetrag muss heute angelegt werden, um zu einem späteren Zeitpunkt einen bestimmten Geldbetrag zu erhalten (Barwert). Die zu berücksichtigenden Zinseffekte werden anhand des Kalkulationszinses zum Ausdruck gebracht. Je nachdem, ob die Investitionsrechenverfahren den Annahmen eines vollkommenen Markts unterliegen, kann weiterhin zwischen klassischen und modernen Verfahren der Investitionsrechnung unterschieden werden. Innerhalb der klassischen Investitionsverfahren werden die Prämissen eines vollkommenen Markts unterstellt, so dass eine Aufnahme und Anlage von finanziellen Mitteln zu einem einheitlichen Kalkulationszinssatz möglich ist. Werden die Prämissen eines vollkommenen Markts aufgehoben, wird eine Unterscheidung zwischen Soll- und Habenzinssätzen vorgenommen. Eine Vorgehensweise, die den modernen Verfahren der Investitionsrechnung zugrunde liegt (siehe Abb. 6.5). [6-9] [6-16]

Statische Verfahren	Dynamische Verfahren	
Klassische Verfahren		Moderne Verfahren
- Kostenvergleichsrechnung - Gewinnvergleichsrechnung - Rentabilitätsrechnung - Statische Amortisationsrechnung	- Kapitalwertmethode - Annuitätenmethode - Interne Zinsfußmethode - Dynamische Amortisationsrechnung	- Vermögensendwertverfahren - Marktzinsmodell

Abb. 6.5 Einteilung der Verfahren der Investitionsrechnung [6-9] [6-17]

Die Auswahl einer geeigneten Methode der Investitionsrechnung ist vom jeweiligen Entscheidungsproblem abhängig. Die Kapitalwertmethode lässt sich den klassischen dynamischen Verfahren der Investitionsrechnung zuordnen. Ihre Anwendung erlaubt die Verwendung eines einheitlichen Kalkulationszinses, so dass eine Investition unabhängig von der Finanzierungsentscheidung bewertet werden kann. Darüber hinaus werden im Rahmen der Kapitalwertmethode die Zeitpräferenzen eines Investors explizit berücksichtigt. Die Kapitalwertmethode kann damit als zweckmäßiges Instrument zur Beurteilung flexibler Bürogebäude in Stahl- und Stahlverbundbauweise angesehen werden.

6.3.2 Reduktion des Investitionsvorhabens auf die monetäre Dimension

Im Rahmen jeder Investitionsrechnung muss die Gesamtheit des Investitionsvorhabens auf seine finanziellen Auswirkungen, das heißt Einzahlungen und Auszahlungen, heruntergebrochen werden. [6-8] Die Prognose der Zahlungen erfordert hierbei vorab die Formulierung von gebäudeindividuellen Annahmen, die sich aus den Auswirkungen der Gebäudeflexibilisierung ergeben und die sich unmittelbar auf die Höhe der Ein- und Auszahlungen auswirken. [6-10] Im Zusammenhang mit flexiblen Bürogebäuden werden somit insbesondere Annahmen hinsichtlich der Parameter: wirtschaftliche Nutzungsdauer, Kalkulationszinssatz, Umbauhäufigkeit und Umbauausmaß sowie Höhe und Entwicklung der Mietzahlungen unter Berücksichtigung der Zahlungsbereitschaft für flexible Bürogebäude getroffen. Die Darstellung der mit einem Bürogebäude verbundenen Zahlungen erfolgt dann anhand eines Zahlungsstroms, der im Allgemeinen direkte und indirekte Zahlungen umfasst (siehe Abb. 6.6).

Die indirekten Zahlungen einer Investition umfassen neben den Zahlungen, die sich aus der Finanzmittelaufnahme und Finanzmittelanlage ergeben, die mit einem Investitionsobjekt verbundenen steuerlichen Konsequenzen. In klassischen Verfahren der Investitionsrechnung sind Annahmen über die Finanzmittelaufnahme und -anlage bereits implizit enthalten, so dass ihre explizite Berücksichtigung bei Anwendung der Kapitalwertmethode nicht erforderlich ist. [6-16] Die Ermittlung steuerlicher Konsequenzen beruht auf den individuellen Vermögensverhältnissen des Investors und ist im immobilienwirtschaftlichen Kontext äußerst umfangreich und komplex ausgestaltet. Eine Berücksichtigung der erforderlichen Daten wird somit an dieser Stelle als insgesamt schwierig und nicht zweckmäßig erachtet. [6-8] Zu den direkten Zahlungen

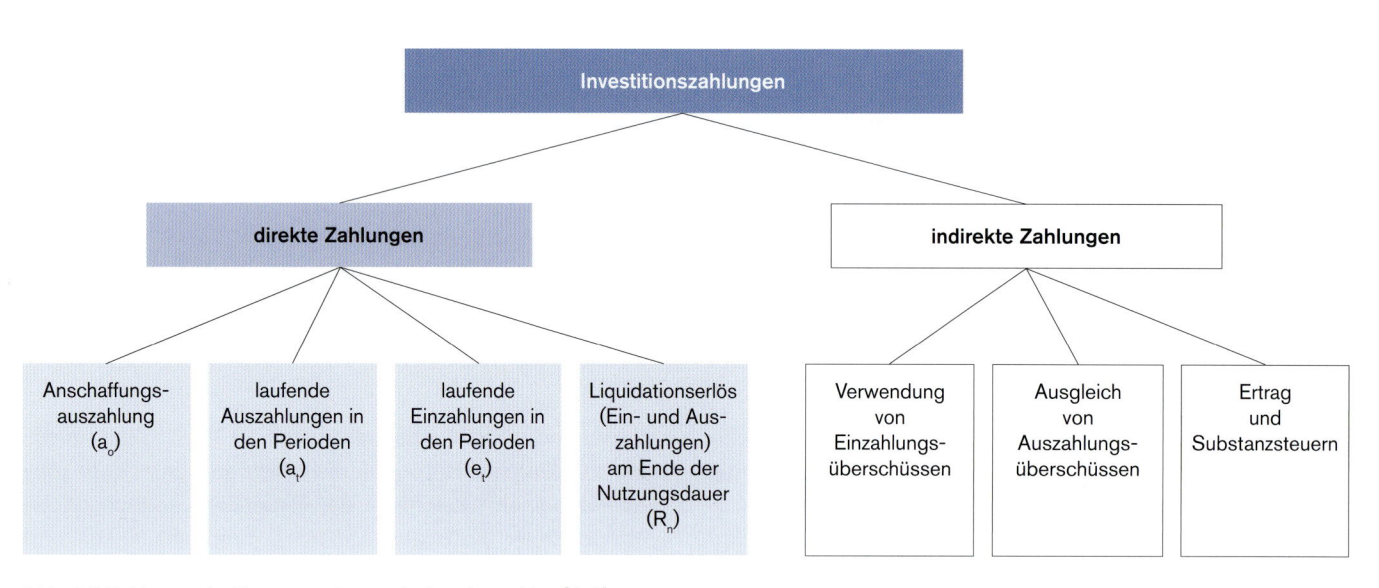

Abb. 6.6 Zahlungen im Zusammenhang mit einer Investition [6-8]

werden die Anschaffungsauszahlung, die laufenden Ein- und Auszahlungen in den Perioden sowie die Ein- und Auszahlungen, die sich aus der Liquidation des Investitionsobjekts am Ende der Nutzungsdauer ergeben, gezählt. Bei selbst erstellten Büroneubauten entspricht die Anschaffungsauszahlung den Herstellungsausgaben beziehungsweise im Falle eines Kaufs den Anschaffungsausgaben. [6-8] Befindet sich ein Bürogebäude noch im Planungsprozess, liegt nur ein geringer Konkretisierungsgrad der spezifischen Ausgestaltung des Gebäudes vor, wodurch sich ein erhöhter Prognosebedarf bei der Bestimmung der Anschaffungsauszahlung ergibt. Die sich für den Investor ergebenden laufenden Einzahlungen in den Perioden entsprechen den Mietzahlungen. Die Erzielung von Mieten setzt voraus, dass das Bürogebäude erfolgreich am Markt positioniert werden kann und eine vertraglich geregelte Nutzung des Gebäudes durch Dritte erfolgt. [6-10] Auch bei der Festsetzung der Miethöhe ergibt sich ein erheblicher Prognosebedarf. Eine Schätzung künftiger Mietzahlungen für Büroflächen kann anhand einer Extrapolation der bisherigen Mietentwicklung unter Berücksichtigung der spezifischen Eigenschaften des Bürogebäudes erfolgen. [6-8] Die potenziellen Auswirkungen der Gebäudeflexibilisierung auf die Miethöhe und -entwicklung können dabei anhand einer Fallunterscheidung abgebildet werden, bei der Flexibilität zunächst durch höhere Mietzahlungen vom Markt belohnt wird und im Laufe der Zeit neutral auf den Mietpreis einwirkt. Die laufenden Auszahlungen ergeben sich durch die Instandhaltungsmaßnahmen während des Lebenszyklus eines Bürogebäudes. Auszahlungen für die Verwaltung sowie teilweise für den Betrieb eines Gebäudes fallen bei gewerblichen Mietverhältnissen für den Investor nicht an, da diese auf den Mieter übertragen werden, falls nicht eine abweichende Regelung getroffen wird. [6-8] Um die spezifischen Potenziale flexibler Baukonstruktionen in

Lebenszyklusphase				
Planung / Neubau	Herstellungskosten / Gebäudekosten (DIN 276-1)		KG 300	Baukonstruktion
			KG 400	Technische Anlagen
			KG 700	Baunebenkosten
Nutzung	Umbaukosten (DIN 276-1)		KG 346	Elementierte Innenwände
	Instandhaltung (DIN 31501)	Betriebskosten (DIN 18960)	KG 352	Inspektion und Wartung der Baukonstruktionen
			KG 353	Inspektion und Wartung der technischen Anlagen
		Instandhaltungskosten (DIN 18960)	KG 410	Instandsetzung der Baukonstruktionen
			KG 420	Instandsetzung der technischen Anlagen
Verwertung	Abbruch- und Entsorgungskosten (DIN 276-1)		KG 300	Baukonstruktion
			KG 400	Technische Anlagen

Abb. 6.7 Für die Investitionsrechnung relevante Lebenszykluskosten

Stahl- und Stahlverbundbauweise zeigen zu können, sind zusätzlich die Auszahlungen für potenzielle Umbaumaßnahmen zu ermitteln, die im direkten Zusammenhang mit der internen Flexibilität stehen. Im Fall eines flexiblen Bürogebäudes handelt es sich hierbei um die Auszahlungen, die im Rahmen der Verwirklichung unterschiedlicher Raumkonzepte für Büroarbeit anfallen. Am Ende der geplanten Nutzungsdauer des Bürogebäudes sind neben den Auszahlungen, die sich aus dem Abbruch und der Entsorgung des Gebäudes ergeben, die potenziellen Einzahlungen aus der Veräußerung von Stahlschrott von Bedeutung. Durch das heute bereits übliche Recycling des Baustoffs Stahl können an dieser Stelle insbesondere die Vorteile der Stahl- und Stahlverbundbauweise monetär erfasst werden.

Obwohl in der Investitionsrechnung nur die finanzwirtschaftlichen Begrifflichkeiten zur Anwendung gelangen sollten, werden im Rahmen der Ermittlung der Zahlungen weitgehend die in der bauwirtschaftlichen Praxis gebräuchlichen Begriffe verwendet (siehe Abb. 6.7). [6-8] Dies gilt insbesondere für die Begrifflichkeiten der DIN 276-1: Kosten im Bauwesen sowie der DIN 18960: Nutzungskosten im Hochbau. Der Anwendungsbereich der DIN 276-1 erfasst die Kosten des Neu- und Umbaus, der Modernisierung und Bauwerksbeseitigung sowie alle weiteren projektbezogenen Kosten. [6-18] Die DIN 18960 betrachtet dagegen die Kosten der Nutzung des Bauwerks nach dessen Fertigstellung. [6-19] Bei der Verwendung der Begrifflichkeiten dieser normativen Regelungen ist zusätzlich zu berücksichtigen, dass beide Normen auf einem unterschiedlichen Kostenbegriff beruhen. [6-20] Unter Kosten im Bauwesen werden alle »Aufwendungen für Güter, Leistungen, Steuern und Abgaben, die für die Vorbereitung, Planung und Ausführung von Bauprojekten erforderlich sind«, [6-18] verstanden. Dieser Kostenbegriff entspricht nicht dem betriebswirtschaftlichen Kostenverständnis. Nach dem wertmäßigen Kostenbegriff der Betriebswirtschaftslehre sind Kosten unabhängig von den tatsächlichen oder erwarteten Ausgaben zu sehen [6-21] und umfassen den bewerteten, leistungsbezogenen Gütereinsatz im Rahmen des betrieblichen Leistungsprozesses. Der wertmäßige Kostenbegriff ist somit im Hinblick auf die zur Bewertung heranzuziehenden Preise unbestimmt. [6-22] Entgeltliche Bauleistungen, also Aufwendungen und Abgaben für die Planung und Ausführung eines Bauvorhabens, stellen dagegen im Rahmen der betriebswirtschaftlichen Begriffsbestimmung immer Ausgaben dar [6-23] – unabhängig davon, ob diese mit einem sofortigen Abfluss an liquiden Mitteln (Auszahlungen) oder einer Erhöhung der Verbindlichkeiten (Ausgaben) einhergehen. [6-9] [6-24] In Abgrenzung zum Kostenverständnis der DIN 276-1 liegt den Nutzungskosten der DIN 18960 der betriebswirtschaftliche Kostenbegriff zugrunde. [6-24]

6.3.3 Aussagen über die absolute und relative Vorteilhaftigkeit einer Investition

Ob sich Investitionen in flexible Bürogebäudestrukturen in Stahl- und Stahlverbundbauweise für einen Investor tatsächlich rechnen, muss im Einzelfall durch eine Investitionsrechnung entschieden werden. [6-8] Mithilfe der Kapitalwertmethode können Aussagen bezüglich der Vorteilhaftigkeit flexibel konzipierter Bürogebäude getroffen werden. Als monetäre Zielgröße zur Beurteilung von Investitionen wird der Kapitalwert herangezogen, der sich aus der Differenz zwischen der Summe der Barwerte aller Einzahlungen und der Summe der Barwerte aller Auszahlungen, die durch die Realisation eines Investitionsobjekts verursacht werden, ergibt. [6-9] Eine Investition in eine flexible Gebäudestruktur gilt demnach als absolut vorteilhaft, falls ihr Kapitalwert größer als null ist. Das Abwägen zwischen einer Investition in eine flexible oder in eine unflexible Gebäudestruktur ist dagegen eine Betrachtung der relativen Vorteilhaftigkeit, so dass eine Investition in eine flexible Gebäudestruktur als relativ vorteilhaft gilt, falls ihr Kapitalwert größer ist als der Kapitalwert einer Investition in eine unflexible Gebäudestruktur et vice versa. [6-9] [6-16]

6.3.4 Berücksichtigung von Unsicherheiten im Rahmen des Kalkulationszinssatzes

Die Wahl des Kalkulationszinssatzes ist bei der Bestimmung der Vorteilhaftigkeit von Investitionen von zentraler Bedeutung. Der Kalkulationszins spiegelt die vom Investor erwartete Mindestverzinsung wider. Im Fall der Fremdfinanzierung resultiert der Kalkulationszins aus den Finanzierungskosten, das heißt aus den Zinsen, die für das bereitgestellte Fremdkapital zu zahlen sind. Wird eine Investition eigenfinanziert, dann kann der Kalkulationszinssatz aus der Rendite einer alternativen Anlage abgeleitet werden. [6-9] Sind bei der Festlegung des Kalkulationszinssatzes zusätzlich Unsicherheiten beziehungsweise Risiken zu berücksichtigen, kann auf Korrekturverfahren zurückgegriffen werden, mit denen eine Risikoanpassung vorgenommen werden kann. In der Praxis wird zu diesem Zweck der Kalkulationszinssatz mithilfe des Risikozuschlagsmodells ermittelt. [6-25] Den Ausgangspunkt bildet hierbei der risikolose Zinssatz. Unter dem risikolosen Zinssatz wird üblicherweise der Zinssatz einer Kapitalanlage mit erstklassiger Bonität und langer Laufzeit verstanden. Als Referenz kann etwa die Rendite börsennotierter Bundeswertpapiere mit 30-jähriger Laufzeit dienen (Stand März 2013: 2,33%). Zur Bestimmung des Kalkulationszinssatzes werden auf den risikolosen Referenzzinssatz ein Inflationsaufschlag (Stand 2013: 1,6%) und eine Risikoprämie hinzugerechnet. Mit der Risikoprämie wird das

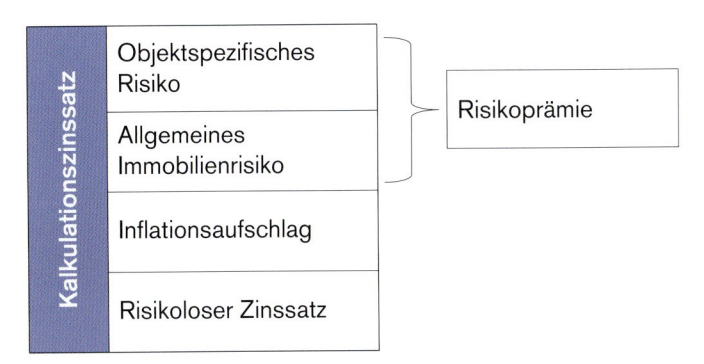

Abb. 6.8 Zusammensetzung des Kalkulationszinssatzes [6-25] [6-26]

Kategorie	Dauer	Beschreibung und Beispiele
I	bis 5 Jahre	Raumbildender Ausbau, z. B. Ladenbau
II	bis 15 Jahre	Modernisierte ältere Gebäude, z. B. Wohnungen
III	bis 30 Jahre	Gewerbeobjekte, z. B. Möbelmärkte
IV	bis 50 Jahre	Mehrzahl von Gebäuden, z. B. Bürobauten
V	bis 80 Jahre und mehr	Gebäude mit hoher Nutzungsflexibilität

Abb. 6.9 Kategorien der wirtschaftlichen Nutzungsdauer [6-29]

Risiko einer Investition zum Ausdruck gebracht. Unter der Annahme, dass die meisten Investoren als risikoavers gelten, steigen die Renditen mit einem zunehmenden Risiko. [6-26] Die Risikoprämie kann darüber hinaus nach einer Prämie für das allgemeine Immobilienrisiko und einer Prämie für das objektspezifische Risiko differenziert werden (siehe Abb. 6.8). [6-25]

Da der risikolose Zinssatz und die Inflationserwartung als gegeben angenommen werden können, liegt die Hauptaufgabe bei der Ermittlung des Kalkulationszinssatzes in der adäquaten Einschätzung des mit einer Immobilie verbundenen Risikos. [6-27] Mit der Bestimmung einer angemessenen Risikoprämie gehen allerdings spezifische Probleme einher, zu deren Lösung es zahlreiche Annahmen zu treffen gilt. Im Projekt P881 wird daher auf eine eigenständige Ermittlung des Kalkulationszinssatzes verzichtet. Stattdessen wird der im DGNB- beziehungsweise BNB-Zertifikat vorgeschlagene Kalkulationszinssatz in Höhe von 5,5 % zur Bewertung der unflexiblen Bürogebäude herangezogen. [6-5] [6-6] Für die Berechnung der Kapitalwerte der Investitionen in flexible Bürogebäude wird aufgrund des geringeren Leerstandrisikos ein vermindertes objektspezifisches Risiko angenommen und der Kalkulationszinssatz nach unten korrigiert. [6-25] Die Problematik der Ermittlung des »richtigen« Kalkulationszinssatzes wird zusätzlich abgeschwächt, indem Kapitalwerte für Grenzwerte des Kalkulationszinssatzes berechnet werden. [6-16] Als untere Grenze wird ein in der Schweizer Immobilienbewertungspraxis geläufiger Kalkulationszinssatz in Höhe von 4,7 % [6-25] und als obere Grenze ein lediglich um 0,2 % reduzierter Kalkulationszinssatz in Höhe von 5,3 % gewählt. Eine Investition in flexible Bürogebäude gilt demnach als absolut vorteilhaft, wenn sie beim oberen Grenzwert einen positiven Kapitalwert aufweist. Erzielt eine Investition beim unteren Grenzwert einen negativen Kapitalwert, ist sie als unvorteilhaft einzustufen. [6-16]

6.3.5 Annahmen über die Nutzungsdauer der Investitionsvorhaben

Der Lebenszyklus eines Gebäudes wird durch die wirtschaftliche Nutzungsdauer des Gebäudes sowie die technische Lebensdauer der einzelnen Bauteile bestimmt. Die technische Lebensdauer eines Bauteils entspricht der Zeitspanne, in der ein Bauteil funktionstauglich zur Verfügung steht. Die wirtschaftliche Nutzungsdauer wird durch die Marktfähigkeit eines Gebäudes beeinflusst. Mit Kenntnis der wirtschaftlichen Nutzungsdauer ist ein Investor in der Lage vorab eine Wirtschaftlichkeitsermittlung durchzuführen, die Erhaltung des Gebäudes zu planen und damit den Wert des Gebäudes nachhaltig zu sichern. [6-28] Während die technische Lebensdauer, insbesondere die des Tragwerks, einerseits eine Grundvoraussetzung für die wirtschaftliche Nutzungsdauer darstellt [6-28], wird sie andererseits aus wirtschaftlichen Gründen in der Regel nicht ausgeschöpft [6-16] und somit durch die wirtschaftliche Nutzungsdauer determiniert. [6-28] Konventionelle Bürogebäude weisen im Durchschnitt eine wirtschaftliche Nutzungsdauer von bis zu 50 Jahren auf. Dagegen kann bei flexibel konzipierten Bürogebäuden eine wirtschaftliche Nutzugsdauer von 80 Jahren und mehr angenommen werden (siehe Abb. 6.9). Allgemein lässt sich festhalten, dass die wirtschaftliche Nutzungsdauer eines Gebäudes umso länger ausfällt, je anpassbarer das Gebäude an sich ändernde Nutzeranforderungen ist. [6-28] [6-29] Die unterschiedlichen wirtschaftlichen Nutzungsdauern konventioneller und flexibler Bürogebäude können bei Anwendung der Kapitalwertmethode vernachlässigt werden, da mit der Annahme eines vollkommenen Kapitalmarkts frei gewordene finanzielle Mittel weiterhin zum gleichen Kalkulationszinssatz angelegt werden. [6-16]

Abb. 6.10a Fünfgeschossiges Mustergebäude ohne Mittelstützenreihe

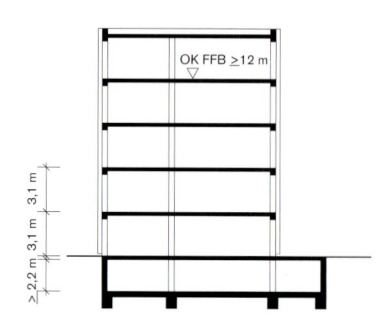

Abb. 6.10b Fünfgeschossiges Mustergebäude mit Mittelstützenreihe

6.4 Beschreibung der zu bewertenden Mustergebäude

Die Bewertung sowohl flexibler als auch unflexibler Bürogebäude in Stahl- und Stahlverbundbauweise anhand der Kapitalwertmethode erlaubt es, Aussagen über die absolute und relative Vorteilhaftigkeit flexibler Bürogebäude zu treffen. Zu diesem Zweck werden im Projekt P881 zwei Mustergebäude unter Berücksichtigung gängiger Konstruktionsvarianten entworfen. Zu den Grundlagen der Entwurfsplanung soll hier auf Kapitel 3 verwiesen werden. Bei den Mustergebäuden handelt es sich um fünfgeschossige Bürogebäude, die der derzeitigen Baupraxis entsprechen. Um die für Sonderbauten geltenden Brandschutzverordnungen außer Acht lassen zu können, wird bei der Entwurfsplanung berücksichtigt, dass die Grundfläche der einzelnen Nutzeinheiten nicht mehr als 400 m² beträgt [6-30]. Bei dem flexiblen Mustergebäude handelt es sich um eine Konstruktion, die sich durch eine durchgehende Stützenfreiheit auszeichnet, dagegen weist das unflexible Mustergebäude eine Mittelstützenreihe auf. Die Position der Mittelstützenreihe resultiert aus der Stellplatzanordnung in der Tiefgarage, die sich unter Berücksichtigung der Garagenverordnungen der Länder ergibt. Der Begriff *unflexibel* verweist darauf, dass sich aufgrund der Stützenstellung nicht alle gängigen Bürokonzepte ohne Eingriff in das Gebäudeprimärsystem verwirklichen lassen. Um Aussagen über die absolute Vorteilhaftigkeit flexibler Baukonstruktionen in Stahl- und Stahlverbundbauweise zu treffen, werden die Kapitalwerte verschiedener Investitionen in fünfgeschossige Konstruktionsvarianten ohne Mittelstützenreihe (siehe Abb. 6.10a) berechnet. Bei den untersuchten Konstruktionsvarianten handelt es sich zum einen um Wabenträger mit Sprießen zwischen den Trägern (Variante 3) und zum anderen um eng angeordnete Wabenträger ohne Sprießen (Variante 4). Beide Konstruktionsvarianten zeichnen sich durch eine Spannweite von 13,5 m aus. Da die Durchführung der Kapitalwertmethode eine Reduktion des gesamten Bauvorhabens auf seine monetäre Dimension erfordert, sind vorab gebäudeindividuelle Annahmen zu formulieren, die sich aus den Auswirkungen der Gebäudeflexibilisierung ergeben und die sich unmittelbar auf die Höhe der mit der Investition verbundenen Zahlungen auswirken [6-10]. Folgende Annahmen werden für die flexiblen Mustergebäude getroffen:
— Wirtschaftliche Nutzungsdauer: 50 ≤ ND ≤ 99
— Kalkulationszinssatz: 4,7 % bis 5,3 %
— Berücksichtigung von Umbaumaßnahmen
— Prognose der Miethöhe und -entwicklung unter Berücksichtigung der Zahlungsbereitschaft für flexible Bürogebäude

Im Rahmen der Vorteilhaftigkeitsbestimmung wird ermittelt, welche Auswirkungen Parameteränderungen auf den Kapitalwert haben. Durch Variation der in die Investitionsrechnung einfließenden Parameter: wirtschaftliche Nutzungsdauer, Kalkulationszinssatz, Umbauhäufigkeit und -ausmaß sowie Miethöhe und -entwicklung können verschiedene Szenarien ökonomisch bewertet werden. Hierdurch können Aussagen getroffen werden, unter welchen Bedingungen flexible Bürogebäude in Stahl- und Stahlverbundbauweise als vorteilhaft gelten.

Um Aussagen über die relative Vorteilhaftigkeit flexibler Baukonstruktionen in Stahl- und Stahlverbundbauweise treffen zu können, werden ebenfalls die Kapitalwerte verschiedener Investitionen in fünfgeschossige Mustergebäude mit einer Mittelstützenreihe (siehe Abb. 6.10b) ermittelt. Bei den untersuchten Konstruktionsvarianten handelt es sich um ein Quersystem ohne Sprießen (Variante 1), ein Längssystem ohne Sprießen (Variante 2) und ein Quersystem mit TOPfloor INTEGRAL (Variante 5). Alle drei Konstruktionsvarianten zeichnen sich durch eine Spannweite von 12 m aus. Auch hier erfordert die Abbildung des gesamten Bauvorhabens anhand von Ein- und Auszahlungen die Formulierung gebäudeindividueller Annahmen,

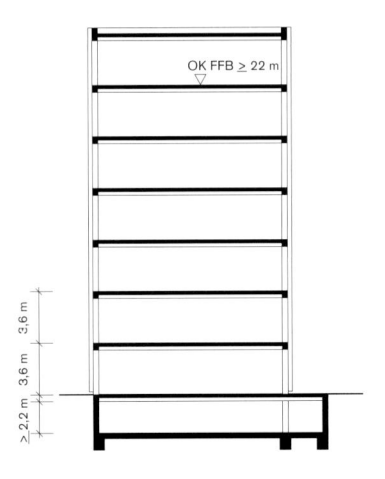

Abb. 6.11a Siebengeschossiges Mustergebäude ohne Mittelstützenreihe (Grenzfallbetrachtung)

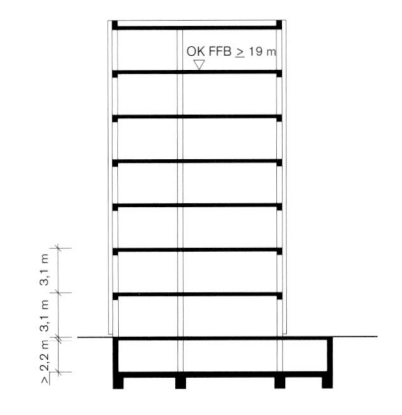

Abb. 6.11b Achtgeschossiges Mustergebäude mit Mittelstützenreihe (Grenzfallbetrachtung)

die einen unmittelbaren Einfluss auf die Höhe der Zahlungen ausüben. Folgende Annahmen werden für die Bewertung der unflexiblen Mustergebäude getroffen:
— Wirtschaftliche Nutzungsdauer: ND ≤ 49
— Kalkulationszinssatz: 5,5 %
— Keine Umbaumaßnahmen vorgesehen
— Prognose der Miethöhe und -entwicklung unter Berücksichtigung der Zahlungsbereitschaft für unflexible Bürogebäude

Die Ermittlung der Kapitalwerte der Investitionen in unflexible Bürogebäude sowie deren Vergleich mit den Kapitalwerten der Investitionen in flexible Bürogebäude erlaubt es, zu beurteilen, unter welchen Bedingungen flexible Bürogebäude in Stahl- und Stahlverbundbauweise relativ vorteilhaft erscheinen. Durch die Variation der Parameter *wirtschaftliche Nutzungsdauer* sowie *Miethöhe und -entwicklung* können auch hier unterschiedliche Szenarien untersucht werden.

Zusätzlich zur Bewertung der fünfgeschossigen Mustergebäude wird eine Grenzfallbetrachtung vorgenommen. In Anlehnung an die Musterbauordnung gelten Bürogebäude als Hochhäuser, wenn der Boden des obersten Geschosses, in dem ein Aufenthaltsraum möglich ist, höher als 22 m über der Geländeoberfläche liegt [6-30]. Um auf spezifische Brandschutzregelungen für Hochhäuser verzichten zu können, werden im Rahmen der Grenzfallbetrachtung die gleichen flexiblen und unflexiblen Konstruktionsvarianten unter Berücksichtigung der Hochhausgrenze betrachtet. Die Konstruktionsvarianten ohne Mittelstützenreihe ermöglichen in diesem Zusammenhang die Realisierung eines maximal siebengeschossigen Bürogebäudes (siehe Abb. 6.11a). Die Konstruktionen mit Mittelstützenreihe erlauben es, aufgrund der geringeren Deckendicken achtgeschossige Bürobauten zu verwirklichen (siehe Abb. 6.11b). Im Projekt P881 wird zusätzlich geprüft, ob siebengeschossige flexible Bürogebäude gegenüber achtgeschossigen unflexiblen Bürogebäuden unter bestimmten Bedingungen vorteilhaft sein können. Da sich die Mustergebäude der Grenzfallbetrachtung lediglich in der Anzahl der Geschosse von den fünfgeschossigen Mustergebäuden unterscheiden, wird im Folgenden nur auf die Ermittlung der Ein- und Auszahlungen der Investitionen in die fünfgeschossigen Mustergebäude eingegangen.

6.5 Monetäre Dimension eines Bauvorhabens

6.5.1 Ermittlung der Gebäudekosten

Die Ermittlung der Gebäudekosten orientiert sich an der DIN 276-1, in der die Kostenermittlung für den Hochbau normiert ist. Trotz fehlender Übereinstimmung der Kostendefinition der DIN 276-1 mit dem betriebswirtschaftlichen Kostenverständnis wird im Folgenden der Begriff *Kosten* analog zum Begriff *Kosten im Hochbau* verwendet.

6.5.1.1 Grundlagen der Kostenermittlung

Unter der Kostengliederung im Hochbau wird eine Ordnungsstruktur zur Gliederung der Gesamtkosten eines Bauprojekts nach Kostengruppen verstanden. [6-18] Sie schafft die Voraussetzung für vergleichbare Ergebnisse von Kostenermittlungen, indem sie die wesentlichen Unterscheidungsmerkmale der bei Hochbaumaßnahmen anfallenden Aufwendungen beschreibt. [6-31] Kostengruppen sind in diesem Zusammenhang die »Zusammenfassung einzelner, nach den Kriterien der Planung oder des Projektablaufes zusammengehörender Kosten«. [6-18] DIN 276-1 definiert sieben Kostengruppen (siehe Abb. 6.12), die je nach Detaillierungsgrad um Kostengruppen der zweiten und dritten Ebene erweitert werden können. Die Kostengruppen 300 und 400 können zu den Bauwerkskosten zusammengefasst werden. Die Gesamtkosten ergeben sich aus der Summe aller Kostengruppen. Als Kostenermittlung wird die »Vorausberechnung der entstehenden Kosten beziehungsweise Feststellung der tatsächlich entstandenen Kosten« [6-18] definiert. Es ist ersichtlich, dass die Form und der Detaillierungsgrad der Kostenermittlung vom Fortschritt der Planung und Ausführung der Baumaßnahme abhängig sind. In der DIN 276-1 ist dies durch das Festlegen

Kostengruppe	Beschreibung
100	Grundstück
200	Herrichten und Erschließen
300	Bauwerk - Baukonstruktionen
400	Bauwerk - Technische Anlagen
500	Außenanlagen
600	Ausstattung und Kunstwerke
700	Baunebenkosten

Abb. 6.12 Kostengruppen der ersten Ebene nach DIN 276-1 [6-18]

von fünf verschiedenen Stufen der Kostenermittlung berücksichtigt: (1) Der Kostenrahmen beruht auf quantitativen und qualitativen Bedarfsangaben, die grundlegende Informationen für die Bedarfsplanung sowie grobe Wirtschaftlichkeitsüberlegungen liefern. Beim Ausweis der Gesamtkosten sind mindestens die Bauwerkskosten gesondert aufzuführen. [6-18] (2) Die Kostenschätzung ist eine überschlägige Ermittlung der Kosten [6-31] und beruht auf der Vorplanung sowie den hierbei berechneten Mengen der Bezugseinheiten der Kostengruppen [6-18]. Bei der Angabe der Gesamtkosten müssen sämtliche Kostengruppen mindestens bis zur ersten Ebene der Kostengliederung aufgeführt werden. [6-32] (3) Bei der Kostenberechnung handelt es sich um eine angenäherte Ermittlung der Kosten, die als Grundlage für die Entscheidung über die Entwurfsplanung dient. Sie basiert somit auf den Planungsunterlagen der Entwurfsplanung, den dazugehörigen Mengenberechnungen sowie ergänzenden Erläuterungen. Die Gesamtkosten müssen nach Kostengruppen geordnet mindestens bis zur zweiten Ebene der Kostengliederung angegeben werden. [6-18] [6-31] Die Vorteile der Kostenberechnung liegen in der Anwendung von Kostenkennwerten, wobei die Genauigkeit der Kostenberechnung naturgemäß von der Qualität beziehungsweise Zuverlässigkeit der Kostenkennwerte abhängt. [6-32] (4) Der Kostenanschlag stellt eine möglichst genaue Ermittlung der Kosten dar, auf deren Basis die Entscheidung über die Ausführungsplanung getroffen wird. [6-31] Voraussetzung für die Durchführung eines Kostenanschlags ist, dass möglichst ausgereifte und vollständige Planungsunterlagen vorliegen, technische Berechnungen und Mengenberechnungen stimmen, Erläuterungen zur Bauausführung (Leistungspositionen) verfügbar sind [6-18] [6-32] und Preise für einzelne Leistungspositionen nach betriebswirtschaftlichen Kalkulationssätzen ermittelt werden. [6-32] Die Angabe der Gesamtkosten hat bis zur dritten Ebene der Kostengliederung zu erfolgen [6-18], wobei sowohl Kostenkennwerte als auch Ergebnisse von Eigenkalkulationen den einzelnen Kostengruppen zugeordnet werden können. Bei einer Eigenkalkulation der Einzelpositionen sind allerdings die Kosten, die nach betriebstypischen Leistungsbereichen eine ausführungsorientierte Gliederung aufweisen, in die elementorientierte Gliederung, die der DIN 276-1 zugrunde liegt, überzuführen. [6-32] (5) Die Kostenfeststellung entspricht der Ermittlung der tatsächlich entstandenen Kosten und kann somit erst nach Abschluss der Arbeiten erstellt werden. [6-32] Die Kostenfeststellung soll die Gesamtkosten bis zur dritten Ebene der Kostengliederung aufgliedern. [6-18] Die Ermittlung von Kostenkennwerten basiert auf der Auswertung der Kostenfeststellung mehrerer vergleichbarer Bauvorhaben. Dabei gilt, umso ähnlicher die Bauvorhaben und umso größer die Anzahl der Kostenfeststellungen, desto zuverlässiger die Kostenkennwerte. [6-32] Das *Baukosteninformationszentrum Deutscher Architektenkammern* (BKI) bietet hier ausführliche Objektdokumentationen und Kostenkennwerte zu Neubauten, Altbauten sowie Freianlagen in unterschiedlicher Detaillierung als Kennwerte für Gebäude, Bauteile und Positionen an, die eine qualifizierte Kostenplanung unterstützen. [6-31]

6.5.1.2 Vorgehensweise bei der Bestimmung der Gebäudekosten

Im Hinblick auf den Umfang der zum Hochbau zählenden Kosten [6-18] ist es für die in diesem Projekt durchzuführende Ermittlung der Gebäudekosten erforderlich, eine Systemgrenze zu definieren. Durch räumliche Abgrenzung des Untersuchungsgegenstands *Bürogebäude* werden nur diejenigen Kostengruppen betrachtet, die für den Bau eines Gebäudes relevant sind. Dies entspricht den Kostengruppen 300, 400 sowie 700, also den Bauwerkskosten zuzüglich der Baunebenkosten. [6-23]

Die Bestimmung der Gebäudekosten folgt einer zweistufigen Vorgehensweise. Vor dem Hintergrund fehlender Kostenkennwerte für Bürogebäude in Stahl- und Stahlverbundbauweise werden im ersten Schritt, entsprechend dem Detaillierungsgrad des Kostenanschlags, die Preise der Teilleistungen der Stahlbauarbeiten sowie der Beton- und Stahlbetonarbeiten ermittelt. Die Stahlbauarbeiten sowie die Beton- und Stahlbetonarbeiten umfassen dabei alle Leistungspositionen, die zur Erstellung des Tragwerks notwendig sind. Zur Bestimmung der Preise der Teilleistungen ist vorab die Kalkulation der Herstellkosten des Stahlskeletts gesondert durchzuführen. Im Gegensatz zum Beton- und Stahlbetonbau gehört der Stahlbau zum Montagebau. Daher werden die Herstellkosten, die bei der Fertigung des Stahlskeletts anfallen, zunächst mittels der für den Stahlbau üblichen differenzierenden Zuschlagskalkulation bestimmt. Die Ermittlung der Herstellkosten der Stahlbauarbeiten basiert hierbei auf ausgewählten Marktpreisen (Recherche- und Umfragewerte aus den Jahren 2011 bis 2014). Die berechneten Herstellkosten des Stahlskeletts fließen anschließend als Kosten der Fremdleistung der Leistungsposition Stahlbauarbeiten in die Kalkulation der Preise der Teilleistungen der Stahlbauarbeiten sowie der Beton- und Stahlbetonarbeiten ein.

Die Berechnung der Preise der Teilleistungen wird mittels der im Bauwesen gängigen Variante der Zuschlagskalkulation »Kalkulation über die Angebotssumme« durchgeführt (siehe Abb. 6.13). Um zu den angenäherten Bauwerkskosten (KG 300 und 400) zu gelangen, werden in einem zweiten Schritt die kalkulierten Preise der Teilleistungen um die Preise für diejenigen Bauelemente ergänzt, die zur Fertigstellung des Gebäudes benötigt werden. Hier sind zunächst die Teilleistungen, die nach betriebstypischen Leistungsbereichen angeordnet sind, in die Kostengliederung nach DIN 276-1 überzuführen. Unter Rückgriff auf die Baukostendaten des BKI werden dann die Bauwerkskosten, entsprechend dem Detaillierungsgrad der Kostenberechnung, ermittelt. Da es sich bei den Baukostendaten um durchschnittliche Kostenkennwerte handelt, die aus bereits abgerechneten Bauleistungen abgeleitet werden, sind die Preise der Teilleistungen noch um die Mehrwertsteuer zu ergänzen. Abschließend werden die ermittelten Bauwerkskosten um die Baunebenkosten (KG 700) ergänzt, um so zu den Gebäudekosten zu gelangen.

6.5.1.3 Kalkulation der Herstellkosten der Stahlbauarbeiten

Im Montagebau wird die Baukonstruktion größtenteils in einem Werk hergestellt und auf der Baustelle lediglich montiert. Dies führt dazu, dass im Werk etwa 75–80 % der Kosten anfallen. Da die im Werk durchgeführte Fertigung unter

Kalkulation der Herstellkosten der Stahlbauarbeiten
Kosten technisches Büro
+ Materialkosten (Materialeinzel- und Materialgemeinkosten)
+ Fertigungskosten (Fertigungseinzel- und Fertigungsgemeinkosten)
+ Montagekosten (Montageeinzel- und Montagegemeinkosten, Sondereinzelkosten)
= **Herstellkosten**

+ Verwaltungs- und Vertriebsgemeinkosten
= **Selbstkosten**
+ Wagnis und Gewinn
= **Angebotspreis**

Kalkulation der Angebotssumme der Stahlbauarbeiten sowie der Beton- und Stahlbetonarbeiten
Einzelkosten der Teilleistungen: Lohnkosten, sonst. Kosten, Gerätekosten, Kosten der Fremdleistungen
+ Gemeinkosten der Baustelle
= Herstellkosten
+ Allgemeine Geschäftskosten
= Selbstkosten
+ Wagnis und Gewinn
= Angebotssumme
Angebotslohns
Preise der Teilleistungen

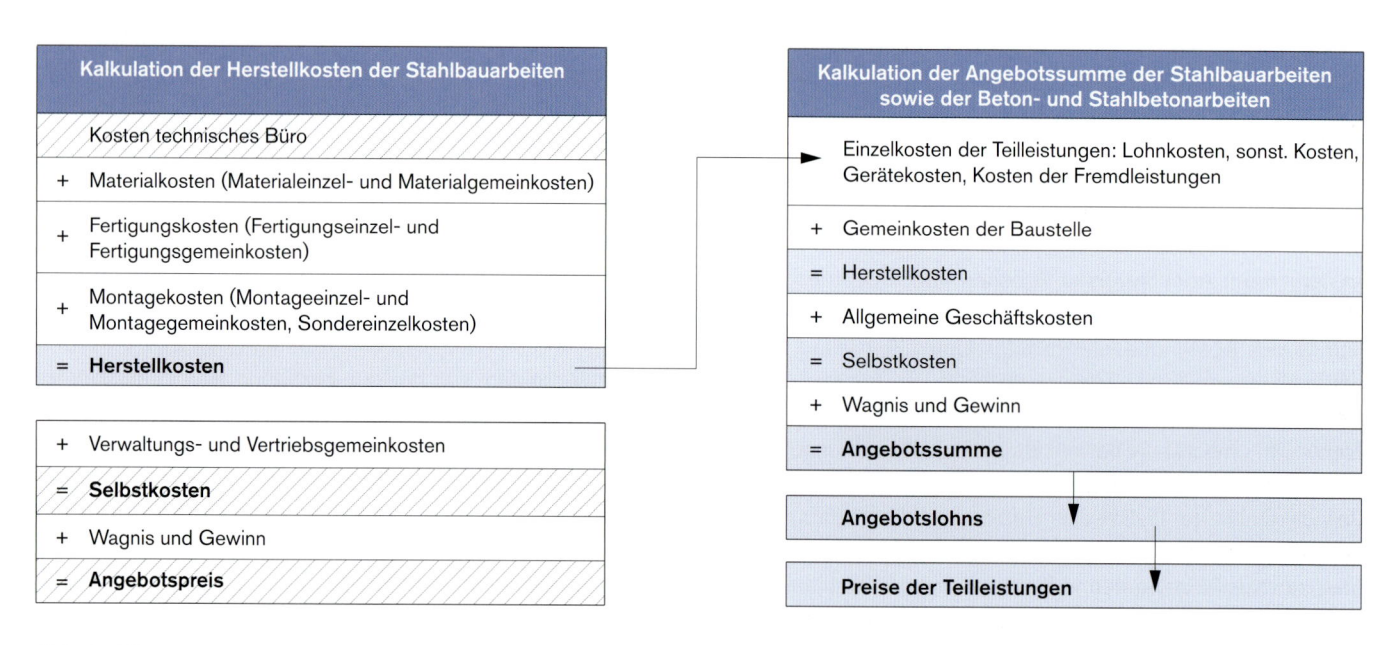

Abb. 6.13 Vorgehensweise bei der Kalkulation der Preise der Teilleistungen

annährend konstanten Bedingungen abläuft [6-33], wird zur Bewertung der betrieblichen Leistung in der Regel auf die Kostenrechnung zurückgegriffen. [6-34] Die Kostenrechnung gliedert sich in die drei Teilbereiche: Kostenarten-, Kostenstellen- und Kostenträgerrechnung. Den ersten Schritt der Kostenrechnung bildet die Kostenartenrechnung, in der die Kosten entsprechend ihrer Zurechenbarkeit auf einen Kostenträger, etwa einen Kundenauftrag, nach Einzel- und Gemeinkosten differenziert werden. Während Einzelkosten einem Kostenträger direkt zurechenbar sind, gehen die Gemeinkosten in die Kostenstellenrechnung ein, in der sie den verursachenden Kostenstellen zugeordnet werden. Nach Art der Beziehung zu den Kostenträgern lassen sich hierbei Hilfs- von Hauptkostenstellen unterscheiden. Im Gegensatz zu Hauptkostenstellen erbringen Hilfskostenstellen für andere Kostenstellen eine Leistung und weisen keine direkte Beziehung zwischen der Kostenträgermenge und der Beschäftigung auf. Mithilfe der innerbetrieblichen Leistungsverrechnung werden daher die Kosten der Hilfskostenstellen auf die Hauptkostenstellen, denen ein direkter Zusammenhang zwischen Kostenträgermenge und Beschäftigung unterstellt wird, verrechnet. [6-22] In einem mittelständischen Stahlbauunternehmen zählen zu den Hauptkostenstellen üblicherweise das technische Büro, die Materialwirtschaft, die Fertigung und Montage sowie die Verwaltung und der Vertrieb. [6-34] Die Kostenstellenrechnung endet mit der Bildung von Zuschlagssätzen in den Hauptkostenstellen, indem die entsprechenden Einzel- beziehungsweise Herstellkosten als Bezugsgrößen herangezogen werden. [6-33] In der Kostenträgerrechnung, der sogenannten Kalkulation, werden dann die Gemeinkosten der Hauptkostenstellen mithilfe der berechneten Zuschlagssätze den Kostenträgern zusammen mit den Einzelkosten zugewiesen. [6-22] Der *Deutsche Stahlbauverband* verweist in diesem Zusammenhang auf die differenzierende Zuschlagskalkulation als ein geeignetes Kalkulationsverfahren für Stahlbauunternehmen. [6-34]

Im Projekt P881 werden bei der Kalkulation der Herstellkosten der Stahlbauarbeiten die (1) Material-, (2) Fertigungs- und (3) Montagekosten sowie die (4) Kosten der Fremdleistung erfasst. Die Kosten des technischen Büros sowie die Verwaltungs- und Vertriebsgemeinkosten bleiben unberücksichtigt. Die Kosten der Planung und Überwachung der Bauausführung werden bei der Ermittlung der Gebäudekosten im Rahmen der Baunebenkosten (KG 700) angesetzt, so dass eine Berücksichtigung der Kosten des technischen Büros zu einer doppelten Erfassung führen würde. Gleiches gilt für die Verwaltungs- und Vertriebsgemeinkosten, die bei der Kalkulation der Angebotssumme der Stahlbauarbeiten sowie Beton- und Stahlbetonarbeiten ermittelt werden (siehe Abb. 6.13).
(1) Um die Materialeinzelkosten zu bestimmen, werden die erforderlichen Mengen an Stahl, Verbundblechen, Verbindungsmitteln sowie Farben beziehungsweise Beschichtungen mit Preisen bewertet. Zusätzlich dazu wird ein prozentualer Anteil an Materialgemeinkosten in Höhe von 5 % [6-33] zugeschlagen. (2) Bei der Berechnung der Fertigungseinzelkosten werden die Arbeiten der Einzelfertigung sowie die Schweißarbeiten erfasst. Innerhalb der Einzelfertigung werden die Fertigungszeiten für die Verrichtungstätigkeiten *Zuschnitt*, *Ausklinken*, *Bohren* sowie *Überhöhen* ermittelt und anschließend mit dem Mittellohn AS [6-33] für die Metallindustrie bewertet. Analog wird mit den Schweißarbeiten verfahren. Für die Bewertung der Konservierungsarbeiten (Korrosions- und Brandschutz) wird die zu bearbeitende Oberfläche ermittelt und mit einem dem Bauforumstahl entnommenen Kostenkennwert [6-35] multipliziert. Darüber hinaus werden Fertigungsgemeinkosten durch die Wahl eines Zuschlagsatzes in Höhe von 100 % [6-42] berücksichtigt. (3) Die Montageeinzelkosten berücksichtigen die Kosten für die Montage des Stahlskeletts auf der Baustelle und umfassen die Hubmontage, das Verschrauben und das Ausrichten. Um die Kosten zu ermitteln, wird für jedes Bauteil die benötigte Montagezeit errechnet

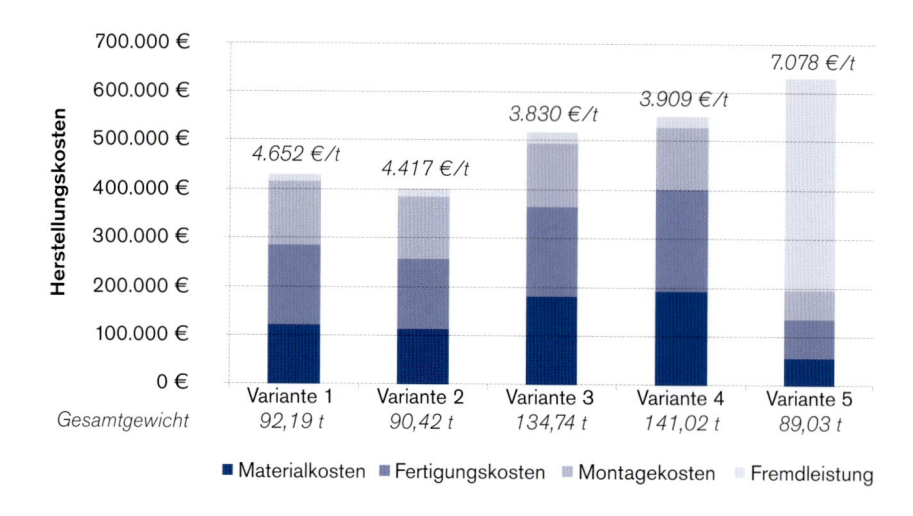

Abb. 6.14 Kalkulation der Herstellkosten der Stahlbauarbeiten der fünfgeschossigen Mustergebäude [6-42]

und mit dem Mittellohn ASL [6-33] für die Metallindustrie bewertet. Innerhalb der Montagekosten werden des Weiteren die Vorhaltekosten der Montagegeräte für die Dauer der Stahlbauarbeiten erfasst. Die Kosten für eine Arbeitsbühne sowie weitere im Stahlbau benötigte Werkzeuge werden mit Kostenkennwerten aus der Baugeräteliste [6-36] angesetzt. Innerhalb der Gerätekosten werden auch die Mietkosten für einen Autokran [6-37] berücksichtigt. Bei der dritten Konstruktionsvariante (Wabenträger mit Sprießen) werden zusätzlich die Kosten der Hilfs- und Stützkonstruktionen, die zu den Sondereinzelkosten der Montage gehören, berechnet. Zur Bestimmung der Montagekosten wird ferner ein prozentualer Anteil an Montagegemeinkosten in Höhe von 25 % [6-38] zugeschlagen. (4) Unter den Kosten für Fremdleistungen werden die Kosten für Verpackung, Ladung und Transport zur Baustelle zusammengefasst. Die Verpackungskosten werden unter Verwendung des Mittellohns AS [6-33] für die Metallindustrie und Pauschalwerten für das Verpackungsmaterial und die Arbeitszeit abgeschätzt. Zur Bestimmung der Kosten der Ladearbeit werden Arbeitszeit-Richtwerte [6-33] [6-39] [6-40] mit dem Mittellohn ASL für die Metallindustrie [6-33] bewertet. Die Kosten für den Transport des Profilblechs, Profilstahls sowie der erforderlichen Montagegeräte ergeben sich in Abhängigkeit der Transportstrecke und des zulässigen Gewichts einer Ladung. [6-41]

Die Ergebnisse der Kalkulation (siehe Abb. 6.14) zeigen, dass die Herstellkosten der Stahlbauarbeiten der flexiblen Konstruktionsvarianten 3 und 4 gegenüber denjenigen der unflexiblen Konstruktionsvarianten 1 und 2 um 20 % bis 38 % höher liegen. Die höheren Kosten der Stahlbauarbeiten bei Variante 3 und 4 können auf eine Überdimensionierung der Statik zurückgeführt werden. Hierbei handelt es sich somit um die Mehrkosten der Bauwerkserstellung, die während des Planungsprozesses entstehen, um eine zukünftige Flexibilität des Primärsystems des Gebäudes zu gewährleisten.

So erfordert die Herstellung der flexiblen Konstruktionsvarianten 3 und 4 zwischen 46 % und 56 % mehr Stahl im Vergleich zu den Varianten 1 und 2. Die Herstellkosten der Stahlbauarbeiten der fünften Variante, die eine Sonderlösung der unflexiblen Konstruktionen darstellt, übertreffen dagegen sowohl die Herstellkosten der unflexiblen Varianten 1 und 2 als auch der flexiblen Varianten 3 und 4. Im Gegensatz zu den Varianten 3 und 4 basieren die höheren Herstellkosten der Stahlbauarbeiten der fünften Konstruktionsvariante jedoch nicht auf einem höheren Stahleinsatz. Bei der fünften Konstruktionsvariante wird bis zu 58 % weniger Stahl verarbeitet als bei den flexiblen Varianten. Auch unter den unflexiblen Konstruktionsvarianten weist die fünfte Variante den geringsten Stahlverbrauch auf. [6-42]

6.5.1.4 Kalkulation der Preise der Teilleistungen der Stahlbauarbeiten sowie Beton- und Stahlbetonarbeiten

Entgegen der Kalkulation der Herstellkosten der Stahlbauarbeiten basiert die Ermittlung der Preise der Teilleistungen der Stahlbauarbeiten sowie Beton- und Stahlbetonarbeiten lediglich auf der Kostenträgerrechnung. Im Bauwesen stellt die Bauleistung, die in Form von Teilleistungen erfasst wird, den eigentlichen Kostenträger dar. [6-33] [6-43] Die Teilleistungen entsprechen den Einzelkosten im Bauwesen, so dass sie auch als Einzelkosten der Teilleistungen bezeichnet werden. Die Einzelkosten der Teilleistungen lassen sich in die vier Kostenarten: Lohnkosten, Gerätekosten, sonstige Kosten sowie Kosten der Fremdleistungen aufteilen, wobei unter den sonstigen Kosten unter anderem die Kosten für Bau-, Rüst- und Schalstoffe erfasst werden. [6-33] Während sich die Einzelkosten der Teilleistungen einer Bauleistung direkt zuordnen lassen, werden auch im Bauwesen die Gemeinkosten mittels Zuschlagssätzen dem Kostenträger zugewiesen. [6-33]

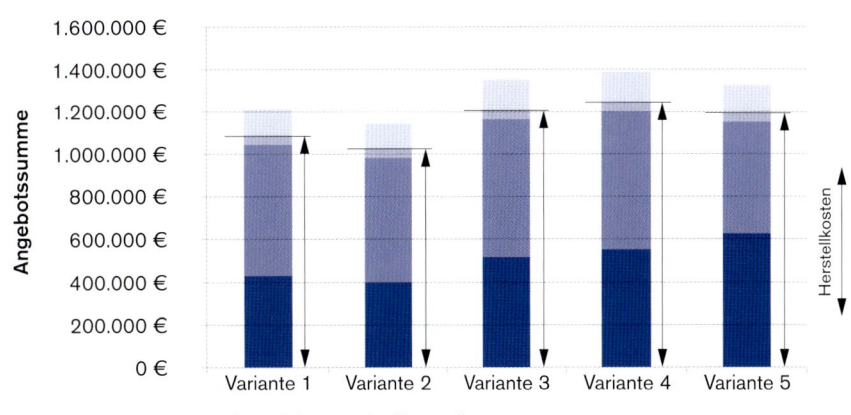

Abb. 6.15 Kalkulation der Angebotssummen für die Stahlbau-/Beton- und Stahlbetonarbeiten der fünfgeschossigen Mustergebäude [6-42]

Die Gemeinkosten setzen sich hierbei aus den Gemeinkosten der Baustelle und den Allgemeinen Geschäftskosten zusammen. Die Gemeinkosten der Baustelle sind diejenigen Kosten, die zwar einer Baustelle, jedoch keiner konkreten Teilleistung zugeordnet werden können. Bei den Allgemeinen Geschäftskosten handelt es sich dagegen um Kosten, die keinem Bauauftrag zugeordnet werden können, sondern die durch den Betrieb als Ganzes entstehen. Wagnis und Gewinn stellen ihrem Wesen nach zwar keine Kosten dar, werden jedoch aus Vereinfachungsgründen ebenfalls den Einzelkosten der Teilleistungen zugerechnet. [6-33] Innerhalb der Baustellenfertigung haben sich die Verfahren der kumulativen Zuschlagskalkulation durchgesetzt, wobei die Kalkulation über die Angebotssumme als Regelverfahren gilt. Um eine verursachungsgerechtere Zurechnung der Gemeinkosten zu erreichen, werden bei diesem Verfahren auch die Gemeinkosten der Baustelle angebotsspezifisch ermittelt, so dass lediglich die Allgemeinen Geschäftskosten sowie der Ansatz für Wagnis und Gewinn mittels vorbestimmter Zuschlagssätze verrechnet werden. Die Kalkulation selbst basiert auf vier separaten Rechenschritten, in denen nacheinander die Herstellkosten, die Angebotssumme, der Angebotslohn sowie die Preise der Teilleistungen ermittelt werden (siehe Abb. 6.13). [6-33] [6-43]

Im ersten Schritt der Kalkulation werden die Herstellkosten, die sich aus den Einzelkosten der Teilleistungen und den Gemeinkosten der Baustelle zusammensetzen, berechnet. Zur Bestimmung der Einzelkosten der Teilleistungen erfolgt eine grobe Einteilung der Bauleistung in die fünf Leistungspositionen: (1) Baustelleneinrichtung, (2) Vorhaltekosten, (3) Beton- und Stahlbetonarbeiten, (4) Fertigteile aus Stahlbeton sowie (5) Stahlbauarbeiten. Die Leistungspositionen werden anschließend in einzelne Teilleistungen unterteilt. Diese Feingliederung entspricht den im Leistungsverzeichnis aufgeführten Teilleistungen. Die Ermittlung der Einzelkosten erfolgt für jede Teilleistung getrennt nach den Kostenarten *Lohnkosten*, *sonstige Kosten*, *Gerätekosten* und *Kosten der Fremdleistungen*. Zur Kalkulation der Lohneinzelkosten der Baustellenfertigung wird der Mittellohn ASLP [6-33] für das Baugewerbe bestimmt.

Bei der Bestimmung der Einzelkosten der Teilleistungen der (1) Baustelleneinrichtung werden die Kosten der Bereitstellung der Geräte für die Beton- und Stahlbetonarbeiten sowie der Bewehrung und Schalung berücksichtigt. Die Bereitstellungskosten umfassen die Kosten für den Transport zur Baustelle sowie die Auf- und Abladekosten. Zur Bestimmung der Lade- und Transportkosten wird zwischen den Gütern: Bewehrung, Schalung und Baugeräte unterschieden. Für die Ladearbeit können hierdurch differenziertere Arbeitszeit-Richtwerte angesetzt werden. [6-33] [6-39] [6-44] Die Transportkosten werden zusätzlich in Abhängigkeit der Transportstrecke und des Ladegewichts bestimmt. [6-41] Die (2) Vorhaltekosten der Baustelle enthalten die Vorhaltekosten der für die Beton- und Stahlbetonarbeiten benötigten Geräte, die unter Zuhilfenahme der Baugeräteliste [6-36] ermittelt werden. Zu den Vorhaltekosten der Baustelle gehören kalkulatorische Abschreibungen, Verzinsung sowie Reparaturkosten. Zusätzlich werden die Mietkosten für einen Autokran, eine Betonpumpe [6-37], einen Schuttcontainer sowie eine WC-Kabine [6-33] bestimmt. Für die (3) Beton- und Stahlbetonarbeiten sowie (4) Fertigteile Stahlbeton werden zunächst für jede Teilleistung die Mengen der jeweiligen Bezugsgrößen bestimmt. Die Mengen werden dann, einzeln für die Kostenarten *Lohnkosten*, *Sonstige Kosten* und *Gerätekosten*, mit Kostenkennwerten [6-39] multipliziert. Das Bilden der Summe über die einzelnen Kostenarten ermöglicht, die Kosten jeder Teilleistung anzugeben. In die (5) Stahlbauarbeiten gehen die berechneten Herstellkosten des Stahlskeletts als Kosten der Fremdleistung ein. Zu diesem Zweck wird zunächst ein Kostenkennwert gebildet, der sich aus der

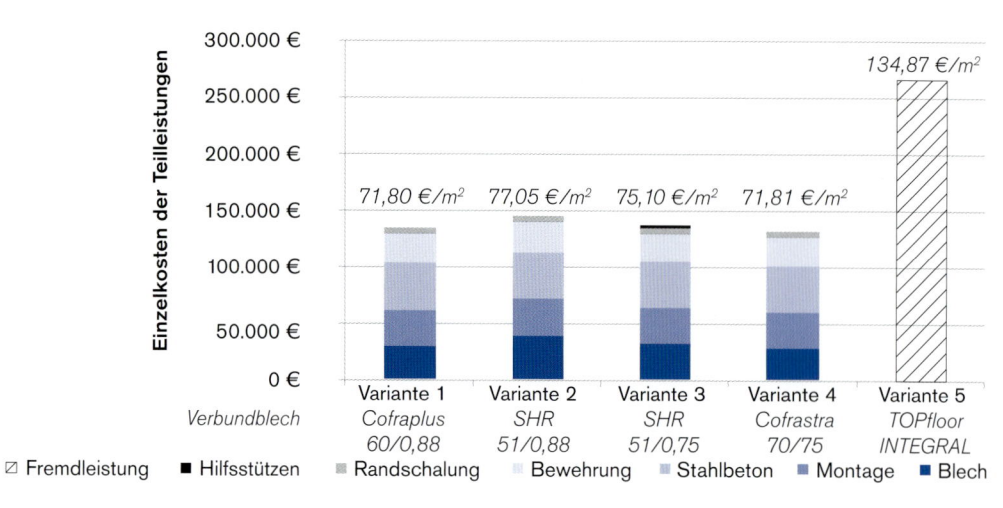

Abb. 6.16 Kalkulation der Einzelkosten der Teilleistungen der Deckenkonstruktionen der fünfgeschossigen Mustergebäude [6-42]

Division der Herstellkosten durch das Gesamtgewicht des Stahlskeletts ergibt. Die Leistungsposition *Stahlbauarbeiten* wird zusätzlich nach den einzelnen Elementen des Tragwerks in Teilleistungen fein gegliedert. Durch die Multiplikation des Gewichts der einzelnen Tragwerkselemente mit dem ermittelten Kostenkennwert werden die Kosten der Teilleistungen bestimmt.

Bei der Ermittlung der Herstellkosten werden neben den Einzelkosten der Teilleistungen zusätzlich die Gemeinkosten der Baustelle erfasst, die keiner Teilleistung, jedoch der Baustelle zugerechnet werden können. Hierbei handelt es sich um Kosten der Baustelleneinrichtungen, der Baustellenausstattung, der Baustoffprüfung sowie um Betriebskosten.

Die Berechnung der Herstellkosten der Stahlbauarbeiten sowie der Beton- und Stahlbetonarbeiten der fünfgeschossigen Konstruktionsvarianten (siehe Abb. 6.15) zeigt, dass die Kosten der Tragwerkserstellung der flexiblen Konstruktionsvarianten 3 und 4 gegenüber den unflexiblen Konstruktionsvarianten 1 und 2 um 11 % bis 21 % höher liegen. Die Unterschiede in der Höhe der Herstellkosten der Stahlbauarbeiten nivellieren sich somit bei Betrachtung der gesamten Herstellkosten der Stahlbauarbeiten sowie Beton- und Stahlbetonarbeiten. Der Anteil der Kosten der Stahlbauarbeiten an den Kosten des gesamten Tragwerks beläuft sich durchschnittlich bei den unflexiblen Mustergebäuden 1 und 2 auf 39 %, bei den flexiblen Mustergebäuden 3 und 4 auf 44 %. Bei der fünften Konstruktionsvariante entfallen 53 % der Tragwerkskosten auf die Stahlbauarbeiten. Obwohl die Herstellkosten der Stahlbauarbeiten der fünften Konstruktionsvariante höher ausfallen als die der unflexiblen sowie flexiblen Varianten, sind die Herstellkosten des gesamten Tragwerks der fünften Konstruktionsvariante im mittleren Kostenbereich angesiedelt. Die geringer ausfallenden Herstellkosten des Tragwerks lassen sich hierbei auf die niedrigeren Kosten der Beton- und Stahlbetonarbeiten zurückführen. Betrachtet man lediglich die Einzelkosten der Teilleistungen der Deckenkonstruktionen (siehe Abb. 6.16), zeigt sich, dass diese bei den ersten vier Konstruktionsvarianten eng beieinander liegen. Am besten schneiden die Deckenkonstruktionen der unflexiblen Konstruktionsvariante 1 und der flexiblen Konstruktionsvariante 4 ab. Die Einzelkosten der Teilleistungen der Deckenkonstruktion der Variante 5 fallen dagegen annähernd doppelt so hoch aus. [6-42]

Da die Ausgaben des Bauherrn den Preisen der Bauleistungen der Auftragnehmer entsprechen [6-20], müssen in einem zweiten Schritt die Allgemeinen Geschäftskosten sowie der Ansatz für Wagnis und Gewinn den nach Kostenarten aufgeschlüsselten Herstellkosten zugewiesen werden, um die Angebotssumme zu bestimmen. Den Lohnkosten, sonstigen Kosten und Gerätekosten werden jeweils Allgemeine Geschäftskosten in Höhe von 10 % und den Kosten der Fremdleistung in Höhe von 6 % zugeschlagen. Der Ansatz für Wagnis und Gewinn wird allen Kostenarten mit einem Zuschlag von 2 % zugerechnet. Da sich die Zuschlagssätze auf die noch nicht berechnete Angebotssumme beziehen, werden stellvertretend die Herstellkosten als Bezugsgröße herangezogen, auf welche die Zuschlagssätze umgerechnet werden (siehe Abb. 6.15). [6-33]

Um die Preise der Teilleistungen kalkulieren zu können, muss in einem dritten Schritt vorab der Angebotslohn bestimmt werden. Hierzu sind zunächst die Einzelkosten der Teilleistungen von der kalkulierten Angebotssumme abzuziehen. Als Ergebnis erhält man die umzulegenden Gemeinkosten. Mittels vorab festgelegter Zuschläge werden dann die umzulegenden Gemeinkosten auf die sonstigen Kosten (15 %), Gerätekosten (15 %) und die Kosten der Fremdleistungen (10 %) [6-33] verrechnet. Nach Abzug der bereits auf die Einzelkosten verrechneten Gemeinkosten von den insgesamt umzulegenden Gemeinkosten verbleiben die Gemeinkosten, die noch den Lohnkosten zuzuschlagen sind, so dass die

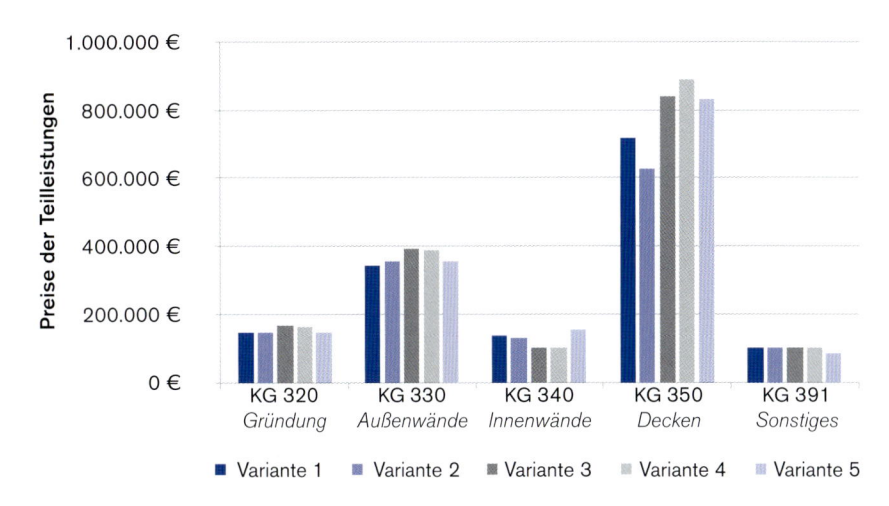

Abb. 6.17 Verteilung der Preise der Teilleistungen der Stahlbauarbeiten sowie der Beton- und Stahlbetonarbeiten auf die Kostengruppen nach DIN 276-1 [6-42]

Berechnung des Lohnzuschlags und damit des Angebotslohns möglich wird.

Liegen nun alle Einzelkostenzuschläge vor, können im letzten Schritt die Einheitspreise der Teilleistungen berechnet werden. Hierzu werden die Kostenarten der Einzelkosten der Teilleistungen mit den entsprechenden Einzelkostenzuschlägen beaufschlagt. Werden die Einheitspreise der Teilleistungen mit den Mengenangaben multipliziert, erhält man die Preise der Teilleistungen, deren Summe wiederum der Angebotssumme entspricht.

6.5.1.5 Bestimmung der Gebäudekosten

Die Ermittlung der Gebäudekosten erfolgt getrennt nach den Kostengruppen 300, 400 und 700 der DIN 276-1. Um zu den angenäherten Bauwerkskosten (KG 300 und 400) zu gelangen, werden die kalkulierten Preise der Teilleistungen um die Preise derjenigen Bauelemente ergänzt, die noch zur Fertigstellung des Mustergebäudes benötigt werden. Die gesamten Bauwerkskosten werden somit nicht mehr im Rahmen einer eigenständigen Kalkulation (Kostenanschlag) erfasst, sondern mithilfe von Kostenkennwerten auf der Stufe der Kostenberechnung ermittelt. Als Datenquelle werden die mittleren Kostenkennwerte für Bürogebäude mittleren Standards des BKI herangezogen [6-45–6-47], deren Aufbau sich an der Kostengliederung nach DIN 276-1 orientiert. Die Teilleistungen, die bisher nach betriebstypischen Leistungsbereichen ausführungsorientiert aufgeführt waren, sind daher in die elementorientierte Gliederung, die der DIN 276-1 zugrunde liegt, überzuführen (siehe Abb. 6.17). Da die Kostenkennwerte des BKI aus den Durchschnittspreisen bereits abgerechneter Bauleistungen abgeleitet werden, ist des Weiteren auf die Preise der Teilleistungen zusätzlich noch eine Umsatzsteuer in Höhe von 19 % zuzuschlagen.

Im ersten Schritt wird die Kostenberechnung der Baukonstruktion des Bauwerks (KG 300) durchgeführt. Die Kosten werden hierbei nach Kostengruppen bis zur dritten Ebene der Kostengliederung differenziert erfasst. Die im Rahmen des Kostenanschlags berechneten Preise der Teilleistungen gehen in folgende Kostengruppen ein:

— KG 322: Flachgründung,
  KG 324: Unterböden und Unterplatten
— KG 331: Tragende Außenwände, KG 333: Außenstützen
— KG 341: Tragende Innenwände, KG 343: Innenstützen
— KG 351: Deckenkonstruktionen
— KG 391: Baustelleneinrichtung

Im Hinblick auf die Wahl der Wärmeversorgungsanlage (KG 420) sowie der Lüftungsanlage (KG 430) bei der Bestimmung der Kosten der technischen Anlagen (KG 400) können die Kosten der Fassade nicht pauschal angesetzt werden. Der Aufbau der Gebäudefassade beeinflusst den Energiebedarf des Gebäudes und damit letztlich die Wahl der Wärmeversorgungs- sowie Lüftungsanlage. Die Kosten der Fassade werden daher in Abhängigkeit der Ausführung und der verwendeten Materialen ermittelt. Für die Mustergebäude werden hierbei die Kosten einer natürlich belüfteten, einschaligen Bandfassade mit einem Verglasungsanteil von 60 % [6-48] angesetzt. Die Kosten der Außentüren und -fenster (KG 334) und der äußeren Außenwandbekleidung (KG 335) werden innerhalb der KG 330 *Außenwände* erfasst. Bei der Ermittlung der Kosten des Dachs (KG 360) wird ebenfalls nicht auf die pauschalen Kostenkennwerte des BKI zurückgegriffen. Ausgehend von einem Flachdach werden die Kosten der Dachbeläge (KG 363) und der Dachöffnung (KG 362) unter Rückgriff auf die SirAdos-Datenbank [6-49] kalkuliert. Die Kosten der Dachkonstruktion (KG 361) bleiben unberücksichtigt, da diese bereits in der Kalkulation der Tragwerkskosten enthalten sind. Bei der Bestimmung der Kosten der Baukonstruktion wird bei allen Mustergebäuden zunächst

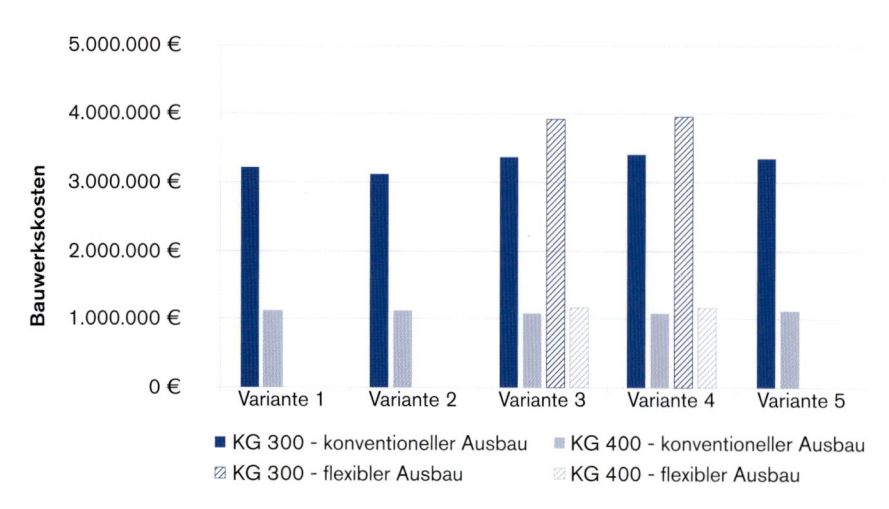

Abb. 6.18 Ermittlung der Kosten der Baukonstruktionen (KG 300) und der technischen Anlagen (KG 400) der fünfgeschossigen Mustergebäude [6-42]

von einem konventionellen Mieterausbau in Form des Zellenbüros ausgegangen. Für die Bestimmung der Kosten ergeben sich hieraus folgende Konsequenzen: Innerhalb der KG 340 *Innenwände* werden die Kosten für Gipskartonwände (KG 342) angesetzt. In der KG 350 *Decken* werden die Kosten eines Massivbodens (KG 352) berücksichtigt. Für die flexiblen Konstruktionsvarianten 3 und 4 werden zusätzlich die Kosten eines flexiblen Mieterausbaus, ebenfalls basierend auf einem Zellenbüro, bestimmt. Für die Kostenberechnung ergeben sich im Vergleich zum konventionellen Mieterausbau folgende Änderungen: In der KG 340 *Innenwände* werden, statt der Kosten für Gipskartonwände, die Kosten für versetzbare Trennwände (KG 346) berücksichtigt (siehe Abb. 6.21). Innerhalb der KG 350 *Decken* werden dagegen die Kosten für einen Doppelboden (KG 352) veranschlagt. Die Ermittlung der Kosten der Baukonstruktion für die verschiedenen Konstruktionsvarianten zeigt, dass die flexibel konzipierten Mustergebäude 3 und 4 gegenüber den unflexiblen Mustergebäuden 1 und 2 unter Annahme eines konventionellen Mieterausbaus zwischen 5 % und 9 % höhere Kosten der Baukonstruktion aufweisen. Hierbei handelt es sich um die Mehrkosten einer überdimensionierten Statik, die während des Planungsprozesses anfallen, um eine zukünftige Flexibilität des Primärsystems zu ermöglichen. Ebenso wie schon bei der Betrachtung der Tragwerkskosten, relativieren sich die ursprünglich großen Unterschiede in der Höhe der Herstellkosten der Stahlbauarbeiten bei einem Vergleich der Kosten der Baukonstruktion. Der Anteil der Herstellkosten der Stahlbauarbeiten an den Kosten der Baukonstruktion beträgt bei den unflexiblen Mustergebäuden 1 und 2 durchschnittlich 13 % und den flexiblen Mustergebäuden 3 und 4 durchschnittlich 16 %. Die Kosten der Baukonstruktion der unflexiblen Konstruktionsvariante 5 liegen auf gleicher Höhe, wie die der flexiblen Varianten 3 und 4. Wird für die flexibel konzipierten Mustergebäude 3 und 4 ein flexibler Mieterausbau unterstellt, fallen für die versetzbaren Trennwände und den Doppelboden zusätzliche Kosten an. Die höheren Kosten des flexiblen Mieterausbaus entsprechen somit den Mehrkosten der Bauwerkserstellung, die während des Planungsprozesses entstehen, um eine zukünftige Flexibilität des Sekundärsystems des Gebäudes zu gewährleisten. Das Vorhalten von Flexibilität auf der Ebene des Primär- und Sekundärsystems führt zu zwischen 21 % und 26 % höheren Kosten der Baukonstruktion der flexiblen Mustergebäude 3 und 4 [6-42] (siehe Abb. 6.18).

In einem zweiten Schritt werden die Kosten der technischen Anlagen (KG 400) berechnet. Mit Ausnahme der Wärmeversorgungsanlage (KG 420) und der lufttechnischen Anlage (KG 430) werden die Kosten nach Kostengruppen bis zur zweiten Ebene der Kostengliederung erfasst. Die Wärmeversorgungs- und Lüftungsanlagen werden in Abhängigkeit des ermittelten Energiebedarfs der Mustergebäude gewählt und die entsprechenden Kosten auf dritter Kostengliederungsebene bestimmt. Bei der Bestimmung der Kosten der technischen Anlagen wird ebenfalls bei allen Mustergebäuden zunächst ein konventioneller Mieterausbau unterstellt. Für die Bestimmung der Kosten im Fall des konventionellen Mieterausbaus werden die Kosten der Starkstromanlage (KG 440) mit einem Kostenkennwert der zweiten Gliederungsebene erfasst. Flexible Mieterausbaukonzepte verursachen in der Regel einen baulichen Mehraufwand, da sie über eine Mittelzone verfügen. Für die flexiblen Konstruktionsvarianten 3 und 4 werden daher zusätzlich die Kosten eines flexiblen Mieterausbaus ermittelt. Hierzu wird von den Kosten der Starkstromanlage bei konventionellem Mieterausbau ausgegangen, die jedoch um die Kosten der Brüstungskanäle reduziert und stattdessen um die Mehrkosten für die Ausstattung der Mittelzone mit Bodenelektranten in jeder zweiten Fassadenachse sowie einer Beleuchtung mit 300 lux ergänzt werden. Die Ermittlung der Kosten der technischen Anlagen zeigt, dass

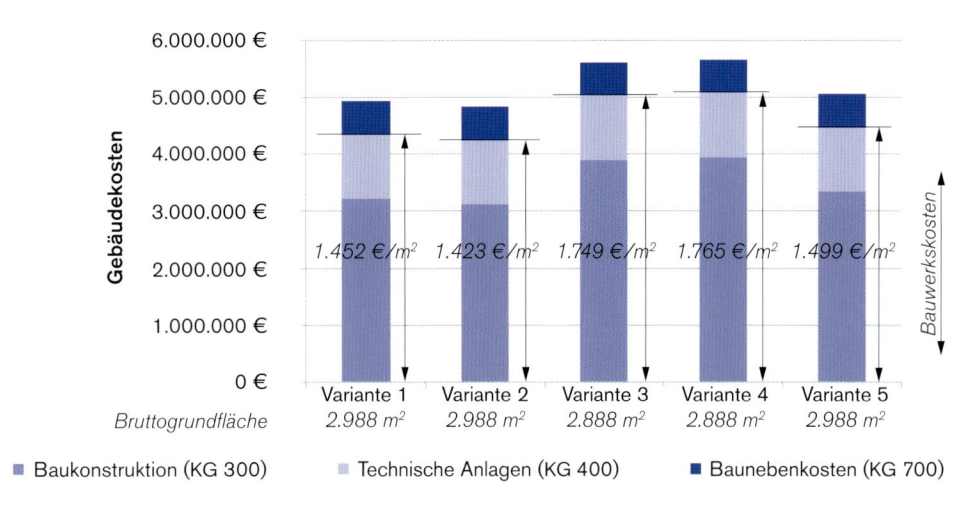

Abb. 6.19 Ermittlung der Gebäudekosten der fünfgeschossigen Mustergebäude unter Berücksichtigung eines flexiblen Mieterausbaus bei Variante 3 und 4 [6-42]

Werte aus dem Diagramm:
- Variante 1 (2.988 m²): 1.452 €/m²
- Variante 2 (2.988 m²): 1.423 €/m²
- Variante 3 (2.888 m²): 1.749 €/m²
- Variante 4 (2.888 m²): 1.765 €/m²
- Variante 5 (2.988 m²): 1.499 €/m²

Legende: Baukonstruktion (KG 300) · Technische Anlagen (KG 400) · Baunebenkosten (KG 700)

sich innerhalb der flexibel konzipierten Gebäude, genauso wie innerhalb der unflexiblen Mustergebäude, keine Unterschiede in der Kostenstruktur ergeben. Dies ist darauf zurückzuführen, dass die Berechnung der Kosten der technischen Anlagen jeweils anhand der gleichen Bezugsmengen sowie Kostenkennwerte erfolgt. Unter der Annahme eines konventionellen Mieterausbaus weisen die flexibel konzipierten Mustergebäude 3 und 4 um 3 % niedrigere Kosten der technischen Anlagen auf. Die Unterschiede zwischen den Kosten der flexiblen und unflexiblen Mustergebäude beruhen hierbei lediglich auf den unterschiedlichen Bezugsmengen, die den flexiblen und unflexiblen Mustergebäuden zugrunde liegen. Wird dagegen für die flexibel konzipierten Mustergebäude ein flexibler Mieterausbau unterstellt, fallen für diese um 2 % höhere Kosten der technischen Anlage an. Die höheren Kosten des flexiblen Mieterausbaus ergeben sich ausschließlich innerhalb der KG 440 *Starkstromanlagen* und entsprechen wiederum den Mehrkosten der Bauwerkserstellung, um eine zukünftige Flexibilität des Sekundärsystems des Gebäudes zu gewährleisten (siehe Abb. 6.18). [6-42]

Im letzten Schritt sind die ermittelten Kosten der Baukonstruktion und der technischen Anlagen um die Baunebenkosten (KG 700) zu ergänzen, um so zu den Gebäudekosten zu gelangen. Bei den flexibel konzipierten Mustergebäuden wird nur noch von einem flexiblen Mieterausbau ausgegangen. Die Baunebenkosten werden in Anlehnung an die Baukostendaten des BKI mit 200 €/m² [6-45] angesetzt (siehe Abb. 6.19). Die Baukostendaten des BKI ermöglichen durch die Angabe eines Kostenkennwerts für die Bauwerkskosten (KG 300 und 400 nach DIN 276-1) einer Gebäudeart die Ermittlung »erster Zahlen« auf der Grundlage von Bedarfsberechnungen ohne Vorentwurf. Die statistischen Kostenkennwerte werden dabei mit Mittelwert und Streubereich angegeben. Abbildung 6.20 zeigt Kostenkennwerte für die Bauwerkskosten von überwiegend in Massivbauweise errichteten Bürogebäuden. [6-45]

Bezieht man nun die ermittelten Kosten der Baukonstruktion (KG 300) und der technischen Anlagen (KG 400) der fünfgeschossigen Mustergebäude auf deren jeweilige Bruttogrundfläche, erhält man Kostenkennwerte für die Bauwerkskosten von Bürogebäuden in Stahl- und Stahlverbundbauweise (siehe Abb. 6.19). Hierdurch kann ein grober Vergleich zwischen den Bauwerkskosten von Bürogebäuden in Massivbauweise und Bürogebäuden in Stahl- und Stahlverbundbauweise getroffen werden. Der Vergleich der berechneten Kostenkennwerte für die fünfgeschossigen Mustergebäude in Stahl- und Stahlverbundbauweise mit den Kostenkennwerten des BKI zeigt, dass die Bauwerkskosten der unflexiblen Mustergebäude im mittleren Kostenbereich der Bürogebäude mittleren Standards in Massivbauweise liegen. Die flexibel konzipierten Mustergebäude in Stahl- und Stahlverbundbauweise lassen sich hinsichtlich ihrer Bauwerkskosten mit Bürogebäuden hohen Standards in Massivbauweise, die im unteren Kostenbereich angesiedelt sind, vergleichen. [6-42]

BKI Baukosten Bürogebäude	von		bis
einfacher Standard	810 €/m²	940 €/m²	1.110 €/m²
mittlerer Standard	1.180 €/m²	1.390 €/m²	1.680 €/m²
hoher Standard	1.720 €/m²	2.060 €/m²	2.630 €/m²

Abb. 6.20 BKI-Kostenkennwerte für die Bauwerkskosten von Bürogebäuden, bezogen auf die Bruttogrundfläche [6-45]

Monetäre Dimension eines Bauvorhabens

Preise (netto)	Material	Montage neuer Elemente	Umbau vorhandener Elemente	Abbruch überschüssiger Elemente
Raumtrennende Wand (Vollwand)	121,03 €/m²	34,00 €/m²	41,87 €/m²	26,66 €/m²
Flurwand (Glaswand)	209,36 €/m²	48,33 €/m²	69,70 €/m²	26,66 €/m²
Bürotür (vollwandig)	809,67 €/Stk	105,00 €/Stk	150,75 €/Stk	91,04 €/Stk

Abb. 6.21 Kostenkennwerte der Umbaumaßnahmen [6-42]

Abb. 6.22 Grundrisse eines Zellenbüros, Kombibüros, Gruppenbüros und eines *Business Club* auf der Musterbürofläche

6.5.2 Ermittlung der Kosten des ersten flexiblen Mieterausbaus sowie der Umbaukosten

Um die Kosten des ersten flexiblen Mieterausbaus sowie die entsprechenden Umbauszenarien zu ermitteln, werden auf einer Musterbürofläche von 364,5 m² und 13,5 m Gebäudetiefe sowie unter Berücksichtigung realistischer Mitarbeiterzahlen die Büroraumkonzepte *Zellenbüro*, *Kombibüro*, *Gruppenbüro* und *Business Club* entworfen (siehe Abb. 6.22 beziehungsweise Kapitel 3.4.2).

Die Ermittlung der Umbaukosten sowie der Kosten des ersten flexiblen Mieterausbaus umfasst die Kosten für versetzbare Trennwände und Innentüren. Zu diesem Zweck wurden bei mehreren Herstellern versetzbarer Trennwandsysteme Preise für verschiedene Leistungen abgefragt (siehe Abb. 6.21). Hierbei handelt es sich um die durchschnittlichen Preise für Material, die Montage neuer Elemente, den Umbau vorhandener Elemente (Demontage und Montage) sowie den Abbruch überschüssiger Elemente. Neben den Preisen für die verschiedenen Leistungen wurden die Hersteller nach ihrer Einschätzung bezüglich der Wiederverwendungspotenziale der Ausbauelemente gebeten. Die Wiederverwendungsrate der Wandelemente wurde im Durchschnitt mit 96,7 % angegeben. Bei den Bürotüren liegt die durchschnittliche Wiederverwendungsrate mit 98,3 % geringfügig höher. Aus Vereinfachungsgründen wurde bei der Berechnung der Umbaukosten eine Wiederverwendungsrate in Höhe von 100 % angenommen. Die zur erstmaligen Realisierung des jeweiligen Büroraumkonzepts benötigten Mengen an den Ausbauelementen *Flurwände, raumtrennende Wände* sowie *Bürotüren* sind den Grundrissen entnommen. Die Kosten des ersten Mieterausbaus ergeben sich durch die Multiplikation der Mengen der Ausbauelemente, die zur Realisierung des jeweiligen Büroraumkonzepts erforderlich sind, mit den Kostenkennwerten *Material* und *Montage neuer Elemente*. Da sich die einzelnen Büroraumkonzepte hinsichtlich der benötigten Mengen an raumtrennenden Wänden, Flurwänden sowie Bürotüren unterscheiden, werden bei einer Änderung des Büroraumkonzepts entweder zusätzliche Ausbauelemente benötigt, oder es bleiben nicht mehr benötigte Ausbauelemente übrig. Die Umbaukosten ergeben sich daher zum einem, indem die zur Realisierung eines Büroraumkonzepts fehlenden Mengen mit den Kostenkennwerten *Material* und *Montage* beziehungsweise die überschüssigen Mengen mit dem Kostenkennwert *Abbruch überschüssiger Elemente* multipliziert werden. Zum anderen sind diejenigen Ausbauelemente, die im Rahmen des neuen Büroraumkonzepts Wiederverwendung finden, mit dem Kostenkennwert *Umbau vorhandener Elemente* zu bewerten. Die Menge eines wiederverwendbaren Ausbauelements ergibt sich aus dem Differenzbetrag zwischen den Mengen, die bereits im vorhandenen Büroraumkonzept eingesetzt werden, und den für das geplante Büroraumkonzept erforderlichen Mengen. [6-42]

Die vielfältigen und sich stetig ändernden Nutzeranforderungen erlauben es nicht, eine Aussage darüber zu treffen, welche Büroorganisationsformen in Zukunft eine zentrale Rolle spielen werden. [6-50] Hieraus ergeben sich Schwierigkeiten bei der Prognose der Umbaukosten. Da sich die Nachfrage nach den einzelnen Büroorganisationsformen jedoch in den letzten 50 bis 60 Jahren insgesamt aneinander angeglichen hat [6-50 – 6-52] (siehe auch Abb. 3.19), wird im Projekt P881 auf die durchschnittlichen Umbaukosten bei der Berücksichtigung von Umbaumaßnahmen zurückgegriffen. Diese belaufen sich auf 30.866 € pro Geschoss. [6-42] Die Ermittlung der laufenden Umbaukosten im Lebenszyklus einer Büroimmobilie setzt zudem voraus, dass die Zeitpunkte, an denen ein Umbau stattfindet, hinreichend bekannt sind. In der Literatur finden sich nur wenige Anhaltspunkte zur Häufigkeit der Änderung des Büroraumkonzepts. Einige Hinweise liefert eine europaweite Marktumfrage der Europäischen Kommission, in der wesentliche Einflussfaktoren auf die Stahlanwendung untersucht werden. Die Ergebnisse der Studie zeigen, dass im europäischen Durchschnitt alle 11,58 Jahre eine Änderung des Büroraumkonzepts oder der Nutzung stattfindet. Die Änderungshäufigkeit in Deutschland liegt mit 11,29 Jahren knapp unter dem europäischen Durchschnitt. [6-53] Zusätzlich zu den Ergebnissen dieser Umfrage wurden auch Hersteller versetzbarer Trennwandsysteme nach ihren Erfahrungen bezüglich der Umbauintervalle ihrer Kunden gefragt. Die Frage nach den Zeitintervallen, in denen eine Änderung des Büroraumkonzepts erfolgt, führte hierbei zu unterschiedlichen, jedoch sich nicht ausschließenden Aussagen. So wurde zum einen angegeben, dass die Zeitintervalle, in denen eine Änderung des Büroraumkonzepts stattfindet, in Abhängigkeit vom jeweiligen Kunden zwischen ein und zehn Jahren betragen. Dies deckt sich auch mit der Angabe eines Herstellers, nach dessen Einschätzung ungefähr alle sieben Jahre eine Änderung der Büroorganisationsform vorgenommen wird. Daneben wurde auch die Erfahrung geteilt, dass je größer ein Unternehmen ist, desto häufiger die

Büroorganisationsform verändert wird. Demzufolge ändern große Unternehmen ihre Büroraumstrukturen, wenn auch nur in Teilen, mindestens einmal im Jahr. Diese Ergebnisse erlauben die Formulierung von zwei Bedingungen, die bei der Identifizierung potenzieller Umbauszenarien behilflich sind:
1. Frühestens nach sieben Jahren muss jedes Geschoss mindestens einmal umgebaut worden sein.
2. Spätestens nach zwölf Jahren muss jedes Geschoss mindestens einmal umgebaut worden sein.

Für ein fünfgeschossiges Mustergebäude lassen sich auf diese Weise insgesamt 15 Umbauszenarien (alle x Jahre/ y Geschosse) identifizieren, die beide Bedingungen erfüllen. [6-42] Darüber hinaus werden die Umbaukosten mit einem Preissteigerungsfaktor in der Höhe von 2 % an die jährliche Preisentwicklung innerhalb der ersten 30 Jahre der Nutzungsdauer angepasst.

Nutzungskostengruppen	
100	Kapitalkosten
200	Objektmanagementkosten
300	Betriebskosten
	310 Versorgung
	320 Entsorgung
	330 Reinigung und Pflege von Gebäuden
	350 Bedienung, Inspektion, Wartung
	352 Inspektion und Wartung der Baukonstruktionen
	353 Inspektion und Wartung der technischen Anlagen
400	Instandsetzungskosten
	410 Instandsetzung der Baukonstruktionen
	420 Instandsetzung der technischen Anlagen

Abb. 6.23 Kostengruppen der ersten Ebene sowie ausgewählte Kostengruppen der zweiten und dritten Ebene nach DIN 18960 [6-19]

6.5.3 Ermittlung der Instandhaltungskosten

In Anlehnung an DIN 31051 *Grundlagen der Instandhaltung* werden die Instandhaltungskosten nach Inspektions-, Wartungs- und Instandsetzungskosten differenziert. [6-54]
Welche Kosten im Einzelnen zu erfassen sind, klärt DIN 18960 *Nutzungskosten im Hochbau* (siehe Abb. 6.23). Im Projekt P881 wird bei der Bestimmung der Instandhaltungskosten die Vorgehensweise des DGNB- beziehungsweise BNB-Zertifkats zugrunde gelegt [6-5] [6-6], so dass sich die Ermittlung der Zahlungen, die sich aus den Kosten für Inspektion und Wartung sowie den Kosten der Instandsetzung ergeben, im Vergleich zur Bestimmung der übrigen Kosten, relativ einfach gestaltet.
Bei den Kosten für Inspektion und Wartung handelt es sich um regelmäßige Zahlungen, die jährlich anfallen. Die Zahlungen werden als Prozentsatz der Kosten der Baukonstruktion beziehungsweise der technischen Anlagen ermittelt.

Für die Bestimmung der Kosten der Inspektion und Wartung der Baukonstruktion wird die erste Ebene der KG 300 nach DIN 276-1 herangezogen. Die Ermittlung der Kosten für Inspektion und Wartung der technischen Anlagen bezieht sich auf die zweite Ebene der KG 400 nach DIN 267-1. [6-5] [6-6]
Die sich aus den Kosten der Instandsetzung ergebenden Zahlungen werden differenziert in regelmäßige Zahlungen, die jährlich anfallen, sowie unregelmäßige Zahlungen für Ersatzinvestitionen nach Ablauf der technischen Nutzungsdauer der Bauteile. Die Berechnung der regelmäßigen Instandsetzungskosten der Baukonstruktion entfällt in der aktuellen Version des DGNB- beziehungsweise BNB-Zertifikats und wird daher auch im Projekt P881 außer Acht gelassen. Die regelmäßigen Instandsetzungskosten der technischen Anlage werden wiederum anhand von Prozentsätzen der Kosten der technischen Anlagen ermittelt. Die Bestimmung der regelmäßigen Instandsetzungskosten bezieht sich hierbei auf die zweite Ebene der

KG 400 nach DIN 267-1. Die unregelmäßigen Zahlungen für Ersatzinvestitionen nach Ende der technischen Nutzungsdauer der Bauteile werden sowohl für die Baukonstruktion als auch für die technischen Anlagen bestimmt. Für die Ermittlung der Kosten für die Ersatzinvestitionen der Baukonstruktion wird auf die dritte Ebene der KG 300 nach DIN 276-1 zurückgegriffen. Die Ermittlung der Kosten für die Ersatzinvestitionen der technischen Anlagen beruht auf der zweiten Ebene der KG 400 nach DIN 276-1. [6-5] [6-6] Da im Projekt für flexibel konzipierte Bürogebäude eine Nutzungsdauer von bis zu 99 Jahren angenommen wird, sind die Nutzungsdauern der einzelnen Bauteile den Tabellen des *Instituts für Erhaltung und Modernisierung von Bauwerken* [6-55] entnommen, denen ein entsprechender Betrachtungszeitraum zugrunde liegt. Im Gegensatz zum DGNB- beziehungsweise BNB-Zertifikat werden ferner bei der Ermittlung der unregelmäßigen Zahlungen für Ersatzinvestitionen zusätzlich die Abbruch- und Entsorgungskosten berücksichtigt. Die ermittelten Kosten für Inspektion, Wartung und Instandsetzung werden zudem mit einem Preissteigerungsfaktor in Höhe von 2 % an die jährliche Preisentwicklung innerhalb der ersten 30 Jahre der Nutzungsdauer angepasst.

6.5.4 Ermittlung der Mietzahlungen

Die erfolgreiche Vermarktung von Büroimmobilien setzt eine vorhandene Nachfrage nach diesen voraus. Einer Untersuchung der *Bayerischen Landesbank* zufolge ist zukünftig mit einem nur noch langsam wachsenden bis stagnierenden Bedarf an Büroflächen zu rechnen, ein insgesamt abfallender Büroflächenbedarf ist jedoch nicht zu erwarten. Als Ursachen hierfür werden insbesondere eine geringe Entwicklung der Bürobeschäftigtenquote (siehe Abb. 6.24), ein trotz neuer Arbeits- und Büroorganisationsformen oder effizienter Büroneubauten konstanter Flächenbedarf pro Bürobeschäftigten sowie gegenläufige regionale Entwicklungen benannt. Zusätzlich ist zu berücksichtigen, dass der gegenwärtige Büroflächenbestand die Anforderungen künftiger Büronutzer nicht erfüllt. Zwar werden steigende Beschäftigungszahlen in wachsenden Branchen die freigesetzten Büroflächen in schrumpfenden Wirtschaftsbereichen teilweise absorbieren, jedoch ist der Bedarf nach Bürofläche aufgrund struktureller Defizite sowie regionaler Unterschiede nicht vollständig substituierbar. [6-56]

6.5.4.1 Ermittlung künftiger Top-Bürostandorte

Infolge der regional unterschiedlich ausfallenden Büroflächennachfrage hat eine Prognose der Büromieten nach unterschiedlichen Standorten getrennt zu erfolgen. In diesem Zusammenhang bewertet die IVG Immobilien AG regelmäßig in einem Büromarkt-Scoring die mittel- bis langfristige Attraktivität deutscher Großstädte im Hinblick auf Investitionen in Büroimmobilien. Untersucht werden insgesamt 74 Großstädte

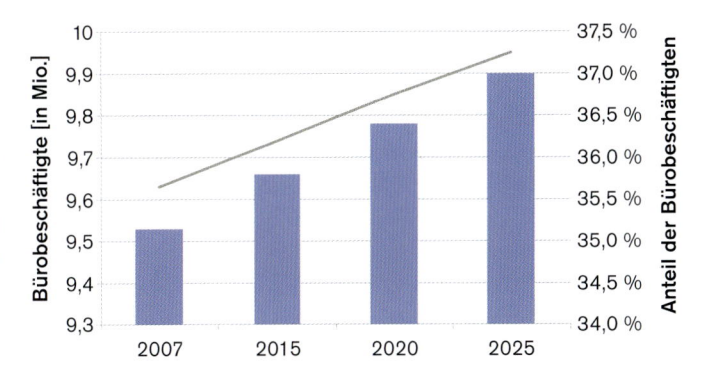

Abb. 6.24 Prognose der deutschlandweiten Bürobeschäftigung (sozialversicherungspflichtig) im Zeitraum von 2007 bis 2025 [6-56]

in bedeutenden Wirtschafts- und Ballungsräumen, unabhängig von deren gegenwärtigen Bedeutung als Bürostandort. Die Bewertung der Großstädte erfolgt in den drei Kategorien: Marktgröße, Marktrisiko und Zukunftsperspektiven, wobei jede Kategorie wiederum aus mehreren Indikatoren zur Beschreibung des Büromarkts besteht. In der Gesamtbewertung zeigte München die höchste Attraktivität für Büroimmobilieninvestments, dicht gefolgt von Hamburg. Zu den weiteren Top-Investmentzentren im Bereich Büroimmobilien gehören Frankfurt, Köln, Berlin, Stuttgart sowie Düsseldorf. Die Ergebnisse lassen somit darauf schließen, dass die gegenwärtigen Top-Büroinvestmentzentren ihre Vormachtstellung in den nächsten Jahren nicht einbüßen werden. [6-57] Im Projekt P881 werden daher die bisherigen Mietpreisentwicklungen der Top-Büroinvestmentzentren München, Hamburg, Frankfurt, Köln, Berlin, Stuttgart und Düsseldorf analysiert, um Aussagen über die künftige Mietpreisentwicklung vornehmen zu können. [6-42]

6.5.4.2 Extrapolation der in der Vergangenheit beobachteten Mietentwicklung

Die Erfassung aktueller Mietpreise in den Top-Bürostandorten ist für verschiedene Beratungs- und Dienstleistungsunternehmen im Immobiliensektor, aber auch für Immobilienverbände von Interesse. Die Bestimmung der Mietpreise basiert dabei in der Regel auf der Auswertung aktueller Transaktionen, die durch das Unternehmen beziehungsweise den Verband im Rahmen seiner Geschäftstätigkeit abgewickelt wurden. Aufgrund der Heterogenität von Immobilien, die sich auch in den einzelnen Markttransaktionen widerspiegelt, ergeben sich jedoch zwangsläufig Abweichungen zwischen den Auswertungsergebnissen. Eine Analyse der Mietpreisentwicklung sollte daher unter Berücksichtigung unterschiedlicher Erhebungsquellen erfolgen, um so zu einem möglichst objektiven Preisspiegel zu gelangen. Bei der Auswahl der Datenquellen gilt es jedoch, zu prüfen, welche Mieten bei der Erhebung der Mietpreise erfasst wurden, um hierdurch eine Vergleichbarkeit der Daten gewährleisten zu können. Die *Gesellschaft für immobilienwirtschaftliche Forschung e.V. (gif)* unterscheidet in diesem Zusammenhang zwischen Spitzen- und Durchschnittsmieten. Unter der realisierten Spitzenmiete wird das oberste Preissegment mit einem Marktanteil von 3 % des Vermietungsumsatzes erfasst. Neben der Erfassung tatsächlich realisierter Spitzenmieten können Spitzenmieten zusätzlich auch geschätzt werden. Hierbei handelt es sich um die erzielbare Spitzenmiete für eine hochwertige Vermietungsfläche von mindestens 500 m² im besten Teilmarkt. Um die Durchschnittsmieten zu bestimmen, wird der Mittelwert aus den Mieten aller neu abgeschlossenen Mietverträge, die mit der jeweils angemieteten Fläche gewichtet werden, berechnet. Beide Mieten werden auf der Basis von Nominalmieten ermittelt. [6-58] Neben den durch die *gif* festgelegten Definitionen zu Büromietpreisen lassen sich in der Vielzahl existierender Büromarktberichte noch weitere Mietpreisdefinitionen finden, deren Gültigkeit sich jedoch vorwiegend auf den jeweiligen Marktbericht beschränkt. Mietpreisangaben, die den definitorischen Festlegungen der *gif* entsprechen und somit eine Vergleichbarkeit untereinander erlauben, werden von den Unternehmen Jones Lang LaSalle, BNP Paribas Real Estate, Savills plc und DEGI erhoben. [6-42]

Die Anwendung einer Zeitreihenanalyse erlaubt es, die zeitliche Veränderung der Mietpreise genauer zu untersuchen und dadurch Gesetzmäßigkeiten, die eine Prognose der zukünftigen Entwicklung der Mietpreise ermöglichen, aufzudecken. [6-59] Die Bestimmung des Trends innerhalb der Mietentwicklung, und zwar unabhängig von kurzfristigen Volatilitäten und Immobilienzyklen, ist für die Einschätzung von Investitionsentscheidungen dabei grundlegend. [6-56] Liegt ein linearer Trend vor,

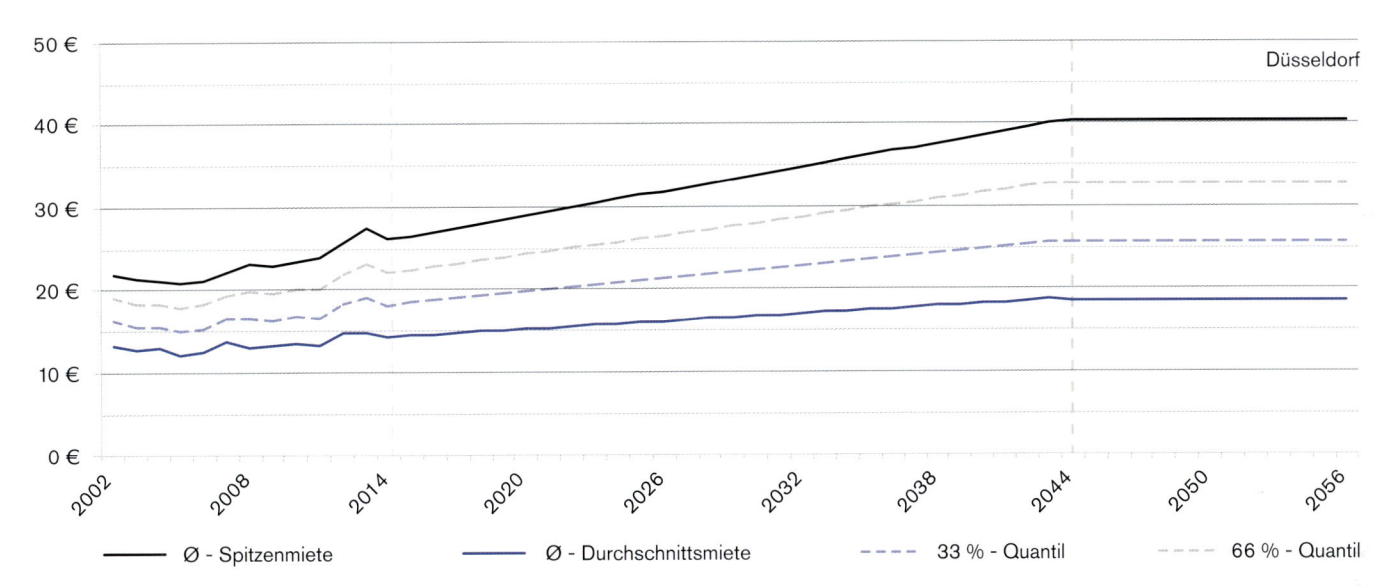

Abb. 6.25 Bisherige Entwicklung und Trendextrapolation (30 Jahre) der Spitzen- und Durchschnittsmieten für Büroflächen, beispielhaft für den Standort Düsseldorf [6-42]

dann kann die Berechnung der Trendkomponenten mithilfe der Regressionsanalyse erfolgen. [6-60] Hierbei wird eine Trendfunktion gesucht, die sich möglichst optimal an den Verlauf der bisherigen Mietentwicklung anpasst. [6-61] Durch die Bestimmung der Trendfunktion wird so eine Fortschreibung der Spitzen- und Durchschnittsmieten in die Zukunft möglich. [6-60] Im Rahmen der Trendextrapolation wird unterstellt, dass sich die bisherige Entwicklung der Mieten in gleicher Weise fortsetzen wird. Bei der Durchführung der Trendprognose im wirtschaftlichen Kontext sollte daher stets bedacht werden, dass es sich bei einem Prognosewert um einen Wert der Trendfunktion handelt und zukünftige Ereignisse den Trend jederzeit beeinflussen können [6-61]. Aufgrund der Ergebnisse der Büromarktanalysen der *Bayerischen Landesbank* und der *IVG Immobilien AG*, erscheint eine Extrapolation der bisherigen Mietentwicklung unter der Annahme in etwa gleichbleibender wirtschaftlicher Rahmenbedingungen für die nächsten 30 Jahre als zweckmäßig. Für die verbleibende Nutzungsdauer des Bürogebäudes werden die Mieten lediglich fortgeschrieben. Die Ermittlung der laufenden Einzahlungen beruht auf den Mieten des 33%-Quantils (siehe Abb. 6.25), die mit der Mietfläche des jeweiligen Mustergebäudes multipliziert werden. Die Mietfläche wird gemäß der Richtlinie zur Berechnung der Mietfläche für gewerblichen Raum der *gif* [6-62] ermittelt. Auf diese Weise wurde für das fünfgeschossige Mustergebäude mit Mittelstützenreihe eine Mietfläche von 2.178 m² und für das fünfgeschossige Mustergebäude ohne Mittelstützenreihe eine Mietfläche von 2.203 m² berechnet.

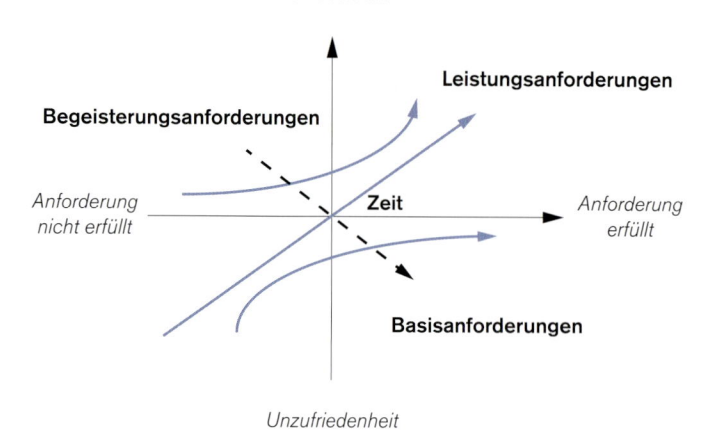

Abb. 6.26 Kano-Modell der Kundenzufriedenheit [6-75]

6.5.4.3 Auswirkungen einer nachhaltigen (flexiblen) Gebäudekonzeption auf die Zahlungsbereitschaft

In der Immobilienwirtschaft hat das Thema der Nachhaltigkeit in den vergangenen Jahren zunehmend an Bedeutung gewonnen. Es ist zu erwarten, dass mit einer steigenden Nachfrage nach nachhaltigen Immobilien auch eine Änderung der Zahlungsbereitschaft einhergehen wird. So wird eine vermehrte Nachfrage nach nachhaltigen Immobilien zunächst zu einer erhöhten Zahlungsbereitschaft für nachhaltige Immobilien führen [6-1] sowie mittel- bis langfristig in einer Benachteiligung konventioneller Immobilien münden. [6-63] In der Literatur lassen sich zahlreiche Studien finden, die die Zahlungsbereitschaft für nachhaltige Immobilien untersuchen. Hierbei handelt es sich überwiegend um Befragungen, die mehrheitlich zum Ergebnis gelangen, dass Mieter grundsätzlich bereit sind, höhere Mieten für nachhaltige Immobilien zu zahlen. [6-63–6-65] Neben empirischen Erhebungen, die sich mit der Frage beschäftigen, ob eine grundlegende Zahlungsbereitschaft für Nachhaltigkeitsmerkmale vorhanden ist, existieren noch einige Untersuchungen, die den Versuch unternehmen, der Zahlungsbereitschaft einen konkreten Wert beizumessen. In diesen Studien konnte gezeigt werden, dass ein Aufschlag in Höhe von 4,5 % bis 6,9 % des Mietpreises bei der Anmietung von nachhaltigen Immobilien akzeptiert wird. [6-65–6-69] Zugleich kann die Nichterfüllung von Nachhaltigkeitsmerkmalen zu einem Abschlag von bis zu 13,5 % auf die Miete führen. [6-68] Den Studien ist dabei gemein, dass sie die Zahlungsbereitschaft für das gesamte Konstrukt *Nachhaltige Immobilie* untersuchen. Belastbare Aussagen zum Mehrwert einzelner Nachhaltigkeitsmerkmale sind angesichts fehlender statistischer Daten bisher kaum möglich. [6-3] [6-70] Untersuchungen zu einzelnen Nachhaltigkeitsmerkmalen sowie deren Einfluss auf die Zahlungsbereitschaft beschränken sich derzeit auf ökologische Eigenschaften von Immobilien. In der Literatur lassen sich etwa empirische Studien aus den USA und der Schweiz finden, welche die Zahlungsbereitschaft für Immobilien untersuchen, die anhand der sogenannten Green-Labels zertifiziert wurden. Auch diese Studien bestätigen eine höhere Zahlungsbereitschaft bei der Anmietung »ökologisch«-zertifizierter Gebäude in Höhe von 3 % bis 6 %. [6-71–6-74]

Das *Center for Corporate Responsibility and Sustainability* hat in Umfragen zu Betriebsliegenschaften und Nachhaltigkeit aus den Jahren 2010 und 2011 den Versuch unternommen, den Stellenwert verschiedener Immobilienmerkmale bei Betriebsimmobilien zu erfassen. Beide Studien kommen zu dem Ergebnis, dass »Flexibilität und Polyvalenz« (2010) beziehungsweise »Grundriss und Flexibilität« (2011) zu den wichtigsten Auswahlkriterien bei Kauf- und Mietentscheidungen von Unternehmen gehören. [6-65] [6-66] Die Resultate der Befragung deuten somit darauf hin, dass eine erhöhte Zahlungsbereitschaft für nachhaltige Immobilien zu einem nicht zu unterschätzenden Anteil auf die Gebäudeflexibilität zurückzuführen ist. Dass der Gebäudeflexibilität auch im DGNB-Zertifikat eine hohe Bedeutung zukommt, zeigt sich an deren Anteil an der Gesamtbewertung, der sich auf fast 10 % beläuft. [6-6] Eine Operationalisierung der Ergebnisse kann mithilfe des Kano-Modells vorgenommen werden, das sich mit dem Zusammenhang zwischen der Erfüllung von Produktanforderungen und der Kundenzufriedenheit mit diesen beschäftigt. Das Modell unterscheidet dabei drei Arten von Anforderungen: (1) Begeisterungsanforderungen, die vom Kunden nicht erwartet werden (die Erfüllung von Begeisterungsfaktoren führt zu überproportionaler Kundenzufriedenheit, wobei eine Nicht-Erfüllung nicht zwingend in Unzufriedenheit mündet), (2) Leistungsanforderungen, bei denen sich die Kundenzufriedenheit proportional zum Erfüllungsgrad entwickelt, (3) Basisanforderungen, die vom Kunden erwartet und nicht explizit nachgefragt werden (die Nicht-Erfüllung von Basisanforderungen erweckt beim Kunden Unzufriedenheit, eine Erfüllung

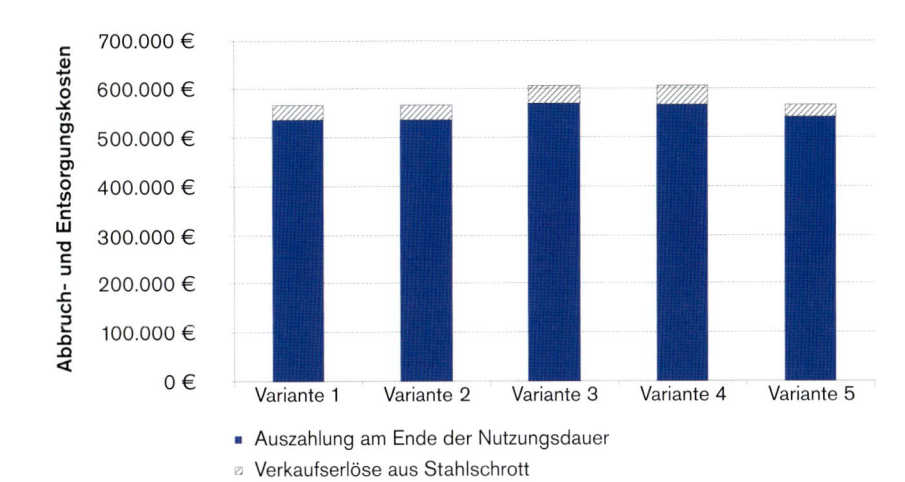

Abb. 6.27 Auszahlungen (negative Liquidationserlöse) am Ende der Nutzungsdauer [6-42]

Legende:
- Auszahlung am Ende der Nutzungsdauer
- Verkaufserlöse aus Stahlschrott

führt jedoch nicht zur Zufriedenheit). [6-75] Neben dieser Unterscheidung weist das Kano-Modell zusätzlich eine dynamische Komponente auf. Neue Anforderungen entwickeln sich im Laufe der Zeit zu Standards, so dass sich auch ihr Einfluss auf die Kundenzufriedenheit ändert und »Begeisterungsanforderungen« mit der Zeit zu »Basisanforderungen« werden (siehe Abb. 6.26). [6-76]

Wird das Kano-Modell, unter der Annahme, dass zwischen Kundenzufriedenheit und Zahlungsbereitschaft ein funktionaler Zusammenhang besteht [6-77], auf die Gebäudeeigenschaft *Flexibilität* übertragen, ergeben sich folgende Konsequenzen für die Bestimmung der Mietzahlungen: (1) Flexibilität stellt zunächst eine Begeisterungsanforderung dar. Das heißt, während flexible Gebäude den vollen Zuschlag auf die ortsübliche Miete erhalten, erzielen unflexible Gebäude die ortsübliche Miete. (2) In der Übergangszeit wird der Mietzuschlag linear abgeschrieben beziehungsweise der Mietabschlag linear aufgestockt. (3) Am Ende der Übergangszeit wird Flexibilität zum Basisfaktor (Standard). Das heißt, flexible Gebäude erzielen die ortsübliche Miete, unflexiblen Gebäuden droht dagegen der volle Abschlag auf die ortsübliche Miete. Die ortsüblichen Mieten ergeben sich aus der Trendexploration der bisherigen Mietentwicklung. Die Festlegung der Mietzuschläge beziehungsweise -abschläge orientiert sich an der Auswertung der Studien zur Zahlungsbereitschaft für nachhaltige Immobilien. Für flexible Gebäudestrukturen werden Zuschläge von 5 %, 6 % sowie 7 % und für unflexible Gebäudestrukturen Abschläge von 7 %, 10 % sowie 13 % angenommen. Die dynamische Betrachtungweise macht es weiterhin notwendig, Annahmen hinsichtlich der zeitlichen Entwicklung der Mietzuschläge beziehungsweise -abschläge zu treffen. Da sich in der Literatur diesbezüglich keine Hinweise auffinden lassen, werden im Projekt P881 verschiedene Mietszenarien betrachtet, bei denen die Mietentwicklung nach eigenem Ermessen gesetzt wird. [6-42]

6.5.5 Ermittlung der Abbruch- und Entsorgungskosten sowie der Veräußerungserlöse

Im Rahmen der Modellformulierung im Projekt P881 wird nach Ablauf der Nutzungsdauer von einer Liquidation des Investitionsobjekts ausgegangen, so dass es gilt, einen potenziellen Liquidationserlös abzuschätzen. Der Liquidationserlös umfasst hierbei zum einen Einzahlungen aus dem Verkauf des Bürogebäudes beziehungsweise einzelner Bauelemente sowie zum anderen Auszahlungen für Abbruch und Entsorgung des Gebäudes. Die Prognose der Einzahlungen und Auszahlungen am Ende der Nutzungsdauer ist schwierig, da sie maßgeblich von zukünftigen Entwicklungen beeinflusst wird [6-16]. Darüber hinaus führt die Abzinsung der zukünftigen Zahlungen bei Annahme einer langen Nutzungsdauer nur zu geringen Auswirkungen auf den Kapitalwert der Investition. Für die Ermittlung der Auszahlungen für Abbruch und Entsorgung der Baukonstruktion und der technischen Anlagen am Ende der Nutzungsdauer werden Kostenkennwerte aus den BKI- [6-46] [6-78] sowie sirAdos- [6-49] [6-79] Baudaten herangezogen. Ergänzend hierzu werden Kostenkennwerte für den Rückbau der Stahl- und Stahlbetonarbeiten bei Abbruchfirmen angefragt. Aufgrund der Recyclingfähigkeit der Stahl- und Stahlverbundkonstruktion werden zusätzlich die Einzahlungen aus dem Verkauf des Baustahls und des gereinigten Bewehrungsstahls berücksichtigt. Bei der Berechnung der Erlöse wird ein Netto-Verkaufspreis von 200 €/t angesetzt. Nach Bestimmung der Auszahlungen für den Abbruch und die Entsorgung sowie der Einzahlungen aus dem Verkauf des Stahlschrotts kann der Liquidationserlös am Ende der Nutzungsdauer ermittelt werden. Da sich für die Mustergebäude negative Liquidationserlöse ergeben, fällt für jedes Gebäude am Ende der Nutzungsdauer eine Auszahlung an (siehe Abb. 6.27).

6.6 Ergebnisse der Kapitalwertberechnung

In den vorangegangenen Kapiteln wurde auf die Ermittlung der für die Berechnung der Kapitalwerte erforderlichen Parameter näher eingegangen. Aufgrund der Fülle an Konstellationsmöglichkeiten werden im Folgenden lediglich diejenigen Kapitalwerte einer Investition in ein flexibles Mustergebäude bestimmt, die sich bei einer *bestmöglichen*, *durchschnittlichen* und *schlechtestmöglichen* Entwicklung der variablen Parameter *Kalkulationszinssatz*, *Umbauszenario*, *Mietzuschlag* sowie *Mietszenario* ergeben. Auf diese Weise wird ein Ergebnisbereich ermittelt, der alle Kapitalwerte beinhaltet, die mit den im Rahmen dieser Untersuchung identifizierten Parameterausprägungen bestimmt werden können. Um einen Vergleich zwischen den flexiblen und unflexiblen Bürogebäuden durchführen zu können, werden zusätzlich die Kapitalwerte einer Investition in ein unflexibles Mustergebäude unter Berücksichtigung einer durchschnittlichen Entwicklung der variablen Parameter *Mietabschlag* und *Mietszenario* bestimmt. Der Kalkulationszinssatz wird mit 5,5 % als konstant angenommen. Da sowohl die flexiblen als auch die unflexiblen Konstruktionsvarianten untereinander keine großen Abweichungen zwischen den mit ihnen verbundenen Zahlungen aufweisen, werden des Weiteren nur die Kapitalwerte einer Investition in die erste Konstruktionsvariante, stellvertretend für alle unflexiblen Mustergebäude, sowie einer Investition in die dritte Konstruktionsvariante, stellvertretend für alle flexiblen Mustergebäude berechnet. Hierbei werden zunächst die fünfgeschossigen Mustergebäude betrachtet. Die Analyse der Grenzfallbetrachtung folgt im Anschluss (siehe Abb. 6.28). Am Beispiel des Standorts Düsseldorf veranschaulichen die Ergebnisse der Parameterstudien für die fünfgeschossigen Mustergebäude, dass eine Investition in flexible Bürogebäude in Stahl- und Stahlverbundbauweise in allen untersuchten

	Flexible Konstruktion (Variante 3)			Unflexible Konstruktion (Variante 1)
Parameter	*Best Case*	*Average Case*	*Worst Case*	*Average Case*
Kalkulationszinssatz	4,7 %	5,0 %	5,3 %	5,5 %
Umbauszenario				
fünfgeschossiges Mustergebäude	alle 12 Jahre / 5 Geschosse	alle 5 Jahre / 3 Geschosse	alle 5 Jahre / 4 Geschosse	-
siebengeschossiges Mustergebäude (Grenzfallbetrachtung)	alle 12 Jahre / 7 Geschosse	alle 7 Jahre / 7 Geschosse	alle 4 Jahre / 5 Geschosse	-
Mietzuschlag/-abschlag	+ 7 %	+ 6 %	+ 5 %	− 10 %
Mietszenario				
Flexibilität = Begeisterungsanforderung	20 Jahre	10 Jahre	5 Jahre	10 Jahre
Übergangszeit	25 Jahre	15 Jahre	10 Jahre	15 Jahre
Flexibilität = Basisanforderung	Restnutzungsdauer			

Abb. 6.28 Parameter der Kapitalwertberechnung des Best Case, Average Case und Worst Case [6-42]

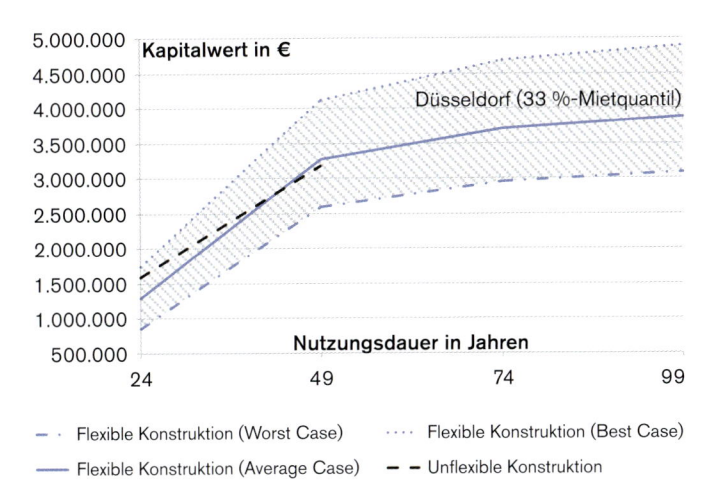

Abb. 6.29 Kapitalwerte der Investitionen in ein fünfgeschossiges flexibles und fünfgeschossiges unflexibles Mustergebäude unter Annahme des Best/Average/Worst Case [6-42]

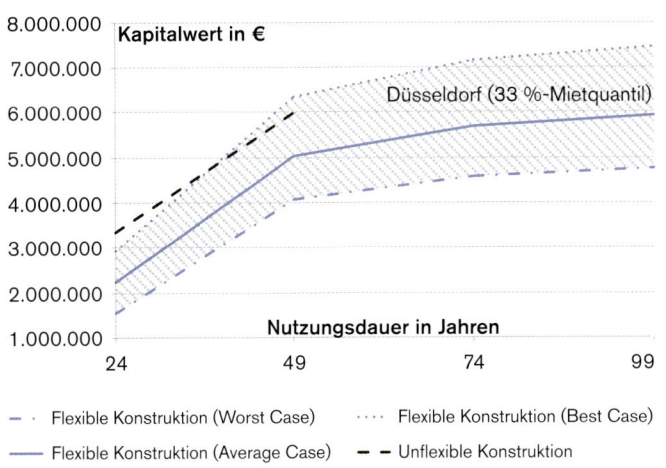

Abb. 6.30 Kapitalwerte der Investitionen in ein siebengeschossiges flexibles und achtgeschossiges unflexibles Mustergebäude unter Annahme des Best/Average/Worst Case (Grenzfallbetrachtung) [6-42]

Szenarien stets absolut vorteilhaft ist. Je nach Entwicklung der berücksichtigten Parameter fällt die relative Vorteilhaftigkeit dagegen unterschiedlich aus: Im Falle einer *bestmöglichen* Entwicklung der Parameter erweist sich eine Investition in ein flexibles Bürogebäude nach 23 Jahren der Nutzungsdauer als relativ vorteilhaft gegenüber der unflexiblen Variante. Unterstellt man eine *durchschnittliche* Entwicklung der betrachteten Parameter, ist das flexible Bürogebäude gegenüber der unflexiblen Gebäudestruktur nach 48 Jahren der Nutzungsdauer relativ vorteilhaft. In dem dazwischenliegenden Ergebnisbereich gilt für die meisten Parameterkonstellationen eine Investition in das flexible Bürogebäude als relativ vorteilhaft. Nur unter Annahme einer *schlechtestmöglichen* Entwicklung der Parameter ist im Gegensatz dazu eine Investition in ein unflexibles Bürogebäude vorzuziehen (siehe Abb. 6.29). [6-42]

Die Berechnung der Kapitalwerte im Falle der Grenzfallbetrachtung führen zu einem etwas anderen Ergebnis. Zwar ist auch hier eine Investition in flexible Bürogebäude in Stahl- und Stahlverbundbauweise in allen untersuchten Szenarien stets absolut vorteilhaft, jedoch fällt der Kapitalwertbereich, in dem eine Investition in ein flexibles Bürogebäude gegenüber einer Investition in eine unflexible Variante vorteilhafter ist, geringer aus. Das heißt, die relative Vorteilhaftigkeit einer Investition in ein flexibles Bürogebäude ergibt sich nur unter der Annahme einer insgesamt guten Entwicklung aller betrachteten Parameter. Wird bei der Ermittlung des Kapitalwerts des flexiblen Bürogebäudes beispielsweise eine *bestmögliche* Entwicklung der Parameter unterstellt, gilt das flexible Mustergebäude gegenüber der unflexiblen Variante nach 46 Jahren der Nutzungsdauer als relativ vorteilhaft (siehe Abb. 6.30). [6-42]

Betrachtet man den Einfluss der einzelnen Parameter auf den Kapitalwert, so lässt sich feststellen, dass die Wahl des Kalkulationszinssatzes den größten Einfluss auf den Kapitalwert flexibler Bürogebäude in Stahl- und Stahlverbundbauweise ausübt. Ein Vergleich mit dem Einfluss der Parameter *Umbauszenario* und *Mietszenario* zeigt, dass der Einfluss des Kalkulationszinssatzes auf den Kapitalwert in etwa dreimal höher liegt. Der Ermittlung eines Kalkulationszinssatzes, in dem wesentliche Objekteigenschaften explizit Berücksichtigung finden, sollte daher in künftigen Untersuchungen eine besondere Bedeutung zukommen. Die untersuchten Umbauszenarien und Mietszenarien haben insgesamt in etwa die gleichen Auswirkungen auf den Kapitalwert, wobei der Einfluss der Umbauszenarien etwas stärker ausgeprägt ist. Eine Variation des Mietzuschlags für flexible beziehungsweise des Mietabschlags für unflexible Bürogebäude hat dagegen den geringsten Einfluss auf die Höhe des Kapitalwerts. Dennoch gilt, dass ein Mietzuschlag beziehungsweise -abschlag auf die ortsübliche Miete den Kapitalwert stets positiv beziehungsweise negativ beeinflusst. Da die Annahme einer zeitlichen Entwicklung der Mietzuschläge beziehungsweise -abschläge einen stärkeren Einfluss auf den Kapitalwert aufweist als die Höhe des Zuschlags beziehungsweise Abschlags, sind Überlegungen zur Zahlungsbereitschaft für flexible Bürogebäude jedoch grundsätzlich um eine zeitliche Komponente zu ergänzen. [6-42]

Neben dem Kalkulationszinssatz beeinflusst die Standortentscheidung den Kapitalwert einer Gebäudeinvestition erheblich. Die Ermittlung der Kapitalwerte für verschiedene Bürostandorte zeigt, dass die Rentabilität einer Gebäudeinvestition durch eine geringe Miethöhe und/oder eine schwache Mietentwicklung gemindert wird, hiervon jedoch insbesondere flexibel konzipierte Gebäude betroffen sind. Begründen lässt sich dies durch die berücksichtigte Preissteigerung bei den Baukosten, die aufgrund der wiederholt anfallenden Umbaukosten stärker ins Gewicht fällt, sowie durch eine im Vergleich zu der Preissteigerung der Baukosten geringere Mietpreissteigerung. [6-42]

6.7 Fazit

Die Werterhaltung eines Gebäudes ist aus Sicht der ökonomischen Nachhaltigkeit von zentraler Bedeutung. Flexible Bauweisen in Stahl- und Stahlverbundbauweise bieten aufgrund ihrer Anpassungsfähigkeit an sich ändernde Nutzeranforderungen die Möglichkeit, eine Immobilie langfristig am Markt anzubieten. Im DGNB- beziehungsweise BNB-Zertifikat beschränkt sich die Beurteilung der ökonomischen Nachhaltigkeit derzeit auf die Betrachtung ausgewählter Kosten des Gebäudelebenszyklus sowie auf die Abfrage von Objektkriterien, die den Aspekt der Werterhaltung zum Ausdruck bringen. [6-5] [6-6] Monetäre Zusammenhänge zwischen den Eigenschaften flexibler Gebäudestrukturen und ihrem ökonomischen Nutzen werden anhand einer solchen quantitativen Kriterienbewertung nicht aufgezeigt. Aus ökonomischer Sicht bleibt damit die Bewertung der ökonomischen Qualität auf die Betrachtung ausgewählter Lebenszykluskosten beschränkt. Innerhalb des Forschungsprojekts P881 wurde veranschaulicht, wie es durch eine Anpassung investitionstheoretischer Verfahren an die Anforderungen flexibler Bürogebäude in Stahl- und Stahlverbundbauweise gelingt, die Grenzen einer sowohl ausschließlichen als auch unvollständigen Kostenorientierung zu überwinden und den ökonomischen Nutzen in die Bewertung zu integrieren. Mithilfe der Kapitalwertmethode konnten Aussagen bezüglich der Vorteilhaftigkeit flexibel konzipierter Bürogebäude getroffen werden. Als monetäre Zielgröße zur Beurteilung der Investitionen wurde der Kapitalwert herangezogen, der sich aus der Differenz der Barwerte aller Einzahlungen und Auszahlungen, die durch die Realisation eines Investitionsobjekts verursacht werden, ergibt. [6-9] Eine Investition in eine flexible Gebäudestruktur gilt demnach als absolut vorteilhaft, falls ihr Kapitalwert größer null ist. Das Abwägen zwischen einer Investition in eine flexible oder in eine unflexible Bürogebäudestruktur ist dagegen eine Betrachtung der relativen Vorteilhaftigkeit, so dass eine Investition in eine flexible Gebäudestruktur als relativ vorteilhaft gilt, falls ihr Kapitalwert größer ist als der Kapitalwert einer Investition in eine unflexible Gebäudestruktur et vice versa. [6-9] [6-16] Um die Vorteilhaftigkeit flexibler Bürogebäude in Stahl- und Stahlverbundbauweise zu bestimmen, wurde die Gesamtheit des Investitionsvorhabens auf seine finanziellen Auswirkungen reduziert und in Form von Ein- und Auszahlungen vollständig und zeitpunktgenau erfasst. [6-9] Zu den Auszahlungen wurden die Investitionsauszahlung, die laufenden Auszahlungen aufgrund von Umbaumaßnahmen und Instandhaltung sowie die Auszahlungen am Ende der Nutzungsdauer für Abbruch und Entsorgung gezählt. [6-12] Der Ermittlung der Investitionsauszahlung sowie der Auszahlungen aufgrund von Umbaumaßnahmen kam hierbei eine besondere Bedeutung zu, da in diesen die Mehrkosten für das Vorhalten von Flexibilität auf Ebene des Primär- und Sekundärsystems des Gebäudes Berücksichtigung finden müssen. [6-7] Ein weiterer zentraler Aspekt stellte die Ermittlung der Einzahlungen dar, die sich zum einen aus den laufenden Mietzahlungen in den Perioden und zum anderen aus dem Verkauf recyclingfähigen Baustahls sowie herausgelösten Bewehrungsstahls am Ende der Nutzungsdauer ergeben. [6-12]

Die Prognose der Zahlungsströme erforderte vorab die Formulierung gebäudeindividueller Annahmen, die sich aus den Auswirkungen der Gebäudeflexibilisierung ergeben und die sich unmittelbar auf die Höhe der Ein- und Auszahlungen auswirken. [6-10] In diesem Zusammenhang wurden Annahmen hinsichtlich der Parameter *wirtschaftliche Nutzungsdauer*, *Kalkulationszinssatz*, *Umbauhäufigkeit und -ausmaß* sowie *Höhe und Entwicklung der Mietzahlungen unter Berücksichtigung der Zahlungsbereitschaft* für flexible Bürogebäude getroffen. Die Grundlage zur Prognose der Umbaukosten lieferte eine Analyse unterschiedlicher Umbauszenarien unter

Berücksichtigung verschiedener Raumkonzepte für Büroarbeit. Die Abschätzung künftiger Mietzahlungen orientierte sich an einer Trendextrapolation der bisherigen Mietentwicklung in deutschen Top-Bürostandorten. Potenzielle Auswirkungen der Gebäudeflexibilisierung auf die Miethöhe wurden dabei anhand einer Fallunterscheidung abgebildet, bei der Flexibilität zunächst durch höhere Mietzahlungen vom Markt belohnt wird und im Laufe der Zeit neutral auf den Mietpreis einwirkt. Dem geringeren Leerstandrisiko anpassungsfähiger Konstruktionen wurde in Form unterschiedlicher Kalkulationszinssätze Rechnung getragen. Mithilfe von Parameterstudien konnten ferner verschiedene Entwicklungsszenarien im Lebenszyklus einer Büroimmobilie untersucht werden. Hierdurch wurde ein Spektrum möglicher Entwicklungen abgebildet, das die Vorteile einer Flexibilisierung im Bürogebäudebau bei veränderlichen Rahmenbedingungen verdeutlicht. Anhand der im Forschungsprojekt P881 erzielten Ergebnisse wird veranschaulicht, dass sich Bürogebäude in Stahl- und Stahlverbundbauweise grundsätzlich nicht durch höhere Bauwerkskosten als vergleichbare Bürogebäude in Massivbauweise auszeichnen. Während sich die Bauwerkskosten unflexibler Bürogebäude in Stahl- und Stahlverbundbauweise mit den durchschnittlichen Kosten für ein Bürogebäude mittleren Standards in Massivbauweise decken, zeichnen sich flexibel konzipierte Bürogebäude in Stahl- und Stahlverbundbauweise durch Kosten aus, die in ihrer Höhe der unteren Kostengrenze für Bürogebäude höheren Standards in Massivbauweise entsprechen. [6-44] Die Kosten, die mit der Vorhaltung von Flexibilität einhergehen, fallen dabei sowohl auf Ebene des Primärsystems als auch auf Ebene des Sekundärsystems des Bauwerks an.

Weiter zeigen die Parameterstudien beispielhaft für den Standort Düsseldorf, dass eine Investition in flexible Bürogebäude in Stahl- und Stahlverbundbauweise in allen untersuchten Szenarien stets absolut vorteilhaft ist. Je nach Entwicklung der betrachteten Parameter fällt die relative Vorteilhaftigkeit unterschiedlich aus: Im Falle einer *bestmöglichen* Entwicklung der Parameter erweist sich eine Investition in ein flexibles Bürogebäude nach 23 Jahren der Nutzungsdauer als relativ vorteilhaft gegenüber der unflexiblen Variante. Unterstellt man eine *durchschnittliche* Entwicklung der betrachteten Parameter, ist das flexible Bürogebäude gegenüber der unflexiblen Gebäudestruktur nach 48 Jahren der Nutzungsdauer relativ vorteilhaft. In dem dazwischenliegenden Ergebnisbereich gilt eine Investition in das flexible Bürogebäude für die meisten Parameterkonstellationen als relativ vorteilhaft. Nur unter Annahme einer *schlechtestmöglichen* Entwicklung der Parameter ist eine Investition in ein unflexibles Bürogebäude vorzuziehen.

Die Anpassung investitionstheoretischer Verfahren an die Belange flexibler Bürogebäude in Stahl- und Stahlverbundbauweise schafft die Voraussetzungen für eine Planung, welche die ökonomische Dimension der Nachhaltigkeit eines Bürogebäudes ganzheitlich erfasst. Hierdurch werden nicht nur die Kriterien der ökonomischen Nachhaltigkeit besser abgebildet, ihre Anwendung erlaubt zusätzlich, private Bauherren beziehungsweise Investoren in ihrer Entscheidung für nachhaltige Bürogebäude in Stahl- und Stahlverbundbauweise zu unterstützen.

Softwaretool SOD

212 Kurze Erläuterung der Funktionsweise

214 Automatisierte Strukturgenerierung

217 Optimiertes Tragwerksmodell

221 Strukturoptimierung mithilfe eines Genetischen Algorithmus

223 Optimierte Tragwerksstruktur

224 Benutzeroberfläche

7

Automatisierter Tragwerksentwurf

Martin Mensinger, Li Huang

Zusammenfassung

Der Entwurf nachhaltiger Büro- und Verwaltungsgebäude in Stahl- und Verbundbauweise setzt eine frühzeitige Auseinandersetzung mit dem Tragwerk auseinander. Dazu gehören die sinnvolle Wahl der Positionierung der Stützen und des statischen Systems ebenso wie die Festlegung von Konstruktionsformen und Konstruktionshöhen. Erst eine frühzeitige Auseinandersetzung mit der Konstruktion führt zu nachhaltigen Lösungen. Findet diese nicht statt, führt dies in aller Regel dazu, dass eine Optimierung des Tragwerks hinsichtlich Ökologie und Ökonomie nur noch sehr eingeschränkt möglich ist.

Gerade in der Anfangsphase eines Entwurfs bietet sich eine Vielzahl von Tragwerksvarianten an, deren Qualität sich bisher erst nach einer kosten- und zeitintensiven statischen Vordimensionierung beurteilen ließ. Der *Sustainable Office Designer* (SOD) löst das Problem und erlaubt es, dem entwerfenden Architekten oder Ingenieur in wenigen Minuten eine hinsichtlich Ökobilanz und Wirtschaftlichkeit optimierte Vordimensionierung des Tragwerks von Büro- und Verwaltungsgebäuden durchzuführen. Darüber hinaus ermöglicht er auf einfache und schnelle Art einen Variantenvergleich.

Das auf einem Genetischen Algorithmus basierende Tool wurde als Plugin in die SketchUp-CAD-Umgebung integriert, wodurch eine besonders einfache, in Teilbereichen intuitive Bedienung ermöglicht wird.

SketchUp-Visualisierung einer mit dem *Sustainable Office Designer* (SOD) optimierten Tragstruktur eines Bürogebäudes

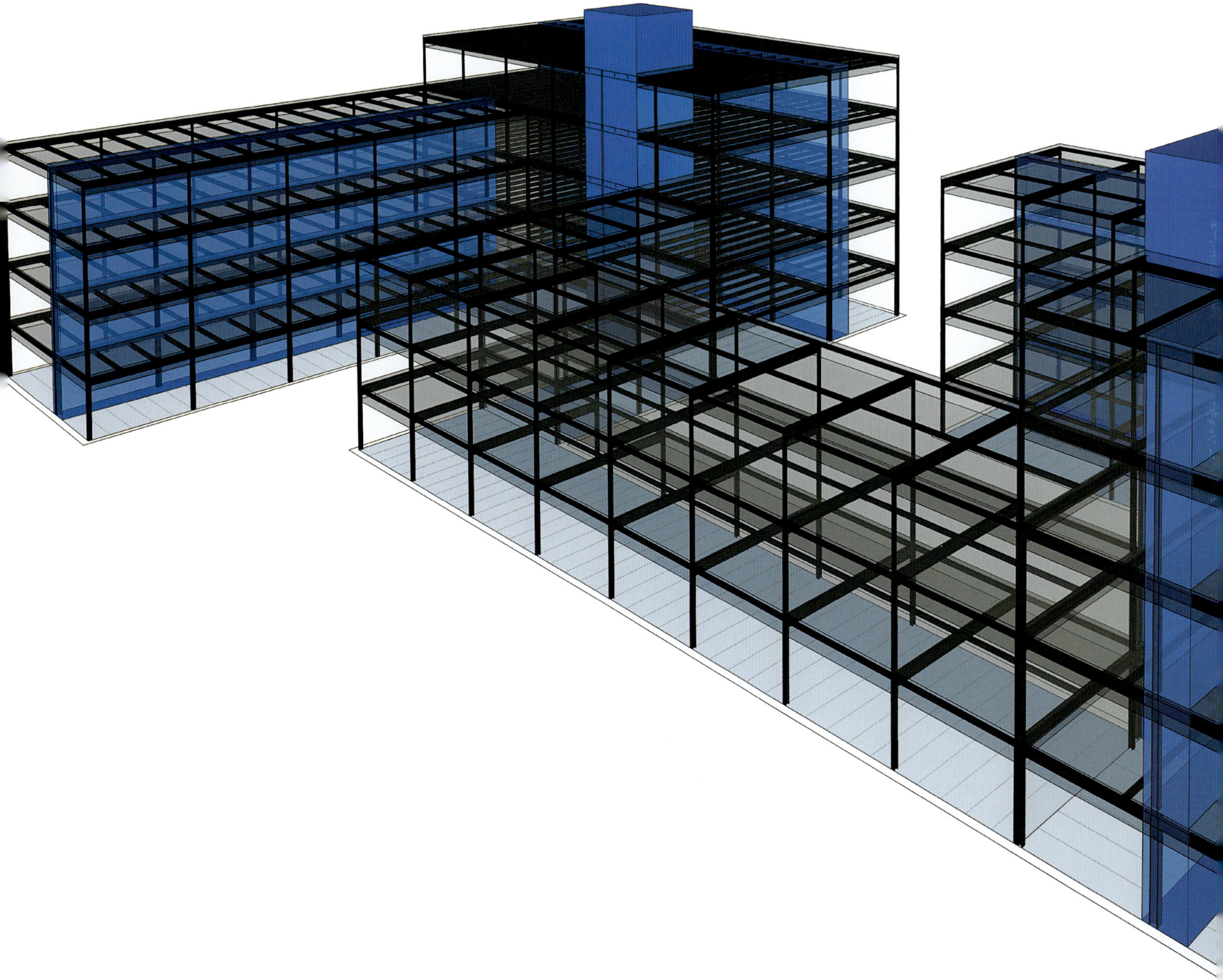

7.1 Kurze Erläuterung der Funktionsweise

Um mit wenig Aufwand bereits im frühen Planungsstadium Tragwerke entwerfen zu können, die dem Optimum aus ökologischer und ökonomischer Sicht möglichst nahe kommen, wurde der *Sustainable Office Designer* (SOD) als Plugin für die frei verfügbare CAD-Software SketchUp entwickelt. Mit dem SOD können für einfache Grundrisse mit wenigen Eingaben parametrisierte Tragwerksmodelle erstellt werden. Mithilfe eines Genetischen Algorithmus, also einer auf den Regeln der Vererbungslehre beruhenden Optimierungsmethode, ist es innerhalb von wenigen Sekunden möglich, optimumsnahe Tragwerke zu generieren, im Rahmen einer detaillierten Vorstatik zu bemessen und vergleichend zu bewerten. Ziel der Software ist es, auf Basis eines optimierten Tragwerksentwurfs LCA(*Life Cycle Assessment*)-Werte für architektonische Entwürfe in der frühen Entwurfsphase von Büro- und Verwaltungsgebäuden zur Verfügung zu stellen. Darüber hinaus beinhaltet die Software alle notwendigen Informationen, die zur Weiterentwicklung des Entwurfs notwendig sind. Dazu gehören zum Beispiel geometrische Informationen wie Stützenstellungen und Konstruktionshöhen, aber auch Informationen zur Wahl der Stahlgüte etc. Da auf die frühe Entwurfsphase des architektonischen Entwurfs abgezielt wird, steht eine Lösung im Vordergrund, die in der Lage ist, die gewünschten Informationen möglichst unmittelbar, das heißt mit kurzen bis sehr kurzen Berechnungszeiten, zur Verfügung zu stellen. Zudem ist ein spielerischer, unkomplizierter Umgang mit der Software möglich, was gerade während der frühen Entwurfsphase für die schnelle Bewertung von möglichen Entwurfsvarianten wichtig ist. Bei der Optimierung werden die Geometrie (statisches System, Stützenabstände, Trägerabstände, Trägerausrichtungen usw.) und die detaillierten Bauteileigenschaften (zum Beispiel Deckenstärke, Profilblech bei Verbunddecken, Profile und Stahlgüten für Träger und Stützen) vom Programm festgelegt. Die gewählte Variante des Tragwerks wird im Programm dargestellt und kann für die Weiterbearbeitung der Konstruktion in andere Anwendungen wie Statik- und CAD-Programme exportiert werden. Dadurch wird ein sehr hohes Maß an Effizienz bei der Projektbearbeitung erreicht. Für jede Konstruktionsvariante liefert das Plugin zudem einen Bericht ab, der neben einer Ökobilanz auch eine Stückliste der verwendeten Materialien enthält.

Die Bemessung des Tragwerks erfolgt auf Basis der aktuellen Normung. ([7-1], [7-2], [7-3]) Um den Rechenaufwand zu begrenzen, werden für die Strukturanalyse teilweise Näherungsmethoden angewendet. Als Bemessungskriterien werden Bauzustände, der Grenzzustand der Tragsicherheit, der Grenzzustand der Gebrauchstauglichkeit und ein Schwingungskriterium berücksichtigt.

Die meisten Büro- und Verwaltungsgebäudegrundrisse basieren auf aus Rechtecken zusammengesetzten Teilgrundrissen, in denen aus Gründen der Gebäudeerschließung, oder aber aufgrund örtlicher Gegebenheiten (zum Beispiel Grundstückabmessungen), teils irreguläre, nicht rechteckige Gebäudeteile integriert sind. Es ist daher im Grundsatz immer möglich, aus den architektonischen Entwürfen parametrisierte Strukturentwürfe zu entwickeln, die sich dann mithilfe evolutionärer Methoden optimieren lassen. Mithilfe des SODs lassen sich daher (vorerst) nur rechteckige Gebäudeteile optimieren, was für das frühe Entwurfsstadium der Gebäude als ausreichend angesehen werden kann.

Für Gebäudeentwürfe werden gute Optimierungsresultate bereits in deutlich weniger als zehn Sekunden erzielt, während hochoptimierte Lösungen – auch bei komplexen Gebäuden – in wenigen Minuten auf einem normalen Laptop erzeugt werden können.

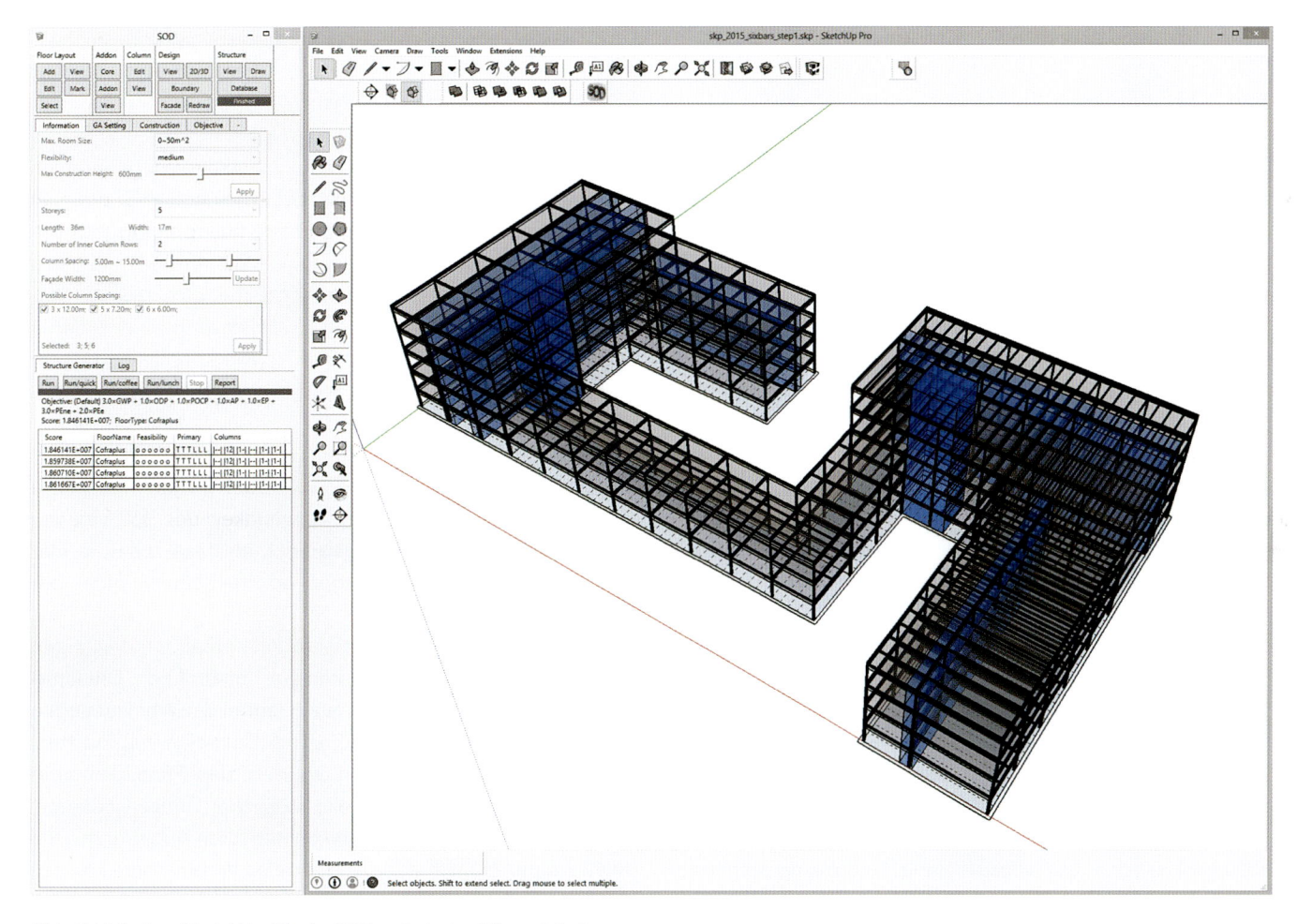

Abb. 7.1 Mit dem SketchUp-Plugin SOD optimiertes Bürogebäude

7.2 Automatisierte Strukturgenerierung

7.2.1 Flussdiagramm für die Strukturgenerierung

In Abbildung 7.2 ist das Flussdiagramm für die Einbettung von SOD in die SketchUp-CAD-Umgebung und die Anbindung an andere im Bauwesen im weiteren Planungsprozess verwendete Software (zum Beispiel CAD- und Statikprogramme) dargestellt. SOD wird als Plugin in SketchUp, einem 3D-CAD-Zeichenprogramm, integriert, da dieses als Hilfsmittel für erste architektonische Entwürfe aktuell eine weite Verbreitung genießt und als Freeware gehandelt wird, so dass sie der Öffentlichkeit frei zur Verfügung steht.

In einem ersten Schritt wird ein architektonischer Gebäudeentwurf in SketchUp unter Zuhilfenahme von SOD erstellt. Auf Basis dieser geometrischen Entwurfsbeschreibung erstellt SOD einen parametrisierten Entwurf für das Tragwerk des Gebäudes. In einem dritten Schritt werden für dieses parametrisierte Tragwerk optimumsnahe Lösungen gesucht. Als Zielfunktion der Optimierung kann zum Beispiel die Minimierung ökologischer Indikatoren wie etwa der CO_2-Bilanz definiert werden. Ebenso ist eine auf einer Massenbilanz beruhende Kostenoptimierung des Bauwerkentwurfs möglich. In einem vierten und letzten Schritt kann eine automatisch generierte, optimumsnahe Lösung der Tragstruktur visualisiert oder in eine andere Software zur Weiterbearbeitung exportiert werden. Die Visualisierung der Lösung stellt dem Anwender eine Vielzahl für die Weiterbearbeitung des Entwurfs notwendige Informationen zur Verfügung. Die wichtigsten Informationen werden zudem in einem schriftlichen Bericht zusammengestellt. Dies ermöglicht Vergleiche zwischen unterschiedlichen Lösungen und erlaubt eine gezielte Weiterbearbeitung des letztlich ausgewählten Entwurfs.

7.2.2 Architektonisches Entwurfsmodell

Im Allgemeinen sind sehr komplexe Gebäudegeometrien denkbar. Wie bereits erwähnt, lassen sich die Grundrisse von Büro- und Verwaltungsgebäuden, häufig aus Nutzungsaspekten, aber auch aus architektonischen Gründen, oftmals in Rechtecke zerlegen, für die sich parametrisierbare Tragwerksmodelle definieren lassen. SOD konzentriert sich daher auf den sehr häufigen Fall einer Tragwerksoptimierung von Gebäuden, deren Grundrisse im Wesentlichen aus Rechtecken zusammengesetzt sind.

Da mit großem Abstand der überwiegende Teil der in Deutschland realisierten Bürogebäude die Hochhausgrenze nicht überschreitet, wurde die Anwendung der Software auf maximal sieben Geschoße begrenzt, so dass spezielle statisch-strukturelle Anforderungen an Hochhäuser nicht berücksichtigt werden müssen.

Das architektonische Entwurfsmodell enthält alle wichtigen Informationen zur Geometrie und zur Konstruktion. Die Informationen zur Geometrie beinhalten neben den Abmessungen des Grundrisses die Raumhöhe, die Definition von Flächen, bei denen Stützen akzeptiert werden, das Fassadenraster und die gewünschte Bandbreite möglicher Stützenabstände. Die Informationen zur Konstruktion enthalten Angaben zu den gewünschten Konstruktionsformen des Verbundbaus, zu den für die Stützen verfügbaren Profilreihen und zur maximal für die Konstruktion zur Verfügung stehende Konstruktionshöhe von Decken und Trägern.

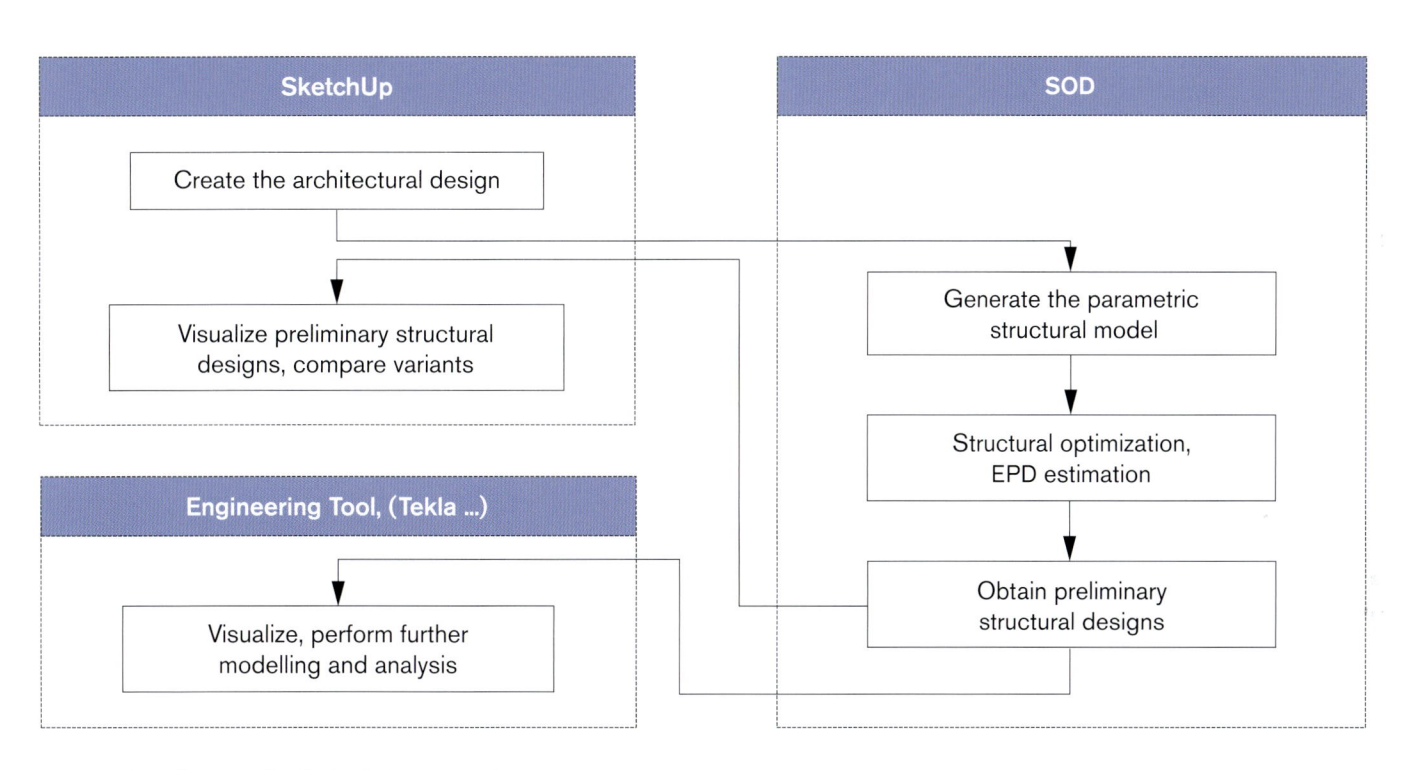

Abb. 7.2 Flussdiagramm für die Optimierung des Gesamtsystems

7.2.3 Parametrisches Strukturmodell

Auf Basis des architektonischen Entwurfsmodells wird das parametrische Strukturmodell entwickelt. Ein parametrisches Strukturmodell beschreibt die Tragstruktur durch Definition und Anordnung einzelner Strukturelemente. Alle möglichen Parameter des Strukturmodells werden dabei als variabel angesehen. Dazu gehören zum Beispiel das Deckensystem, die Deckendicke, die Anzahl der inneren Stützenreihen, der Abstand der Sekundärträger (im Programm definiert über ihre Anzahl), die Ausrichtung der Primärträger in Längs- oder Querrichtung, die Stützenabstände (im Programm definiert über ihre Anzahl pro Stützenreihe) und die Materialeigenschaften der einzelnen Strukturelemente. Jede Parameterkombination stellt somit eine einzigartige mögliche Lösung für die Struktur dar. Die Gesamtheit aller Parameterkombinationen repräsentiert den möglichen, vieldimensionalen Lösungsraum, innerhalb dessen die optimale Parameterkombination für die jeweilige Optimierungsaufgabe zu finden ist. Mithilfe einer Optimierungsmethode lassen sich aus diesem Lösungsraum Parameterkombinationen für Strukturen mit optimumsnahen Eigenschaften finden. Dabei ist zu beachten, dass diese Strukturen neben der Zielerfüllung (Minimierung des CO_2-Ausstoßes etc.) weiteren Kriterien, wie Sicherstellung der Tragsicherheit und Gebrauchstauglichkeit, zwingend entsprechen müssen. Diese werden, neben geometrischen Restriktionen, wie einer möglichen Begrenzung der Konstruktionshöhe, als Randbedingungen in den Optimierungsprozess eingeführt und schränken den Lösungsraum ein.

7.2.4 Optimiertes Tragwerksmodell

Zur Beurteilung der ökologischen und bei Bedarf ökonomischen Performance des Entwurfs wird ein optimiertes Tragwerksmodell, das aus dem Optimierungsprozess resultiert, herangezogen. Im SOD wird für die Verifikation des Grenzzustands der Tragfähigkeit und der Gebrauchstauglichkeit der Struktur im Sinne einer Vordimensionierung eine Reihe von Vereinfachungen bei der strukturellen Analyse getroffen.

Dazu gehört vor allem, dass nur vertikale Lasten bei der Dimensionierung der Elemente berücksichtigt werden. Horizontale Lasten aus Wind, Stabilisierung und Erdbeben werden nicht berücksichtigt. Infolgedessen werden auch keine aussteifenden Elemente zur Abtragung dieser Lasten bemessen. Es wird davon ausgegangen, dass dies in einer späteren Planungsphase geschieht. Dazu können auch Betonkerne wie Treppenhäuser herangezogen werden. Diese werden im Modell visualisiert, aber weder in den statischen Berechnungen noch bei der Bilanzierung explizit berücksichtigt. Das Gleiche gilt für Bereiche mit irregulären, das heißt nicht rechteckigen Grundrissgeometrien, den sogenannten *Add-ons*.

Eine weitere Vereinfachung stellt die Modellierung des Gebäudedachs dar. Dieses wird stets identisch mit den Vollgeschossen ausgebildet, was in der Regel zu konservativen Ergebnissen bei der ökologischen und ökonomischen Bewertung führt.

Einige der Vereinfachungen sind der für die Entwicklung von SOD zur Verfügung stehenden Bearbeitungszeit geschuldet. Die meisten Vereinfachungen dienen aber dem Ziel, optimierte Lösungen in sehr kurzen Berechnungszeiten zu ermöglichen, da das Programm auf eine Anwendung während der frühen Entwurfsphase eines Gebäudes abzielt.

Die Ausbildung der Decken erfolgt aktuell mit Verbunddeckensystemen (Cofrastra und Holorib [7-4]) und Verbundträgern. Alternativ kann das Deckensystem TOPfloor INTEGRAL [7-5] eingesetzt werden. Eine Erweiterung auf Decken mit Halbfertigteilen, Holzverbunddecken oder Slimfloor-Konstruktionen ist grundsätzlich in die Software integrierbar, konnte aber bisher aus zeitlichen Gründen nicht umgesetzt werden.

Als Stützen werden momentan nur Stahlstützen eingesetzt, die als Pendelstützen ausgebildet sind. Hier wäre in Zukunft eine Erweiterung auf Verbundstützen möglich.

Die Bemessung der Konstruktion erfolgt auf Basis von DIN EN 1991-1:2010 [7-1], DIN EN 1993-1-1:2010 [7-2] und EN 1994-1-1:2010 [7-3]. Die Berücksichtigung der Bauzustände der Verbunddeckenbleche erfolgte auf der Basis von Herstellerangaben.

Ausführliche Hintergrundinformationen zu den in SOD geführten Nachweisen finden sich in [7-6].

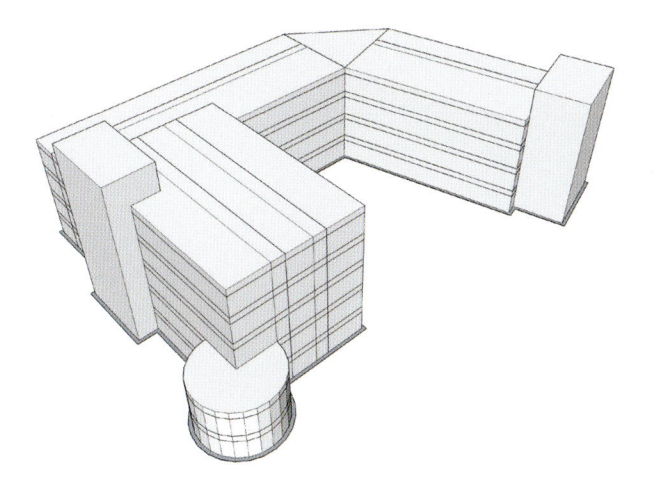

Abb. 7.3 Frühes architektonisches Volumenmodell:
a) architektonischer Entwurf

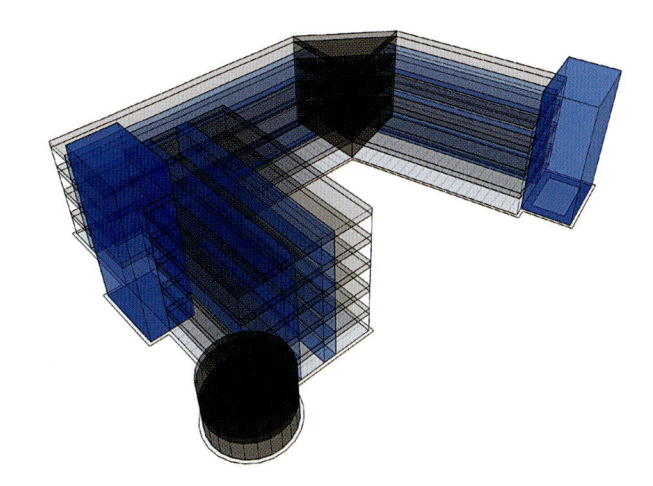

b) Volumenmodell mit unterschiedlichen Arten von Volumen

7.3 Optimiertes Tragwerksmodell – Architektonischer Entwurf und Entwurfsparameter

7.3.1 Architektonischer Entwurf

SOD behandelt ausschließlich Gebäude, deren Grundrisse zu wesentlichen Teilen aus Rechtecken zusammengesetzt werden können (vgl. Abb. 7.3 und Abb. 7.4). Jedes rechteckige Gebäudeteil wird als Riegel (»bar«) definiert. Beispielsweise besitzt das in den Abbildungen 7.3 und 7.4 gezeigte Gebäude drei unterschiedliche rechteckige Riegel. Außer rechteckigen Gebäudeteilen sind jedoch auch nicht rechteckige Gebäudeteile denkbar. Diese können im Modell als sogenannte *Add-ons* abgebildet werden. *Add-ons* werden im SketchUp-Modell grau dargestellt, sind aber nicht Teil des Optimierungsprozesses. Andere typische Konstruktionselemente sind Kerne, die der vertikalen Erschließung dienen. Diese werden in Dunkelblau dargestellt und sind ebenfalls nicht Teil des Optimierungsprozesses.

Für eine Beurteilung der Konstruktion während der frühen Entwurfsphase ist es in der Regel ausreichend, die für die Erstellung von *Add-ons* erforderlichen Massen abzuschätzen, indem der Mittelwert pro m² der regulären Flächen (das heißt der rechteckigen Riegel) für die Flächen der *Add-ons* angenommen wird. Dies setzt jedoch voraus, dass die Flächenanteile der *Add-ons* wesentlich kleiner sind als die Flächenanteile der regulären Riegel.

Alle drei Konstruktionselemente, Riegel (»bar«), *Add-ons* und Kerne werden in ihren Volumen über die Anzahl der Geschosse definiert. Dabei wird jedem Element eine individuelle Geschosszahl zugeordnet, so dass die Modellierung von Gebäuden mit variabler Geschossigkeit möglich ist. Weitere Angaben zur Definition der Höhe der Konstruktionselemente sind zunächst nicht nötig, da sich die erforderliche lichte Höhe des Gebäudes aus der Größe der Nutzungseinheiten und die Konstruktionshöhe sich einerseits aus der konstruktiven Lösung des Tragwerks und andererseits aus Anforderungen der horizontalen Erschließung ergibt.

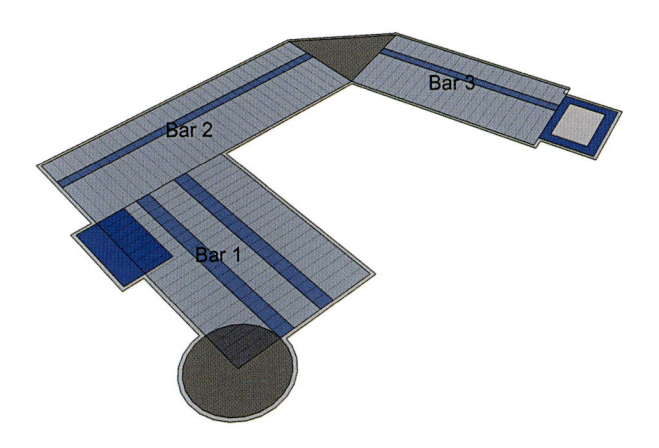

Abb. 7.4 Architektonischer Entwurf: Grundriss a) zeigt den gesamten Grundriss inklusive *Add-ons* und Kernen,

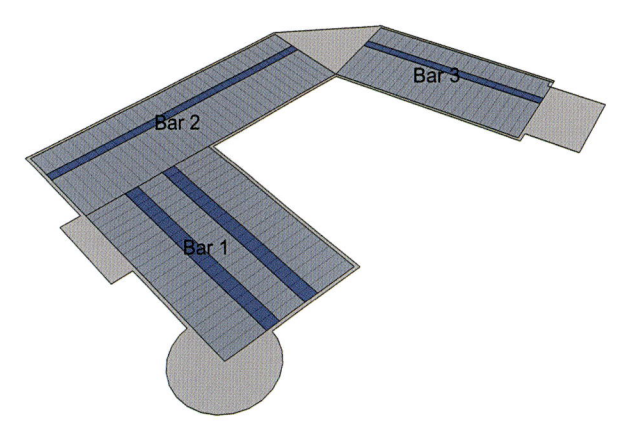

b) zeigt die Fläche, die von SOD parametisiert und auf Vorstatikniveau optmiert werden kann.

Für die einzelnen Riegel ist es daher erforderlich, alle bezüglich der Gebäudehöhe noch fehlenden Angaben zu machen. Dabei gibt die maximale Raumgröße die lichte Höhe der Geschosse vor (vgl. Tab. 7.1). Das gewünschte Maß an Flexibilität bestimmt die Höhe des für die Technische Gebäudeausrüstung (TGA – Klimatisierung, Wasser und Elektrizität) zur Verfügung stehenden Raums (vgl. Tab. 7.2). Es ist zudem möglich, die maximale Konstruktionshöhe der tragenden Deckenkonstruktion vorzugeben. Dies ist immer dann sinnvoll, wenn eine lokale Beschränkung der Bauhöhe des Gebäudes vorliegt. Es ist dabei aber zu beachten, dass zu schlanke Konstruktionen im Fall von Verbunddeckensystemen häufig aus ökologischer Sicht nicht die besten Lösungen darstellen, so dass Einschränkungen hier nur dann vorgenommen werden sollten, wenn diese wirklich nötig sind.

Die resultierende Deckenhöhe, bestehend aus der Konstruktionshöhe der Tragstruktur, des für die TGA vorgehaltenen Raums und einem Zuschlag für den Fußbodenausbau, wird in SketchUp in Blau dargestellt.

In jedem rechteckigen Riegel finden sich ein oder zwei blau gekennzeichnete Volumina. Diese definieren Bereiche, in denen während des Optimierungsprozesses Stützen platziert werden dürfen. Die Funktion dieser Bereiche wird im nächsten Abschnitt ausführlich erklärt.

7.3.2 Grundrisslayout des Gebäudes

Während des Optimierungsprozesses werden, wie bereits erwähnt, nur rechteckige Riegel berücksichtigt. Die Grundrisse dieser Riegel werden in SketchUp in der Farbe Hellblau dargestellt (vgl. Abb. 7.3). Vom Benutzer ist für jeden Riegel der jeweilige Fassadenraster festzulegen. Zudem sind die Bereiche, in denen innere Stützenreihen akzeptiert werden, zu definieren. Während des Optimierungsprozesses werden auf Basis dieser Angaben die Stützenstellungen, abgestimmt auf den Fassadenraster, festgelegt.

Für jeden Riegel kann gewählt werden, ob keine, eine oder zwei Stützenreihen akzeptiert werden (vgl. Abb. 7.5). Für jede Stützenreihe können Gebiete vorgegeben werden, in

Maximale Raumgröße	Lichte Raumhöhe
0 ~ 50 m²	2,5 m
50 ~ 100 m²	2,75 m
100 ~ 400 m²	3,0 m

Tab. 7.1 Lichte Raumhöhe in Abhängigkeit der Raumgröße

Flexibilität	Höhe Deckenzwischenraum
klein	100 mm
mittel	200 mm
groß	300 mm

Tab. 7.2 Höhe des Deckenzwischenraums für die horizontale Erschließung

denen die Stützen automatisch durch das Programm positioniert werden. Die Gebiete werden durch ihre Berandungen parallel zu den Außenkanten in Längsrichtung des Riegels definiert. In Abschnitt 7.3 wird zum einen erläutert, dass im Fall von Bürogebäuden in der Regel maximal zwei Stützenreihen notwendig werden. Weiter finden sich dort Angaben, in welchem Abstand von den Längsseiten eines Gebäudes Stützenreihen positioniert werden sollten, um eine möglichst flexible Nutzung zu ermöglichen. SOD erlaubt durch die Festlegung eines Bereichs möglicher Stützenstellung damit zum einen die Berücksichtigung einer flexibel gehaltenen Architektur. Zum anderen wird dem Programm durch die Angabe von Bereichen die Möglichkeit gegeben, aus statischer Sicht optimale Lösungen zu finden. Die Lage und Größe der Bereiche für mögliche Stützenstellungen können in SketchUp durch Anwählen und Verschieben der Längskanten einfach verändert werden.

Der Fassadenraster kann im SOD zu folgenden Größen gewählt werden: 1,00 m, 1,20 m, 1,25 m, 1,35 m und 1,50 m. Diese Rastermaße stimmen zum einen mit üblichen Maßen des Fassadenbaus überein, zum anderen aber auch mit den Rastermaßen von typischen Büroarbeitsplätzen, wie sie in Kapitel 3 beschrieben sind.

Die Länge des Riegels wird im Fassadenraster eingeteilt. Ist die Länge des Riegels nicht ein Vielfaches des Fassadenrasters, verbleibt am Ende des Riegels ein Rest. Wird zum Beispiel bei einer Riegellänge von 36,5 m ein Fassadenraster von 1,20 m gewählt, wird dieser Riegel in 1,20 m × 30 + 0,5 m eingeteilt. Die Stützen werden in Längsrichtung des Gebäudes immer auf den Fassadenraster abgestimmt angeordnet. Das heißt: Der Stützenabstand in Längsrichtung ist immer ein Vielfaches des Rastermaßes. SOD bietet dabei die Möglichkeit, minimale und maximale Stützenabstände vorzugeben. Wird der minimale Stützenabstand zu 5 m und der maximale zu 15 m gewählt, ergeben sich bei einem 36 m langen Riegel und einem Fassadenraster von 1,2 m folgende mögliche Anordnungen für die Stützen: 6 × 6,0 m, 5 × 7,2 m und 3 × 12 m (vgl. Abb. 7.6). Die parametrisierten Tragwerksmodelle werden von SOD auf Basis dieser Information generiert. Im Rahmen des Optimierungsprozesses wird später der hinsichtlich der Zielfunktion optimale Stützenabstand gewählt.

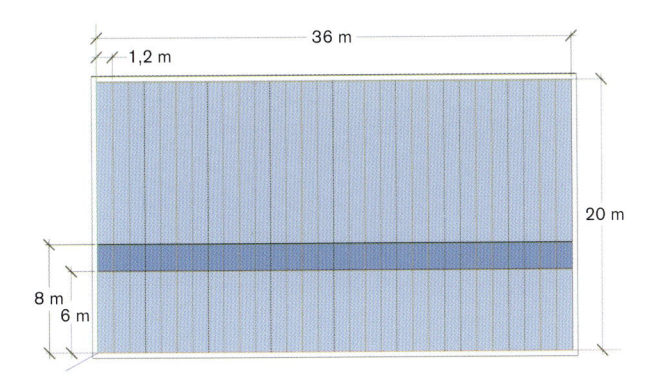

Abb. 7.5 Definition von Bereichen, in denen Stützenreihen akzeptiert werden

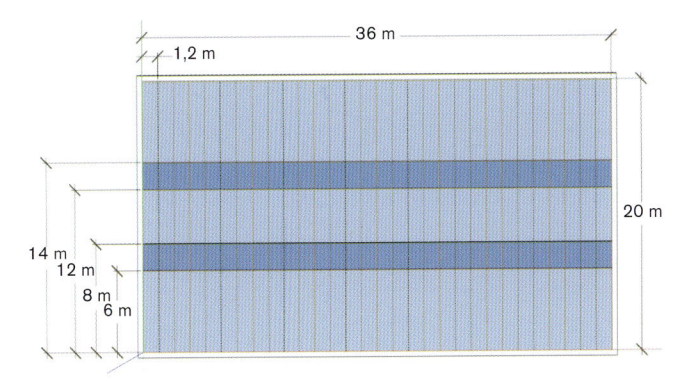

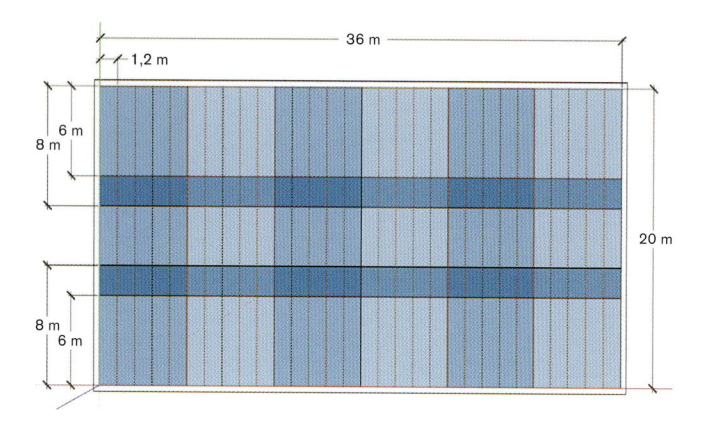

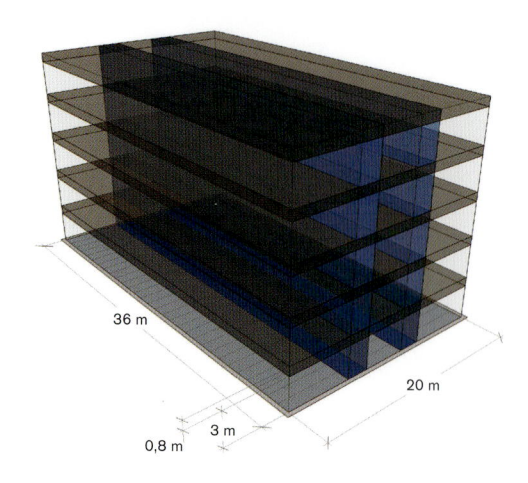

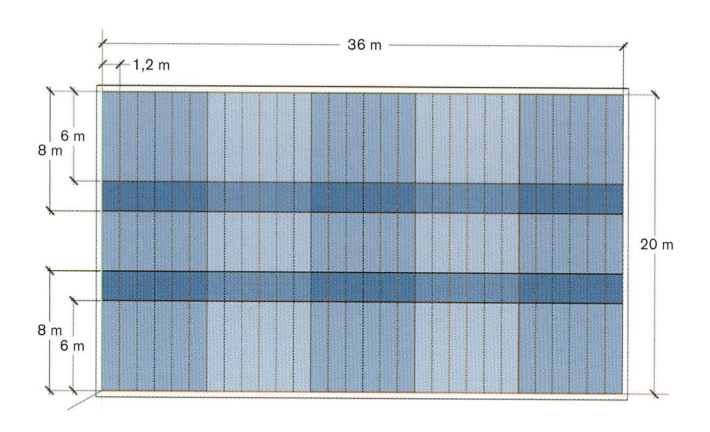

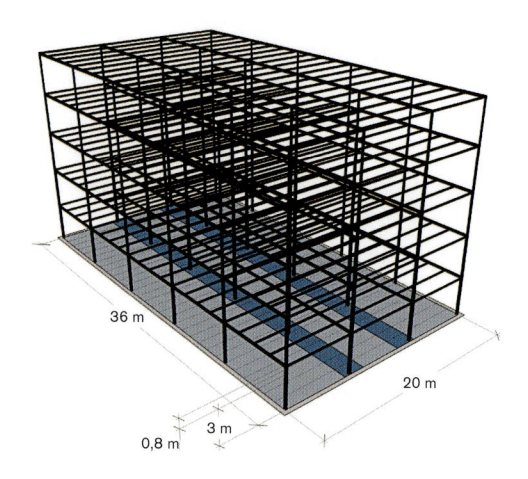

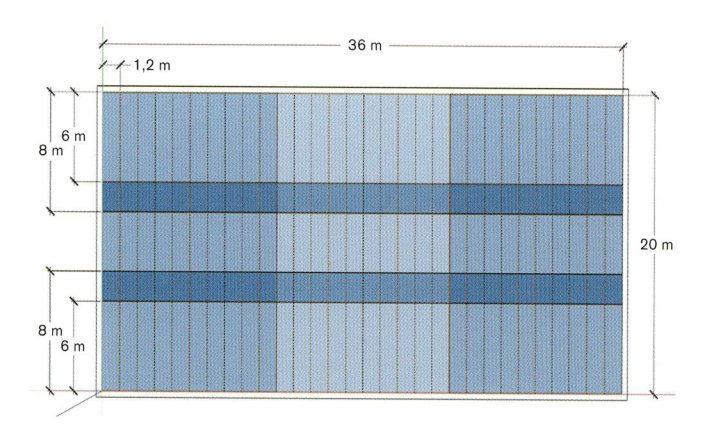

Abb. 7.6 Mögliche Varianten der Stützenabstände bei einem 36 m langen Riegel mit 1,2 m Fassadenraster

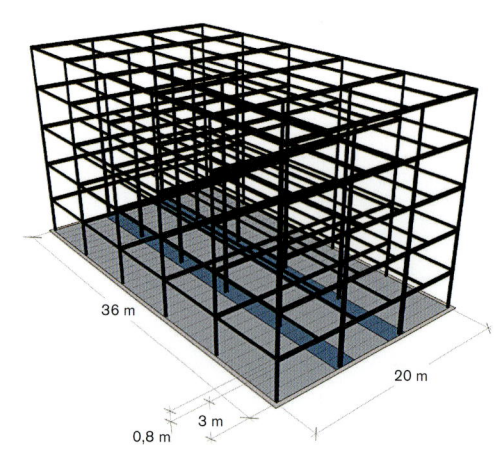

Abb. 7.7 oben: Visualisierung der Gesamtstruktur,
Mitte: Konstruktionsvariante mit Sekundärträgern in Querrichtung,
unten: Konstruktionsvariante mit Sekundärträgern in Längsrichtung

7.4 Strukturoptimierung mithilfe eines Genetischen Algorithmus

Für die automatische Entwicklung des optimierten Tragwerkmodells auf Vorstatikniveau verwendet SOD einen Genetischen Algorithmus. Dieser sucht nach dem »besten« Parameterset des parametrisierten Strukturmodells. Dieses ist zum einen durch die Einhaltung aller geometrischen und statischen Randbedingungen gekennzeichnet, zum anderen aber durch einen optimalen Wert bezüglich der Zielfunktion (möglichst niedriger CO_2-Ausstoß, möglichst niedrige Kosten etc.).

Unter *Genetischer Algorithmus* (GA) versteht man eine evolutionäre Optimierungsmethode, die auf Ideen der Vererbungslehre gründet. Dabei werden die Eigenschaften eines Systems parametrisiert. Die einzelnen Parameter definieren das Gesamtsystem und können selbst als Gene aufgefasst werden. Die Gesamtheit der Parameter, beziehungsweise Gene, bilden dann das Chromosom, das damit alle relevanten Daten für die eindeutige Beschreibung des parametrisierten Systems enthält. Die Idee des Genetischen Algorithmus ist es, im Laufe von Generationen positive Eigenschaften weiterzuvererben und auf diese Weise optimumsnahe Lösungen zu erzeugen. Dazu muss sichergestellt werden, dass sich positive Eigenschaften mit größerer Wahrscheinlichkeit weitervererben als negative, die Nichteinhaltung erforderlicher Randbedingungen, zum Beispiel der Standsicherheit, mithilfe von Penaltyfunktionen bestraft wird, und dass eine ausreichende Möglichkeit für sprunghafte Veränderungen besteht, damit auch globale Minima oder Maxima gefunden werden können. Da im Laufe des Optimierungsprozesses viele Generationen von möglichen Lösungen betrachtet werden müssen, ist es auch bei den aktuellen Rechnerleistungen zudem immer noch notwendig, die Rechenzeiten zu optimieren. In Abbildung 7.8 ist das Flussdiagramm des in SOD implementierten Algorithmus dargestellt.

7.4.1 Parametrisches Strukturmodell

Die Suche nach einem optimierten Tragwerk geschieht im SOD auf Basis eines parametrisierten Strukturmodells. Dieses besteht für jeden rechteckigen Riegel in der aktuellen Version aus einem Verbundtragwerk mit Verbunddecken, Verbundträgern und Stahlstützen. Dabei wird zwischen Sekundärträgern als Einfeldträger und Primärträgern als Durchlaufträger unterschieden (Abb. 7.7). Die Hauptträger können entweder in Gebäudelängsrichtung oder in Gebäudequerrichtung ausgerichtet sein.

Die Parameter werden in zwei Gruppen eingeteilt. Die erste enthält alle Parameter, die für alle Riegel eines Gebäudes relevant sind und nur für diese gemeinsam variiert werden:
— Deckentyp
— Index des Deckentyps: Es wird unterschieden zwischen den Verbunddecken und TOPfloor INTEGRAL-Sytemen.

Die zweite Gruppe enthält alle Parameter, die für jeden Riegel individuell festgelegt werden:
— Maximale Anzahl innerer Stützenreihen
— Anzahl der Stützen in jeder der Stützenreihen: Die Stützen werden mit gleichmäßigen Abständen, abhängig vom Fassadenraster, in Längsrichtung verteilt.
— Lage der ersten inneren Stützenreihe in Querrichtung, bezogen auf die Gebäudeaußenkante. Die Position der Stützenreihe kann dabei im angegebenen Bereich variieren.
— Lage der zweiten inneren Stützenreihe in Querrichtung, bezogen auf die Gebäudeaußenkante. Die Position der Stützenreihe kann dabei im angegebenen Bereich variieren.
— Ausrichtung der Primärträger. Die Primärträger können entweder in Gebäudelängs- oder Gebäudequerrichtung ausgerichtet sein.

— Anzahl der Sekundärträger, die zwischen zwei Hauptträgern angeordnet werden. Die Anordnung der Sekundärträger erfolgt jeweils senkrecht zu den Hauptträgern.
— Index des Profiltyps der Sekundärträger (IPE, HEA etc.)
— Index der Stahlgüte der Sekundärträger (S235, S355, S460)
— Index des Profiltyps der Primärträger (IPE, HEA etc.)
— Index der Stahlgüte der Primärträger (S235, S355, S460)

Für jede Etage eines Riegels werden weitere vier Parameter definiert:
— Index des Profilstyps der inneren Stützen (HEA, HEB etc.)
— Index der Stahlgüte der inneren Stützen (S235, S355, S460)
— Index des Profiltyps der äußeren Stützen (HEA, HEB etc.)
— Index der Stahlgüte der äußeren Stützen (S235, S355, S460)

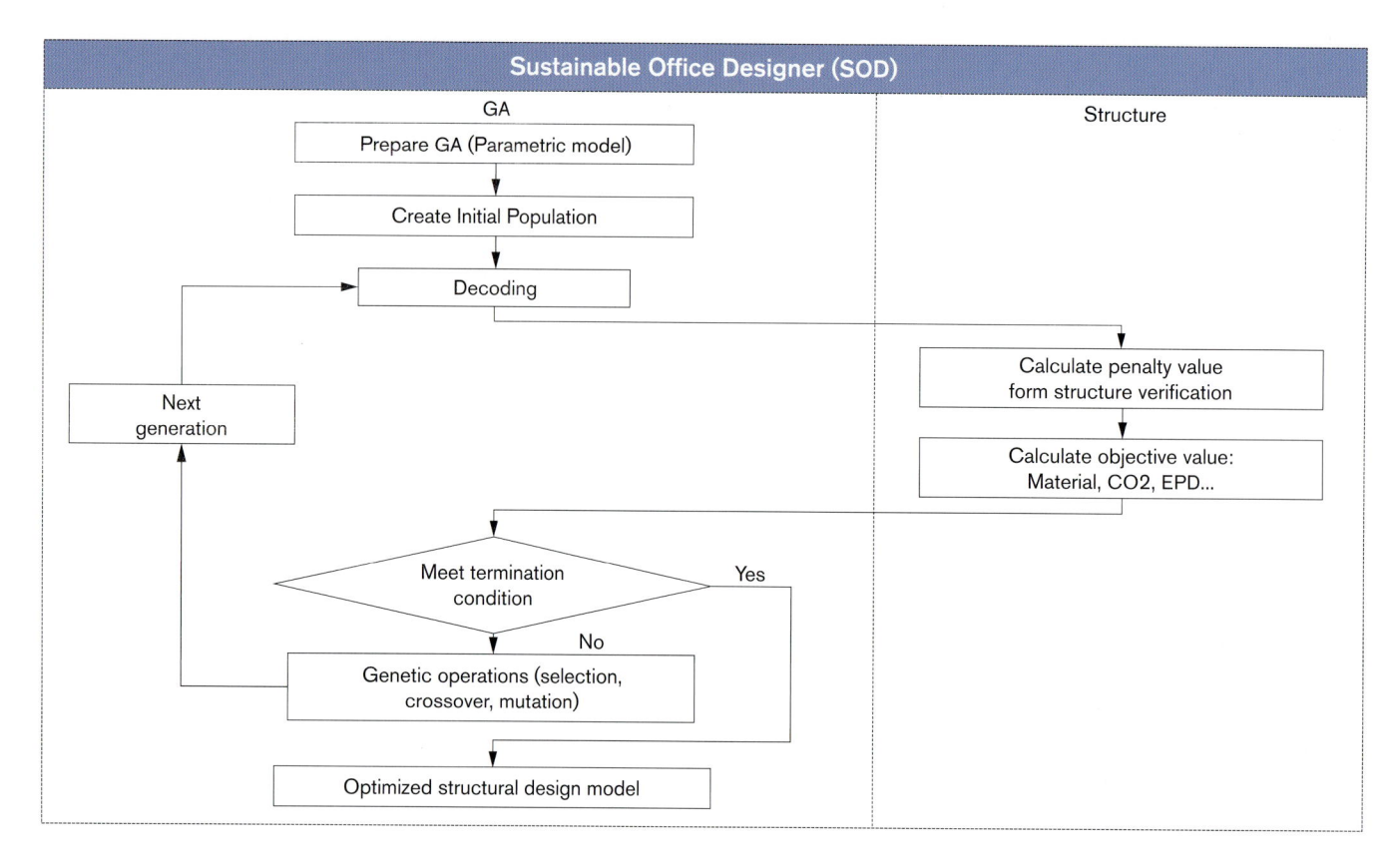

Abb. 7.8 Optimierungsalgorithmus in SOD

Abb. 7.9 Stützenfreies Bürogebäude – Rohbau mit Verbundfertigteildecken der Marke TOPfloor INTEGRAL
Fotos: H. Wetter AG, Stetten (CH)

Abb. 7.10 Stützenfreies Bürogebäude – Innenausbau mit hoher Flexibilität
Fotos: Felix Wey, Baden (CH)

7.5 Optimierte Tragwerksstruktur

7.5.1 Vordimensionierung des Tragwerks – Statische Nachweise

SOD führt nur eine Vorstatik für die hinsichtlich der Massenbilanz eines Tragwerks maßgebenden tragenden Bauteile durch. Daher werden in den Berechnungen nur vertikale Lasten berücksichtigt. Horizontale Lasten (Wind, Gebäudeschiefstellung, Erdbeben) werden aufgrund der großen Anzahl möglicher vertikaler Aussteifungsvarianten (Verbände, Rahmen, Kerne) nicht betrachtet. Die für diese Elemente nötigen zusätzlichen Massen sind oft unabhängig von der gewählten Bauweise, so dass ihre Vernachlässigung im Rahmen der Vordimensionierung während der frühen Entwurfsphase gerechtfertigt erscheint.

Für das Tragwerk werden Verbunddeckensysteme und Stahlstützen verwendet. Diese werden statisch für den Bauzustand, den Grenzzustand der Tragfähigkeit und den Grenzzustand der Gebrauchstauglichkeit nachgewiesen. Die Nichteinhaltung einzelner Nachweise wird durch einen Penalty bestraft. Die Ermittlung des Penalty erfolgt nach folgendem Schema:

1. Decodieren des Genoms, Generieren des Parametersets und des Tragwerksentwurfs
2. Generierung der geometrischen Informationen für die einzelnen Bauteile und Auswahl der zugehörigen Profile
3. Ermittlung der Belastung der Sekundärträger
4. Ermittlung der maßgebenden Querkraft, des maßgebenden Biegemoments, der Durchbiegung, der Eigenfrequenz und der Auflagerkräfte des längsten Sekundärträgers (Einfeldträger)
5. Ermittlung der Belastung der Primärträger
6. Ermittlung der maßgebenden Querkraft, des maßgebenden Biegemoments, der Durchbiegung, der Eigenfrequenz und der Auflagerkräfte des Primärträgers (als Durchlaufträger)
7. Geschossweise Ermittlung der Belastung der Stützen
8. Überprüfung der Verbunddecken mithilfe von Bemessungstabellen, Nachweis der Verbundträger nach DIN EN 1994-1-1:2010 und Nachweis der Stützen nach DIN EN 1993-1-1:2010, Berechnung der Penaltys für alle Elemente

Für Tragwerke mit TOPfloor INTEGRAL wird der Penalty nach folgendem Schema berechnet:

1. Decodieren des Genoms, Generierung des Parametersets und des Tragwerksentwurfs
2. Generierung der geometrischen Informationen für die einzelnen Bauteile und Auswahl der zugehörigen Profile
3. Ermittlung der Belastung der Primärträger
4. Ermittlung der maßgebenden Querkraft, des maßgebenden Biegemoments, der Durchbiegung, der Eigenfrequenz und der Auflagerkräfte des Primärträgers (als Durchlaufträger)
5. Geschossweise Ermittlung der Belastung der Stützen
6. Überprüfung der TOPfloor INTEGRAL-Deckenelemente mithilfe von Bemessungstabellen, Nachweis der Primärträger nach DIN EN 1994-1-1:2010 und Nachweis der Stützen nach DIN EN 1993-1-1:2010, Berechnung der Penaltys für alle Elemente

7.6 Benutzeroberfläche

7.6.1 Überblick

Der *Sustainable Office Designer* SOD (Abb. 7.11 zeigt die Benutzerumgebung) ist ein Software Tool, welches eine gewichtete Ökobilanzierung der Tragstruktur von Bürogebäuden auf Basis einer optimierten automatisch erstellten Vorstatik ermittelt. Diese Werte dienen in der Regel als Eingangsgrößen zur Bewertung der ökologischen Nachhaltigkeit eines Gebäudes. SOD benutzt dabei einen Genetischen Algorithmus als Optimierungsmethode für das Tragwerk, welches auf Basis eines einfachen Volumenmodells des Gebäudes erstellt wird. Dabei werden unterschiedliche Konstruktionsvarianten des Stahlverbundbaus berücksichtigt. Das Tool ist als Plugin in das als Freeware verfügbare Skizzier- und Zeichenprogramm SketchUp integriert. SketchUp wird häufig von Architekten während der frühen Entwurfsphase eines Gebäudes eingesetzt. Die Benutzerumgebung besteht aus drei Komponenten: dem Hauptfenster von SketchUp (Abb. 7.11 in der Mitte), dem SOD-Fenster (Abb. 7.11 links) und dem Berichtsfenster (Abb. 7.11 rechts). Innerhalb des SketchUp-Hauptfensters ist es möglich, zu zeichnen, Gebäude zu entwerfen und zu modifizieren.

7.6.2 Installation von SketchUp und SOD

SketchUp ist eine weit verbreitete 3D-CAD-Software der Firma Trimble Buildings. SketchUp-Nutzer sind in erster Linie Architekten, aber auch Designer, Bauherren, Hersteller und Ingenieure. Die Software ist einfach und weitgehend intuitiv zu bedienen und in ihrer Grundversion als Freeware erhältlich. Für SketchUp existiert ein Marktplatz, auf dem eine Vielzahl von Plugins für Architekten und Ingenieure zur Verfügung steht.

SketchUp steht als Download auf *www.sketchup.com* zur Verfügung. Um mit dem SOD als Plugin arbeiten zu können, ist es ausreichend, zunächst die kostenfreie Version von SketchUp zu installieren. Der *Sustainable Office Designer* kann anschließend entweder über den Erweiterungsmarkt von SketchUp unter *http://extensions.sketchup.com/en/content/sustainable-office-designer-sod* oder mit der dem Handbuch beiliegenden CD installiert werden.

7.6.3 Architektonischer Entwurf

Im SketchUp-Hauptfenster kann auf einfache Art und Weise ein Volumenmodell des geplanten Gebäudes erstellt werden. Dabei wird von einem 2D-Grundrisslayout des Gebäudes ausgegangen. Das Volumenmodell wird automatisch aus diesem Grundrisslayout des Gebäudes unter Berücksichtigung der Entwurfskonfiguration heraus generiert.
Die Geometrie eines Gebäudes setzt sich aus drei unterschiedlichen Typen zusammen: rechteckige Stränge mit Büronutzung, Kerne und zusätzliche Anbauten. Ein automatisch optimierter Tragwerksentwurf erfolgt nur für die rechteckigen Stränge. Anbauten und Kerne werden nicht optimiert. Bei der Ökobilanzierung werden die Anbauten aber näherungsweise mit den Durchschnittswerten der rechteckigen Stränge mitberücksichtigt.

7.6.3.1 Grundrisslayout

Um ein Grundrisslayout zu erstellen, erfolgt zunächst ein Klick auf den *Add*-Button, links oben im SOD-Fenster unter der *Floor Layout*-Leiste. Danach kann im Hauptfenster ein Rechteck gezeichnet werden. Dies erfolgt durch Anklicken eines Eckpunkts. Durch Ziehen der Maus wird die Ausrichtung einer Längskante des Rechtecks vorgegeben. Die Länge und die Breite des Rechtecks können dann manuell rechts unten im Hauptfenster eingegeben werden.

Innerhalb eines Grundrisslayouts erscheint zunächst ein einzelner dunkel eingefärbter Streifen. Dieser bezeichnet das Gebiet, auf dem später während des Optimierungsprozesses innere Stützenreihen angeordnet werden dürfen. Für jede Stützenreihe können so Gebiete vorgegeben werden, in denen die Stützen automatisch durch das Programm positioniert werden. Die Gebiete werden durch ihre Berandungen parallel zu den Außenkanten in Längsrichtung des Riegels definiert.

Um die Eigenschaften eines Grundrisslayouts wie zum Beispiel die Anzahl der Stützenreihen zu ändern, muss dieses zuerst ausgewählt werden. Dazu klickt man im SOD-Fenster unter *Floor Layout* den Button *Select* und anschließend im SketchUP-Fenster auf den Grundriss. Im SOD-Fenster können nun die Geschossanzahl und die Anzahl der maximal möglichen inneren Stützenreihen festgelegt werden. Wählt man die Anzahl der Stützenreihen zu *2*, erscheint in der

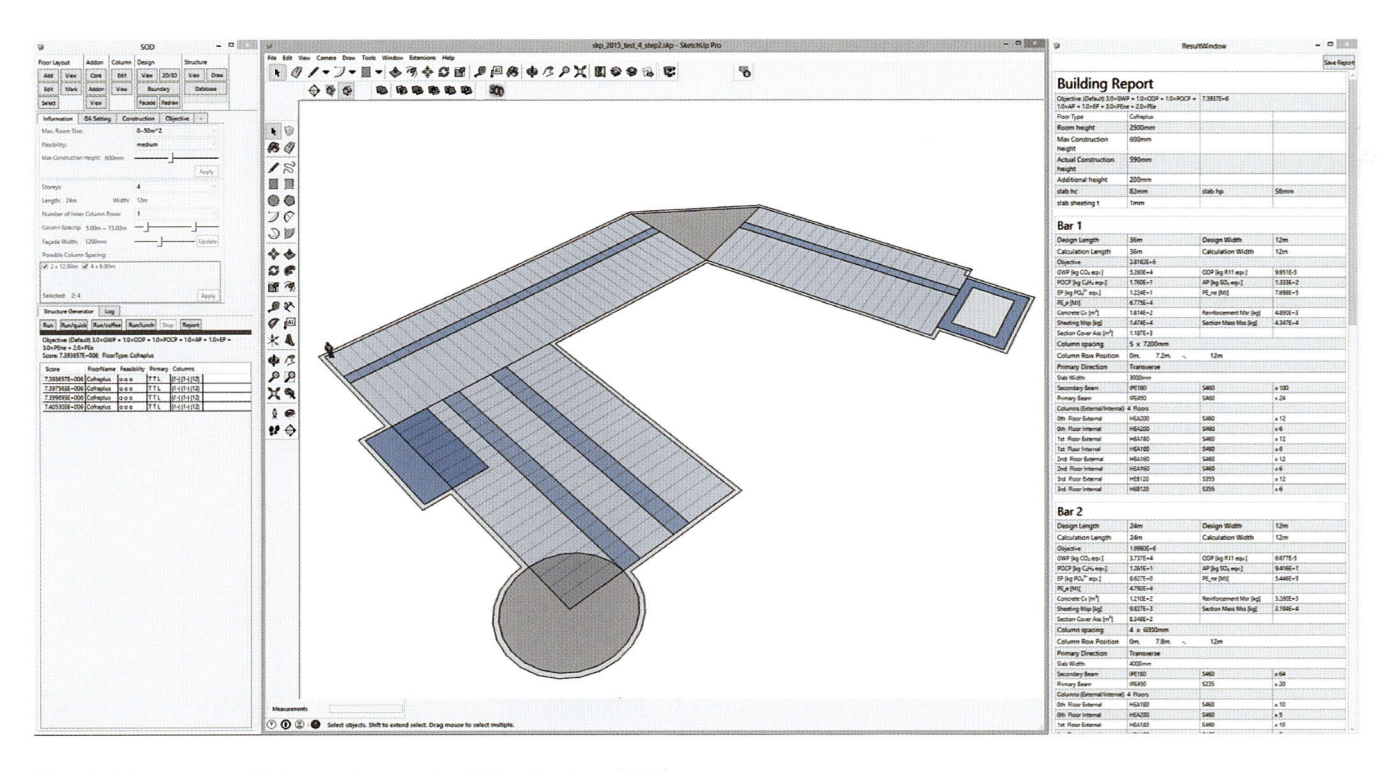

Abb. 7.11 Benutzeroberfläche des *Sustainable Office Designer* (SOD)

Darstellung des Grundrisses des Riegels ein zweiter blauer Streifen. Um ökologisch optimale Lösungen zu erhalten, empfiehlt es sich, den Bereich möglicher Stützenstellungen nicht zu stark einzuschränken. In der Regel wird bei schmäleren Gebäuden eine Stützenreihe ausreichen, bei breiteren Gebäuden können jedoch zwei Stützenreihen zu ökologisch sinnvollen Lösungen führen. Während aus Gründen der Flexibilität des Gebäudes Stützen weitgehend vermieden werden sollten, können insbesondere bei eingeschränkten Konstruktionshöhen zwei Stützenreihen ebenfalls sinnvoll sein. Die Vorgabe einer oder mehrerer Stützenreihen führt nicht automatisch dazu, dass diese in jedem Fall von SOD auch genutzt werden. Vielmehr wird im Rahmen der Optimierung eine hinsichtlich der Optimierung zielführende Anzahl an Stützenreihen festgelegt. Das heißt, auch wenn zwei Stützenzonen definiert werden, können Lösungen mit nur einer oder keiner Stützenreihe vom Programm vorgeschlagen werden.

Die Lage und die Breite der Stützenzonen können jeweils durch Verschieben der Längsränder verändert werden. Dazu klickt man zuerst im SOD-Fenster unter *Column* den Button *Edit*. Durch Anklicken der Längsränder lassen sich diese fangen und anschließend verschieben.

Sollen die Abmessungen eines Riegels verändert werden, wird dieser mit dem *Select*-Button ausgewählt. Nun können die Ränder des Riegels durch Anklicken verschoben werden. Für den Benutzer ist es wichtig, den Unterschied zwischen dem *Mark*-und dem *Select*-Button zu kennen. Ersterer wird benutzt, um einen Riegel (»bar«) als zum Gebäudemodell, das optimiert werden soll, zugehörig zu kennzeichnen.

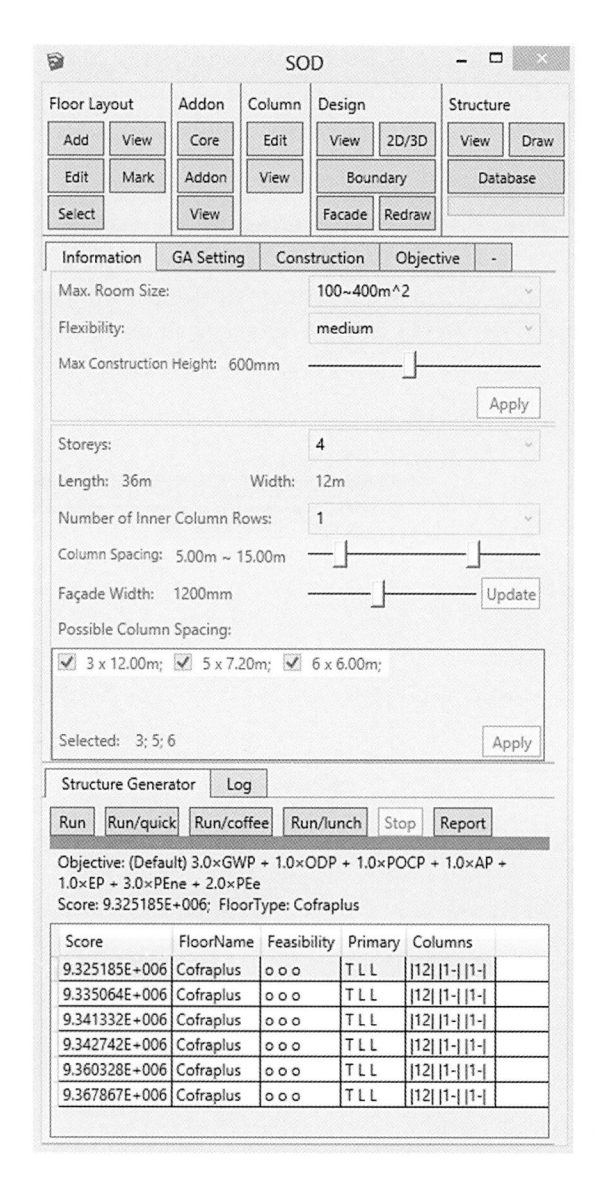

Abb. 7.12 SOD-Startfenster

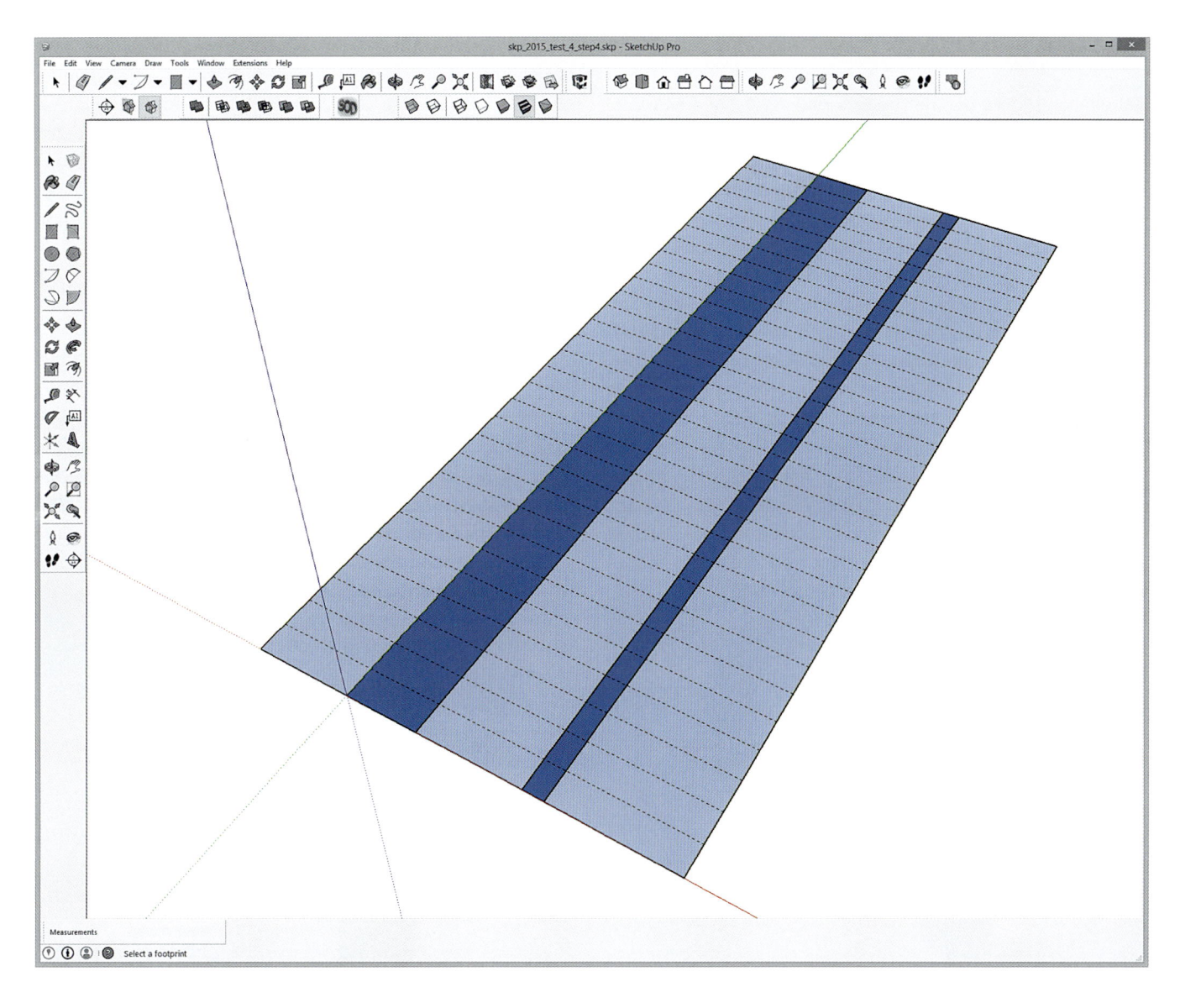

Abb. 7.13 Riegelgrundriss mit einer Stützenzone im SketchUp-Fenster

7.6.3.2 Anbauten und Kerne

Bei einem *Add-on* handelt es sich entweder um einen Gebäudeteil, der keinen rechteckigen Grundriss besitzt und für den im Rahmen des SODs aus diesem Grund auch kein Tragwerksentwurf durchgeführt wird, oder um einen Erschließungskern, für den ebenfalls keine Optimierung durchgeführt wird. Typische *Add-ons* sind Zwischenbereiche zwischen zwei Riegeln, Atrien oder dem Gebäude aus architektonischen Gründen angegliederte kleinere Baukörper. *Add-ons* werden in SketchUp grau und Kerne dunkelblau dargestellt. Um einen Anbau oder einen Kern zu zeichnen, wird zuerst dessen Grundriss in 2D auf Höhe der z-Koordinate $z = 0$ im SketchUp-Hauptfenster gezeichnet. Danach wird dieser Grundriss mithilfe des Auswahltools des SketchUp-Hauptfensters (Button mit Pfeil, links oben) ausgewählt. Die so gezeichnete Fläche kann durch Klicken auf den *Add-on*- oder *Core*-Button im SOD-Fenster und anschließendes Anklicken im SketchUp-Fenster als *Add-on* oder *Kern* definiert werden. Die Fläche erscheint anschließend verschattet.

Es ist nötig, die Anzahl der Geschosse des *Add-ons* oder des Kerns zu definieren. Dazu wird zunächst im SOD-Fenster unter *Floor Layout* der *Select*-Button gedrückt und anschließend das *Add-on* im SketchUp-Fenster angewählt. Danach lässt sich die Anzahl der Geschosse wie im Fall der Riegel wieder im SOD-Fenster wählen. Im Fall der Kerne wird jeweils ein weiteres Geschoss visualisiert, um den für Aufzüge häufig nötigen Technikraum zu berücksichtigen.

7.6.3.3 Gebäudeentwurf und Ansichten

Um Grundrisslayout, Anbau oder Kern einem Bau zuzuordnen, müssen diese als zum Gebäude zugehörig markiert werden. Dazu wird auf den *Mark*-Button im SOD-Fenster unter der Leiste *Floor Layout* geklickt, und dann werden im SketchUp-Fenster die zum Gebäude gehörigen Teile angeklickt. Man erkennt danach die zum Gebäude gehörigen Teile an einem umlaufenden hellen Rand, der die gemeinsame Fassade symbolisiert. Außerdem ändert sich die Farbe der Grundrisse.

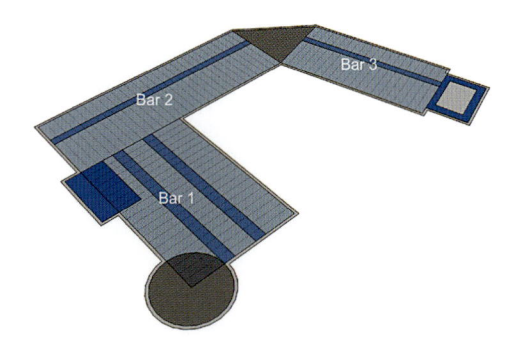

Abb. 7.14 Grundriss mit drei Riegeln, zwei *Add-ons* und zwei Kernen

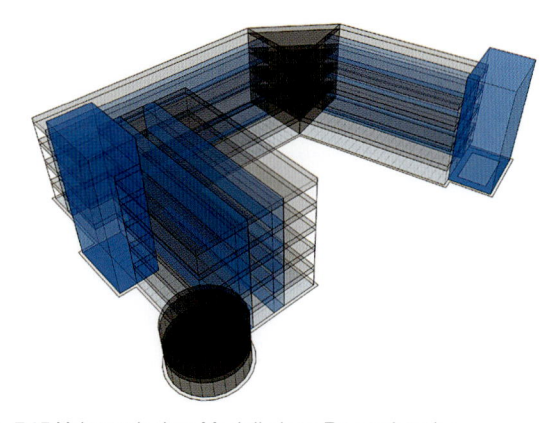

Abb. 7.15 Volumetrisches Modell eines Bürogebäudes

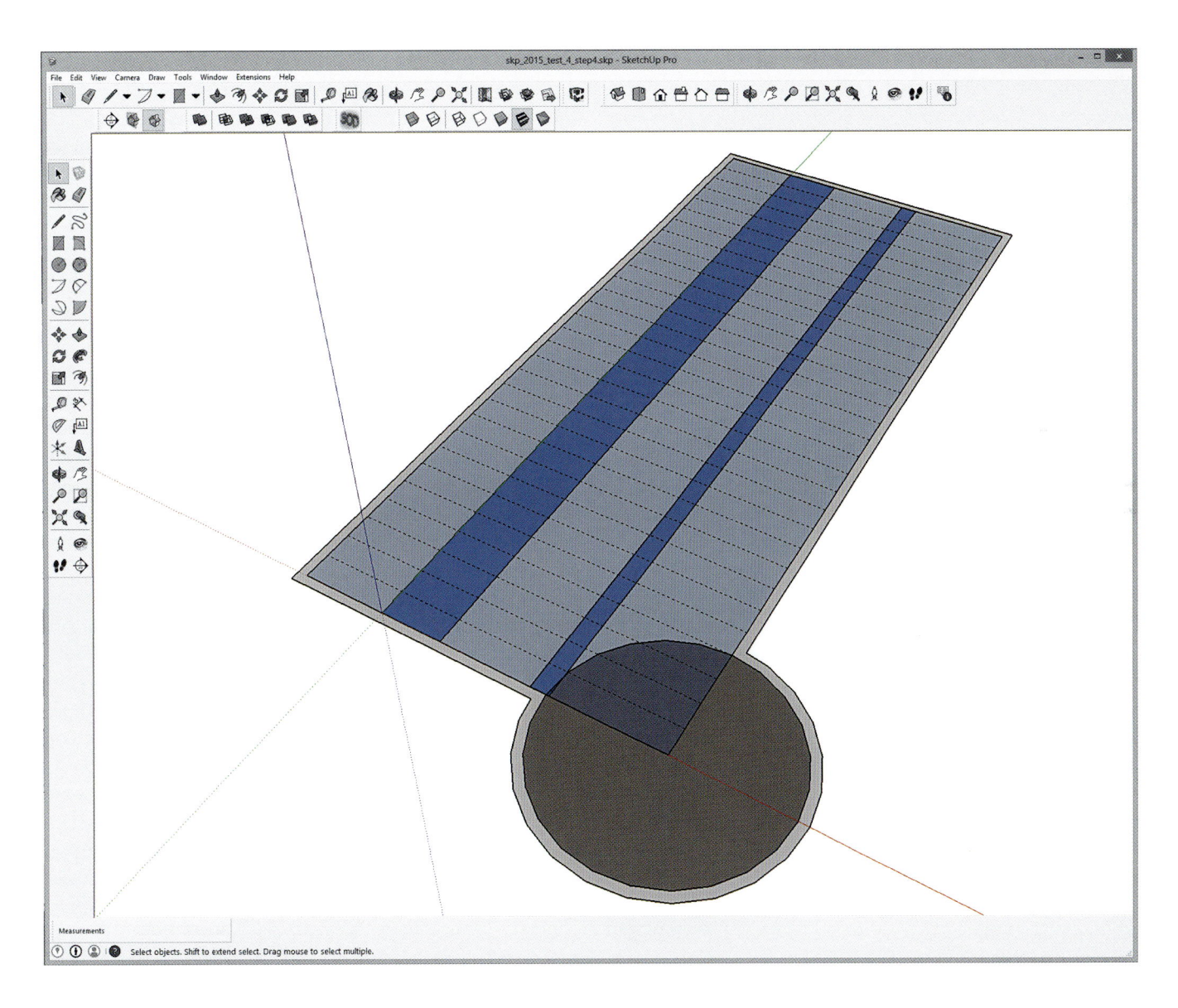

Abb. 7.16 Gebäudegrundriss, bestehend aus einem Riegel und einem *Add-on*

Zur Darstellung des architektonischen Modells gibt es unterschiedliche Möglichkeiten. Durch Klicken auf die verschiedenen View-Buttons im SOD-Fenster können Teile aus- oder eingeblendet werden. Zum Beispiel ist es möglich, die 3D-Darstellung des Gebäudes auszublenden, um besser an den Grundrissen arbeiten zu können. Durch Klicken auf 2D/3D ist es möglich, zwischen der 2D- und der 3D-Darstellung umzuschalten.

7.6.3.4 Einstellungen

Um Änderungen hinsichtlich der Eigenschaften eines Riegels, eines Anbaus oder eines Kerns vorzunehmen, muss dieser Bauteil zuerst mithilfe des *Select*-Buttons im SOD-Fenster unter der *Floor Layout*-Leiste ausgewählt werden.
Wird ein Riegel (»bar«) eines Gebäudeteils ausgewählt, werden dessen Eigenschaften im SOD-Fenster unter dem Reiter *Information* angezeigt, wo sie auch teilweise verändert werden können.
Die ersten Eigenschaften sind maximale Raumgröße, das angestrebte Maß an Flexibilität und die maximal zulässige Konstruktionshöhe der Decke. Mithilfe dieser Angaben werden die erforderliche lichte Höhe der Räume, die Größe des freien Luftraums für technische Gebäudeausrüstung und die maximale Konstruktionshöhe der Decke inklusive der Stahlkonstruktion festgelegt.
Bei einer maximalen Raumgröße von 0~50 m² ergibt sich eine erforderliche lichte Höhe des Raums von 2,5 m, bei einer Raumgröße von 50~100 m² von 2,75 und bei Raumgrößen zwischen 100~400 m² von 3,0 m. Ist nur eine geringe Flexibilität des Gebäudes hinsichtlich der technischen Gebäudeausrüstung erforderlich, wird als dafür verfügbarer freier Raum eine Höhe von 100 mm vorgesehen. Im Fall einer mittleren Flexibilität stehen 200 mm und im Fall einer hohen Flexibilität stehen 300 mm zur Verfügung. Die Definition dieser Größen ist für jeden Riegel eines Gebäudes durchzuführen. Die Software stellt dabei automatisch sicher, dass alle Geschosse eines aus mehreren Teilen zusammengesetzten Gebäudes auf der gleichen Höhe liegen. Daher werden die hier festgelegten Werte immer für das Gesamtgebäude angewendet. Nach einem Ändern der Werte werden diese durch Klicken auf den *Apply*-Button im SOD-Fenster im oberen Drittel des Reiters *Information* auf das Modell im SketchUp-Hauptfenster angewendet.

Im mittleren Teil des Reiters *Information* im SOD-Fenster kann für den ausgewählten Gebäudeteil die Anzahl der Geschosse festgelegt werden. Die Anzahl der Geschosse wird dabei individuell für jeden Teil eines Gebäudes, also für alle Riegel, *Add-ons* und Kerne definiert, so dass der Entwurf von Gebäuden mit abschnittsweise unterschiedlichen Geschossanzahlen möglich ist. In diesem Bereich des Fensters kann im Falle der Fußabdrücke auch die Anzahl der Stützenreihen festgelegt werden. Dort wird mithilfe von zwei Schiebereglern auch der gewünschte Bereich der Stützenabstände in Längsrichtung und der Fassadenraster definiert. Die Stützenstellung in Längsrichtung des Riegels (»bar«) wird vom Programm automatisch auf den Fassadenraster abgestimmt. In Abhängigkeit von der Gebäudelänge ergeben sich damit mögliche Stützenabstände in Längsrichtung des Gebäudes. Die für den Benutzer des Programms infrage kommenden können durch Anklicken ausgewählt werden. Es empfiehlt sich, bei der Eingabe der Gebäudelänge schon den angestrebten Fassadenraster zu berücksichtigen, da es sonst vorkommen kann, dass keine sinnvollen Stützenstellungen gefunden werden. Weiter empfiehlt es sich, die Stützenabstände nicht zu stark einzuschränken.
Durch Klicken auf den unteren *Apply*-Button im Reiter *Information* werden wiederum die Änderungen auf das Modell im SketchUp-Hauptfenster übertragen.

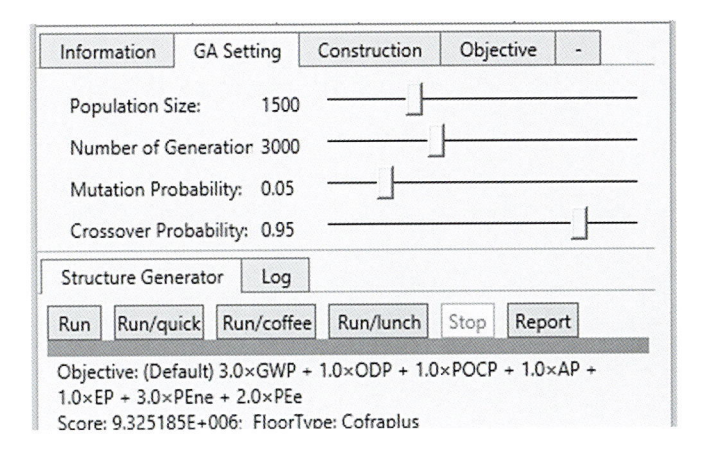

Abb. 7.18 Einstellungen für den Genetischen Algorithmus

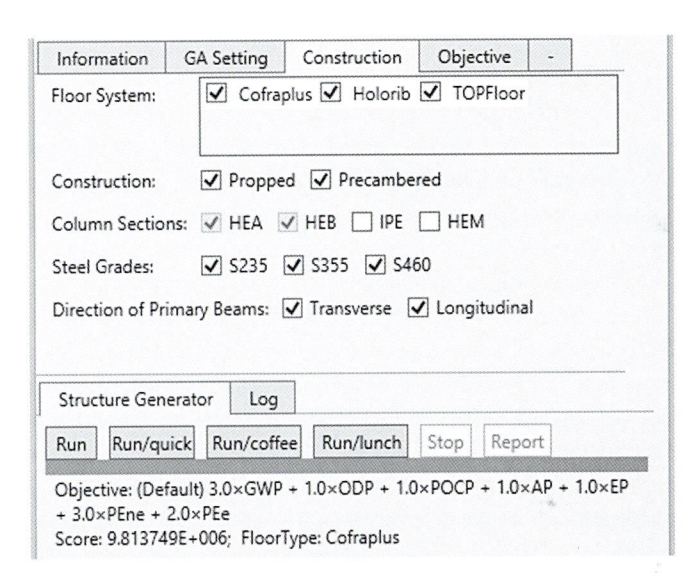

Abb. 7.19 Einstellungen bzgl. Konstruktion

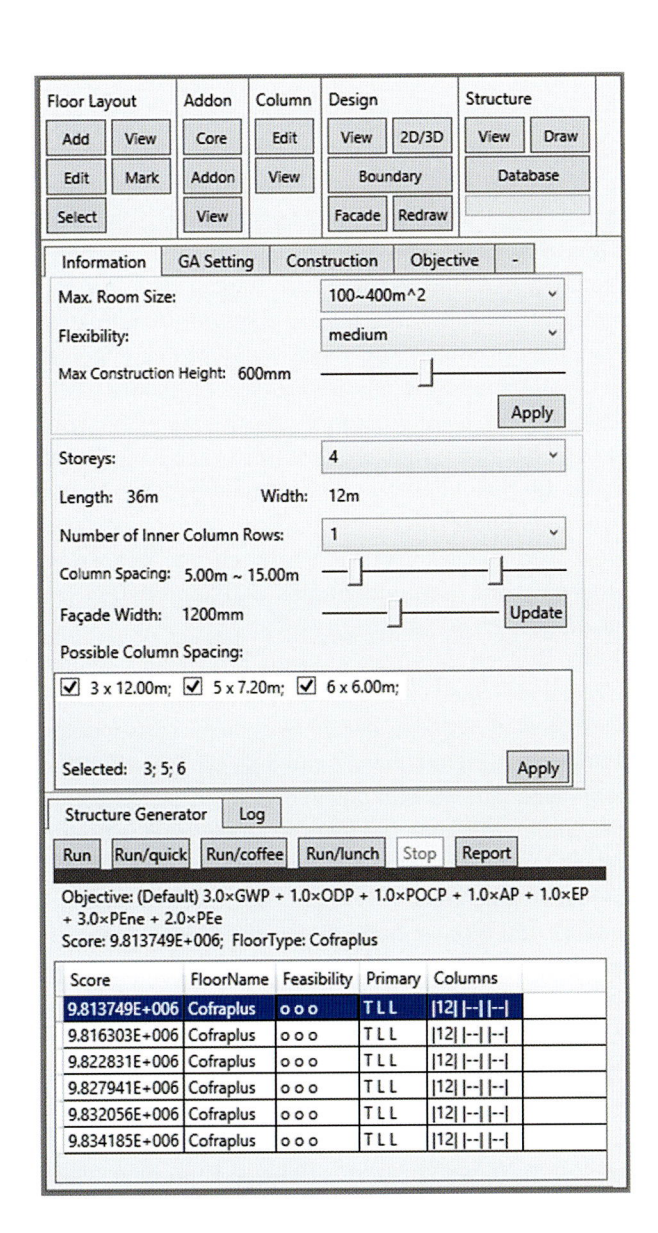

Abb. 7.17 SOD-Hauptfenster

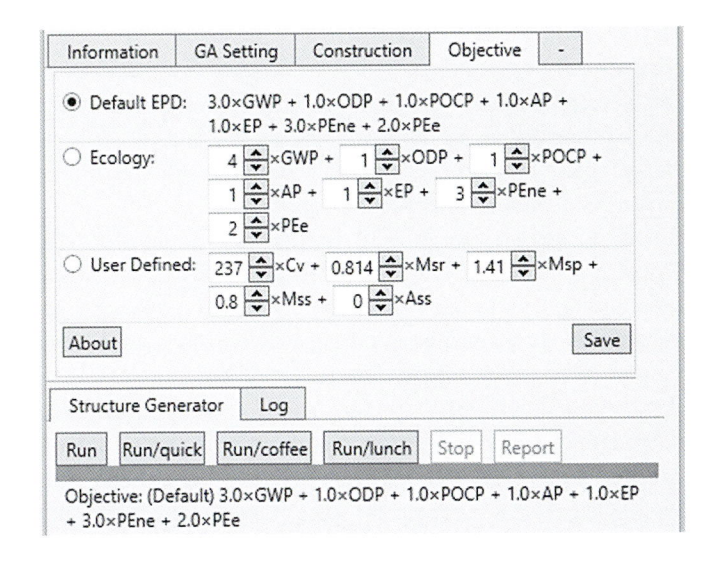

Abb. 7.20 Definition der Zielfunktion

Benutzeroberfläche

Im Reiter *GA-Setting* können die Randbedingungen für die Tragwerksoptimierung mithilfe des im Programm implementierten *Genetischen Algorithmus* (GA) modifiziert werden. Geändert werden können die Populationsgröße, die Anzahl der Generationen sowie die Wahrscheinlichkeit des Auftretens von Mutationen einzelner Gene und Crossover-Mutationen. Normalerweise sollte es jedoch nicht notwendig sein, hier Änderungen vorzunehmen.

Die Suche nach einem optimierten Tragwerk geschieht im SOD auf Basis eines parametrisierten Strukturmodells. Das Tragwerk wird also über Parameter beschrieben, die zunächst alle als variabel angesehen und erst im Verlauf der Optimierung festgelegt werden. Einige Parameter, wie zum Beispiel die gewählte Konstruktionsform der Verbunddecken, werden für alle Riegel eines Gebäudes gleich gewählt, während andere für jeden Riegel individuell festgelegt und optimiert werden können.

Das parametrisierte Strukturmodell besteht für jeden rechteckigen Riegel in der aktuellen Version aus einem Verbundtragwerk mit Verbunddecken, Verbundträgern und Stahlstützen. Dabei wird zwischen Sekundärträgern als Einfeldträger und Primärträgern als Durchlaufträger unterschieden. Die Hauptträger können entweder in Gebäudelängsrichtung oder in Gebäudequerrichtung ausgerichtet sein.

Der Benutzer hat nun im SOD-Fenster die Möglichkeit, die Variabilität der einzelnen Parameter gezielt einzuschränken. Dies ermöglicht es zum Beispiel, verschiedene Konstruktionsformen zu vergleichen und eigene Vorlieben und Erfahrungen zu berücksichtigen. Der Reiter *Construction* erlaubt daher Voreinstellungen zu den während der Tragwerksoptimierung berücksichtigten Konstruktionsformen. Dabei werden zum einen Verbundkonstruktionen, bestehend aus Verbunddecken (Cofraplus 60 oder Superholorib SHR 51), Verbundnebenträgern als Einfeldträger und Verbundhauptträgern als Durchlaufträger berücksichtigt. Das Programm ermittelt automatisch die optimale Ausrichtung des Systems (Hauptträger in Querrichtung gespannt oder in Längsrichtung gespannt), die Dicke und den Bewehrungsgehalt der Verbunddecke, die Dicke des verwendeten Blechs der Verbunddecke, Trägerabstände und Spannweiten sowie die Profile und Stahlgüten von Trägern und Stützen unter Berücksichtigung des Bauzustands, der Tragfähigkeit und der Gebrauchstauglichkeit. Für die Auslegung der Konstruktion ist es wichtig, anzugeben, ob diese während des Betonierens der Verbunddecken mit Baustützen abgestützt wird oder nicht. Im Fall einer Abstützung ist bei der Checkbox *propped* ein Häkchen zu setzen. Zusätzlich kann eingegeben werden, ob die Sekundärträger überhöht hergestellt werden sollen (*prechambered*).

Momentan wird bei der Optimierung noch das besonders ressourceneffiziente Verbundfertigteil TOPfloor INTEGRAL berücksichtigt.

Die für die Stützen zu verwendenden Profilreihen können ebenfalls mithilfe einer Checkbox einfach ausgewählt werden. Alle relevanten Werte der im Programm verwendeten Profile sind in einer Datenbank hinterlegt, die beim Starten des Programms automatisch geladen wird. Im SOD-Fenster unter der *Structure*-Leiste besteht die Möglichkeit, eine andere Datenbank auszuwählen. Dies wird jedoch im Allgemeinen nicht notwendig sein.

SOD erlaubt die Verwendung unterschiedlicher Optimierungskriterien. Diese werden im SOD-Fenster festgelegt, indem zunächst der Reiter *Objective* geöffnet wird.

Es ist zum einen möglich, eine Optimierung hinsichtlich einer gewichteten Ökobilanzierung durchzuführen. Durch Markieren von *Default EPD* wird als Ziel der Optimierung die Gewichtung der ökologischen Indikatoren nach DGNB gewählt. Durch Verwendung von *Ecology* kann eine beliebige andere Kombination der Indikatoren vorgegeben werden, wodurch eine Anwendung des SOD auch bei anderen

Bewertungssystemen ermöglicht wird. Die ersten beiden Ziele stellen damit gewichtete Summierungen von Umweltindizes dar.

Wählt man die Option *User Defined*, ist es möglich, die Optimierung hinsichtlich einer gewichteten Massenbilanz durchzuführen. Die Kürzel im Fenster bezeichnen hier das Gesamtvolumen des Betons (C_«v»), die Gesamtmasse der Bewehrung (M_«sr»), die Gesamtmasse der Trapezbleche (M_«sp»), die Gesamtmasse des Stahlprofils (M_«ss») und die Oberfläche der Stahlprofile (A_«ss»). Diese letzte Option erlaubt damit nicht nur eine gewichtete Massenoptimierung, sondern zum Beispiel auch eine Optimierung der Erstellungskosten. Dazu werden als Gewichtungsfaktoren Einheitspreise (zum Beispiel Euro pro Kubikmeter Beton etc.) verwendet.

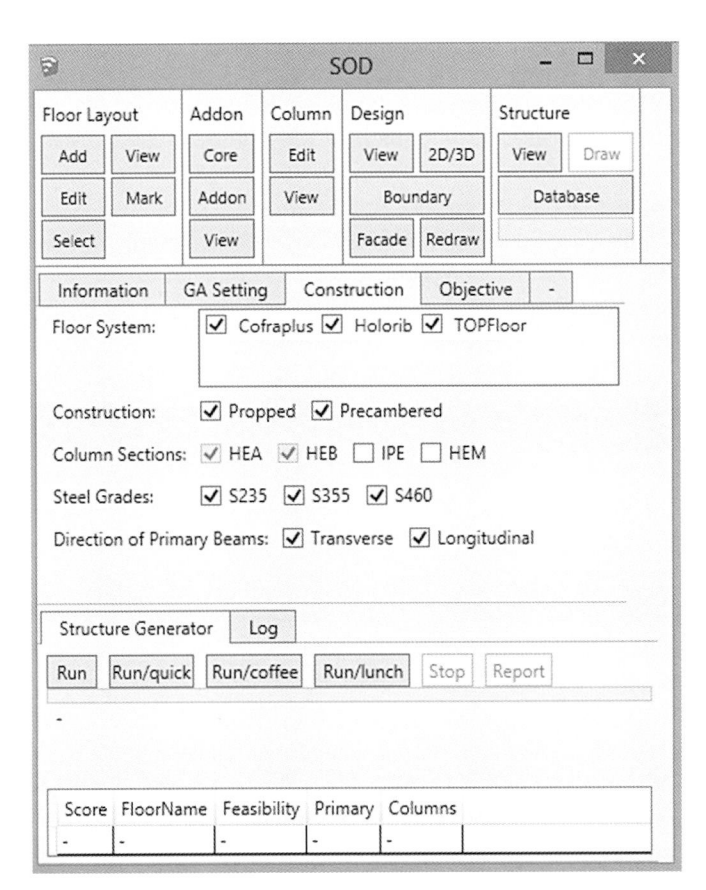

Abb. 7.21 SOD-Fenster mit geöffnetem Reiter »Construction«

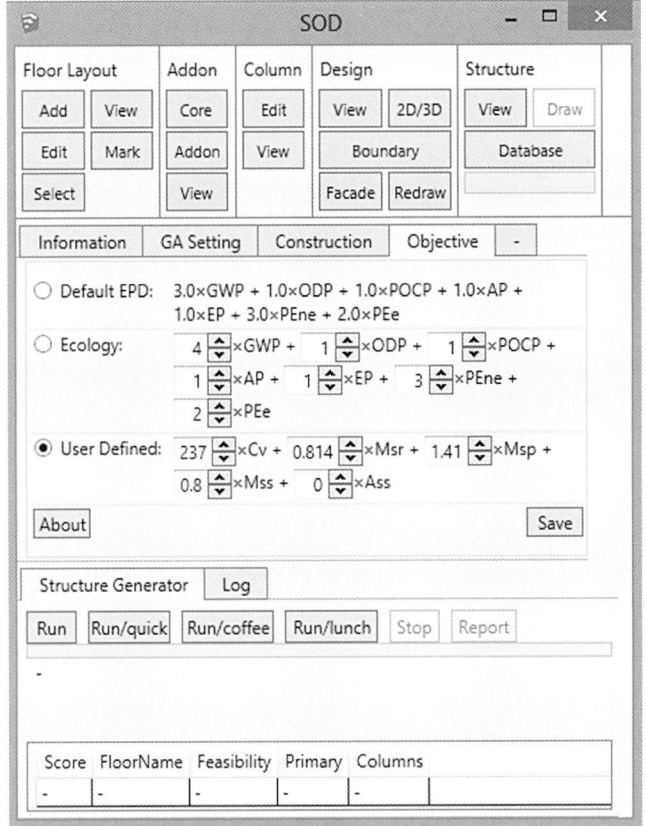

Abb. 7.22 SOD-Fenster mit geöffnetem Reiter »Objective«

7.6.4 Optimierung und Ergebnisdarstellung

Im nächsten und letzten Schritt kann die Tragwerksoptimierung durch Klicken auf den *Run*-Botton im SOD-Fenster unten erfolgen. In Abhängigkeit der gewünschten Optimierungsgenauigkeit stehen unterschiedliche *Run*-Buttons zur Verfügung. Die *Run*-Buttons mit Zeitangabe (*coffee, lunch, hours*) greifen auf vorkonfigurierte Einstellungen bezüglich des GA zurück. Der *Run*-Button links, benutzt die unter *GA-Setting* festgelegten Einstellungen. Die Optimierung erfolgt für alle Gebäudeteile. Nach der Optimierung kann aus der im SOD-Fenster angezeigten Liste eine Lösung gewählt werden, für welche detaillierte Angaben in Form eines Reportings oder in Form einer Visualisierung im SketchUp-Hauptfenster angezeigt werden können. Die Tauglichkeit der Lösungen wird in der Liste der verfügbaren Lösung durch jeweils einen kleinen Kreis *o* unter *Feasibility* angezeigt. Werden zum Beispiel drei Fußabdrücke optimiert, müssen drei Kreise angezeigt werden. Werden Kreuze *x* angezeigt, wurde keine taugliche Lösung gefunden. In der Spalte *Primary* finden sich Angaben zur Ausrichtung des Systems. *T* zeigt an, dass die Hauptträger in Querrichtung ausgerichtet sind, *L* kennzeichnet eine Ausrichtung der Hauptträger in Längsrichtung. In der Spalte *Columns* wird die Anzahl der inneren Stützenreihen angegeben (Bemerkung: Das Programm nutzt den für innere Stützenreihen vorgesehenen Raum nur dann, wenn das sinnvoll ist. Das heißt, auch wenn zwei Stützenreihen vorgegeben werden, ist es möglich, dass nur eine genutzt wird.) *--* zeigt an, dass auf innere Stützenreihen vollständig verzichtet wird, *1-* zeigt an, dass nur eine innere Stützenreihe nötig ist und *12* zeigt an, dass die Lösung zwei Stützenreihen vorsieht. Die Angabe erfolgt für alle Gebäudeteile getrennt. Um mehr Informationen über die ausgewählte Lösung zu erhalten, kann durch Klicken auf den *Result*-Button (rechts unten neben den *Run*-Buttons im SOD-Fenster) ein Report über die gefundene Lösung aufgerufen werden. Dieser enthält alle Informationen zur Geometrie und zur Materialisierung der ausgewählten Lösung. Um die ausgewählte Lösung im SketchUp-Hauptfenster darzustellen, wird im SOD-Fenster rechts oben unter der Leiste *Structure* der *Draw*-Button angeklickt, mit dem die gewählte Lösung in das Modell im SketchUp-Hauptfenster übertragen wird. Dies führt zur Darstellung der Tragstruktur der vorher mithilfe des *Select*-Buttons in der *Floor Layout*-Leiste ausgewählten Gebäudeteile. Mithilfe des *View*-Buttons in der *Structure*-Leiste kann die Struktur aus- oder wieder eingeblendet werden. Mithilfe der Standardtools von SketchUp wie zum Beispiel der Maßleiste kann die Visualisierung genutzt werden, um weitere Informationen zu erhalten. Am Anfang des Berichts werden die für das Gesamtgebäude wichtigen Informationen angegeben. Danach folgen die detaillierten Informationen für jeden einzelnen Riegel (»bar«). Für jeden Riegel werden die ökologische Performance und die zugehörigen Einzelwerte angegeben. Der Bericht enthält alle Informationen zur Tragstruktur wie beispielsweise Profilgrößen und Stahlgüten von Trägern und Stützen.

7.6.5 Datenexport

Neben der Visualisierung des Tragwerks in SketchUp und dem Bericht kann die Konstruktion auch in andere Datenformate exportiert oder in anderen CAD-Systemen, wie zum Beispiel Tekla, sichtbar gemacht werden. Dies geschieht jeweils über die entsprechende Programmierschnittstelle (*Application Programming Interface*, API). Die exportierten Daten enthalten alle notwendigen Informationen, bezüglich des optimierten Tragwerkmodells einschließlich der Geometrie. Nach dem Export steht das mit SOD entworfene Tragwerk damit zur weiteren Detaillierung und Bearbeitung zur Verfügung.

7.6.6 Zusammenfassung

Mit dem *Sustainable Office Designer* (SOD) ist es gelungen, ein CAD-basiertes Werkzeug für die Erarbeitung früher Konzeptentwürfe für Bürogebäude in Verbundbauweise zu entwickeln. Dieses Werkzeug ist in der Lage, in wenigen Sekunden aus ökologischer und ökonomischer Sicht effiziente Tragwerkslösungen zu entwickeln und dem Planer vorzuschlagen. Als Optimierungsmethode wird ein Genetischer Algorithmus verwendet, der hinsichtlich einer späteren Implementierung weiterer Kriterien und Bauweisen sehr flexibel ist, so dass eine Weiterentwicklung des Tools möglich ist. Die Tragwerksdimensionierung erfolgt dabei auf Basis der aktuellen Normung (EN 1991-1:2010, EN 1993-1-1:2010 und EN 1994-1-1:2010). Um den Rechenaufwand zu begrenzen, werden teilweise Näherungsmethoden angewendet. Als Bemessungskriterien werden Bauzustände, der Grenzzustand der Tragsicherheit, der Grenzzustand der Gebrauchstauglichkeit und ein Schwingungskriterium berücksichtigt. Durch die Begrenzung der Bearbeitungszeit im Projekt sind derzeit nur zwei Arten von Platten, Verbundträgern und Stahlstützen exemplarisch implementiert, eine Erweiterung ist jedoch problemlos möglich. Für Gebäudeentwürfe, ähnlich dem in Abbildung 7.23, erhält man gute Resultate in (weit) weniger als zehn Sekunden, während hochoptimierte Lösungen auch bei komplexen Gebäuden in wenigen Minuten erzeugt werden. SOD zeigt ein sehr großes Potenzial für die Anwendung von Computertechnologien in der Konzeptphase von Gebäuden und Tragwerken. Die hier angewandte Methodik kann sinnvoll auf weitere Aufgaben des Tragwerksentwurfs angewendet werden. In der aktuell verwendeten kommerziellen Anwendersoftware im Bauingenieurwesen fehlen solche Ansätze bisher vollständig. SOD kann hier als Anstoß dienen, verstärkt Optimierungsmethoden in Anwendersoftware zu integrieren. Die mit SOD automatisch generierten Strukturmodelle können problemlos in jedes CAD-Format umgewandelt werden, so dass sie als Grundlage für den weiteren architektonischen Entwurf, aber auch für die weitere Bearbeitung der Projekte, bei der Tragwerksbemessung herangezogen werden können. Dadurch wird ein sehr hohes Maß an Effizienz in der Projektbearbeitung gewährleistet. SOD ist zudem so konzipiert, dass später eine vernetzte Optimierung integrierbar ist. Es ist ohne Probleme möglich, zum Beispiel eine Erweiterung hinsichtlich der Gesamtenergiebilanz eines Gebäudes, inklusive Betriebsenergie, mit der verwendeten Methode in das Tool zu integrieren.

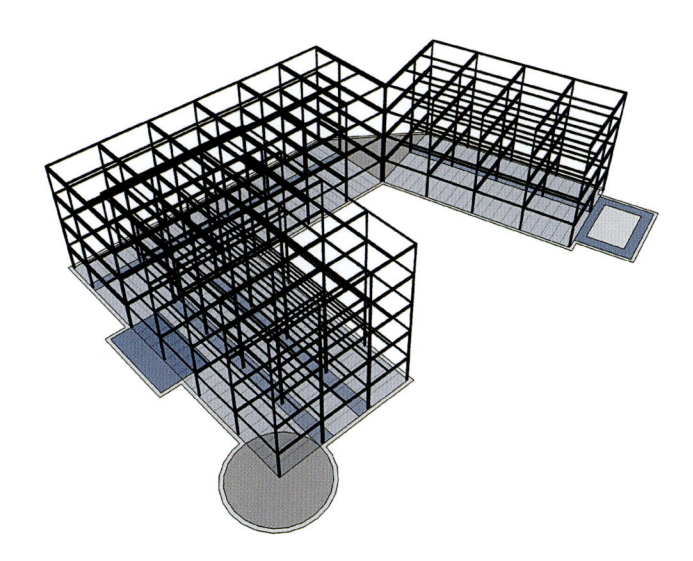

Abb. 7.23 Statisches Modell mit Trägern und Stützen

Referenzprojekte

8

Übersicht

Politiehuis Brugge Brügge (B)

Beel & Achtergael Architecten 240

Plug-In Building Barcelona (ESP)

Josep Miàs Arquitectes 242

Medienbrücke München (D)

steidle architekten 244

Rheinpark-Carree Monheim am Rhein (D)

GOLDBECK 246

Swedbank Stockholm (S)

3XN 256

Plexus Granges-Paccot (CH)

IPAS Architekten 258

Peneder Basis Atzbach (AT)

LP architektur 260

Deutsche Börse Eschborn (D)

KSP Jürgen Engel Architekten 262

Trotz vieler positiver Eigenschaften haben sich in Deutschland Stahl- und Verbundkonstruktionen in den vergangenen Jahrzehnten nicht wie in anderen europäischen Regionen – wie zum Beispiel vermehrt in Großbritannien – als Standardlösung für Büro- und Verwaltungsgebäude durchsetzen können. Die Ursachen liegen in den vorab beschriebenen Aspekten, die wesentlich zum Festhalten an tradierten, aber weniger nachhaltigen Bauformen beitragen. So ist die Auswahl an architektonisch ansprechenden Referenzbeispielen deutlich limitiert, so dass Abweichungen von den beschriebenen Empfehlungen für flexible Büro- und Verwaltungsbauten – wie zum Beispiel Ausschluss von freien Formen, Gebäudehöhe oberhalb der Hochhausgrenze oder Brandschutzeinheiten ≥ 400 m² – hierfür zugelassen wurden, um die Vielfalt der Projekte deutlich zu erhöhen. Bei wenigen Referenzen kommen neben den Stahl- und

Blackpool Council Offices Blackpool (UK) AHR 248	**KPMG** Kirchberg (LUX) Valentiny Architects 250	**The Crystal** Kopenhagen (DK) Schmidt Hammer Lassen 252	**adidas Laces** Herzogenaurach (D) kadawittfeldarchitektur 254
DHPG Bonn (D) Prof. Schmitz Architekten 264	**Dockland** Hamburg (D) BRT Architekten 266	**Thyssenkrupp Headquarter Q1** Essen (D) JSWD Architekten 268	**H. Wetter AG** Stetten (CH) Wetter 270

Verbundkonstruktionen auch Tragelemente aus Stahlbeton zum Einsatz. Die auf den folgenden Seiten kompakt vorgestellten internationalen Projekte zeigen stellvertretend die Bandbreite an Büro- und Verwaltungsgebäuden als Stahl- und/oder Verbundkonstruktion (mit den beschriebenen Ausnahmen) zum jetzigen Zeitpunkt. Anhand der Planzeichnungen und der aufgelisteten Projektdaten ist ein Vergleich zwischen den Referenzbeispielen möglich. In den Textabschnitten werden die Aspekte der Nachhaltigkeit sowohl aus energetischer als auch aus organisatorischer und räumlicher Sicht ergänzt.

Für die Bereitstellung aller Fotografien, Zeichnungen und Projektdaten sei den unterstützenden Architektur- und Planungsbüros sowie den Fotografen an dieser Stelle ausdrücklich gedankt.

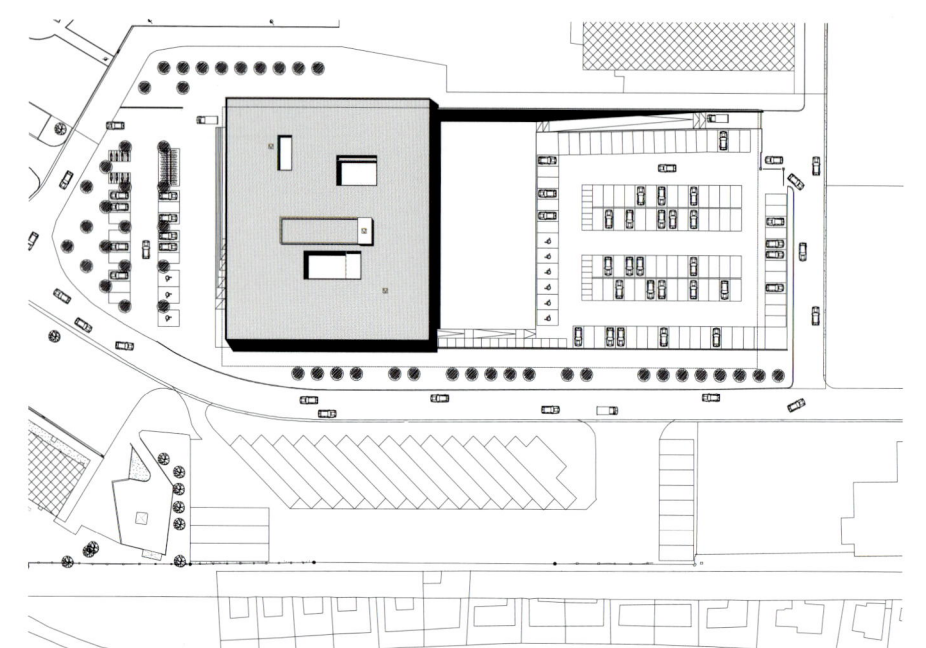

Politiehuis Brugge
Brügge (B)

Architekten
Beel & Achtergael Architecten, Gent (B)
Bauherr
Stadtverwaltung Stadt Brügge, Brügge (B)
Tragwerksplaner
Technum, Gent (B)
TGA-Planer
Technum, Gent (B)
Bauphysik
Technum, Gent (B)

Fotos: Filip Dujardin, Gent (B)

Grundriss 1. Obergeschoss

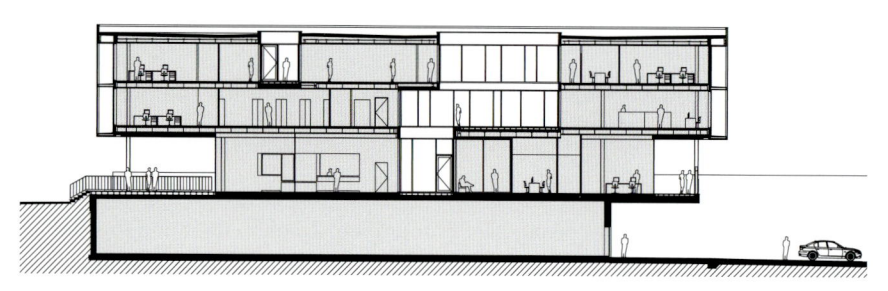

Schnitt quer

Es sollte mittlerweile selbstverständlich sein, dass für moderne Gebäude wie die Polizeistation ein integriertes Konzept für Energieeffizienz, Ökonomie und Nachhaltigkeit angesetzt wird. Auch das neue, hochwertige Polizeigebäude wurde im Entwurfsprozess ganzheitlich betrachtet, um ein gesundes und angenehmes Innenraumklima bei gleichzeitigem minimalen Verbrauch von Energie und Material sicherzustellen. Als Hilfestellung wurde das Bewertungssystem für Bürogebäude der *Flämischen Gemeinschaft* herangezogen, das Punkte für die unterschiedlichen nachhaltigen Aspekte verteilt. Um die vorgegebenen, hohen Ziele zu erreichen, wurden im Entwurfsprozess Ansätze gewählt, die den Energiebedarf deutlich mindern. Aspekte, die zur Reduktion erheblich beitragen sind unter anderem ein kompaktes Gebäude, eine hohe Luftdichtigkeit, ein großer Eintrag an Tageslicht, eine hohe Wärmedämmung und eine energieeffiziente Beleuchtung. Zusätzlich wurde die Abwärme der Lüftung wiederverwendet, Regenwasser gesammelt und der Bedarf an Elektrizität aus dem Netz wurde zum großen Teil über Solaranlagen abgedeckt. Die Polizeistation gehört zur Zeit zu den nachhaltigsten öffentlichen Gebäuden Belgiens.

Die Verlegung der Polizeistation an den Stadtrand nahe des Hafens wird dem Viertel Impulse für die weitere Entwicklung geben. Über zwei verschiedene Ebenen – das Erdgeschoss als offene, einladende Zone beinhaltet alle öffentlichen Funktionen und der Hof des Untergeschosses als operative Schnittstelle – wird die Polizeistation erschlossen. Dabei orientiert sich der dreigeschossige Baukörper zum Wohnviertel und der viergeschossige Bereich in Richtung Hafen, so dass die neue Polizeistation als Bindeglied zwischen zwei bestehenden Maßstäben vermittelt.

Projektdaten

Planungsbeginn	Juni 2010
Fertigstellung	Januar 2014
Anzahl Arbeitsplätze	250
Bruttogeschossfläche (BGF)	11.301 m²
Nettogeschossfläche (NGF)	o. A.
Bruttoregelgeschossfläche	2.607 m²
Nettoregelgeschossfläche	2.179 m²
Nutzfläche Regelgeschoss (Büroflächen)	1.480 m²
Gebäudehöhe	13,20 m
Anzahl oberirdischer Geschosse	3
Regelgeschosshöhe	3,27 m
lichte Geschosshöhe	2,76 m
Fassadenraster	2,00 m
Tragwerk	Stahl und Stahlbeton
Deckentragwerk	Slim-Floor-Träger

Alçat Carrer de Pujades

Carrer de Pere IV
Carrer de Pamplona
Carrer de Pujades

Alçat Carrer de Pere IV

Grundriss Erdgeschoss

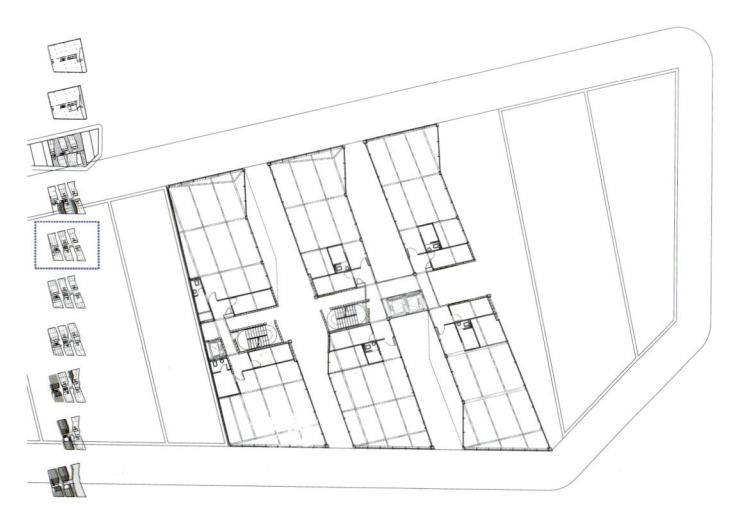

Grundriss Regelgeschoss

Plug-In Building
Barcelona (ESP)

Architekten
Josep Miàs Arquitectes, Barcelona (ESP)
Bauherr
Diagonal 577 SLU, Barcelona (ESP)
Tragwerksplaner
BOMA, Barcelona, (ESP)
TGA-Planer
proisotec, Cornellà del Terri (ESP)
Technische Beratung
Carles Bou Bañeras – Mias, Barcelona (ESP)

Fotos: oben: Adrià Goula, Barcelona (ESP);
unten: Jordi Bernadó, Barcelona (ESP)

Der Stadtteil 22@ in Poblenou (Barcelona) wurde in den vergangenen Jahren mehreren Transformationsprozessen unterzogen. Die Häuserblöcke, die von Ildefons Cerdà als Teil des Gitterwerks des Stadtteils Eixample entworfen wurden, waren ursprünglich mit Industriebauten, Werkstätten und Ateliers sowie vereinzelnd isolierten Wohngebäuden belegt. Heute ist ein Großteil dieser Konstruktionen abgerissen, abgesehen von jenen, die aufgrund ihrer Einzigartigkeit als erhaltenswürdig eingestuft wurden. Die entstandenen Lücken zwischen den historischen Bauten werden mit Wohnflächen, Hotels, Bürobauten und öffentlichen Einrichtungen aufgefüllt.

Die ursprüngliche Baulücke dieses Projekts liegt zwischen drei Straßen – Carrer de Pujades, Pamplona und Pere IV – wobei letztere als historischer Straßenzug nicht dem Gitter der Eixample folgt. Die entstandene Unregelmäßigkeit dieser Grundstücksgeometrie ließ zu, dass das *Plug-In Building* sowohl Bezug zu den bestehenden Wohnbauten auf der einen als auch zu dem alten industriellen Bauwerk auf der anderen Seite nehmen kann. Das Gebäude, das durch vertikale Einschnitte in drei Einheiten unterteilt wird, stellt mittels der Durchwegungsmöglichkeiten eine Verbindung zwischen den beiden flankierenden Straßenzügen her, die auch von der Öffentlichkeit erlebt werden kann – der Ursprungsgedanke der Eixample wird dadurch konterkariert. Die verschiedenen Durchwegungsmöglichkeiten auf Höhe des Erdgeschosses spiegeln sich deutlich in der Anordnung der einzelnen vertikalen Lufträume in der Fassade der Obergeschosse wider, die eine ausreichende Belichtung der inneren Büroflächen in den oberen Etagen gewährleistet.

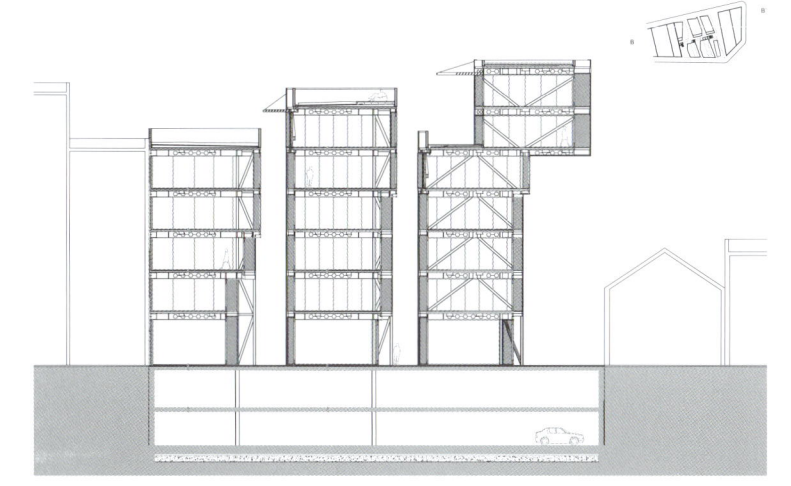

Die in mehreren Ebenen sehr komplexe Stahlkonstruktion ist in sechs unabhängige Gebäudeeinheiten unterteilt. Eine quer laufende Passage in der Mitte, in der die zentralen Elemente der Erschließung angeordnet sind, verbindet die einzelnen Baukörper. Ausgesteift werden die jeweiligen Gebäudeeinheiten durch mehrere sichtbar angeordnete Aussteifungsdiagonalen oder -ausfachungen entlang der vollständig verglasten Fassade. Die Komplexität entsteht bei den Verbindungselementen des Haupttragwerks, das parallel zur nördlich verlaufenden Carrer de Pere IV ausgerichtet ist, mit dem Nebentragwerk, das der Geometrie der Grundstücksdurchwegung folgt, da keine Stahlverbindungsknoten orthogonal ausgerichtet werden konnten.

Schnitt quer

Projektdaten

Planungsbeginn	September 2007
Fertigstellung	August 2012
Anzahl Arbeitsplätze	o. A.
Bruttogeschossfläche (BGF)	7.000 m²
Nettogeschossfläche (NGF)	o. A.
Bruttoregelgeschossfläche (1. OG)	656,3 m²
Nettoregelgeschossfläche (1. OG)	474,3 m²
Nutzfläche Regelgeschoss	o. A.
Gebäudehöhe	18,8–24,4 m
Anzahl oberirdischer Geschosse	4–6
Regelgeschosshöhe	3,04 m
lichte Geschosshöhe	2,56 m
Fassadenraster	o. A.
Tragwerk	Stahlverbund
Deckentragwerk	Unterzugdecke

Plug-In Building

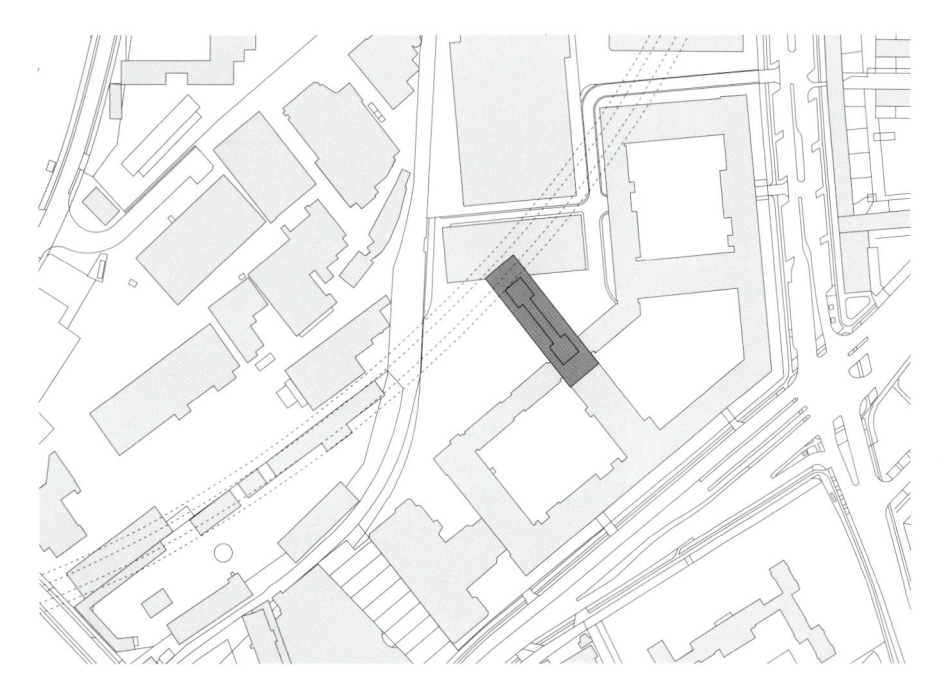

Medienbrücke
München (D)

Architekten
steidle architekten Gesellschaft von Architekten und Stadtplanern mbH, München
Bauherr
IVG Businesspark Media Works Munich II GmbH & Co. KG vertreten durch IVG Development GmbH, München
Tragwerksplaner
bwp Burggraf + Reiminger Beratende Ingenieure GmbH, München
TGA-Planer
HLS: Ingenieurbüro Rohloff, Neubiberg

Fotos: Stefan Müller-Naumann, München

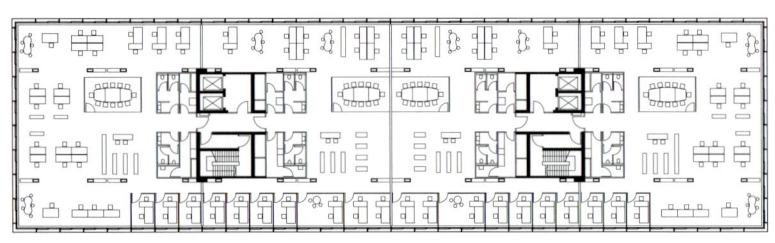

Grundriss 7.–9. Obergeschoss

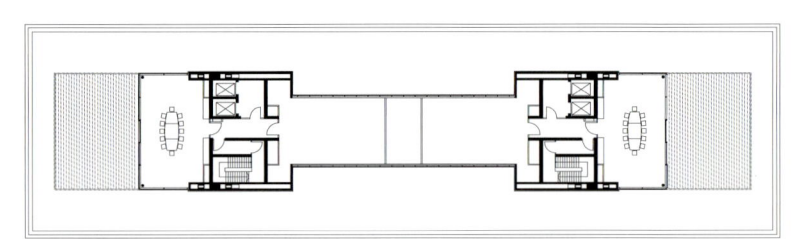

Grundriss 10. Obergeschoss

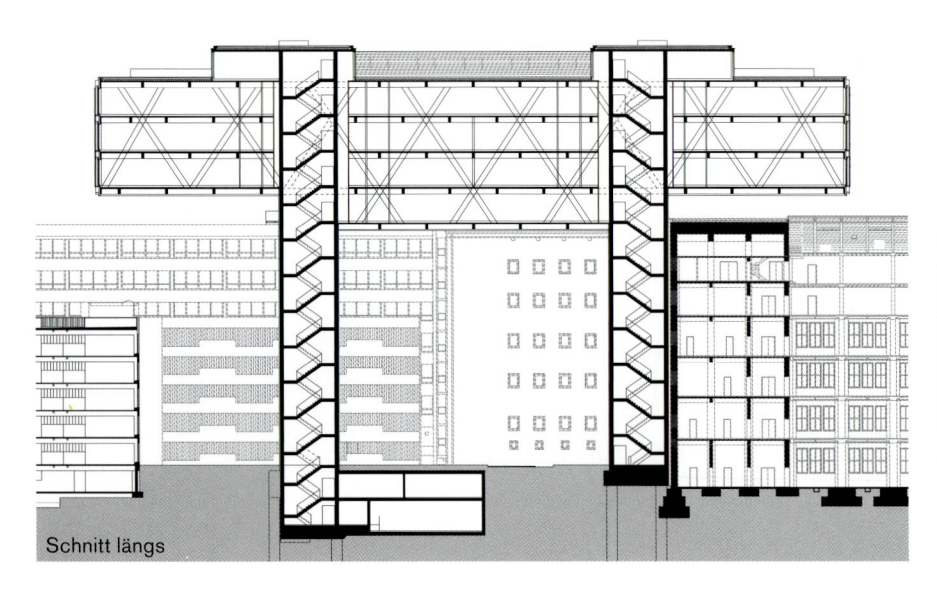

Schnitt längs

Die IVG Development erstellte für ein großes bestehendes Gewerbeareal an der Rosenheimer Straße in München, in unmittelbarer Nähe zum Ostbahnhof, ein zukunftsweisendes Nutzungskonzept für den Bereich *Neue Medien*. Um den dringend benötigten zusätzlichen Flächenbedarf über die bereits vollständig vermietete 100.000 m² Geschossfläche hinaus zu decken, wurde das im Grenzbereich zum *Kunstpark Ost* noch nicht realisierte Baurecht untersucht und aktiviert.

Auf dem sehr beengten Grundstück entstand ein für München typologisch neues Bauwerk: die Medienbrücke. Aufgelagert auf zwei massiv ausgeführten Erschließungskernen liegt ein dreigeschossiger, etwa 90 m × 23 m großer Baukörper über den Bestandsbauten. Die ungewöhnliche Gebäudetiefe sowie Teilbereiche mit einer Innenraumhöhe von 3,80 m bilden große zusammenhängende Flächen, die in ihrer freien Nutzung an die klassische Vorstellung von einem Loft heranreichen.

Die Nutzgeschosse des »horizontalen Hochhauses« sind raumhoch verglast und bilden die horizontale Höhenschichtung des Gebäudes ab. Diese Schichtung gibt dem Gebäude die charakteristische Erscheinung. Unterstützt wird dieser Eindruck durch die zweischalige Ausbildung der Fassade, deren äußere Schicht die diagonalen Fachwerkträger der Hauptkonstruktion in der Fensterteilung nachzeichnet.

Zur Beheizung des Gebäudes wird Fernwärme verwendet, und ein eigens angelegter Brunnen dient zur Nutzung von kühlem Grundwasser beziehungsweise zur sommerlichen Kühlung. Durch diese Form der Gebäudetechnik werden trotz des hohen Glasanteils sehr gute energietechnische Werte erzielt, die ungefähr 40 % unter der EnEV von 2009 liegen.

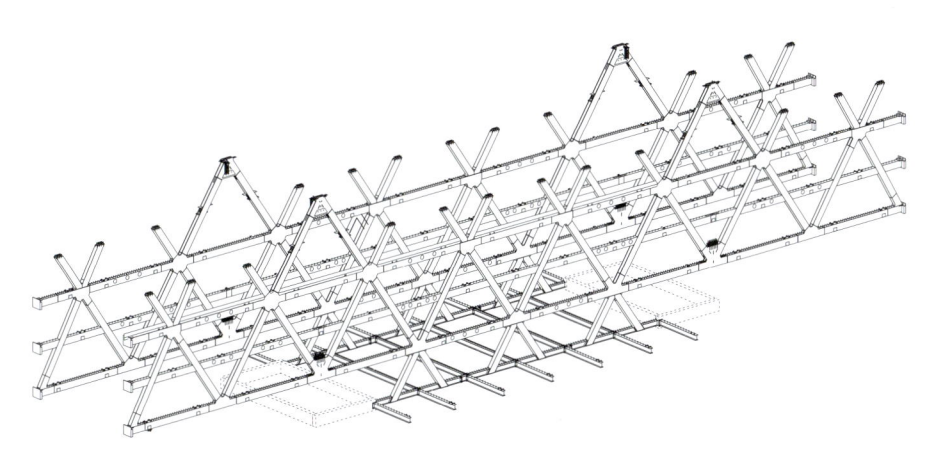

Isometrie Tragwerk

Projektdaten

Planungsbeginn	Juni 2008
Fertigstellung	März 2011
Anzahl Arbeitsplätze	o. A.
Bruttogeschossfläche (BGF)	8.250 m²
Nettogeschossfläche (NGF)	7.500 m²
Bruttoregelgeschossfläche	1.960 m²
Nettoregelgeschossfläche	1.870 m²
Nutzfläche Regelgeschoss	1.530 m²
Gebäudehöhe	46,3 m
Anzahl oberirdischer Geschosse	4 + Dachgeschoss
Regelgeschosshöhe	4,20 m
lichte Geschosshöhe	3,80 m
Fassadenraster	2,70 m
Tragwerk	Stahl / Stahlbeton
Deckentragwerk	Unterzugträger und Ortbeton

Rheinpark-Carree
Monheim am Rhein (D)

Architekten
GOLDBECK West GmbH, Monheim am Rhein
Bauherr
Kadans Sidus Germania IV BV & Co. KG, Aachen
Tragwerksplaner
GOLDBECK West GmbH, Bielefeld
TGA-Planer
GOLDBECK West GmbH, Bielefeld
Brandschutzkonzept
BSCON Brandschutzconsult GmbH, Essen
Wärmeschutz
GOLDBECK West GmbH, Bielefeld

Fotos: GOLDBECK, Bielefeld

Direkt an Monheims neuer Rheinpromenade strahlt das farbenfrohe Bürogebäude, das für die Kadans Real Estate GmbH der GOLDBECK GmbH, eine Tochter der niederländischen Kadans Vastgoed BV, realisiert wurde. Die Bauzeit des 6.200 m² großen Bürogebäudes über vier Geschosse betrug lediglich neun Monate – bei gleichzeitiger Planungsphase von nur eineinhalb Jahren.

GOLDBECK wurde beim Projekt Rheinpark-Carree sowohl als Generalunternehmer beauftragt, als auch als späterer Mieter willkommen geheißen, die entstandene Qualität ihres Bürogebäudes im Selbstversuch zu testen. Neben GOLDBECK sind die Deutsche Leasing AG, die Deutsche Anlagen Leasing GmbH & Co. KG und ein Vermessungsbüro, zufriedene Mieter.

Im Erdgeschoss befindet sich ein Business Center mit kleinen Büroeinheiten, das mit buchbaren Konferenzräumen und einer repräsentativen Adresse vor allem Existenzgründern und Jungunternehmern einen attraktiven Standort bietet. Die Räumlichkeiten sind lichtdurchflutet und zentral gelegene Kommunikationszonen sorgen für eine positive und konstruktive Arbeitsatmosphäre.

Das Gebäude erfüllt die Anforderungen des Zertifikats in Silber der DGNB (*Deutsche Gesellschaft für Nachhaltiges Bauen*). Nachhaltigkeit und Energieeffizienz haben bei Gebäuden, die von GOLDBECK realisiert sind, von der Planungs- über die Ausführungsphase bis hin zur Betreibung einen hohen Stellenwert. Durch den Einsatz von Geothermie und Fotovoltaik werden die Nebenkosten des Rheinpark-Carees reduziert, die Rückvergütung des selbst erzeugten Stroms wird auf die Mieter umgelegt.

Grundriss Erdgeschoss

Grundriss Regelgeschoss

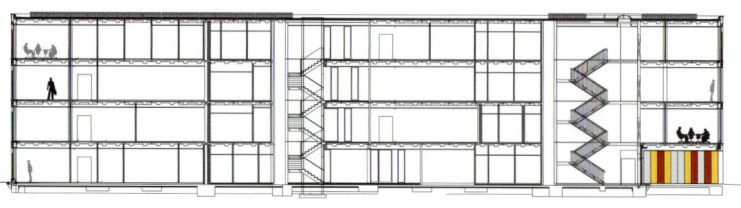

Schnitt längs

Besonders spannend ist die Fassade, die optisch von Rück- und Vorsprüngen geprägt wird. Zusätzlich unterstreichen große Monitorfenster den entstehenden 3D-Effekt der verschiedenen Fassadenflächen. Im Eingangsbereich ist eine farbenfrohe Colorglas-Fassade eingeplant worden, die diese Zone deutlich von der hell gehaltenen Fassade hervorhebt. Ein angehängter Balkongang und Beton-Rundrohrstützen lockern die Linie des Gebäudes auf und prägen den offenen Charakter.

Schnitte quer

Projektdaten

Planungsbeginn	September 2011
Fertigstellung	März 2013
Anzahl Arbeitsplätze	245
Bruttogeschossfläche (BGF)	6.300 m²
Nettogeschossfläche (NGF)	o. A.
Bruttoregelgeschossfläche	1.575 m²
Nettoregelgeschossfläche	o. A.
Nutzfläche Regelgeschoss	880 m²
Gebäudehöhe	15,03 m
Anzahl oberirdischer Geschosse	4
Regelgeschosshöhe	3,675 m
lichte Geschosshöhe	3,00 m
Fassadenraster	1,25 m
Tragwerk	Stahlverbund aus Schweiß- und Walzprofilen
Deckentragwerk	vorgespannte Rippendecke

Blackpool Council Offices
Blackpool (UK)

Architekten
AHR (UK)
Bauherr
Muse Developments (UK) / Blackpool Council, Blackpool (UK)
Tragwerksplaner
Arup (UK)
Generalunternehmer
Eric Wright Construction, Preston (UK)
Projekt Management
URS (UK)

Fotos: Daniel Hopkinson, AHR (UK)

An der Adresse Bickerstaffe Square 1 ist mit den *Blackpool Council Offices* nach einem Entwurf von AHR ein effizienter, flexibler und inspirierender neuer Standort für die Stadtverwaltung von Blackpool entstanden. Das Bürogebäude trägt als Schlüsselprojekt signifikant zur fortlaufenden Stadterneuerung im *Talbot Gateway Central Business District* bei – einem Stadtviertel, das sich vom heruntergekommenen und verkehrsbelasteten Bereich in der Nähe des Bahnhofs zu einem attraktiven und einladenden »Zugang« zur Stadt gewandelt hat. Flexibilität und Zukunftsfähigkeit sind die Schwerpunkte des Entwurfs, effizient genutzte Büroetagen für offene Organisationsformen und Zellenstrukturen das Ergebnis der Umsetzung. Eine geschossweise räumliche Unterteilung und mehrere Zugänge ermöglichen bei Bedarf eine Vermietung von Teilflächen.

Äußerliche architektonische Merkmale nehmen Bezug auf die nähere Umgebung – imposante Y-Stützen verdeutlichen die ikonische Wirkung von Großstrukturen und vertikale Elemente der Fassade erzeugen ein wellenförmiges Erscheinungsbild. Es ist eine moderne, einladende und benutzerfreundliche Arbeitsumgebung entstanden. Die Büroräume sind eine visuelle Darstellung der Ambitionen und Ansprüche Blackpools, die eigene Stadt als attraktiven Wohnsitz, erfolgreichen Standort für Unternehmen und zugleich als Ziel für Besucher zu repräsentieren.

Das Bürogebäude von AHR wurde mit dem Nachhaltigkeitszertifikat *Excellent*, EPC-A, der BREEAM-Organisation *(Building Research Establishment Environmental Assessment Methodology)* bewertet. Trotz hoher Anforderungen an Möblierung sowie Barrierefreiheit konnten die Kosten niedrig gehalten werden.

Grundriss Erdgeschoss

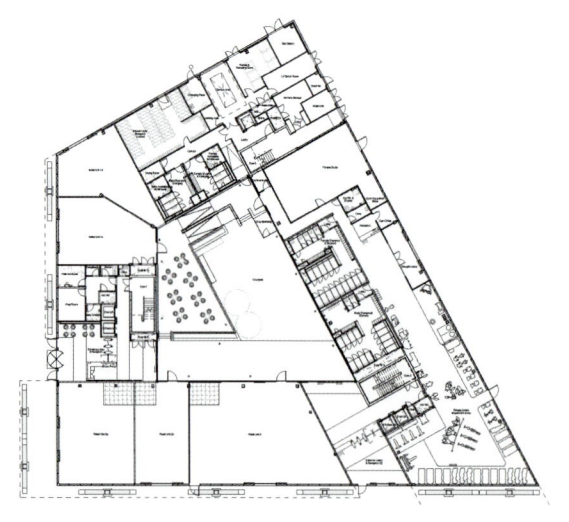

Grundriss Regelgeschoss

Isometrie Fassadenecke

Projektdaten

Planungsbeginn	April 2011
Fertigstellung	April 2014
Anzahl Arbeitsplätze	o. A.
Bruttogeschossfläche (BGF)	11.744 m²
Nettogeschossfläche (NGF)	8.800 m²
Bruttoregelgeschossfläche	2.387 m²
Nettoregelgeschossfläche	2.027 m²
Nutzfläche Regelgeschoss	o. A.
Gebäudehöhe	24,8 m
Anzahl oberirdischer Geschosse	5
Regelgeschosshöhe	3,75 m
lichte Geschosshöhe	2,70 m
Fassadenraster	1,50 m
Tragwerk	Stahl
Deckentragwerk	Profilblech mit Ortbeton

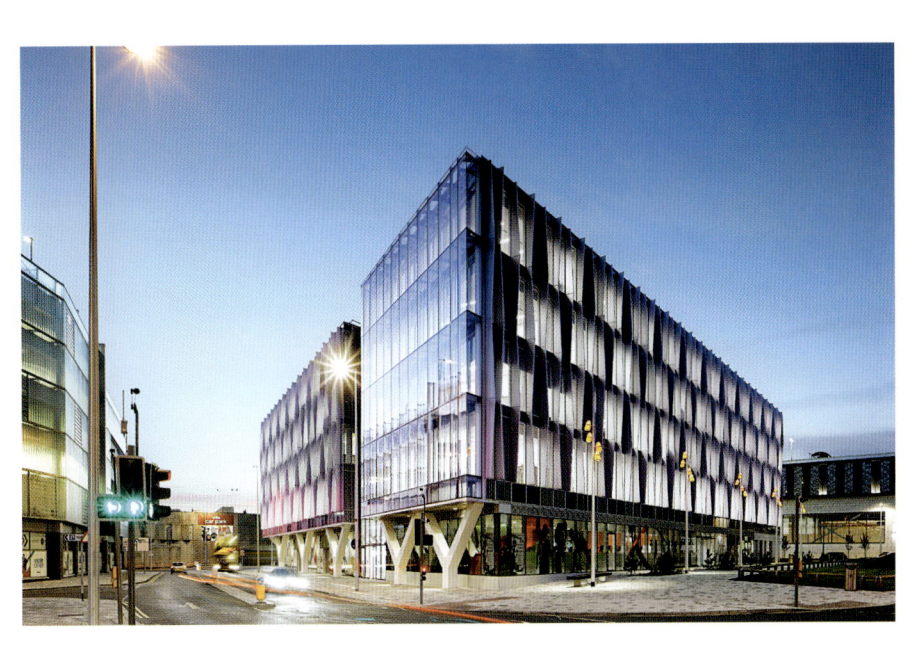

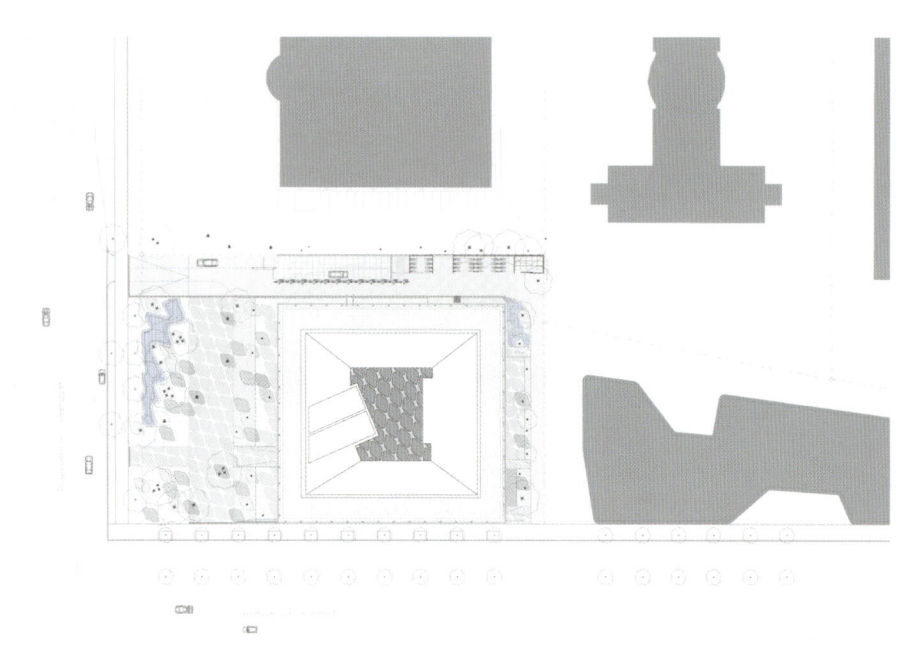

KPMG
Kirchberg (LUX)

Architekten
Valentiny Architects, Remerschen (LUX)
Bauherr
FK Property / KPMG, Luxemburg (LUX)
Tragwerksplaner
InCA Ingénieurs Conseils Associés, Niederanven (LUX)
TGA-Planer
Jean Schmit Engineering, Luxemburg (LUX)
Generalunternehmer
Felix GIORGETTI SARL, Luxemburg (LUX)
Stahlkonstruktion
Victor Buyck Steel Construction NV, Eeklo (B)
CSM SteelStructures, Hamont-Achel (B)

Fotos: links: KPMG, Luxemburg (LUX) – rechts oben: Eloi Fromangé Gonin, Valentiny Architects, Remerschen (LUX) – rechts unten: Groven + (Zimmerei), Puurs (B)

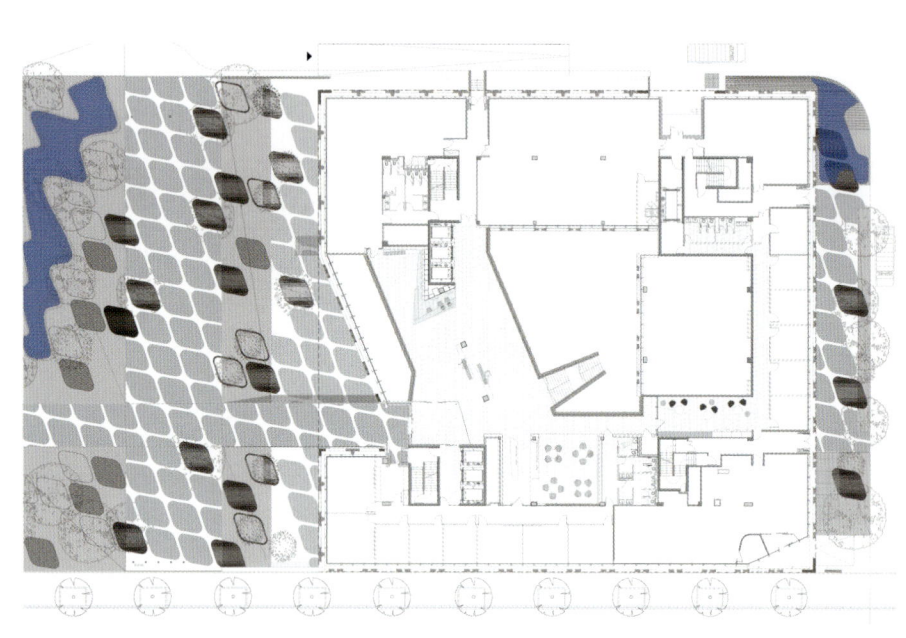

Grundriss Erdgeschoss

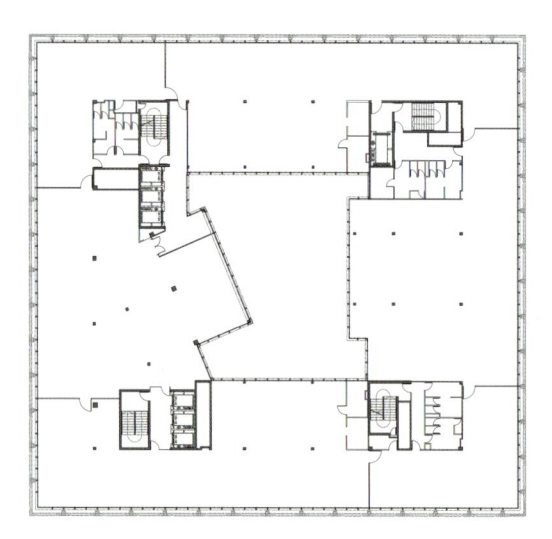

Grundriss Regelgeschoss

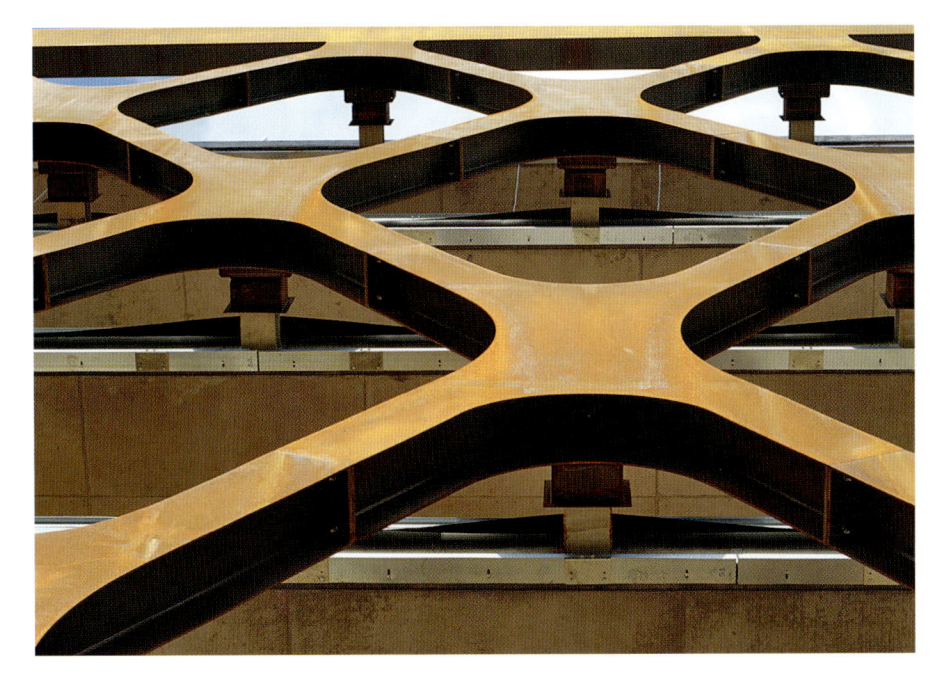

Nahe der Altstadt von Luxemburg und innerhalb der Struktur des *Plateau de Kirchberg* im Nordosten der Stadt steht eine Konstruktion von Valentiny Architects, die alle Blicke auf sich zieht. Die Besitzer wünschten sich eine charakteristische Gebäudehülle, mit der sich das Unternehmen identifizieren kann und die damit für Marketingzwecke nutzbar ist. Daher war es absolut notwendig, dass die bemerkenswerte Architektur der Fassade sowohl aus visueller als auch aus konstruktiver Sicht Einzigartigkeit widerspiegelt.

Der Hauptzugang erfolgt über den Boulevard Konrad Adenauer, wo ein mehrgeschossiger Rücksprung in der Südostfassade den Eingang hervorhebt und eine eigene Raumatmosphäre erzeugt – es ist hier ein unvergleichbarer und bemerkenswerter Übergang von öffentlichem zu halb-öffentlichem Raum entstanden. Das Gebäude besitzt durch die Gestaltung seiner Fassade einen deutlichen Wiedererkennungswert. Die äußerste Schicht besteht aus vorgefertigten Elementen in X- und Y-Form – hergestellt aus Cortenstahl. Die X-Elemente verbinden sich dabei an 350 Positionen über HEB-Profile mit der Bodenplatte und lassen das Dekorative zu einer innovativen, tragenden Fassadenstruktur werden. Im Abstand von 50 cm zur Cortenstahl-Fassade befindet sich eine Vorhangfassade aus Stahlzargen und golden eloxierten Brüstungselementen aus Aluminium. Alle Elemente wurden im Werk inklusive Jalousie und Führungsschiene vorgefertigt und konnten durch Verfalzung mit einer hohen Präzision montiert werden. Innen schließen die Elemente mit einer Bekleidung aus lackiertem Lärchenholz an den Ausbau an. Auf Innenstützen entlang der Fassade wurde gänzlich verzichtet, um eine erhöhte Flexibilität bei der Einrichtung der Büros zu gewinnen.

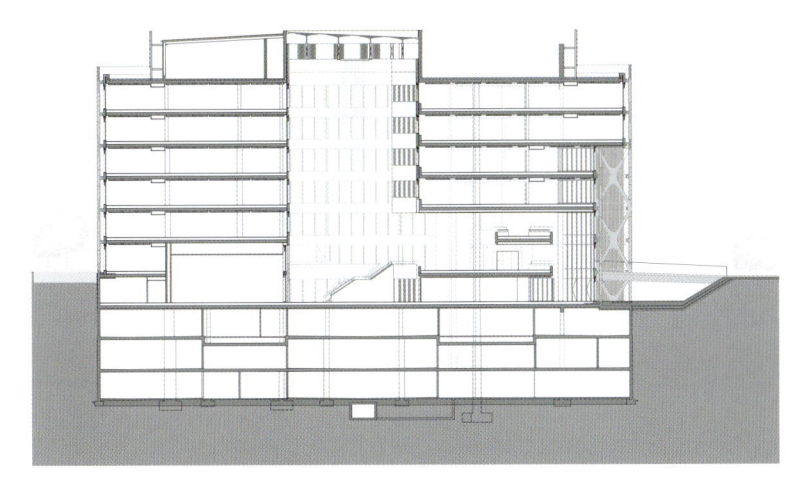

Schnitt längs

Projektdaten

Planungsbeginn	Oktober 2010
Fertigstellung	Dezember 2014
Anzahl Arbeitsplätze	1.145
Bruttogeschossfläche (BGF)	16.891 m²
Nettogeschossfläche (NGF)	15.131 m²
Bruttoregelgeschossfläche	2.525 m²
Nettoregelgeschossfläche	2.310 m²
Nutzfläche Regelgeschoss	2.210 m²
Gebäudehöhe	26,0 m
Anzahl oberirdischer Geschosse	6
Regelgeschosshöhe	3,46 m
lichte Geschosshöhe	2,68 m
Fassadenraster	1,35 m
Tragwerk	Ortbeton-Pilzdecken
Deckentragwerk	Ortbeton-Pilzdecken

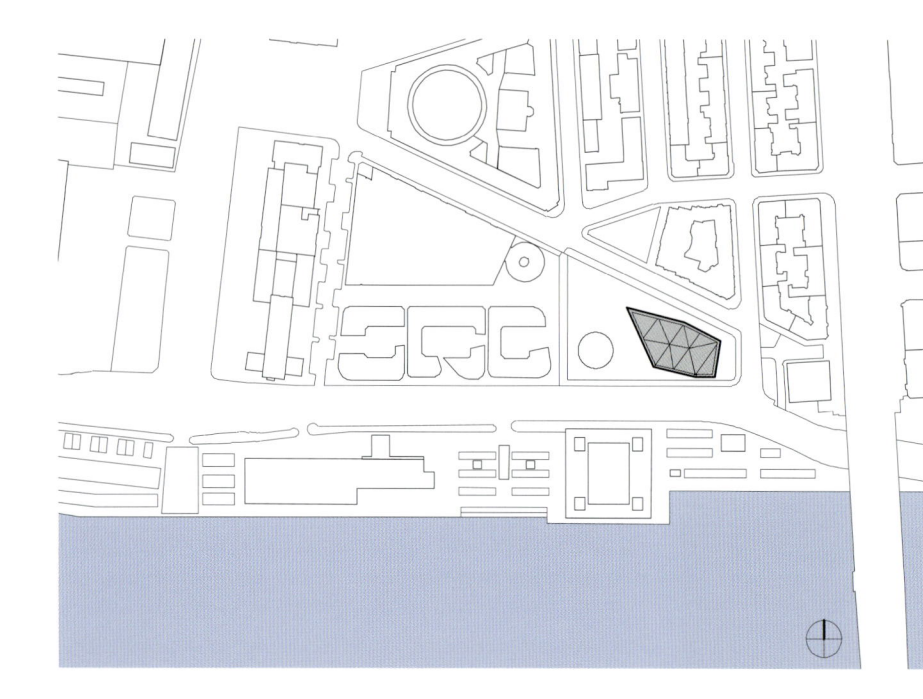

The Crystal
Kopenhagen (DK)

Architekten
Schmidt Hammer Lassen Architects, Kopenhagen (DK)
Bauherr
Nykredit, Kopenhagen (DK)
Tragwerksplaner
Grontmij A/S, Glostrup (DK)
Landschaftsplaner
SLA A/S, Kopenhagen (DK)
Zertifizierung Nachhaltigkeit
Buro Happold, Kopenhagen (DK)

Fotos: Adam Mørk, Kopenhagen (DK)

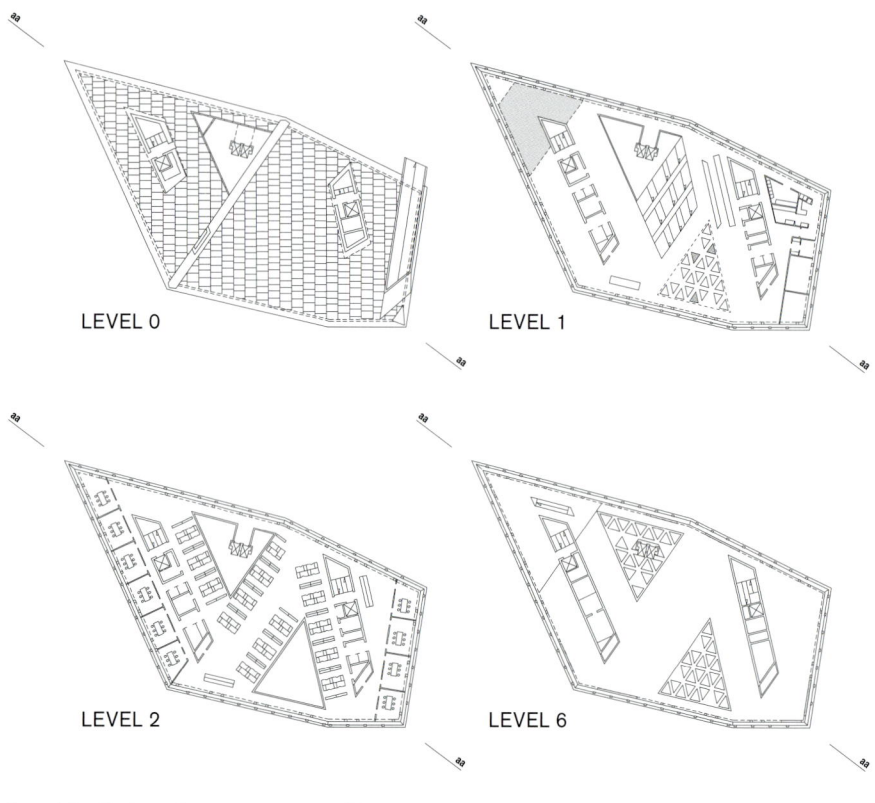

The Crystal ist ein transparentes, geometrisches und gläsernes Volumen, das lediglich auf einem einzigen Punkt und einer einzelnen Linie gelagert ist. Es entsteht die Wirkung einer optisch leichten, kristallinen Struktur, die über der Plaza schwebt. Der Haupteingang unter der angehobenen Südseite sowie die Passage von Puggardsgade zu Hambrosgade unterhalb des Gebäudes, die die Sichtachse vom Hafen auf das Nykredits-Hauptgebäude freigibt, verstärken diesen Eindruck. In Bezug auf Volumen und Maßstab vermittelt das Bürogebäude zwischen der Körnigkeit der Stadt und des Hafens und harmoniert so mit den umliegenden Bauten. Es stellt eine subtile Verbindung zwischen der formalen Architektur der Glyptothek des *Museum of Ancient and Modern Art* und dem Hafengebiet her. Der Innenraum wurde mit einem Optimum an Funktionalität, Flexibilität und Effizienz gestaltet. Der Grundriss ist in Z-Form um zwei Atrien angeordnet und erlaubt offene Büroorganisationsformen, Zellstrukturen und die Belegung mit Besprechungsräumen.

Die Primärkonstruktion des Bürogebäudes besteht aus einer rhombischen Struktur, die in der Fassadenebene angeordnet ist. Das System nimmt so die Funktion als architektonisches Element ein und erlaubt zugleich die Anzahl an Stützen der Tragstruktur zu reduzieren. Die vielseitige Glasfassade reflektiert sowohl das Tageslicht als auch die unmittelbare Umgebung und kann durch einen integrierten Sonnenschutz auf unterschiedliche Lichtbedingungen reagieren. Auf die äußere Verglasung ist ein subtiler, seidener Druck aufgebracht, der die Sonneneinstrahlung verringert und durch seine Spiegelungen darüber hinaus die Atmosphäre des Hafenviertels belebt.

Grundriss Erdgeschoss, 1. + 2. + 6. Obergeschoss

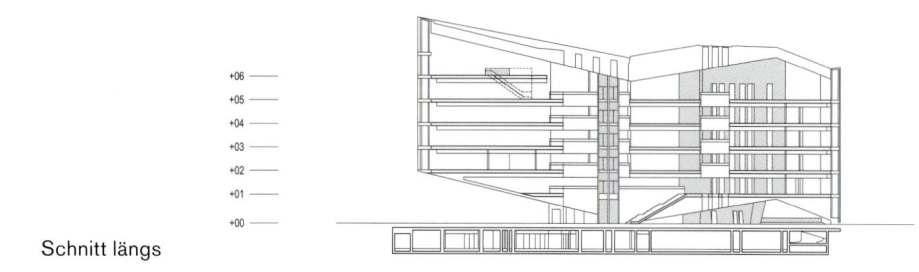

Schnitt längs

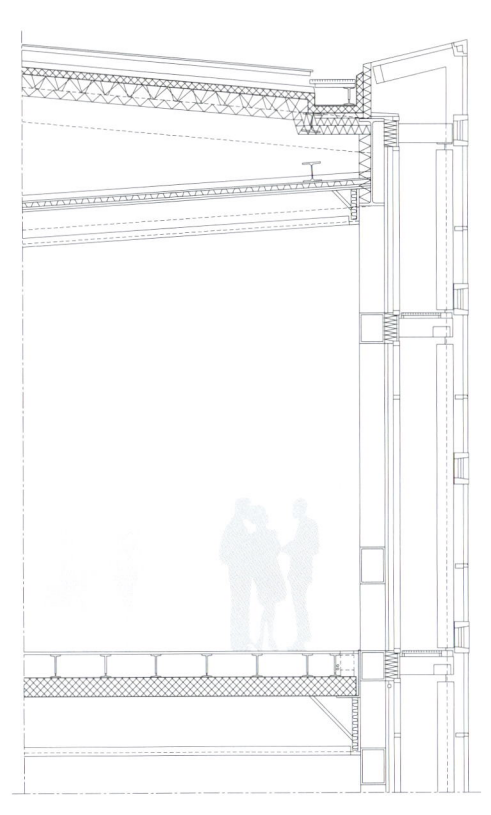

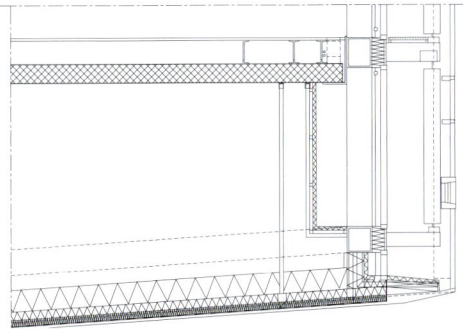

Schnitt Fassade

Projektdaten

Planungsbeginn	Mai 2005
Fertigstellung	Februar 2011
Anzahl Arbeitsplätze	300
Bruttogeschossfläche (BGF)	6.850 m²
Nettogeschossfläche (NGF)	o. A.
Bruttoregelgeschossfläche	o. A.
Nettoregelgeschossfläche	o. A.
Nutzfläche Regelgeschoss	o. A.
Gebäudehöhe	34,0 m
Anzahl oberirdischer Geschosse	6
Regelgeschosshöhe	3,90 m
lichte Geschosshöhe	2,70 m
Fassadenraster	3,00 m
Tragwerk	Stahl und Beton
Deckentragwerk	Stahl

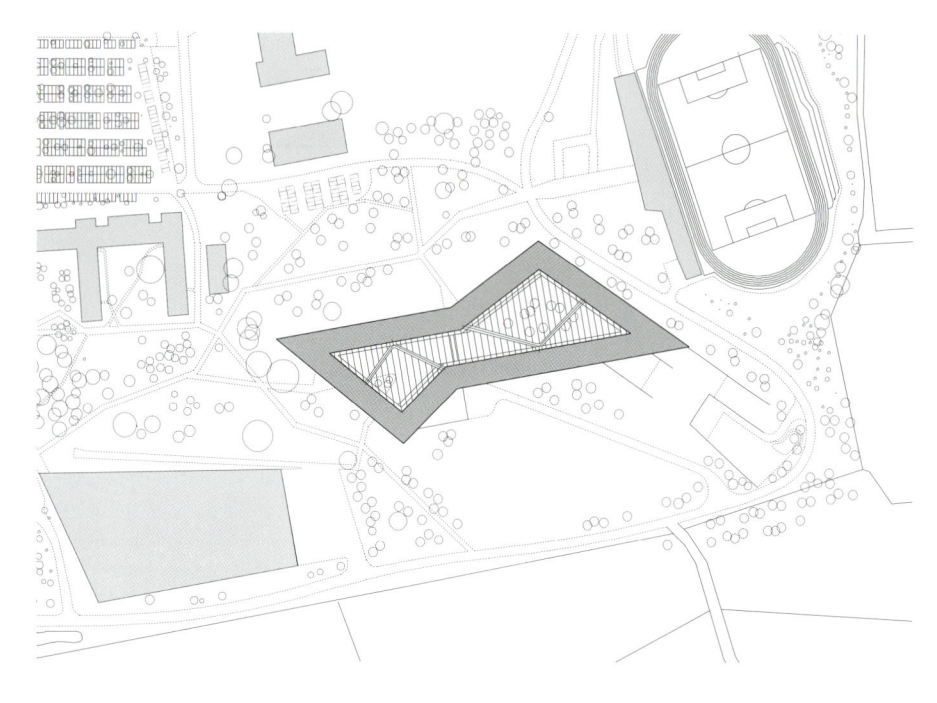

adidas Laces
Herzogenaurach (D)

Architekten
kadawittfeldarchitektur, Aachen
Bauherr
adidas AG, World of Sports, Herzogenaurach
Tragwerksplaner
Weischede, Hermann + Partner, Stuttgart
TGA-Planer
Planungsgruppe M+M, Böblingen
Bauphysik
Ingenieurgesellschaft für Bauphysik TOHR, Bergisch-Gladbach
Fassade
PBI, Wertingen

Fotos: Werner Huthmacher Photography, Berlin

Das 2011 errichtete Forschungs- und Entwicklungsgebäude *adidas Laces* mit 1.700 Arbeitsplätzen fügt sich als schwebendes Pendant zu dem liegenden Baukörper des *adidas Brand Center* in das bestehende Ensemble auf dem adidas-Campus *World of Sports* in Herzogenaurach ein. Der zweigeschossige Eingangsbereich des klar konturierten Volumens setzt die Landschaft des Campus im Inneren als temperiertes Atrium fort. Ringschlüssig aufgereiht öffnen sich die Büroflächen mit großzügigen Verglasungen zum atmosphärischen Innenraum und zu dem bemerkenswerten Landschaftsraum der Umgebung. Die das Atrium überspannenden Verbindungsstege, die *Laces*, »schnüren« den Baukörper zu einem vielschichtigen Bürogebäude zusammen. Sie ermöglichen ein Höchstmaß an Interaktion und lassen offene Kommunikationsbereiche entstehen. Als filigrane Verbindungsbrücken verweben sie den Innenraum zu einem poetischen Raumgefüge, erlauben eine effiziente Erschließung aller Bürobereiche ohne Queren fremder Abteilungen und machen die besondere kreative Atmosphäre des Hauses ablesbar. Mit der Realisierung des *adidas Laces* ist ein inspirierender Ort für Forschung und Produktentwicklung entstanden. Bei der integralen Planung des *adidas Laces* wurden schon sehr früh zahlreiche Nachhaltigkeitskriterien berücksichtigt. Durch die innovative Tragwerksausführung als fugenlosen Ringverbund mit integrierten Kompensationsstreifen konnten zum Beispiel mehr als 300 Tonnen Bewehrungsstahl eingespart werden.

Grundriss 4. Obergeschoss

Grundriss Erdgeschoss

Schnitt längs

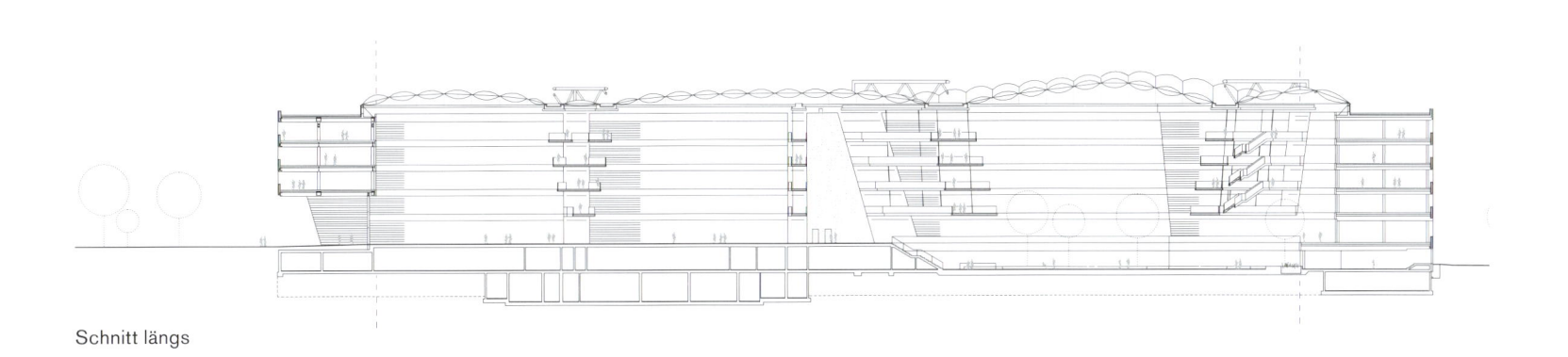

Projektdaten

Planungsbeginn	Juni 2007
Fertigstellung	Juni 2011
Anzahl Arbeitsplätze	1.700
Bruttogeschossfläche (BGF)	62.000 m²
Nettogeschossfläche (NGF)	57.180 m²
Bruttoregelgeschossfläche	o. A.
Nettoregelgeschossfläche	o. A.
Nutzfläche Regelgeschoss	6.150 m²
Gebäudehöhe	27,30 m
Anzahl oberirdischer Geschosse	6
Regelgeschosshöhe	3,40 m
lichte Geschosshöhe	2,90 m
Fassadenraster	1,60 m
Tragwerk	Stahl und Stahlbeton
Deckentragwerk	Stahlbeton-Flachdecke

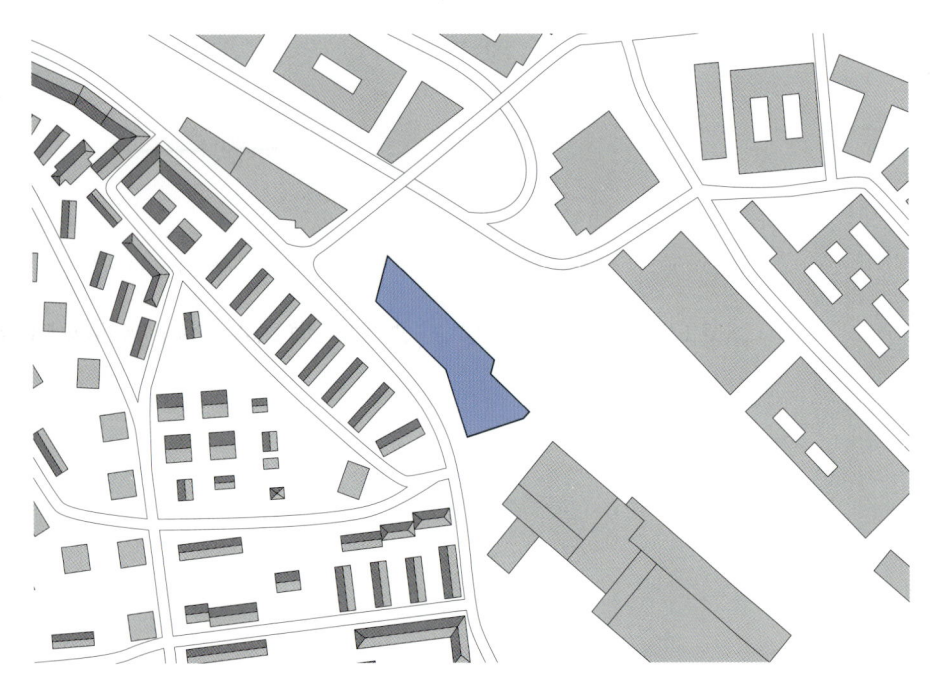

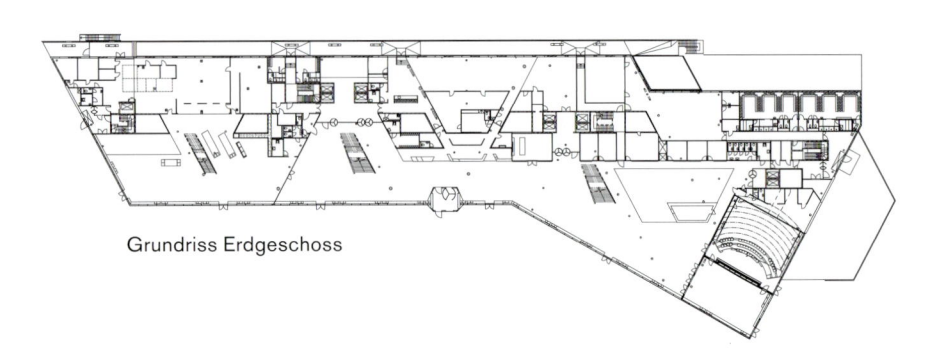

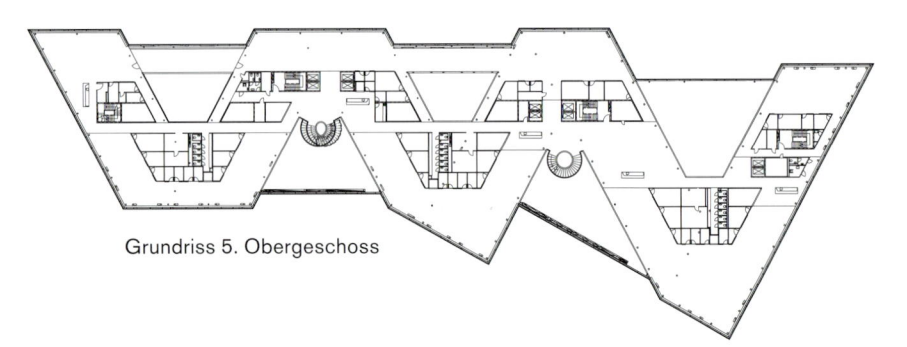

Swedbank
Stockholm (S)

Architekten
3XN, Kopenhagen (DK)
Innenarchitekten
Tengbom, Stockholm (S)
Bauherr
Humlegården Fastigheter, Stockholm (S)
Tragwerksplaner
P O Andersson Konstruktionsbyrå AB, Stockholm (S)
Ikkab, Stockholm (S)
Hillstatik, Stockholm (S)
Landschaftsplaner
LAND Arkitektur, Stockholm (S)
Lichtplaner
Black Ljusdesign, Stockholm (S)

Fotos: Adam Mørk, Kopenhagen (DK)

Grundriss Erdgeschoss

Grundriss 5. Obergeschoss

Das Design von 3XN für die Swedbank stellt eine innovative Interpretation von Kernwerten der Organisation – Offenheit, Schlichtheit und Sorgfältigkeit – dar, die in modernen Büroräumen mit einem hohen Maß an Transparenz, skandinavischer Einfachheit und einer dynamischen, sozialen Umgebung materialisiert wurden. Die Architektur des Gebäudes basiert unmittelbar auf dem Organisationsprinzip einer soliden, finanzstarken und modernen Bank, wird dabei aber auch durch die Philosophie der Verhaltensweisen und die Architektur von 3XN interpretiert.

Das architektonische Element – eine dreifach gefaltete V-Struktur – gliedert das Gebäudevolumen und schafft ein einladendes, demokratisches Arbeitsumfeld im und um das neue Hauptgebäude. Aufgrund der V-Struktur sind die Mitarbeiter im Vergleich zu üblichen Bürotrakten auf ungestörten Arbeitsinseln näher zu einander untergebracht. Dies bewirkt kürzere Wege, eine ausgezeichnete interne Kommunikation, visuelle Bezüge und den direkteren Austausch unter den einzelnen Abteilungen. Die Anordnung der Atrien an der Außenseite unterstreicht die extrovertierte Grundeinstellung in der Organisation, erhöht den Tageslichteinfall und bietet Ausblicke aus den Büroräumen. Zusätzlich wird durch die entstehende Kompaktheit die Fassadenfläche und somit der Energieverbrauch deutlich verringert.

Die Büros werden von drei Büroorganisationsformen gekennzeichnet: traditionelle, feste Arbeitsräume, eine Anzahl an flexiblen Büroeinheiten, die von externen Kollegen als temporäre Arbeitsplätze genutzt werden und eine Reihe an Geschäftsräumen für kurze, informelle Teammeetings. Der flexible und abwechslungsreiche Innenausbau erzeugt den ganzen Tag hindurch eine Dynamik und stellt sicher, dass die bestmöglichen Standorte unterschiedlichen Nutzern und sozialen Bedürfnissen zur Verfügung gestellt werden.

Das Swedbank-Hauptgebäude erhielt eine Zertifizierung des schwedischen Nachhaltigkeitsbewertungssystems in Gold. Besonderheiten sind die benutzerorientierte Belichtung und Belüftung, die zu erheblichen Energieeinsparungen führt. Zusätzlich ist das System »Frei-Kühlung« verwendet worden, das mittels niedriger Außentemperatur die Kaltwassererzeugung für die Klimaanlage unterstützt. Das gekühlte Wasser kann direkt zum Einsatz kommen oder durch Lagerung in großen unterirdischen Tanks erst verzögert genutzt werden.

Schnitt längs

Projektdaten

Planungsbeginn	April 2011
Fertigstellung	Mai 2014
Anzahl Arbeitsplätze	5.000–5.500
Bruttogeschossfläche (BGF)	45.400 m²
Nettogeschossfläche (NGF)	39.960 m²
Bruttoregelgeschossfläche	o. A.
Nettoregelgeschossfläche	o. A.
Nutzfläche Regelgeschoss	o. A.
Gebäudehöhe	41,0 m
Anzahl oberirdischer Geschosse	6–9
Regelgeschosshöhe	o. A.
lichte Geschosshöhe	o. A.
Fassadenraster	o. A.
Tragwerk	Stahl und Stahlbeton
Deckentragwerk	o. A.

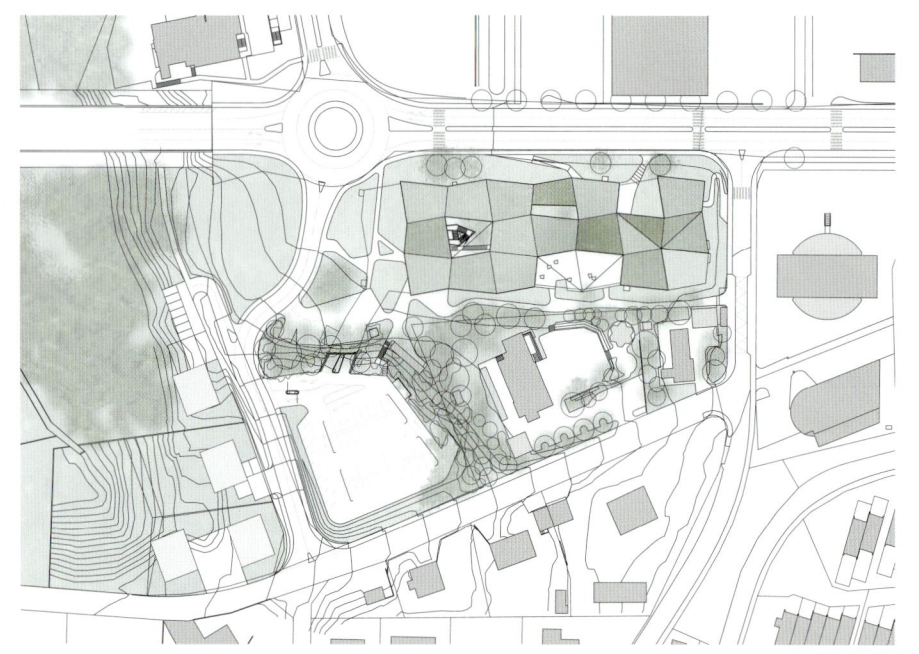

Plexus
Granges-Paccot (CH)

Architekten
IPAS Architekten AG, Solothurn (CH) / Neuenburg (CH)
Bauherr
Groupe E SA, Fribourg (CH)
Tragwerksplaner
MGI Partenaires Ingénieurs Conseils SA, Fribourg (CH)
TGA-Planer
Enerconom AG, Bern (CH)
Energieberater
Sacao SA, Fribourg (CH)

Fotos: Gérald Sciboz, Fribourg (CH)

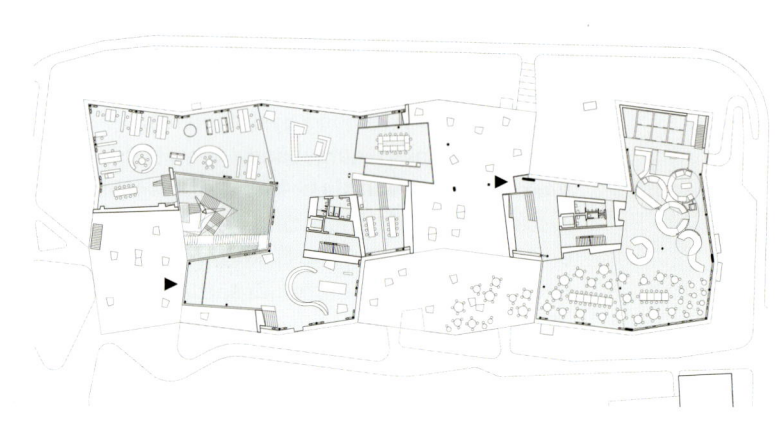

In unserem modernen Wirtschaftsleben hat der Mensch gegenüber dem Aktionär das Nachsehen; eine minimale Menschlichkeit scheint auf dem Altar von Rentabilität und Profiten geopfert worden zu sein. Um diese bittere Realität zu vertuschen, inszenieren die Unternehmen allerlei schönfärberisches Blendwerk, um sich bei ihren Marktpartnern dennoch profilieren zu können.

Mit dem Projekt *Plexus* hat sich der Bauherr ganz bewusst gegen diese Tendenz entschieden und von den Architekten verlangt, menschengerechte Räume zu entwerfen. Arbeitsplätze, die eine Rückbesinnung auf das wahre Arbeiten als Individuum oder als Gruppe erlauben. Ein Dach, unter dem Kommunikation,

Grundriss Erdgeschoss

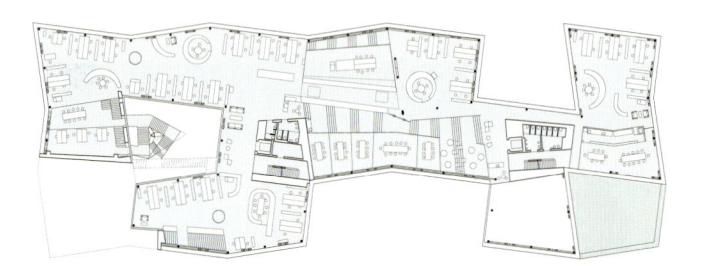

Grundriss 1. Obergeschoss

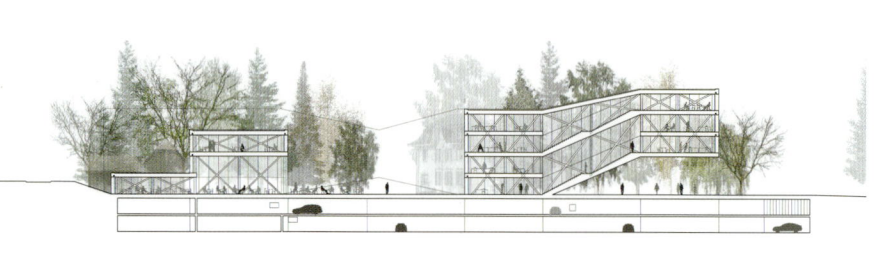

Schnitt längs

Transparenz, Freude an der Arbeit, Austausch und Anpassung möglich sind. Bauherr und Architekten haben sich damit ein unglaublich hohes Ziel gesteckt, das im eklatanten Widerspruch zum vorherrschenden Zeitgeist steht. *Plexus* hat keinen geringeren Anspruch, als eine emotionale, ästhetische und moralische Antwort auf den scheinbaren Zynismus unseres modernen Wirtschaftslebens zu sein.

Das Gebäude wirkt wie eine Brücke zwischen der Stadt Fribourg und der umgebenden ländlichen Gemeinde Granges-Paccot. Genau in diesem Grenzgebiet steht als Ausdruck der Diskretion und der Übereinstimmung mit den Werten der *Groupe E* ein eher flach und langezogenes Bauwerk. Es schafft die Grundlage für einen komplexen Lebensraum, der sein natürliches und künstlich geschaffenes Umfeld respektiert. Die Morphogenese von *Plexus* entstammt einer modulartigen Repetition einer flachen geometrischen Figur, die nach und nach zu einem Wuchern in drei Dimensionen geführt hat. So ist ein Bauwerk entstanden, das bei unterschiedlichen Perspektiven seinen Rhythmus wechselt. Um die enge Verbindung zwischen dem Publikum und der *Groupe E* darzustellen, scheinen sich die Oberflächen wellenartig zu bewegen, sie fließen augenscheinlich und verlieren sich schließlich in der Einzigartigkeit des Umlands. Im Inneren finden sich überall Verbindungswege – nach oben, unten, innen, nach außen – um die Kommunikation zu erleichtern, zu fördern und zu verbessern.

Plexus versteht sich keinesfalls als ein einfaches Verwaltungsgebäude. Vielmehr will der Bau ein Lebensraum zum Entdecken sein; ein Teil einer Umgebung, die den Raum für die Arbeit in Beziehung mit dem Raum für das Leben stellt.

Projektdaten

Planungsbeginn	Oktober 2006
Fertigstellung	Juni 2011
Anzahl Arbeitsplätze	350
Bruttogeschossfläche (BGF)	16.000 m²
Nettogeschossfläche (NGF)	13.120 m²
Bruttoregelgeschossfläche	3.145 m²
Nettoregelgeschossfläche	o. A.
Nutzfläche Regelgeschoss	o. A
Gebäudehöhe	16,85 m
Anzahl oberirdischer Geschosse	5
Regelgeschosshöhe	o. A.
lichte Geschosshöhe	3,15 m
Fassadenraster	1,55 m
Tragwerk	Stützen + Decken: Stahlbeton / Aussteifung: Stahl
Deckentragwerk	Unterzugträger

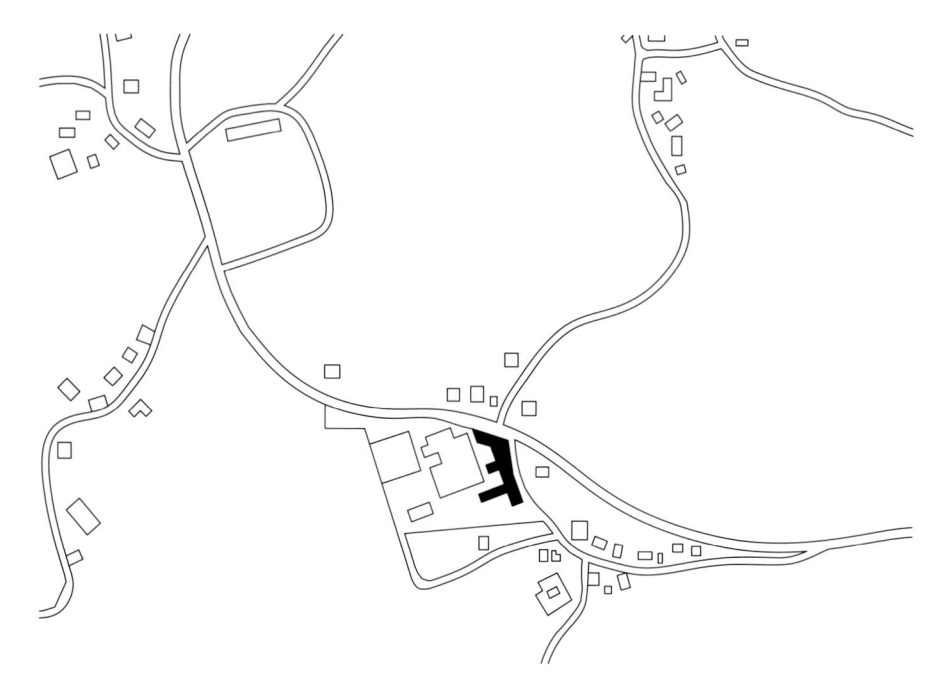

Grundriss Erdgeschoss

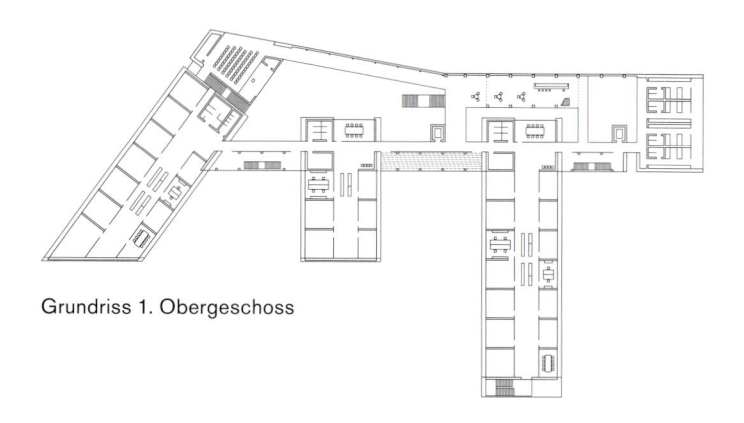

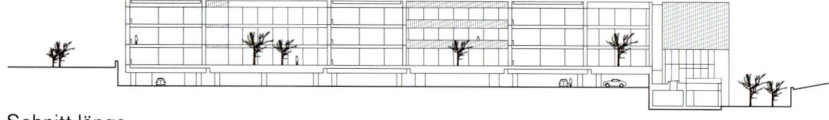

Grundriss 1. Obergeschoss

Schnitt längs

Peneder Basis
Atzbach (AT)

Architekten
LP architektur ZT GmbH, Altenmarkt (AT)
Bauherr
Peneder Holding GmbH Atzbach (AT)
Tragwerksplaner
Mittendorfer & Dornetshuber ZT GmbH, Gmunden (AT)
TGA-Planer
Energie Technik GmbH, Linz (AT)
Bauphysik
TAS Bauphysik GmbH, Leonding (AT)
Brandschutz
IBS – Institut für Brandschutztechnik und Sicherheitsforschung GmbH, Linz (AT)

Fotos: Angelo Kaunat, München

Mit diesem großzügigen Neubau in der kleinen Gemeinde Atzbach konnte der erfolgreiche oberösterreichische Familienbetrieb ausgelagerte Firmenstandorte in den traditionellen Firmensitz integrieren. Wo 1922 eine Huf- und Wagenschmiede eröffnet wurde, hat die Familie Peneder bereits 2000/2001 eine architektonisch bemerkenswerte Produktionsstätte errichten lassen. Östlich dieses Hallenbestands schuf LP architektur mit der *Peneder Basis* den geordneten städtebaulichen Abschluss des Ensembles für rund 250 Mitarbeiter. Durch die Aufständerung eines Teils des neuen Verwaltungstrakts kann das Parkdeck seitlich natürlich belichtet und belüftet werden. Zum benachbarten Ortsteil Ritzling öffnet sich das Ensemble durch sein außerordentlich großzügiges Foyer mit einer Glasfront. Diese Halle wird vertikal durch eine verglaste Liftanlage und zwei auch als Fluchtstiegenhäuser fungierende

Treppenzonen erschlossen. Öffentlich zugänglich sind der multifunktionelle Stiftungssaal sowie im südlichen Bauteil das ausgezeichnete Restaurant, die Cafeteria und das kleine Hotel. Die Architekten integrierten Kinderbetreuungs- und Schulungsbereiche rund um Atrien im Süden. Ein den Mitarbeitern jederzeit zugänglicher Ruheraum eröffnet Ausblicke in die Weite der Landschaft. Kommunikation nach außen und innen prägen Unternehmen wie Architektur. Zwischen der Foyerhalle und den drei kammförmigen Bürotrakten für die Firmensparten *Bau*, *Feuerschutz* und *Stahl* vermitteln transparente Besprechungsräume. Die Zweihüfter wiederum besitzen jeweils zentrale, großzügige Begegnungszonen. Die beiden Pfeile des Peneder-Logos wurden tausendfach in den »Edelstahl-Vorhang« gestanzt. Diese Hülle aus gefaltetem Stahlblech mit dem dezent abstrahierten Hinweis auf das Unternehmen verbindet außen und innen und lockert das große Bauvolumen der Firmenzentrale auf.

Das Heiz- und Kühlsystem der *Peneder Basis* baut ausschließlich auf Biomasse, die Stromversorgung wird durch eine auf dem Dach montierte Fotovoltaik-Anlage sichergestellt. Das gesamte Heiz- und Kühlsystem ist in energiesparender Niedertemperatur-Bauweise und sämtliche Lüftungsanlagen mit hocheffizienten Wärmerückgewinnungsanlagen ausgeführt. Dabei wird die Abwärme aus den Kühlanlagen zur Warmwasserbereitung verwendet. Mittels Präsenzmelder wird die Anwesenheit von Personen und somit die Notwendigkeit der Klimatisierung erfasst und regeltechnisch umgesetzt. Zusätzlich wird der Strombedarf durch Tageslichtsteuerung für die Raumbeleuchtung, eine Beschattungsanlage mit Tageslichtoptimierung sowie die Zentralabschaltung sämtlicher Stand-by-Geräte minimiert.

Projektdaten

Planungsbeginn	Januar 2008
Fertigstellung	August 2010
Anzahl Arbeitsplätze	250
Bruttogeschossfläche (BGF)	17.305 m²
Nettogeschossfläche (NGF)	13.405 m²
Bruttoregelgeschossfläche	3.680 m²
Nettoregelgeschossfläche	3.104 m²
Nutzfläche Regelgeschoss	2.499 m²
Gebäudehöhe	16,52 m
Anzahl oberirdischer Geschosse	4
Regelgeschosshöhe	3,90 m
lichte Geschosshöhe	3,30 m
Fassadenraster	1,50 m
Tragwerk	Stahl / Stahlbeton
Deckentragwerk	Stahl mit Ortbetondecken

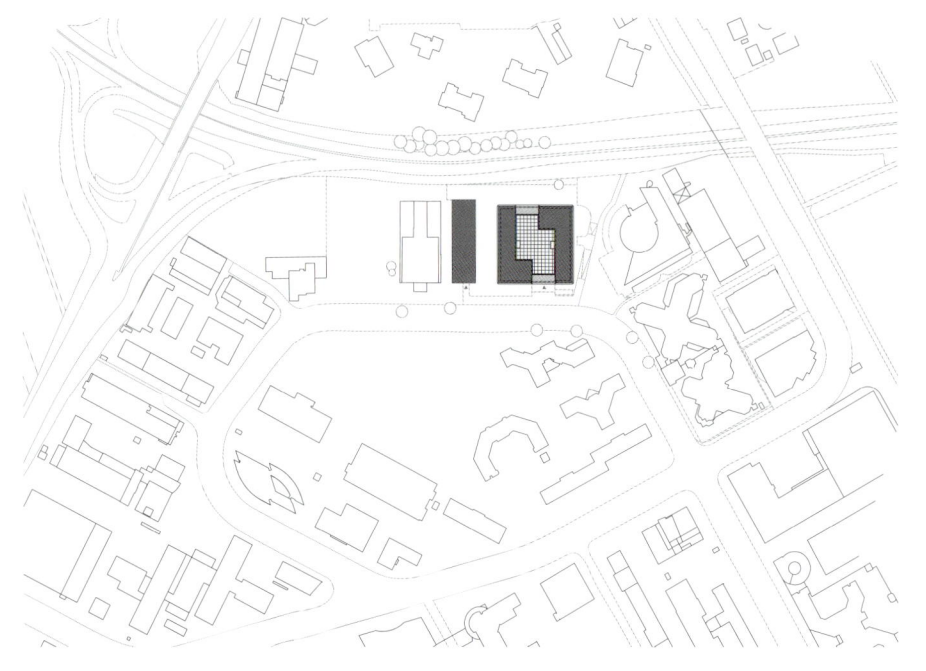

Deutsche Börse
Eschborn (D)

Architekten
KSP Jürgen Engel Architekten GmbH, Frankfurt
Bauherr
Lang & Groß Management GmbH, Eschborn
Tragwerksplaner
Grontmij BGS Ingenieurgesellschaft mbH, Frankfurt
Lenz Weber Ingenieure GmbH, Frankfurt
TGA-Planer
Ebert Ingenieure GmbH & Co. KG, NL Frankfurt
TP-Elektroplan GmbH
Stahlkonstruktion (Teilbereiche)
stahl + verbundbau gmbh, Dreieich

Fotos: Jean-Luc Valentin, Frankfurt

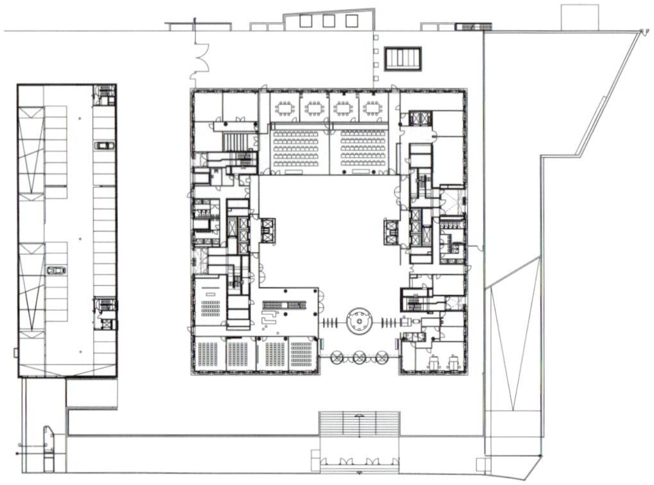

Grundriss Erdgeschoss

Im Gewerbegebiet Süd der Stadt Eschborn, an der Mergenthalerallee, befindet sich der Neubau der Deutschen Börse. Das Bürogebäude hat eine äußere Abmessung von etwa 63 × 63 m und eine Höhe von 87,50 m über Gelände. Zwei L-förmige Baukörper stehen sich spiegelsymmetrisch gegenüber und umschließen ein innen liegendes Atrium, das im 20. Obergeschoss mit einer Glas-Stahlkonstruktion in einer Größenordnung von etwa 1.000 m² überdacht wird.

Das Bauwerk hat 20 Obergeschosse mit zwei Technikebenen auf dem Dach und drei Untergeschosse. In den Randbereichen ragt die zwei- beziehungsweise dreigeschossige Tiefgarage über den Hochhausgrundriss hinaus. In jeder Ebene sind die getrennten Baukörper abwechselnd über weitgespannte Stege und Brücken in Stahlverbundbauweise miteinander verbunden. Das Atrium wird durch die vorgehängten Besprechungsboxen sowie die angehängten, in das Atrium hineinkragenden, Geschossverbindungstreppen geprägt. Die Erschließung erfolgt pro Baukörper über jeweils drei Personenaufzüge, einen Feuerwehraufzug und zwei Panoramaaufzüge im Atrium. Beide Gebäudeteile werden durch die Brücken zug- und druckfest gekoppelt. Eine Besonderheit des Tragwerks stellt die Gebäudeaussteifung dar, die über Kern- und Fassadenbauteile unter Berücksichtigung dynamischer Aspekte realisiert wurde.

Gegründet wird auf einer durchgehenden Bodenplatte mit unterschiedlicher Dicke, die auch das benachbarte Stahlverbund-Parkhaus mit abträgt. Und auch den hohen Sicherheitsanforderungen wurde baulich und technisch Rechnung getragen. Der Neubau wurde darüber hinaus als erstes deutsches Hochhaus mit dem

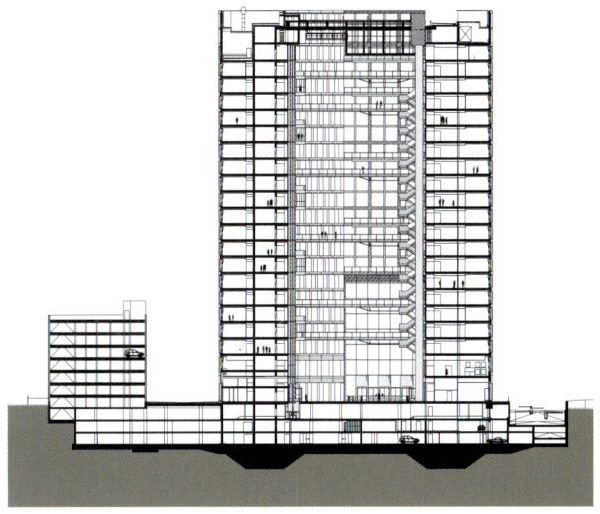

Schnitt längs

LEED-Platin-Zertifikat ausgezeichnet. Erreicht wurde dies durch den Betrieb mit zwei, mit Biogas CO_2-neutral betriebenen, Blockheizkraftwerken, der Abwärmenutzung zur Beheizung beziehungsweise Kühlung im Sommer über Absorptionskältemaschinen und einer Solaranlage zur Deckung des Warmwasserbedarfs.

Die hochwärmegedämmte Fassade, mit hoher Transparenz und Lichtlenklamellen als Sonnenschutz, erhöht die Tageslichtausbeute und reduziert den Kunstlichtbedarf. Eine sensorgesteuerte, intelligente Gebäudeautomation stellt dem Gebäude die benötigte Energie bedarfsgerecht zur Verfügung.

Projektdaten

Planungsbeginn	Mai 2008
Fertigstellung	Juni 2010
Anzahl Arbeitsplätze	2.400
Bruttogeschossfläche (BGF)	79.600 m²
Nettogeschossfläche (NGF)	o. A.
Bruttoregelgeschossfläche	2.460 m²
Nettoregelgeschossfläche	o. A.
Nutzfläche Regelgeschoss	o. A.
Gebäudehöhe	87,50 m
Anzahl oberirdischer Geschosse	20
Regelgeschosshöhe	3,65 m
lichte Geschosshöhe	3,00 m
Fassadenraster	1,35 m
Tragwerk	Stahlverbund / Stahlbeton
Deckentragwerk	Stahlbeton-Flachdecken

Deutsche Börse

DHPG
Bonn (D)

Architekten
Prof. Schmitz Architekten GmbH, Köln
Bauherr
MKA Objekt GmbH, Bonn
Tragwerksplaner
GOLDBECK West GmbH, Bielefeld
TGA-Planer
GOLDBECK West GmbH, Bielefeld
Projektsteuerung
ulrich hartung GmbH, Bonn
Innenarchitektur
designfunktion Gesellschaft für moderne Einrichtung mbH, Bonn

Fotos: GOLDBECK GmbH, Bielefeld

Grundriss Erdgeschoss

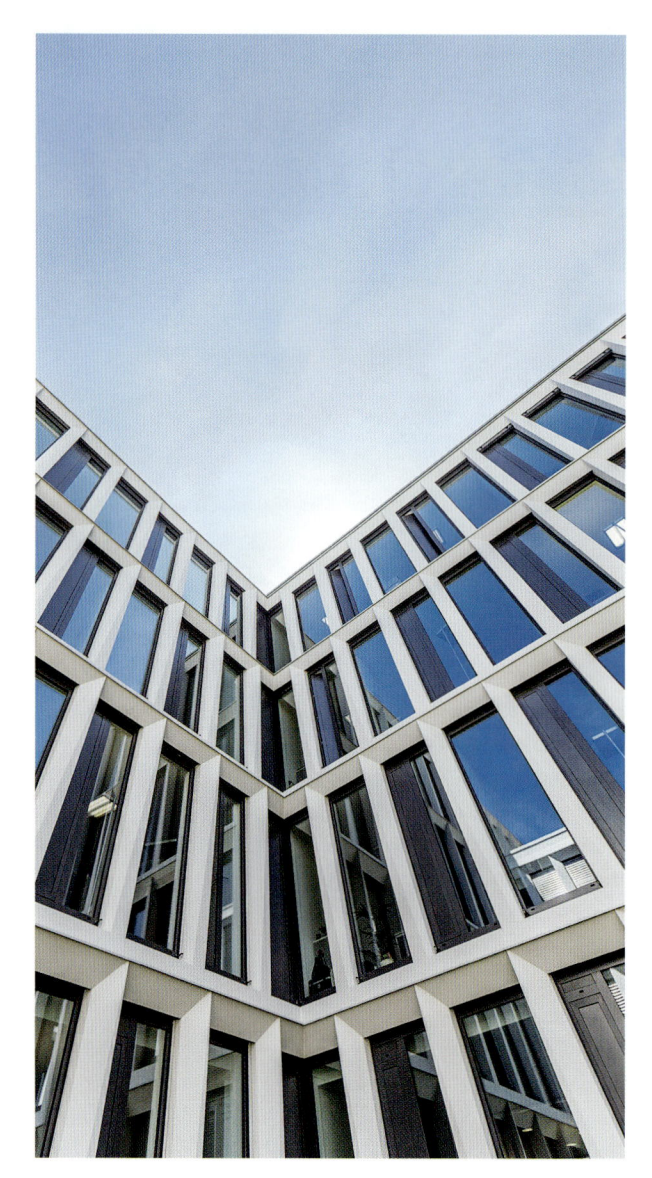

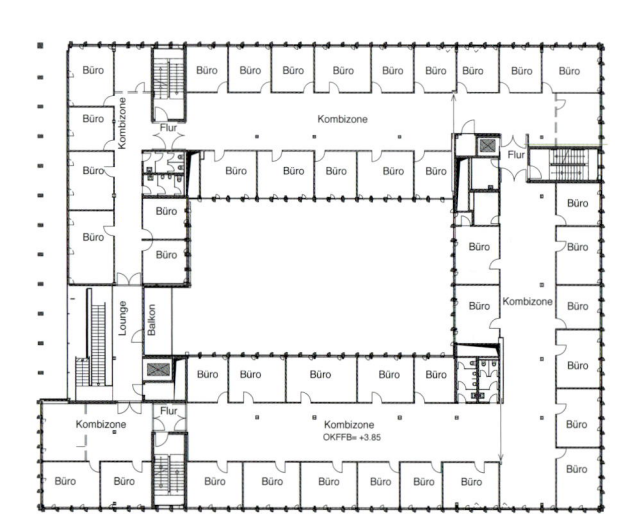

Grundriss 1. Obergeschoss

Modern, funktional und attraktiv präsentiert sich der neue Unternehmenssitz der Wirtschaftsprüfungs- und Steuerberatungskanzlei DHPG in Bonn – ein Bürogebäude mit eindrucksvoller Außenfassade im neuen Stadtquartier *Bundesviertel* nahe der Museumsmeile. GOLDBECK ließ in 16 Monaten einen modernen Arbeitsplatz für 170 Mitarbeiter entstehen. Alle Büroräume sind mit dem gleichen Standard ausgestattet – die »Chefetage« entfällt – und liegen in unmittelbarer Nähe zu einer hellen, wohnlichen Mittelzone. Hier finden die Wirtschaftsprüfer, Steuer-, Rechts- und Insolvenzberater auch Besprechungsbereiche mit angegliederter Kaffeetheke und Bibliothek für Fachliteratur. Kurze Wege, eine zentral liegende offene Stahl-Glas-Treppe, viel Licht und ein perfekter Schallschutz sorgen für eine äußerst angenehme Arbeitsatmosphäre, die durch eine große Dachterrasse und die Caféteria ergänzt wird.

Der Bauherr forderte für den neuen Firmensitz die Entwicklung eines prägnanten Erscheinungsbilds. Gemeinsam mit dem Architekturbüro Schmitz entwickelte GOLDBECK eine vorgehängte, gestapelte Fassade aus Sichtbeton-Elementen. Durch die Reduzierung auf die Werkstoffe Glas, Aluminium und Beton wirkt die Zentrale sehr edel. Die Materialität des Werkstoffs Beton – natürlich, solide, robust und zeitgemäß – unterstreicht die Formensprache. Die hellen Oberflächen bestehen aus gesäuertem Sichtbeton – weißem Zement mit hellen Zuschlagstoffen nach individueller Rezeptur. Eindrucksvoll ist der Umgang mit der Vertikalen, die je nach Blickwinkel des Betrachters ganz unterschiedlich wirkt: offen/schräg oder geschlossen/gerade. Dabei betont die horizontale Staffelung den Baukörper und die Geschossdecken die Schichtung der fünf Ebenen.

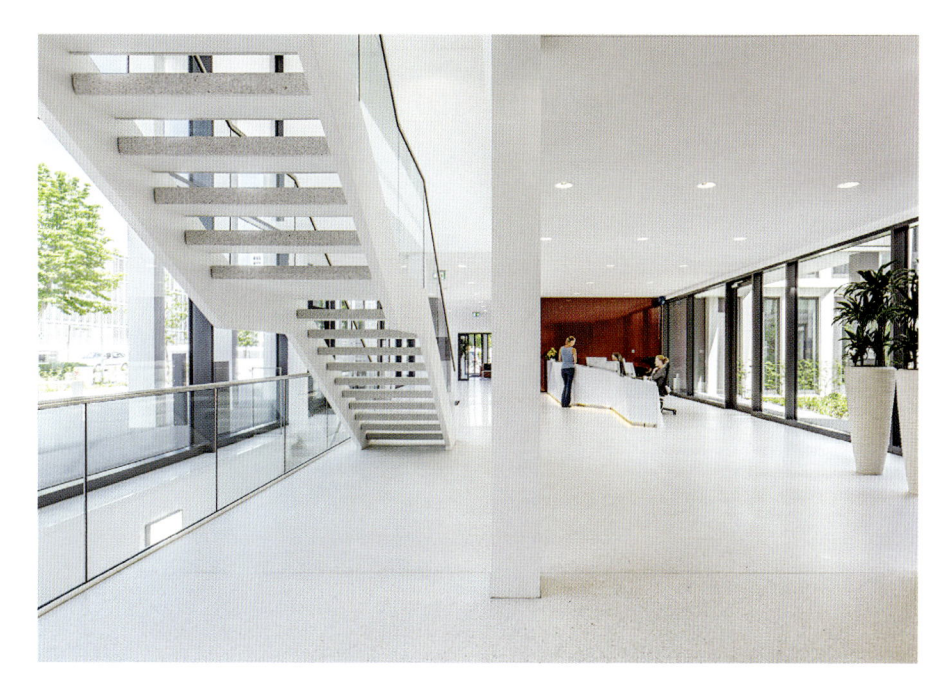

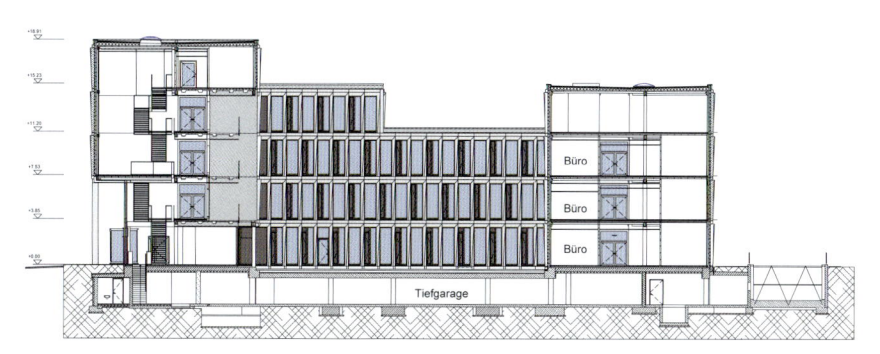

Schnitt längs

Projektdaten

Planungsbeginn	März 2012
Fertigstellung	Dezember 2013
Anzahl Arbeitsplätze	170
Bruttogeschossfläche (BGF)	11.198 m²
Nettogeschossfläche (NGF)	o. A.
Bruttoregelgeschossfläche	1.869 m²
Nettoregelgeschossfläche	o. A.
Nutzfläche Regelgeschoss	1.200 m²
Gebäudehöhe	18,9 m
Anzahl oberirdischer Geschosse	5
Regelgeschosshöhe	3,675 m
lichte Geschosshöhe	3,00 m
Fassadenraster	1,35 m
Tragwerk	Stahlverbund aus Schweiß- und Walzprofilen
Deckentragwerk	vorgespannte Rippendecke

Dockland
Hamburg (D)

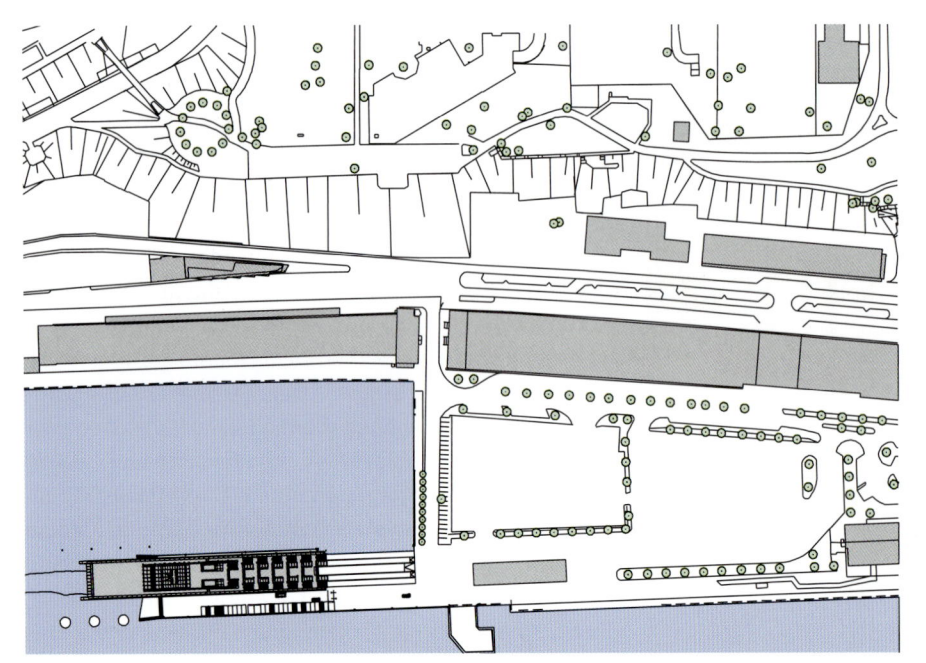

Architekten
BRT Architekten – Bothe Richter Teherani, Hamburg
Bauherr
Robert Vogel GmbH & Co. Kommanditgesellschaft, Hamburg
Tragwerksplaner
Ingenieurbüro Dr. Binnewies Ingenieurgesellschaft mbH, Hamburg
TGA-Planer
Reese Beratende Ingenieure VDI, Hamburg
Fassade und Systemplanung
DS-Plan LgBB, Stuttgart

Fotos: Jörg Hempel, Aachen

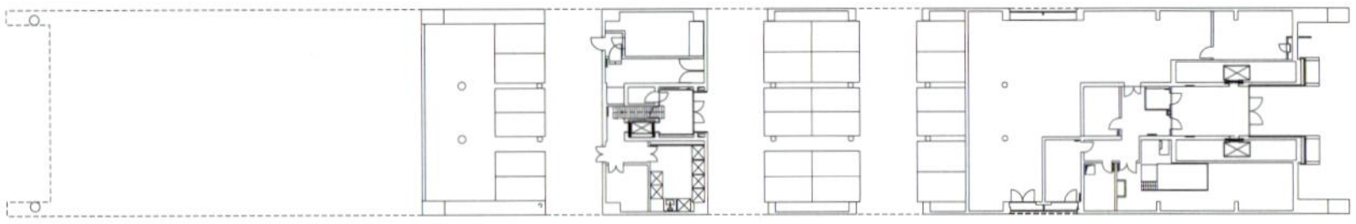

Grundriss Erdgeschoss

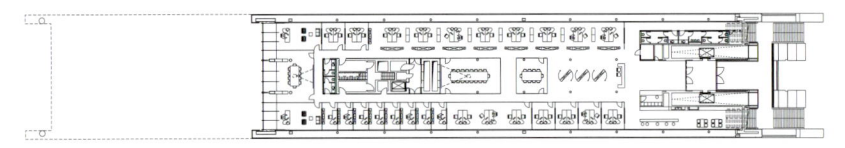

Grundriss 1. Obergeschoss

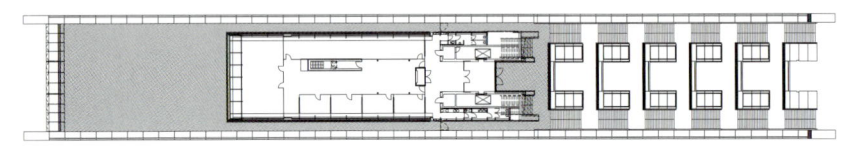

Grundriss 6. Obergeschoss

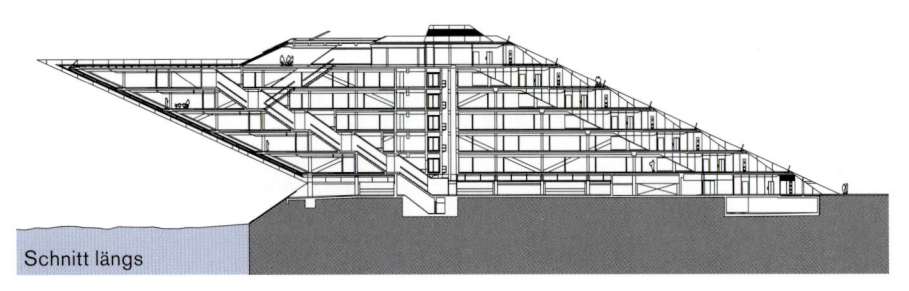

Schnitt längs

Wie ein Tor zur Stadt Hamburg steht das Dockland-Bürohaus am Kopf des Edgar-Engelhard-Kais zwischen Norderelbe und Fischereihafen. Über 40 m kragt der »Bug« des schiffsartigen Baus frei aus und bildet so eine dynamische Ergänzung zum »Heck« des benachbarten Fährterminals. Rund 9.000 m² Büroflächen bietet das Gebäude, das von einer Stahlrahmenkonstruktion getragen wird. Die Breite des Hauses ermöglicht es, im Mittelbereich Kommunikationszonen wie Teeküchen oder Besprechungsräume anzuordnen. Die großen offenen Flächen mit frei eingestelltem Mobiliar schaffen eine großzügige Arbeitsatmosphäre. Durch die verglaste Fassade können die Mitarbeiter in ihren Büros den wunderbaren Blick auf das Hafenpanorama genießen. Bei dem siebengeschossigen Bürogebäude wurde die geometrische Form eines Parallelogramms auf den Hochbau übertragen. Die Gebäudestruktur wird bestimmt von einem etwa 24° geneigten Baukörper, der zu einem Viertel seiner Projektionsfläche frei über die Elbe auskragt. Das Tragwerk besteht aus zwei gebäudehohen Stahlfachwerkträgern, die witterungsgeschützt in der Doppelfassade liegen, sowie einem achsial stehenden Stahlrahmen (ohne Diagonalverspannung). Im Abstand von 6,75 m stehen Stützen in der Stahlrahmenkonstruktion, über die die Deckenkräfte abgetragen werden, so dass sich ein günstiger Ausbauraster von 1,35 m ergibt. Die expressive Gebäudeform basiert auf einer über alle Geschosse führenden, öffentlichen Freitreppe, die in einer windgeschützten Dachterrasse mündet, die zusätzlich über parallel verlaufende Schrägaufzüge und einen weiteren Kern erschlossen wird. Im Erdgeschoss können die Parkmöglichkeiten zwischen den beiden Kufen des Gebäudes genutzt werden. Dieses Geschoss kann bei Hochwasser ohne Probleme überfluten.

Projektdaten

Planungsbeginn	April 2004
Fertigstellung	Dezember 2005
Anzahl Arbeitsplätze	o. A.
Bruttogeschossfläche (BGF)	13.544 m²
Nettogeschossfläche (NGF)	o. A.
Bruttoregelgeschossfläche	o. A.
Nettoregelgeschossfläche	o. A.
Nutzfläche Regelgeschoss	o. A.
Gebäudehöhe	25,74 m
Anzahl oberirdischer Geschosse	7
Regelgeschosshöhe	4,05 m
lichte Geschosshöhe	o. A.
Fassadenraster	o. A.
Tragwerk	Stahl und Stahlbeton
Deckentragwerk	Stahlbetondecke

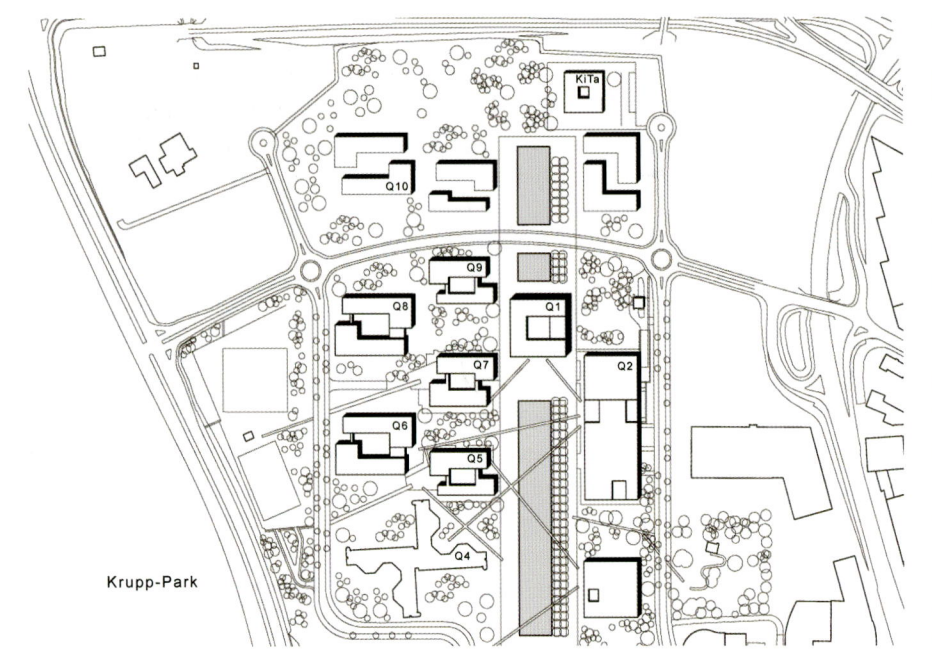

Thyssenkrupp Headquarter Q1
Essen (D)

Architekten
JSWD Architekten, Köln
Atelier d'architecture Chaix & Morel et Associés, Paris (F)
Bauherr
Thyssenkrupp AG, Essen
Tragwerksplaner
Ingenieurbüro DOMKE Nachf., Duisburg
Werner Sobek Ingenieure, Stuttgart
(Landschaftsfenster und Überdachung Atrium)
Stahl- und Stahlverbundbau Tragwerk
stahl + verbundbau gmbh, Dreieich

Fotos: oben: Michael Wolf, Bochum; mitte: Günter Wett – Frener + Reifer, Brixen (IT); unten: Christian Richters, Berlin

Grundriss Erdgeschoss und 2. Obergeschoss

Grundriss 3. und 7. Obergeschoss

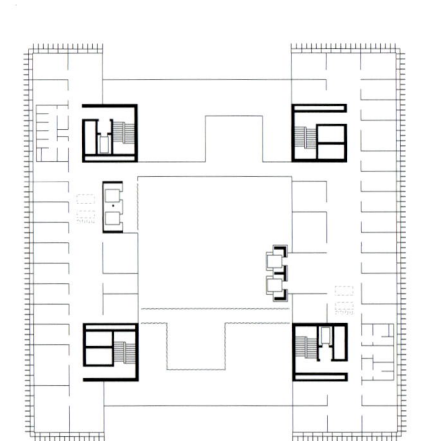

Schon im Auslobungstext zum internationalen Architektenwettbewerb war die Leitidee für das Thyssenkrupp-Quartier als ein »konsistentes, in sich geschlossenes Gebäudeensemble« umschrieben worden. Kein symbolträchtiger, steil in die Höhe strebender Solitär, sondern eine flächige und auch flexible Struktur gleichberechtigter Bauten, die auf Veränderungsprozesse innerhalb des Konzerns reagieren kann, stand im Fokus der Erwartungen.

Das kubusförmige Gebäude mit Außenabmessungen von etwa 50 m ist das Herz des neuen Thyssenkrupp-Quartiers – ein campusartiges Gefüge von Einzelbauten. Es erstreckt sich über zehn Geschosse und ist durch zahlreiche Zwischenebenen und Stege gegliedert. Das glasgedeckte Atrium bildet dabei das Zentrum. Faszinierende Raumabfolgen finden im Inneren ihren Abschluss in zwei großen, gläsernen Landschaftsfenstern mit den Maßen von 28,1 × 25,6 m, die von einer hauchdünnen, kaum sichtbaren Seilkonstruktion gehalten werden.

Die aus der Ferne wie Metallfedern wirkenden, geschosshohen Sonnenschutzelemente aus Edelstahl setzen sich aus vertikalen Doppelachsen und horizontalen Lamellen zusammen. Die dreh- und verschränkbaren »Metallfedern« stellen ein optimiertes System dar, das die Vorteile horizontaler Lamellen (Lichtumlenkung) mit denen von vertikalen Drehlamellen (freie Aussicht) verbindet. Mithilfe dieses Systems gelingt es, die technischen und funktionalen Notwendigkeiten einer modernen Büroarbeitswelt, im Sinne von Nachhaltigkeit und Energieeffizienz, mit den Elementen der Architektur zu verbinden und hieraus eine gestalterisch anspruchsvolle Symbiose zu erzeugen.

Der Stützenraster von 6 × 6 m aus Stahlverbundstützen und 30 m dicken Flachdecken ermöglicht die flexible Nutzung als Einzel-/Großraumbüro. Die Landschaftsfenster werden oben je Riegel durch drei 24–30 m lange, dreigeschossige Fachwerkkonstruktionen überspannt. Aus der Laudatio zur Auszeichnung beim Preis des Deutschen Stahlbaus 2012: »Nachhaltigkeitsthemen sind hier unaufgeregter Bestandteil der architektonischen Überlegungen. Mit flexibler Raumgestaltung, Flächeneffizienz durch Stahlverbundstützen, Mitarbeiterkommunikation über weitspannende Verbindungsbrücken oder visueller Komfort mit den phantastischen Ausblicken durch die riesigen Landschaftsfenster – um nur einige zu nennen – wird das Thema nachhaltigen Bauens mit Stahl einmal durchdekliniert. Konsequent – dafür gab es die DGNB-Zertifizierung in Gold. Ein ausgezeichneter Beitrag für zeitgemäße Architektur und modernes, nachhaltiges Bauen.«

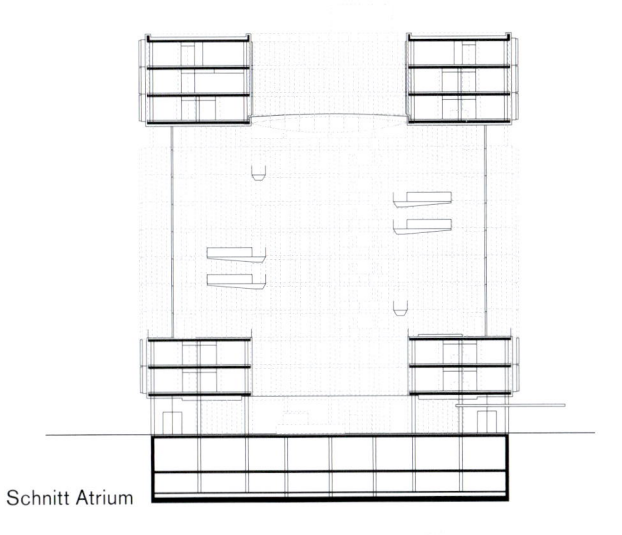

Schnitt Atrium

Projektdaten

Planungsbeginn	Januar 2007
Fertigstellung	Oktober 2010
Anzahl Arbeitsplätze	o. A.
Bruttogeschossfläche (BGF)	30.000 m²
Nettogeschossfläche (NGF)	o. A.
Bruttoregelgeschossfläche	o. A.
Nettoregelgeschossfläche	o. A.
Nutzfläche Regelgeschoss	o. A.
Gebäudehöhe	52,5 m
Anzahl oberirdischer Geschosse	14
Regelgeschosshöhe	3,60 m
lichte Geschosshöhe	3,08 m
Fassadenraster	0,675 m
Tragwerk	Stahlverbundstützen
Deckentragwerk	Slim-Floor-Träger / Stahlbeton-Flachdecken

Grundriss Erdgeschoss

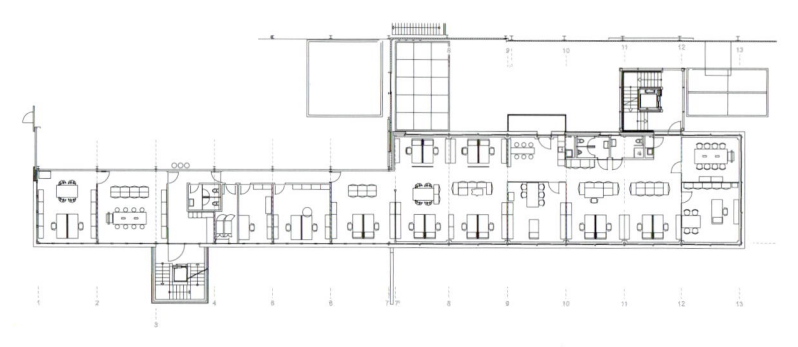

Grundriss 1. Obergeschoss

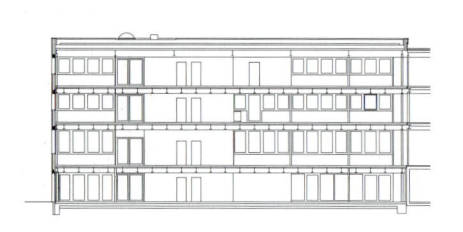

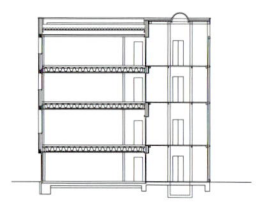

Schnitt längs und quer

H. Wetter AG
Stetten (CH)

Architekten
Wetter AG, Busslingen (CH)
Bauherr
Wetter Immobilien AG, Busslingen (CH)
Tragwerksplaner
H. Wetter AG, Stetten (CH)
Energiekonzept
Mettauer AG, Mellingen (CH)
Bauphysik
H. Wetter AG, Stetten (CH) und Mettauer AG, Mellingen (CH)

Fotos: Felix Wey, Baden (CH) – H. Wetter AG, Stetten (CH)

Das Bürogebäude der H. Wetter AG in Stetten ist ein exemplarisches Büro- und Verwaltungsgebäude für ein kleines beziehungsweise mittleres Unternehmen, das eine flexible und offene Arbeitsplatzgestaltung bei großer Kosteneffizienz benötigt. Der Neubau schließt an ein bestehendes, bereits mehrfach aufgestocktes Bürogebäude in Stahlverbundbauweise an, welches die Geschosshöhen und die Konstruktionshöhen vorgab. Es zeichnet sich durch einen effizienten, rechteckigen Grundriss mit vorgelagertem Treppenturm aus, der als verglaste Stahlkonstruktion ausgeführt und auch zur Gebäudeaussteifung herangezogen wurde.

Im Erdgeschoss befindet sich ein großer Besprechungsraum und eine Cafeteria, die auch als Veranstaltungsraum genutzt werden kann. In den drei oberen Etagen sind Büroräume eingerichtet. So entstehen Arbeitsplatzgruppen mit angegliederten Besprechungsräumen und eingestreuten, durch Glastrennwände getrennten Einzelbüros.

Der 30 × 9 m große Baukörper wurde komplett stützenfrei ausgeführt. Dazu wurden 9 m lange Verbundfertigteilelemente der Marke TOPfloor INTEGRAL in Querrichtung des Gebäudes verlegt. Diese erlauben eine Integration der Lüftung und weiterer Installationen in die Deckenebene. So konnten die durch den Bestand vorgegebenen Konstruktionshöhen trotz neu hinzukommender Lüftung übernommen werden. Das sehr geringe Eigengewicht ermöglichte eine besonders schlanke und elegante Bauweise, die sich insbesondere bei den Abmessungen der Stützen bemerkbar macht (Erdgeschoss: Verbundstützen mit Durchmesser 160 mm). Die effiziente Bauweise lässt sehr kurze Bauzeiten zu: Der Rohbau benötigte pro Geschoss eine Montagezeit von nur zwei bis drei Tagen.

Projektdaten

Planungsbeginn	Dezember 2010
Fertigstellung	Oktober 2011
Anzahl Arbeitsplätze	43
Bruttogeschossfläche (BGF)	1.080 m²
Nettogeschossfläche (NGF)	1.025 m²
Bruttoregelgeschossfläche	270 m²
Nettoregelgeschossfläche	256 m²
Nutzfläche Regelgeschoss	241 m²
Gebäudehöhe	10,64 m
Anzahl oberirdischer Geschosse	4
Regelgeschosshöhe	3,0–3,6 m
lichte Geschosshöhe	2,4–2,9 m
Fassadenraster	1,25 m
Tragwerk	Stahlskelett
Deckentragwerk	TOPfloor INTEGRAL

Anhang

9

Autoren

Baudach, Tino Dipl.-Ing., Jahrgang 1977, wissenschaftlicher Mitarbeiter und Geschäftsführer am *Institut für Technologie und Arbeit e.V.* an der TU Kaiserslautern, Forschungsschwerpunkte: Arbeitssysteme der Büro- und Wissensarbeit sowie Nachhaltigkeit auf betrieblicher und überbetrieblicher Ebene (unter anderem in der Bauwirtschaft)

Eisele, Johann Prof. Dipl.-Ing., Architekt, Jahrgang 1948, seit 1990 Professor für Entwerfen und Baugestaltung an der TU Darmstadt, seit 2008 Dozent am *Institut für Immobilienwirtschaft* in Regensburg, 1979 Gründung des Architekturbüros eisele+fritz (e+f) mit Sitz in Darmstadt, 1996 Umbenennung des Büros in ef+, 2000 Gründung des Büros 54f Architekten, 2006 Gründung des Büros EISELE STANIEK+, Teilnahme an nationalen und internationalen Wettbewerben, sowie zahlreiche Auszeichnungen und Veröffentlichungen zum Thema *Baukonstruktion* und *Bürobau*, u.a.: *Grundlagen der Baukonstruktion*, *HochhausAtlas* und *BürobauAtlas*

Faßl, Thomas Dipl.-Bauing., Jahrgang 1987, wissenschaftlicher Mitarbeiter am *Institut für Stahl- und Holzbau* der TU Dresden

Feldmann, Markus Univ.-Prof. Dr.-Ing., Jahrgang 1966, Inhaber des *Lehrstuhls für Stahlbau und Leichtmetallbau* der RWTH Aachen University, Leiter des *Instituts für Stahlbau* der RWTH Aachen University, Geschäftsführender Gesellschafter F+W GmbH Aachen, Mitglied der *International Association of Bridge and Structural Engineering*, Mitglied des *Deutschen Stahlbau-Verbandes* (DSTV), Convenor CEN/TC250 WG3, Vorstandsmitglied zmb e.V., Staatlich anerkannter Sachverständiger für die Prüfung der Standsicherheit Fachrichtung Metallbau, staatlich anerkannter Sachverständiger für Schall- u. Wärmeschutz, Prüfingenieur für Baustatik, Beiratsmitglied *bauforumstahl e.V.*, Chairman of IPSC *International Platform of Steel Construction* of ECCS, ordentliches Mitglied im *Deutschen Ausschuss für Stahlbau*, Mitglied in verschiedenen Ausschüssen des NA-Bau im DIN

Huang, Li M.Sc., Jahrgang 1986, wissenschaftlicher Mitarbeiter am *Lehrstuhl für Metallbau* der TU München, Forschungsschwerpunkt: Strukturoptimierung

Kokot, Katharina Dipl.-Kffr. techn., Jahrgang 1983, seit 2011 wissenschaftliche Mitarbeiterin am *Lehrstuhl für Unternehmensrechnung und Controlling* an der TU Kaiserslautern, Forschungsschwerpunkt: Controlling und Nachhaltigkeit

Lang, Frank Dr.-Ing. Architekt, Jahrgang 1970, Studium der Architektur an der TU Darmstadt, der *Royal Academy of Fine Arts* Kopenhagen, der Städelschule Frankfurt am Main, Mitarbeit in Architekturbüros in Amsterdam, Rotterdam, Frankfurt und Darmstadt, Partner im Büro ulapiu-architekten, wissenschaftlicher Mitarbeiter am Fachgebiet *Entwerfen und Baugestaltung* an der TU Darmstadt, Promotion zum Thema der Evaluation und Planung kreislaufgerechter Architektur

Lingnau, Volker Prof. Dr. rer. oec., Jahrgang 1963, seit 2001 Inhaber des *Lehrstuhls für Unternehmensrechnung und Controlling* an der TU Kaiserslautern, seit 2001 Dozent an der Württembergischen Verwaltungs- und Wirtschaftsakademie, Vertrauensdozent des Cusanuswerks, 2008–2013 stellvertretender Sprecher des Landesforschungsschwerpunkts RESCUE – Nachhaltige Bauwirtschaft, 2010–2013 außerordentlicher Professor an der *Uniwersytet Zielonogórski* (PL), Forschungsschwerpunkte: *Psychological Management Accounting Research* sowie Controlling und Nachhaltigkeit

Mensinger, Martin Prof. Dr.-Ing. Dipl. Wirt.-Ing. (NDS), Jahrgang 1967, seit 2006 Inhaber des *Lehrstuhls für Metallbau* der TU München, 2003–2006 Dozent für Stahlbau an der HTA Luzern, 2001–2006 Leiter *Engineering und Entwicklung* H. Wetter AG in Stetten (CH), seit 2006 Hauptgesellschafter der M. Mensinger GmbH in Dintikon (CH), seit 2014 Partner der Mensinger Stadler Ingenieure in München, Prüfingenieur- und Prüfsachverständiger, Prüfer für bautechnische Nachweise im Eisenbahnbau, Mitglied *Working Group* EN 1994-1-2, EN 1994-2 und EN 1993-1-5, Mitglied *Project Team* SC 4.T1 zur Fortschreibung des Eurocode 4, Mitglied Normenkommission SIA 264 und Sachverständigenausschuss *Verbundbau* des DIBt, Stahl, ECCS TC3 (*Fire Safety*) und TC14 (*Sustainability*), Redaktionsbeirat *Stahlbau*, Ernst & Sohn

Podgorski, Christine Dipl.-Bauing., Jahrgang 1985, von 2011 bis 2014 wissenschaftliche Mitarbeiterin am *Institut für Stahl- und Holzbau* der TU Dresden, Autorin und Koautorin verschiedener deutsch- und englischsprachiger Publikationen zur Nachhaltigkeit von Stahl- und Verbundkonstruktionen

Pyschny, Dominik Dipl.-Ing., Jahrgang 1982, wissenschaftlicher Mitarbeiter am *Lehrstuhl für Stahlbau und Leichtmetallbau* der RWTH Aachen University, Forschungsschwerpunkte *Bauphysik*, *Energieeffizienz*, *Ökobilanzierung* und *Nachhaltigkeitsbewertung*, Koordination und Bearbeitung von zahlreichen nationalen und europäischen Forschungsprojekten, Mitwirkung an der Weiterentwicklung des DGNB-Systems für die Nutzungsprofile *Industrie- und Handelsbauten*

Stroetmann, Richard Univ.-Prof. Dr.-Ing., Jahrgang 1963, Professor für Stahlbau, Direktor des *Instituts für Stahl- und Holzbau* an der TU Dresden, Geschäftsführer bei KREBS+KIEFER Ingenieure GmbH, Prüfingenieur für Standsicherheit, Studium des Bauingenieurwesens, Promotion im Stahlbau an der TU Darmstadt, Mitgliedschaften in *European Convention for Constructional Steelwork* (ECCS) – TC8 (*Structural Stability*), *European Committee for Standardization* (CEN) – *Working Group* Eurocode 3, *Normenausschuss Bauwesen* (NABau) – NA005-08-16AA Tragwerksbemessung, Sachverständiger beim *Deutschen Institut für Bautechnik* (DIBt)

Trautmann, Benjamin Dipl.-Ing. Architekt, Jahrgang 1980, Studium der Architektur an der TU Darmstadt und der *École Nationale Supérieure d'Architecture* Montpellier, Mitarbeit in Architekturbüros in Darmstadt und Zürich, wissenschaftlicher Mitarbeiter am Fachgebiet *Entwerfen und Baugestaltung* und *Entwerfen und Gebäudetechnologie* an der TU Darmstadt

Zink, Klaus J. Prof. Dr. rer. pol. habil., Jahrgang 1947, wissenschaftlicher Leiter des *Instituts für Technologie und Arbeit e.V.* an der TU Kaiserslautern, 1980–2012 Inhaber des *Lehrstuhls für Industriebetriebslehre und Arbeitswissenschaft*, derzeit Senior-Forschungsprofessor am Fachbereich der Wirtschaftswissenschaften der TU Kaiserslautern, Forschungsgebiete: u.a. Organisationsentwicklung, Stakeholderorientierung und Nachhaltigkeit; verschiedene Funktionen in nationalen und internationalen Gremien sowie wissenschaftlichen Gesellschaften (u.a. Past President der *Gesellschaft für Arbeitswissenschaft* – GfA), Past Vice President der *International Ergonomics Association* –IEA), Mitglied im *Editorial Board* verschiedener Zeitschriften, seit 2000 Fellow der IEA, 2006 *Distinguished International Colleague Award* der *Human Factors and Ergonomics Society* (USA), 2009 IEA Development Award, seit 2012 IEA *Ambassador of International Development*

Literaturquellen

Kapitel 2 Arbeitswissenschaft

[2-1] Schlick, Christopher; Bruder, Ralph; Luczak, Holger: Arbeitswissenschaft, Heidelberg et al. 2010.

[2-2] GfA 2014: URL: http://www.gesellschaft-fuer-arbeitswissenschaft.de/wir-ueber-uns_selbstverstaendnis-gesellschaft-fuer-arbeitswissenschaft-gfa.html, Februar 2014.

[2-3] IEA 2014: URL: http://www.iea.cc/whats/index.html, Februar 2014.

[2-4] Dul, Jan et al.: A strategy for human factors / ergonomics: developing the discipline and profession; in: Ergonomics 55:4, 2012, S. 377–395.

[2-5] VBG Gesetzliche Unfallversicherung: Büroraumplanung. Hilfen für das systematische Planen und Gestalten von Büros. Version 1.2 / 2009-06. VBG-Fachinformation, BGI 5050, 2009.

[2-6] Mensch, Technik, Organisation: ein soziotechnisches Gestaltungskonzept, Abb. aus Ulich, Eberhard: Mensch, Technik, Organisation: ein europäisches Produktionskonzept; in: Strohm, Oliver; Ulich, Eberhard (Hrsg.): Unternehmen arbeitspsychologisch bewerten, Schriftenreihe Mensch, Technik, Organisation, Band 10, vdf Hochschulverlag, Band 10, Zürich 1997, S. 5–17.

[2-7] Zink, Klaus J.: Zur Notwendigkeit eines soziotechnologischen Ansatzes; in: Zink, Klaus. J. (Hrsg.): Soziotechnologische Systemgestaltung als Zukunftsaufgabe, Festschrift, München 1984.

[2-8] Nettlau, Helmer: Praxishilfen zur Umsetzung »guter Büroarbeit«; in: Deutsches Netzwerk Büro: Praxishandbuch Gute Büroarbeit, Stuttgart 2013.

[2-9] Spath, Dieter; Bauer, Wilhelm; Braun, Martin: Gesundes und erfolgreiches Arbeiten im Büro, Berlin 2011.

[2-10] Drucker, Peter F.: Die Zukunft bewältigen. Aufgaben und Chancen im Zeitalter der Ungewissheit, Düsseldorf et al. 1969.

[2-11] Szyperski, N.: Informationsbedarf; in: Grochla, Erwin (Hrsg.): Handwörterbuch der Organisation, Stuttgart 1980, S. 904–914.

[2-12] Machlup, Fritz: The Production and Distribution of Knowledge in the United States, Princeton (NJ) 1962.

[2-13] Steinbicker, Jochen: Zur Theorie der Informationsgesellschaft. Ein Vergleich der Ansätze von Peter Drucker, Daniel Bell und Manuel Castells, Wiesbaden 2011.

[2-14] Ibert, Oliver; Kujath, Hans Joachim: Wissensarbeit aus räumlicher Perspektive. Begriffliche Grundlagen und Neuausrichten im Diskurs; in: Ibert, Oliver; Kujath, Hans Joachim (Hrsg.): Räume der Wissensarbeit. Zur Funktion von Nähe und Distanz in der Wissensökonomie, Wiesbaden 2011.

[2-15] Willke, Helmut: Organisierte Wissensarbeit, Zeitschrift für Soziologie, Jg. 27, Heft 3, 1998, S. 161–177.

[2-16] Dorhöfer, Steffen: Management und Organisation von Wissensarbeit: Strategie, Arbeitssystem und organisationale Praktiken in wissensbasierte Unternehmen, Dissertation Universität Marburg, Wiesbaden 2010.

[2-17] Bauer, Michael; Mösle, Peter; Schwarz, Michael: Green Building. Leitfaden für nachhaltiges Bauen, Berlin et al. 2013.

[2-18] Hauff, Volker (Hrsg.): Unsere gemeinsame Zukunft. Der Brundtland-Bericht der Weltkommission für Umwelt und Entwicklung, Greven 1987; Originaltitel: World's Commission on Environment and Development: Our Common Future.

[2-19] Fischer, Klaus: Entwicklung einer Definition für nachhaltige Büro- und Verwaltungsgebäude, Internes Arbeitspapier, Institut für Technologie und Arbeit e. V. an der TU Kaiserslautern, 2011.

[2-20] Mensinger, Martin et al.: Nachhaltige Bürogebäude mit Stahl; in: Stahlbau. 80. Jahrgang, Heft 10, Berlin 2011.

[2-21] Walter, Nobert et al.: Die Zukunft der Arbeitswelt. Auf dem Weg in Jahr 2030, Bericht der Kommission *Zukunft der Arbeitswelt* der Robert Bosch Stiftung mit Unterstützung des *Instituts für Beschäftigung und Employability* IBE, Stuttgart 2013.

[2-22] Jánszky, Sven Gábor; Abicht, Lothar: 2025 – So arbeiten wir in der Zukunft, Berlin 2013.

[2-23] Spath, Dieter et al.: Arbeitswelten 4.0, Fraunhofer-Institut für Arbeitswirtschaft und Organisation, 2012.

[2-24] Pickshaus, Klaus; Rundnagel, Regine; Werner, Heike: Gute Arbeit im Büro – der Mensch im Mittelpunkt?!; in: Deutsches Netzwerk Büro: Praxishandbuch Gute Büroarbeit, Stuttgart 2013.

[2-25] Münchner Kreis e. V., European Center for Information and Communication Technologies GmbH, Deutsche Telekom, TNS Infratest GmbH (Hrsg.): Zukunft und Zukunftsfähigkeit der Informations- und Kommunikationstechnologien. Internationale Delphi-Studie 2030, Bramsche 2009.

[2-26] Spath, Dieter; Bauer, Wilhelm; Ganz, Walter (Hrsg.): Arbeit der Zukunft. Fraunhofer-Institut für Arbeitswirtschaft und Organisation IAO, 2013.

[2-27] Bauer, Wilhelm; Rief, Stefan; Jurecic, Mitja: Innovationsoffensive Office 21® Forschungsphase 2012–2014. Fraunhofer-Institut für Arbeitswirtschaft und Organisation, 2012.

[2-28] Hamann, Götz; Pham, Khuê; Wefing, Heinrich: Die Vereinigten Staaten von Google; in: Die Zeit. N° 33, S. 11–13, 2014.

[2-29] Augusten, Tobias et al.: Die lebende Immobilie. Die Arbeitswelt der Zukunft, Erlangen 2006.

[2-30] Voss, Karsten et al.: Bürogebäude mit Zukunft, FIZ Karlsruhe, Leibniz-Institut für Informationsinfrastruktur, 2007.

[2-31] o. V.: Vertrauen ist die Währung der Teamarbeit; in: 360°. Steelcase, Ausgabe 5, 2012.

[2-32] Dziemba, Oliver; Horx, Matthias; Wenzel, Eike: Die Matrix des Wandels, Kelkheim 2009.
[2-33] Schneider, Willi; Windel, Armin; Zwingmann, Bruno: Die Zukunft der Büroarbeit. Bewerten, Vernetzen, Gestalten, Initiative Neue Qualität der Büroarbeit, Bundesanstalt für Arbeitsschutz und Arbeitsmedizin, Bremerhaven 2005.
[2-34] Rump, Jutta: Arbeit der Zukunft. Die Arbeitswelt im Umbruch; in: Winterfeld, Ulrich; Godehardt, Birgit; Reschner, Christina: Die Zukunft der Arbeit, Berlin 2011.
[2-35] Richenhagen, Gottfried: Handeln mit Weitblick. Beschäftigungsfähigkeit bis ins hohe Alter; in: Winterfeld, Ulrich; Godehardt, Birgit; Reschner, Christian: Die Zukunft der Arbeit, Berlin 2011.
[2-36] Zink, Klaus J.: Zukunftsfähige Arbeit als Herausforderung. Situationsanalyse und Anforderungen an eine Definition, Zeitschrift für Arbeitswissenschaft, 1/2010, S. 48–58.
[2-37] Docherty, Peter; Kira, Mari; (Rami) Shani, Abraham B.: What the world needs now is sustainable work systems; in: Docherty, Peter; Kira, Mari; (Rami) Shani, Abraham B.: Creating Sustainable Work Systems, second editon, London 2009.
[2-38] Schweer, Ralf; Genz, Andreas: Prospektive Arbeitsgestaltung. Ein Online-Tool zur Work-Flow-Optimierung am Beispiel des Call-Center-Netzwerks Sachsen; in: Schneider, Willi; Windel, Armin; Zwingmann, Bruno: Die Zukunft der Büroarbeit – Bewerten, Vernetzen, Gestalten, Bremerhaven 2005.
[2-39] Walch, Karin et al.: Gebaut 2020. Zukunftsbilder und Zukunftsgeschichten für das Bauen von morgen. Haus der Zukunft, Wien 2001.
[2-40] Zinser, Stephan; Boch, Dieter: Flexible Arbeitswelten, Zürich 2007.
[2-41] Kelter, Jörg: Auf dem Weg in die Zukunft. Trends und Produktivitätspotenziale für exzellente Bürowelten; in: Winterfeld, Ulrich; Godehardt, Birgit; Reschner, Christian: Die Zukunft der Arbeit, Berlin 2011.
[2-42] Rieck, A.: Beitrag zur Gestaltung von Arbeitsumgebungen für die Wissensarbeit, Heimsheim 2011.
[2-43] Spath, Dieter; Bauer, Wilhelm; Rief, Stefan (Hrsg.): Green Office. Ökonomische und ökologische Potenziale nachhaltiger Arbeits- und Bürogestaltung, Wiesbaden 2010.
[2-44] Allen, Thomas J.; Henn, Gunther: The Organization and Architecture of Innovation: Managing the Flow of Technology, Oxford (UK) 2006.
[2-45] Podolny, Joel M.; Baron, James N.: Resources and Relationships. Social Networks and Mobility in the Workplace; in: American Sociological Review 62, 1997.
[2-46] Sturm, Flavius et al.: FuE Arbeitsumgebungen 2015+, Fraunhofer-Institut für Arbeitswirtschaft und Organisation, 2012.
[2-47] Pietzker, Matthias; Jäger, Dieter: Büroanforderungen im Wandel. Herausforderungen für eine zukunftsorientierte Immobilienplanung; in: Streitz, Norbert et al.: Arbeitswelten im Wandel. Fit für die Zukunft?, Stuttgart 1999.
[2-48] Bauer, Wilhelm; Spath, Dieter: Office 21: Zukunftsoffensive 21 – mehr Leistung in innovativen Arbeitswelten, Köln 2003.
[2-49] Amstutz, Sibylla; Kündig, Sandra; Monn, Christina: SBiB-Studie. Schweizerische Befragung in Büros, Hochschule Luzern, 2010.
[2-50] Bauer, Wilhelm; Rief, Stefan; Jurecic, Mitja: Ökonomische und ökologische Potenziale nachhaltiger Arbeits- und Bürogestaltung; in: Spath, Dieter; Bauer, Wilhelm; Rief, Stefan (Hrsg.): Green Office. Ökonomische und ökologische Potenziale nachhaltiger Arbeits- und Bürogestaltung, Wiesbaden 2010.
[2-51] Baudach, T. et al.: Einfluss von Nutzeranforderung auf die ökonomische Bewertung von Stahl als Konstruktionswerkstoff für nachhaltige Bürogebäude; in: Stahlbau. 82. Jahrgang, Heft 1, 2013.
[2-52] Mösele, Peter et al.: Nachhaltiges Bauen und Bewirtschaften, in Spath, Dieter; Bauer, Wilhelm; Rief, Stefan (Hrsg.): Green Office – Ökonomische und ökologische Potenziale nachhaltiger Arbeits- und Bürogestaltung, Wiesbaden 2010.
[2-53] Pfister, Dieter: Raum – Atmosphäre – Nachhaltigkeit, Edition Gesowip, Basel 2011 sowie Pfister, Dieter: Zur Bedeutung der sozialen Nachhaltigkeit für Immobilien und Prozesse der Raumentwicklung. Eine unterschätzte Dimension der Nachhaltigen Entwicklung und deren Defizite bei den emotionalen Aspekten, Schriftenreihe des Instituts für Topologie, Nr. 2, München 2010.
[2-54] Pfnür, Andreas; Weiland, Sonja: CREM 2010: Welche Rolle spielt der Nutzer, Arbeitspapiere zur immobilienwirtschaftlichen Forschung und Praxis, Band Nr. 21, TU Darmstadt, 2010.
[2-55] Krupper, Dirk: Nutzerbasierte Bewertung von Büroimmobilien – eine Post-Occupancy Evaluation auf Basis umweltpsychologischer Aspekte unter besonderer Berücksichtigung von Zufriedenheit, Gesundheit und Produktivität, Köln 2013.
[2-56] Miller, Michael; Rößler, Melanie: Personalarbeit 2020; in: Personalmagazin 10, 2009.
[2-57] Erweitert in Anlehnung an: Institut für Arbeitsdesign und Zukunftstechnologien e.V. (Hrsg.): Wie wir morgen arbeiten, URL: http://www.i-faz.de/2015/05/19/wie-wir-arbeiten-werden/, August 2015.
[2-58] Modifiziert in Anlehnung an Gasser, Markus; zur Brügge, Carolin; Tvrtkovic´, Mario: Raumpilot Arbeiten; in: Wüstenrot Stiftung (Hrsg.), Zürich 2010, S. 22–23.

Kapitel 3 Objektplanung

[3-1] Eisele, Johann; Staniek Bettina: BürobauAtlas – Grundlagen, Planung, Technologie, Arbeitsplatzqualitäten, Callwey, München 2005.

[3-2] Clamor, Tim; Haas, Heide; Voigtländer, Michael: Büroleerstand – ein zunehmendes Problem des deutschen Immobilienmarktes, IW-Trends – Vierteljahresschrift zur empirischen Wirtschaftsforschung aus dem Institut der deutschen Wirtschaft Köln, Köln, 38. Jahrgang, Heft 4/2011.

[3-3] Hascher, Rainer; Jeska, Simone; Klauck, Birgit: Entwurfsatlas Bürobau, Birkhäuser, Basel et al. 2002.

[3-4] Manchmal hilft nur noch ein Umzug – Arbeitspplatz-TU-Professor Andreas Pfnür erstellt Studie zur Auswirkung der Immobilien auf die Arbeitsproduktivität: URL: www.echo-online.de/region/darmstadt/studienortdarmstadt/technischeuniversitaet/Manchmal-hilft-nur-noch-ein-Umzug, November 2012.

[3-5] Institut für internationale Architektur-Dokumentation GmbH &Co. KG: Büro/Office – best of DETAIL, Edition DETAIL, München 2013.

[3-6] Projektentwicklung (Immobilien) Wikipedia: URL: http://de.wikipedia.org/wiki/Projektentwicklung_Immobilien, Januar 2014.

[3-7] Heisel, Joachim P.: Planungsatlas. Praxishandbuch Bauentwurf, Berlin et al. 2013.

[3-8] Pogade, Daniela: Inspiration Office. How to Design Workspaces, Berlin 2008.

[3-9] Muschiol, Roman: Begegnungsqualität in Bürogebäuden. Ergebnisse einer empirischen Studie, Herzogenrath 2007.

[3-10] Beobachter – Alptraum Grossraum: URL: http://www.beobachter.ch/arbeit-bildung/arbeitgeber/artikel/arbeit_alptraum-grossraum/, Februar 2014.

[3-11] Koester-Liebrich, Susanne: Das Büro als Business-Club bei der dvg – Datenverarbeitungsgesellschaft mbH Hannover; in: Congena Texte 1/2 2001: Kombibüros und Artverwandte, 32. Jahrgang, S. 53–59.

[3-12] Non-territorial Office: URL: http://www.buero-forum.de/de/buerowelten/formen-der-bueroarbeit/non-territorial-office/, März 2014.

[3-13] Verheijen, Tjeu: The Future-Office – Vodafon-Mobiles Arbeiten verändert Umgebung und Verhalten; in: Congena Texte 2012: Schöne neue Arbeitswelt, 43. Jahrgang, S. 43–46.

[3-14] Prof. Dr. Pfnür, Andreas (Hrsg.); Krupper, Dirk: Nutzerbasierte Bewertung von Büroimmobilien, Rudolf Müller, Köln 2013.

[3-15] Gallup Engagement Index: URL: http://www.gallup.com/region/europe/160037/innere-kuendigung-bedroht-innovationsfaehigkeit-deutscher-unternehmen.aspx, März 2014.

[3-16] Gallup Engagement Index: URL: http://www.handelsblatt.com/unternehmen/management/strategie/gallup-studie-fehlende-motivation-kostet-firmen-milliarden/7888974.html, März 2014.

[3-17] Bundesanstalt für Arbeitsschutz und Arbeitsmedizin (BAuA): Wohlbefinden im Büro. Arbeits- und Gesundheitsschutz bei der Büroarbeit, Dortmund 2010.

[3-18] Arbeitsstättenverordnung: §1.2 Abmessungen von Räumen, Luftraum, August 2004.

[3-19] Arbeitsstättenverordnung: §3.2 Anordnung der Arbeitsplätze, August 2004.

[3-20] Herzog, Thomas; Krippner, Roland; Lang, Werner: Fassaden Atlas, Edition DETAIL, München 2004.

[3-21] Musterbauordnung: §14 Brandschutz, Oktober 2008.

[3-22] Fachgebiet Entwerfen und Baugestaltung am Fachbereich Architektur der TU Darmstadt von Prof. Eisele, Johann: Bürowelten 6: ein Nachschlagewerk zu aktuellen Fragen des Bürobaus, Maße – Normen – Systeme, Darmstadt 2006.

[3-23] Arbeitsstättenverordnung: §6 Arbeitsräume, Sanitärräume, Pausen- und Bereitschaftsräume, Erste-Hilfe-Räume, Unterkünfte, August 2004.

[3-24] Arbeitsstättenverordnung: Anhang 1.2, Abmessungen von Räumen und Luftraum, August 2004.

[3-25] Daniels, Klaus: Gebäudetechnik. Ein Leitfaden für Architekten und Ingenieure, München 2000.

[3-26] Gasser, Markus; zur Brügge, Carolin; Tvrtković, Mario: Raumpilot-Arbeiten, Stuttgart 2010.

[3-XX] Gasser, Markus: Wie weiter im Bürobau? Zwölf Thesen; in: DETAIL Konzept Bürogebäude Heft 9 2011, Institut für internationale Architektur-Dokumentation GmbH & Co. KG, München 2011, S. 986–992.

[3-XX] Kaltenbach, Frank: Bürohäuser – Ausnahmegebäude mit Regelgrundrissen; in: DETAIL Konzept Verwaltungsbau Heft 9, 2002, Institut für internationale Architektur-Dokumentation GmbH & Co. KG, München 2002, S. 1042–1054.

[3-XX] Nachhaltiges Bauen Wikipedia: URL: http://de.wikipedia.org/wiki/Nachhaltiges_Bauen, März 2014.

Kapitel 4 Konstruktion

[4-1] Cole, Raymond. J.; Kernan, Paul C.: Life-Cycle Energy Use in Office Buildings; in: Building and Environment 31, 4/1996, S. 307–317.

[4-2] Ibn-Mohammed, Taofeeq; Greenough, Rick; Taylor, Simon; Ozawa-Meida, Leticia; Acquaye, Adolf: Operational vs. embodied emissions in buildings – A review of current trends; in: Energy and Buildings 66, November 2013, S. 232–245.

[4-3] Moynihan, Muiris C.; Allwood, Julian M.: The flow of steel into the construction sector; in: Resources, Conservation and Recycling 68, November 2012, S. 88–95.

[4-4] Yellishetty, Mohan; Mudd, Gavin M.; Ranjith, Pathegama Gamage; Tharumarajah, Ambalavanar: Environmental life-cycle comparison of steel production and recycling: sustainability issues, problems and prospects; in: Environmental Science & Policy 14, Heft 6, Oktober 2011, S. 650–663.

[4-5] Zuo, Jian; Zhao, Zhen-Yu: Green building research – current status and future agenda: A review; in: Renewable and Sustainable Energy Reviews 30, Februar 2014, S. 271–281.

[4-6] Mensinger, Martin et al.: Nachhaltige Büro- und Verwaltungsgebäude in Stahl- und Stahlverbundbauweise, Forschungsvereinigung Stahlanwendung FOSTA e.V. (P881), Düsseldorf 2015.

[4-7] Stroetmann, Richard; Podgorski, Christine: Zur Nachhaltigkeit von Stahl- und Verbundkonstruktionen bei Büro- und Verwaltungsgebäuden – Teil 1: Tragkonstruktionen; in: Stahlbau 83, Heft 4, April 2014, S. 245–256.

[4-8] Cho, Young Sang; Kim, Jeom Han; Hong, Seong Uk; Kim, Yuri: LCA application in the optimum design of high rise steel structures; in: Renewable and Sustainable Energy Reviews 16, Heft 5, Juni 2012, S. 3146–3153.

[4-9] Sobeck, Werner; Trumpf, Heiko; Heinlein, Frank: Recyclinggerechtes Konstruieren im Stahlbau; in: Stahlbau 79, Heft 6, Juni 2010, S. 424–433.

[4-10] Mensinger, Martin et al.: Nachhaltige Bürogebäude mit Stahl; in: Stahlbau 80, Heft 10, Oktober 2011, S. 740–749.

[4-11] Burgan, Bassam A.; Sansom, Michael R.: Sustainable steel construction; in: Journal of Constructional Research 62, Heft 11, November 2006, S. 1178–1183.

[4-12] P764, FOSTA: Eurobuild in Steel – Aktuelle Entwicklungen im Gewerbebau, Düsseldorf 2008.

[4-13] Ungermann, Dieter et al.: Nachhaltige Verwendung von Stahl im Gebäudebestand; in: Stahlbau 79, Heft 6, Juni 2010, S. 434–438.

[4-14] Ranzi, Gianluca; Leoni, Graziano; Zandonini, Riccardo: State of the art on the time-dependent behaviour of composite steel-concrete structures; in: Journal of Constructional Steel Research 80, Januar 2013, S. 252–263.

[4-15] Kreißig, Johannes; Hauke, Bernhard; Kuhnhenne, Markus: Ökobilanzierung von Baustahl; in: Stahlbau 79, Heft 6, Juni 2010, S. 418–423.

[4-16] Hegger, Josef et al.: Integrierte und nachhaltigkeitsorientierte Deckensysteme im Stahl- und Stahlverbundbau; in: Stahlbau 80, Heft 10, Oktober 2011, S. 728–733.

[4-17] Stroetmann, Richard; Podgorski, Christine: Zur Nachhaltigkeit von Stahl- und Verbundkonstruktionen bei Büro- und Verwaltungsgebäuden – Tragkonstruktionen (Teil 2); in: Stahlbau 83, Heft 9, September 2014, S. 599–607.

[4-18] Masconi, Hans-Werner et al.: Schraubenloser Verbundbau beim Neubau des Postamtes 1 in Saarbrücken; in: Stahlbau 59, Heft 3, März 1990, S. 65–73.

[4-19] DIN EN 1991-1-1: Eurocode 1: Einwirkungen auf Tragwerke – Teil 1-1: Allgemeine Einwirkungen auf Tragwerke – Wichten, Eigengewicht und Nutzlasten im Hochbau, Dezember 2010.

[4-20] DIN EN 1991-1-1/NA: Eurocode 1: Nationaler Anhang – Einwirkungen auf Tragwerke – Teil 1-1: Allgemeine Einwirkungen auf Tragwerke – Wichten, Eigengewicht und Nutzlasten im Hochbau, Dezember 2010.

[4-21] DIN EN 1993-1-1: Eurocode 3: Bemessung und Konstruktion von Stahlbauten – Teil 1-1: Allgemeine Bemessungsregeln und Regeln für den Hochbau, Dezember 2010.

[4-22] DIN EN 1994-1-1: Eurocode 4: Bemessung und Konstruktion von Verbundtragwerken aus Stahl und Beton – Teil 1-1: Allgemeine Bemessungsregeln und Anwendungsregeln für den Hochbau, Dezember 2010.

[4-23] DIN EN 1992-1-1: Eurocode 2: Bemessung und Konstruktion von Stahlbeton- und Spannbetontragwerken – Teil 1-1: Allgemeine Bemessungsregeln und Regeln für den Hochbau, Januar 2011.

[4-24] Hanswille, Gerhard; Schäfer, Markus; Bergmann, Marco: Stahlbaunormen – Verbundtragwerke aus Stahl und Beton, Bemessung und Konstruktion – Kommentar zu DIN 18800-5 Ausgabe März 2007; in: Stahlbau-Kalender 2010: Schwerpunkt: Verbundbau, Berlin 2010, S. 244–422.

[4-25] DIN 18800-5: Stahlbauten – Teil 5: Verbundtragwerke aus Stahl und Beton – Bemessung und Konstruktion, März 2007.

[4-26] Maier, Claus: Großversuch zum Einfluss nicht tragender Ausbauelemente auf das Schwingungsverhalten weitgespannter Verbundträgerdecken, Darmstadt 2005.

[4-27] Feldmann, Markus; Heinemeyer, Christoph: Neues Verfahren zur Bestimmung und Bewertung von personeninduzierten Deckenschwingungen; in: Bauingenieur 85, Heft 1, Januar 2010, S. 36–44.

[4-28] Human-induced vibration of steel structures (Hivoss): Schwingungsbemessung von Geschossdecken – Erläuterungen, Directorate-General for Research and Innovation, European Commission, 2008.

[4-29] Human-induced vibration of steel structures (Hivoss): Schwingungsbemessung von Decken – Leitfaden, Directorate-General for Research and Innovation, European Commission, 2008.
[4-30] DIN 4102-4: Brandverhalten von Baustoffen und Bauteilen – Zusammenstellung und Anwendung klassifizierter Baustoffe, Bauteile und Sonderbauteile, März 1994.
[4-31] DIN EN 1994-1-2: Eurocode 4: Bemessung und Konstruktion von Verbundtragwerken aus Stahl und Beton – Teil 1-2: Allgemeine Regeln – Tragwerksbemessung für den Brandfall, Dezember 2010.
[4-32] Musterbauordnung (MBO) – Fassung November 2002, zuletzt geändert durch Beschluss der Bauministerkonferenz vom 21.9.2012, Bauministerkonferenz, Konferenz der für Städtebau, Bau- und Wohnungswesen zuständigen Minister und Senatoren der Länder (ARGEBAU), Berlin 2012.
[4-33] DIN EN ISO 12944-1: Beschichtungsstoffe – Korrosionsschutz von Stahlbauten durch Beschichtungssysteme – Teil 1: Allgemeine Einleitung, Juli 1998.
[4-34] DIN EN ISO 12944-2: Beschichtungsstoffe – Korrosionsschutz von Stahlbauten durch Beschichtungssysteme – Teil 2: Einteilung der Umgebungsbedingungen, Juli 1998.
[4-35] 31. BImSchV – Verordnung zur Begrenzung der Emissionen flüchtiger organischer Verbindungen bei der Verwendung organischer Lösemittel in bestimmten Anlagen, 31. Verordnung zur Durchführung des Bundes-Immissionsschutzgesetzes, VOC-Verordnung, August 2001.
[4-36] Bewertungssystem für nachhaltiges Bauen (BNB) 2011_1: Gewichtung und Bedeutungsfaktoren, Bundesministerium für Umwelt, Naturschutz, Bau und Reaktorsicherheit, 2011.
[4-37] Neubau Büro- und Verwaltungsgebäude – DGNB-Handbuch für nachhaltiges Bauen, Deutsche Gesellschaft für nachhaltiges Bauen e.V., Stuttgart 2012.
[4-38] DIN EN ISO 14040: Umweltmanagement – Ökobilanz – Grundsätze und Rahmenbedingungen, deutsche und englische Fassung, November 2009.
[4-39] DIN EN ISO 14044: Umweltmanagement – Ökobilanz – Anforderungen und Anleitungen, deutsche und englische Fassung, Oktober 2006.
[4-40] Ökobau.dat: URL: http://www.nachhaltigesbauen.de/oekobaudat, März 2014.
[4-41] Umwelt-Produktdeklaration nach ISO 14025 und EN 15804: Beton der Druckfestigkeitsklasse C 30/37, Institut Bauen und Umwelt e.V., Berlin 2013, EPD-IZB-2013431-D.
[4-42] Umwelt-Produktdeklaration nach ISO 14025 und EN 15804: Baustähle: Offene Walzprofile und Grobbleche, Institut Bauen und Umwelt e.V., Berlin 2013, EPD-BFS-20130094-IBG1-DE.
[4-43] Umwelt-Produktdeklaration nach ISO 14025 und EN 15804: Profiltafeln aus Stahl für Dach-, Wand- und Deckenkonstruktionen, Institut Bauen und Umwelt e.V., Berlin 2013, EPD-IFBS-2013211-D.
[4-44] DGNB-Navigator: BRESPA-Decken, DW Systembau GmbH, 2013.

Kapitel 5 Fassade

[5-1] Energieeinsparverordnung für Gebäude: Verordnung über energiesparenden Wärmeschutz und energiesparende Anlagentechnik bei Gebäuden (EnEV 2009), gültig ab Oktober 2009.
[5-2] Energieeinsparverordnung für Gebäude Verordnung über energiesparenden Wärmeschutz und energiesparende Anlagentechnik bei Gebäuden (EnEV 2007), gültig ab Oktober 2007.
[5-3] Energieeinsparverordnung für Gebäude Verordnung über energiesparenden Wärmeschutz und energiesparende Anlagentechnik bei Gebäuden (EnEV 2014), gültig ab Mai 2014.
[5-4] Deutsche Gesellschaft für Nachhaltiges Bauen e.V. (Hrsg.): Kriterienkatalog Neubau Büro- und Verwaltungsgebäude, Version 2015.2, Juli 2015
[5-5] Eisele, Johann (Hrsg.): Bürowelten 6: ein Nachschlagewerk zu aktuellen Fragen des Bürobaus, Darmstadt 2008.
[5-6] DIN 4109: Schallschutz im Hochbau; Anforderungen und Nach- weise, November 1989.
[5-7] DIN 4108-2: Wärmeschutz und Energie-Einsparung in Gebäuden – Teil 2: Mindestanforderungen an den Wärmeschutz, Februar 2013.
[5-8] DIN 18516-1: Außenwandbekleidungen, hinterlüftet – Teil 1: Anforderungen, Prüfgrundsätze, Juni 2010.
[5-9] DIN 4108-10: Wärmeschutz und Energie-Einsparung in Gebäuden – Teil 10: Anwendungsbezogene Anforderungen an Wärmedämmstoffe – Werkmäßig hergestellte Wärmedämmstoffe, Juni 2008.
[5-10] DIN EN ISO 10211: Wärmebrücken im Hochbau – Wärmeströme und Oberflächentemperaturen – Detaillierte Berechnungen, April 2008.
[5-11] DIN 18008-3: Glas im Bauwesen – Bemessungs- und Konstruktionsregeln – Teil 3: Punktförmig gelagerte Verglasungen, Juli 2013.

Kapitel 6 Ökonomie

[6-1] Rottke, Nico B.; Reichardt, Alexander: Nachhaltigkeit in der Immobilienwirtschaft – Implementierungsstand und Beurteilung; in: Rottke, Nico B. (Hrsg.): Ökonomie vs. Ökologie. Nachhaltigkeit in der Immobilienwirtschaft?, Köln 2010, S. 25–53.

[6-2] Schäfer, Berthold; Litzner, Hans-Ulrich: Nachhaltiges Bauen aus Sicht der Bauwirtschaft; in: Beton- und Stahlbetonbau 100, Heft 9, September 2005, S. 771–774.

[6-3] Ebert, Thilo; Eßig, Natalie; Hauser, Gerd: Zertifizierungssysteme für Gebäude – Nachhaltigkeit bewerten, internationaler Systemvergleich, Zertifizierung und Ökonomie, München 2010.

[6-4] Mensinger, Martin et al.: Nachhaltige Bürogebäude mit Stahl; in: Stahlbau 80, Heft 10, Oktober 2011, S. 740–749.

[6-5] Bundesministerium für Verkehr, Bau und Stadtentwicklung (Hrsg.): Bewertungssystem Nachhaltiges Bauen (BNB) – Neubau Büro- und Verwaltungsgebäude, Berlin 2011.

[6-6] Deutsche Gesellschaft für nachhaltiges Bauen e.V. (Hrsg.): Neubau Büro- und Verwaltungsgebäude – DGNB Handbuch für nachhaltiges Bauen, Stuttgart 2012.

[6-7] Plagaro Cowee, Natalie; Schwer, Peter: Die Typologie der Flexibilität im Hochbau, Hochschule Luzern – Technik und Architektur / Kompetenzzentrum Typologie und Planung in der Architektur (CCTP), Luzern 2008.

[6-8] Bone-Winkel, Stephan et al.: Immobilieninvestition; in: Schulte, Karl-Werner (Hrsg.): Immobilienökonomie – Betriebswirtschaftliche Grundlagen, München 2008, S. 627–712.

[6-9] Hölscher, Reinhold: Investition, Finanzierung und Steuern, München 2010.

[6-10] Ropeter, Sven-Eric: Investitionsanalyse für Gewerbeimmobilien, Köln 2002.

[6-11] Amt für Grundstücke und Gebäude des Kanton Bern (Hrsg.): Richtlinie Systemtrennung, Bern 2013.

[6-12] Baudach, Tino et al.: Einfluss von Nutzeranforderungen auf die ökonomische Bewertung von Stahl als Konstruktionswerkstoff für nachhaltige Bürogebäude; in: Stahlbau 82, Heft 1, Januar 2013, S. 18–25.

[6-13] Schäfers, Wolfgang: Strategisches Management von Unternehmensimmobilien – Bausteine einer theoretischen Konzeption und Ergebnisse einer empirischen Untersuchung, Köln 1997.

[6-14] Bieg, Hartmut; Kußmaul, Heinz: Investition, München 2009.

[6-15] Bone-Winkel, Stephan; Schulte, Karl-Werner; Focke, Christian: Begriffe und Besonderheiten der Immobilie als Wirtschaftsgut; in: Schulte, Karl-Werner (Hrsg.): Immobilienökonomie – Betriebswirtschaftliche Grundlagen, München 2008, S. 3–25.

[6-16] Götze, Uwe: Investitionsrechnung – Modelle und Analysen zur Beurteilung von Investitionsvorhaben, Berlin et al. 2008.

[6-17] Schierenbeck, Henner; Wöhle, Claudia B.: Grundzüge der Betriebswirtschaftslehre, München 2008.

[6-18] DIN 276-1: Kosten im Bauwesen – Teil 1: Hochbau, Dezember 2008.

[6-19] DIN 18960: Nutzungskosten im Hochbau, Februar 2008.

[6-20] Herzog, Kati: Lebenszykluskosten von Baukonstruktionen. Entwicklung eines Modells und einer Softwarekomponente zur ökonomischen Analyse und Nachhaltigkeitsbeurteilung von Gebäuden, Dissertation, Technische Universität Darmstadt, Darmstadt 2005.

[6-21] Homburg, Carsten: Kostenbegriffe; in: Küpper, Hans-Ulrich (Hrsg.): Handwörterbuch Unternehmensrechnung und Controlling, Stuttgart 2002, S. 1051–1059.

[6-22] Hoitsch, Hans-Jörg; Lingnau, Volker: Kosten- und Erlösrechnung. Eine controllingorientierte Einführung, Berlin et al. 2007, 6. Auflage.

[6-23] GEFMA / IFMA 220-1: Lebenszykluskosten-Ermittlung im FM – Einführung und Grundlagen, September 2010.

[6-24] Möller, Dietrich-Alexander; Kalusche, Wolfdietrich: Planungs- und Bauökonomie – Wirtschaftslehre für Bauherren und Architekten, München 2013.

[6-25] Meins, Erika; Burkhard, Hans-Peter: ESI® Immobilienbewertung – Nachhaltigkeit inklusive: Der Nachhaltigkeit von Immobilien einen finanziellen Wert geben, Center for Corporate Responsibility and Sustainability, Universität Zürich, Zürich 2009.

[6-26] Kofner, Stefan: Investitionsrechnung für Immobilien, Hamburg 2006.

[6-27] Fest, Martin; Gürtler, Marc; Heithecker, Dirk: Einflussfaktoren von Immobilienpreisen bei Renditeobjekten, Working Paper Series, Lehrstuhl für BWL, insb. Finanzwirtschaft, Technische Universität Braunschweig, Braunschweig 2006.

[6-28] Kalusche, Wolfdietrich: Technische Lebensdauer von Bauteilen und wirtschaftliche Nutzungsdauer eines Gebäudes; in: Held, Hans; Marti, Peter (Hrsg.): Bauen, Bewirtschaften, Erneuern – Gedanken zur Gestaltung der Infrastruktur. Festschrift zum 60. Geburtstag von Professor Dr. Hans-Rudolf, Zürich 2004, S. 55–72.

[6-29] Kalusche, Wolfdietrich: Lebenszykluskosten von Gebäuden – Grundlage ist die neue DIN 18960: 2008-02: Nutzungskosten im Hochbau; in: Bauingenieur 83, November 2008, S. 495–501.

[6-30] Musterbauordnung, November 2002.

[6-31] Baukosteninformationszentrum (Hrsg.): BKI Handbuch Kostenplanung im Hochbau, Stuttgart 2003.

[6-32] Fröhlich, Peter J.: Hochbaukosten, Flächen, Rauminhalte: DIN 276, DIN 277, DIN 18960 – Kommentare und Erläuterungen, Wiesbaden 2010.

[6-33] Drees, Gerhard; Paul, Wolfgang: Kalkulation von Baupreisen – Hochbau, Tiefbau, schlüsselfertiges Bauen, Berlin et al. 2011.

[6-34] Deutscher Stahlbaubau-Verband (Hrsg.): Kostenrechnung, Kalkulation, Kostenkontrolle – Ein Leitfaden zur Kostenrechnung im Stahlbau, Köln 1983.

[6-35] bauforumstahl (Hrsg.): Kosten im Stahlbau – Basisinformationen zur Kalkulation, Düsseldorf 2013.

[6-36] Hauptverband der deutschen Bauindustrie e.V. (Hrsg.): Bau- geräteliste 2007 – Technisch-wirtschaftliche Baumaschinendaten, Gütersloh 2007.

[6-37] Schach, Rainer; Otto, Jens: Baustelleneinrichtung: Grundlagen, Planung, Praxishinweise, Vorschriften und Regeln, Wiesbaden 2011.

[6-38] Jacob, Dieter; Stuhl, Constanze; Winter, Christoph (Hrsg.): Kalkulieren im Ingenieurbau – Strategie, Kalkulation, Controlling, Wiesbaden 2011.

[6-39] Plümecke, Karl: Preisermittlung für Bauarbeiten, Köln 2012.

[6-40] Ruckes, Jakob: Betriebs- und Angebotskalkulation im Stahl- und Apparatebau, Berlin et al. 1982.

[6-41] Wilken, Volker: Kostensätze, Gütertransport, Straße. Unverbindliche Kostensätze für Gütertransporte auf der Straße, Düsseldorf 2012.

[6-42] Mensinger, Martin et al.: Nachhaltige Büro- und Verwaltungsgebäude in Stahl- und Stahlverbundbauweise, Forschungsvereinigung Stahlanwendung FOSTA e.V. (P881), Düsseldorf 2015.

[6-43] Hauptverband der deutschen Bauindustrie / Zentralverband des Deutschen Baugewerbes (Hrsg.): Kosten- und Leistungsrechnung der Bauunternehmen – KLR Bau, Wiesbaden et al. 2001.

[6-44] Hoffmann, Manfred (Hrsg.): Zahlentafeln für den Baubetrieb, Wiesbaden 2006.

[6-45] Baukosteninformationszentrum (Hrsg.): BKI Baukosten Gebäude – Statistische Kennwerte, Stuttgart 2013.

[6-46] Baukosteninformationszentrum (Hrsg.): BKI Baukosten Bauelemente – Statistische Kennwerte, Stuttgart 2013.

[6-47] Baukosteninformationszentrum (Hrsg.): BKI Baukosten Positioen – Statistische Kennwerte, Stuttgart 2013.

[6-48] Eisele, Johann (Hrsg.): Bürowelten 6: ein Nachschlagewerk zu aktuellen Fragen des Bürobaus, Darmstadt 2008.

[6-49] sirados (Hrsg.): Baudaten für Kostenplanung und Ausschreibung (CD-ROM), Stand 2011, Kissing 2011.

[6-50] Staniek, Bettina: Büroorganisationsformen; in: Eisele, Johann; Staniek, Bettina (Hrsg.): BürobauAtlas, München 2005, S. 54–67.

[6-51] Giesemann, Susanne: Zukunftsorientierte Bürokonzepte. Eine Betrachtung aus Sicht der Immobilienentwicklung, Dresdner Bank Immobiliengruppe, Frankfurt 1999.

[6-52] Giesemann, Susanne: Immobilienwirtschaftliche Trends: Zukunftsorientierte Bürokonzepte. Eine Betrachtung aus Sicht der Immobilienentwicklung, Deutsche Gesellschaft für Immobilienfonds (DEGI), Frankfurt 2003.

[6-53] European Commission (Hrsg.): Euro-Build in steel. Evaluation of client demand, sustainability and future regulations on the next generation of building design in steel, Luxemburg 2007.

[6-54] DIN 31051: Grundlagen der Instandhaltung, September 2012.

[6-55] Institut für Erhaltung und Modernisierung von Bauwerken (Hrsg.): Nutzungsdauern von ausgewählten Bauteilen und Bauteilschichten des Hochbaus für den Leitfaden »Nachhaltiges Bauen«, Technische Universität Berlin, Berlin 2008.

[6-56] Simons, Harald et al.: Deutschland bis 2040. Langfristige Trends und ihre Bedeutung für den Immobilienmarkt, Bayerische Landesbank, München 2009.

[6-57] Beyerle, Thomas et al.: Marktreport Deutschland 2013, IVG Immobilien AG, Bonn 2013.

[6-58] Gesellschaft für immobilienwirtschaftliche Forschung e.V. (Hrsg.): Definitionssammlung zum Büromarkt, Wiesbaden 2008.

[6-59] Degen, Horst; Lorscheid, Peter: Statistik-Lehrbuch. Methoden der Statistik im wirtschaftswissenschaftlichen Bachelor-Studium, München 2012.

[6-60] Zwerenz, Karlheinz: Statistik verstehen mit Excel, München 2001.

[6-61] Holland, Heinrich; Scharnbacher, Kurt: Grundlagen der Statistik, Wiesbaden 2010.

[6-62] Gesellschaft für immobilienwirtschaftliche Forschung e.V. (Hrsg.): Richtlinie zur Berechnung der Mietfläche für gewerblichen Raum (MF/G), Wiesbaden 2012.

[6-63] Reichardt, Alexander; Rottke, Nico B.: Nachhaltigkeit in der Immobilienwirtschaft – Eine empirische Untersuchung des deutschen Marktes; in: Rottke, Nico B. (Hrsg.): Ökonomie vs. Ökologie. Nachhaltigkeit in der Immobilienwirtschaft?, Köln 2010, S. 91–112.

[6-64] Barthauer, Matthias: Ökologische Nachhaltigkeit von Büroimmobilien. Jones Lang LaSalle, Januar 2008.

[6-65] Wiencke, Andreas; Meins, Erika; Burkhard, Hans-Peter: Corporate Real Estate and Sustainability Survey (CRESS) 2011/2012, CB Richard Ellis / Center for Corporate Responsibility and Sustainability – Universität Zürich, Zürich 2012.

[6-66] Waldis, Samuel; Meins, Erika; Burkhard, Hans-Peter: Corporate Real Estate and Sustainability Survey (CRESS) 2010, CB Richard Ellis / Center for Corporate Responsibility and Sustainability – Universität Zürich, Zürich 2009.

[6-67] Henzelmann, Torsten; Büchele, Ralph; Engel, Michael: Nachhaltigkeit im Immobilienmanagement, Roland Berger Strategy Consultants, 2010.

[6-68] Zimmermann, Josef; Schaule, Matthias: Untersuchung des Einflusses von Merkmalen der Nachhaltigkeit auf den Verkehrswert von Immobilien, Schriftenreihe des Lehrstuhls für Bauprozessmanagement und Immobilienentwicklung, TU München, München 2011.

[6-69] 15. Handelsblatt Jahrestagung Immobilienwirtschaft: Befragung zur Zahlungsbereitschaft für Nachhaltige Gebäude in Deutschland, Berlin 6./7. Mai 2008.

[6-70] Meins, Erika; Burkhard, Hans-Peter: Nachhaltigkeit: Herausforderung für die Immobilienwirtschaft; in: Die Volkswirtschaft, Juli/August 2010, S. 18–21.

[6-71] Eichholtz, Piet; Kok, Nils; Quigley, John M.: Doing Well by Doing Good? Green Office Buildings; in: American Economic Review 100, Heft 5, Dezember 2010, S. 2492–2509.

[6-72] Miller, Norm; Spivey, Jay; Florance, Andy: Does Green Pay Off?, Working Paper, University of San Diego, San Diego 2008.

[6-73] Fuerst, Franz; McAllister, Patrick: New Evidence on the Green Building Rent and Price Premium, Paper presents at the Annual Meeting of the American Real Estate Society, Montery (CA), 3. April 2009.

[6-74] Salvi, Marco; Horehájová, Andrea; Neeser, Julie: Der Nachhaltigkeit von Immobilien einen finanziellen Wert geben. Der MinergieBoom unter der Lupe, Center for Corporate Responsibility and Sustainability – Universität Zürich/Zürcher Kantonalbank, Zürich 2012.

[6-75] Bailom, Franz et al.: Das Kano-Modell der Kundenzufriedenheit; in: Marketing ZFP 18, Heft 2, 1996, S. 117–126.

[6-76] Hölzing, Jörg A.: Die Kano-Theorie der Kundenzufriedenheits-Messung. Eine theoretische und empirische Überprüfung, Wiesbaden 2008.

[6-77] Homburg, Christian; Koschate, Nicole; Hoyer, Wayne D.: Do Satisfied Customers Really Pay More?, A Study of the Relationship Between Customer Satisfaction and Willingness to Pay; in: Journal of Marketing 69, Heft 2, April 2005, S. 84–96.

[6-78] Baukosteninformationszentrum (Hrsg.): BKI Objektdaten Altbau, Stuttgart 2011.

[6-79] sirAdos (Hrsg.): Baupreishandbuch 2013 – Altbau, Kissing 2013.

Kapitel 7 Softwaretool SOD

[7-1] DIN EN 1991-1-1: Eurocode 1: Einwirkungen auf Tragwerke – Teil 1-1: Allgemeine Einwirkungen auf Tragwerke – Wichten, Eigengewicht und Nutzlasten im Hochbau, Dezember 2010.

[7-2] DIN EN 1993-1-1: Eurocode 3: Bemessung und Konstruktion von Stahlbauten – Teil 1-1: Allgemeine Bemessungsregeln und Regeln für den Hochbau, Dezember 2010.

[7-3] DIN EN 1994-1-1: Eurocode 4: Bemessung und Konstruktion von Verbundtragwerken aus Stahl und Beton – Teil 1-1: Allgemeine Bemessungsregeln und Anwendungsregeln für den Hochbau, Dezember 2010.

[7-4] Verbundbau Bemessungstafeln – Träger, Stützen und Decken in Stahl-Beton-Verbundbauweise; in: steelwork C1/12, Verlag Stahlbau Zentrum Schweiz, Zürich 2012.

[7-5] Wetter Gruppe: URL: http://www.topfloorintegral.ch/schnellrechner.html, Februar 2014.

[7-6] Mensinger, Martin et al.: Nachhaltige Büro- und Verwaltungsgebäude in Stahl- und Stahlverbundbauweise, Forschungsvereinigung Stahlanwendung FOSTA e.V. (P881), Düsseldorf 2015.

Ein Exemplar des Abschlussberichts zum Forschungsvorhaben *Nachhaltige Büro- und Verwaltungsgebäude in Stahl- und Stahlverbundbauweise* kann unter folgender Adresse angefordert werden: fosta@stahlforschung.de.

Die Deutsche Nationalbibliothek verzeichnet diese Publikation in der Deutschen Nationalbibliografie; detaillierte bibliografische Daten sind im Internet über http://dnb.d-nb.de abrufbar.

ISBN 978-3-86922-378-0

© 2016 by DOM publishers, Berlin
www.dom-publishers.com

Dieses Werk ist urheberrechtich geschützt. Verwendungen außerhalb der engen Grenzen des Urheberrechtsgesetzes sind ohne Zustimmung des Verlages unzulässig und strafbar. Dies gilt insbesondere für Vervielfältigungen, Übersetzungen, Mikroverfilmungen und die Einspeicherung und Verarbeitung in elektronischen Systemen. Die Nennung der Quellen und Urheber erfolgt nach bestem Wissen und Gewissen. Die Herausgeber haben sich nach besten Kräften bemüht, die erforderlichen Reproduktionsrechte für alle Abbildungen zu erhalten. Für den Fall, dass etwas übersehen wurde, bitten die Herausgeber um Entschuldigung und sind für Hinweise dankbar.

Herausgeber
Prof. Dipl.-Ing. Architekt Johann Eisele
Prof. Dr.-Ing. Dipl. Wirt.-Ing. (NDS) Martin Mensinger
Univ.-Prof. Dr.-Ing. Richard Stroetmann

Redaktion und Layout
Dipl.-Ing. Architekt Benjamin Trautmann
B. Sc. Laura Gärtner

Lektorat
Mag. arch. Stefanie Villgratter

Druck
Tiger Printing (Hong Kong) Co., Ltd.
www.tigerprinting.hk

Danksagung
Alle am Forschungsprojekt Beteiligten wurden durch die Mitglieder des *Projektbegleiteten Ausschusses*, in dem sich halbjährig die einzelnen Forschungs- und Industriepartner austauschten, inhaltlich tatkräftig unterstützt. Das Engagement aller Mitglieder, welches maßgeblich zum Erfolg des Projekts beigetragen hat, soll hier gewürdigt werden. Besonderer Dank gilt den hier aufgeführten Industriepartnern, die die Verwirklichung dieses Handbuchs ermöglichten.

Forschungsvereinigung Stahlanwendung e.V.
Düsseldorf

bauforumstahl e.V.
Düsseldorf

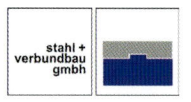

stahl + verbundbau gmbh
Dreieich

Krebs + Kiefer Ingenieure GmbH
Berlin, Darmstadt, Dresden, Erfurt, Karlsruhe und weitere

Ingenieurgruppe Bauen
Karlsruhe

Internationaler Verband für den Metallleichtbau
Krefeld

GOLDBECK GmbH
Bielefeld

Wetter Gruppe – Hallen- Stahl- Metallbau
Stetten (CH)

EISELE STANIEK+ architekten + ingenieure
Darmstadt

Züblin Stahlbau GmbH
Hosena

Grontmij GmbH
Frankfurt

Montana Bausysteme AG
Villmergen (CH)